基础学科拔尖学生培养计划配套教材
——数学专业系列

数学分析教程

（上册）

上海交通大学数学分析课程组

中国教育出版传媒集团
高等教育出版社·北京

内容提要

本教程是根据上海交通大学为贯彻教育部"基础学科拔尖学生培养计划"以及探索公共基础课程分级教学模式改革中对数学分析课程体系和教学内容提出的要求编写而成的。教程分为上、中、下三册，分别为一元微积分学、多元微积分学和高等微积分学。

本册内容包括实数与数列极限理论、函数极限与连续、函数导数与微分中值定理、不定积分与定积分、反常积分、数项级数，逻辑结构清晰明了，涵盖了一元函数微积分学中的基本概念与基本定理，同时适当地引入了数学分析中一些较深刻定理的证明与应用，比如积分学中的勒贝格定理、积分第二中值定理和黎曼引理，方便中册相关内容的展开。

本教程可作为综合性大学和理工科院校的数学类专业及其他专业拔尖学生培养计划的数学分析教材。

前言

本教程分为上、中、下三册，分别为一元微积分学、多元微积分学和高等微积分学。其中上册与中册的内容基本涵盖了目前国内通用数学分析课程的内容，而下册主要内容是在更一般的度量空间上的极限理论，以及相应的微分与积分理论。这样的设计我们称为"两循环"体系，即先用经典数学分析语言撰写上册与中册，而下册采用公理化的语言在一般度量空间上展开。我们的教学实践充分地说明由具象到抽象的两循环体系是一个很好的体系，既让学生对所学课程有切实感受，又可以很快接触到现代分析的思想。

本教程的内容设计主要有以下两个目的：其一是上海交通大学的拔尖人才是在"致远学院"统一培养的，非数学类专业的拔尖计划学生被要求在前两学期和数学类专业的学生一样学习数学分析（即本教程的上册与中册内容），为实现宽口径的培养找到切实可行的途径。故前两学期统一开课，第三学期数学类专业学生多学一学期的数学分析，这是写这本教程的初衷。其二是针对数学类专业的优秀学生，需要有深度和与现代分析理论接轨的教材，让优秀学生尽早学会用现代分析语言处理问题，本教程的下册就是参考国际上一些优秀的高等微积分教材编写的。另外本教程也可作为非拔尖计划的数学类专业的数学分析教材，可以用两学期甚至三学期学习上册与中册，而下册可作为选修课教材。对于希望学习数学分析的非数学类专业优秀学生，本教程也是一个好的选择，一是内容较为精炼，同时上册、中册与下册的现代分析内容设计了不少联结点，可以使有志了解现代分析内容的同学容易步入一个更高层次。

另外，我们在撰写上册和中册时，尽量不把自己的偏好写进教材，而是突出数学分析的主线内容。至于下册的高等微积分学，我们的设想是让学生多少了解一下现代分析的思想和方法，按照通行的高等微积分学教材涉猎了实分析、泛函分析、变分法、点集拓扑和流形等内容，但都是浅尝辄止。我们的经验是，有了这些浅尝辄止的感觉后，会激发学生进一步学习的热情，这些学生对后面很多现代分析的课程不会有"这是何方怪物"的磨合期，也降低了学生对进阶分析课程学习的难度。当然，就我们了解，采取"两循环"教学体系，在国内的数学分析教材编写方面尚是一个新的尝试。本教程在上海交通大学已有三年以上的教学实践，但还是存在不少有待商榷和不成熟之处，希望得到国内同行的批评和建议。至于对学有余力的优秀学生，是带领他们在经典数学分析课程上深耕，还是开一个窗口让他们去现代分析的领域浅尝，这是一个见仁见智的问题，不会也不应该有统一答案。

本教程编写组的成员是王维克、周春琴、陈克应、邓师瑾、王海涛。一元微积分学执笔人是周春琴，多元微积分学执笔人是陈克应、邓师瑾和王海涛，高等微积分学执笔人是王维克和周春琴。此外，教程在撰写过程中参考的国内外数学分析教材已在参考文献中列出。特别地，我们在上册和中册的编写过程中参考了上海交通大学数学科学学院数学分析课程组的前辈们关于数学分析课程建设留下的资料和教材，在此深表感谢。

王维克

2024 年 10 月于上海交通大学

目录

第一章 绪论

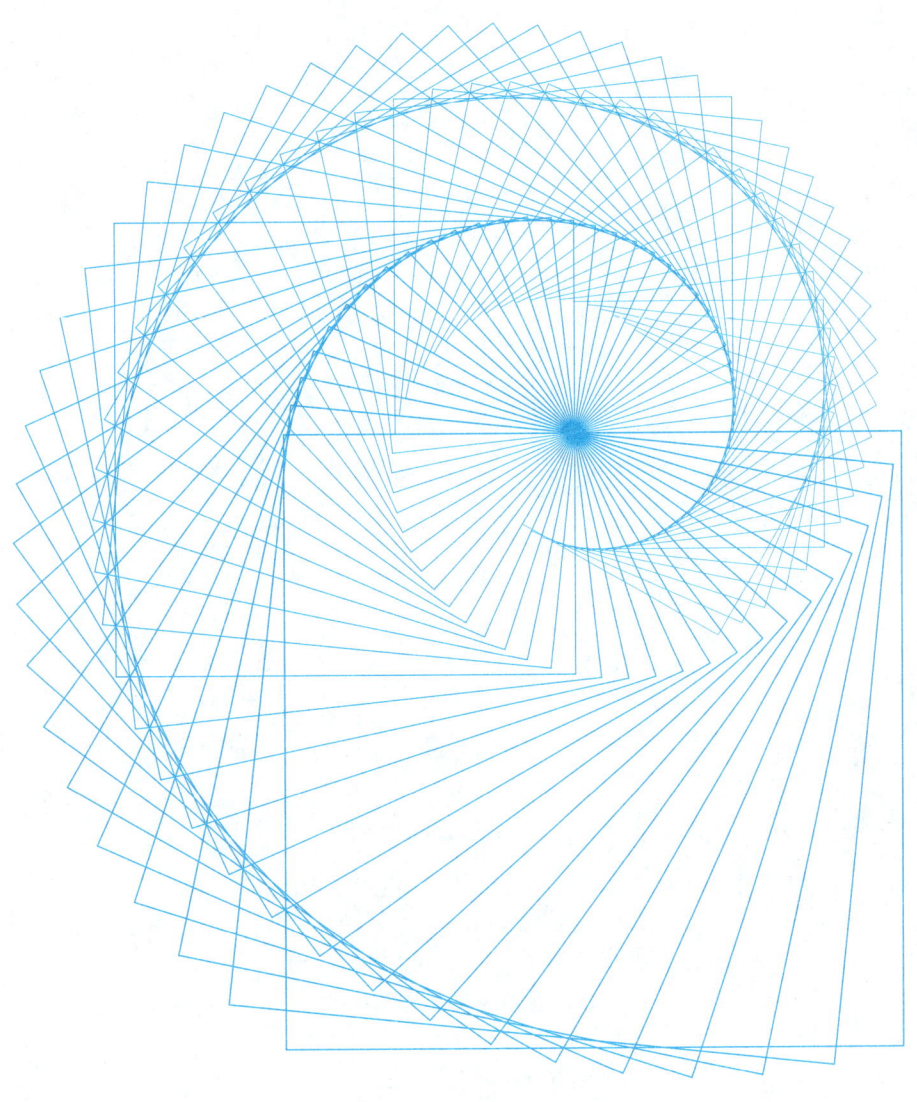

数学分析课程通常包含一元函数和多元函数的微分学和积分学, 以及与之相关的内容. 实变量之间的函数关系是微积分学的研究对象. 极限理论以及这一理论所依赖的实数体系的完备性是微积分学的工具和基础. 极限理论是研究关于极限的严格定义、基本性质和判别准则等问题的基础理论. 极限思想的萌芽可以追溯到古希腊时期和中国战国时期, 但极限概念真正意义上首次出现是在沃利斯 (Wallis) 的《无穷算数》中, 牛顿 (Newton) 在其《自然哲学的数学原理》一书中明确使用了极限这个词并作了阐述. 但直至 18 世纪下半叶, 达朗贝尔 (d'Alembert) 等人才认识到, 把微积分建立在极限概念的基础上, 微积分才是完善的. 事实上, 在 17 世纪中下叶, 微积分已经形成了一门学科. 当时英国、法国、德国的数学家们作出了杰出的贡献, 但是那时他们没有一个无懈可击的理论基础, 直到 19 世纪, 柯西 (Cauchy) 和魏尔斯特拉斯 (Weierstrass) 等人建立了严格的极限理论之后, 一切混乱纷争才得以停止. 所以对于数学分析这门课程, 我们从集合概念出发, 讨论集合之间的映射概念, 给出实数集的定义, 从而在实数集概念上进一步建立极限理论和实数系基本定理, 逐步展开微积分学的学习.

1.1　集合

集合是数学领域中被广泛使用的一个概念, 集合论是围绕集合这一概念展开的一门学科. 集合论是由德国数学家康托尔 (Cantor) 在 19 世纪 70 年代创立的, 19 世纪 90 年代后逐渐为数学家们采用, 成为分析学、代数学和几何学的有力工具. 集合论在近代数学中占据重要地位, 可以说, 当今数学各个分支的所有结果几乎都构筑在严格的集合理论上. 在数学分析课程中, 我们只是涉及有关集合的一些基本概念及其运算.

1.1.1 集合的概念

所谓集合, 是指具有某种特定性质的具体的或者抽象的对象的汇集, 构成集合的这些对象称为该集合的元素. 我们通常用大写字母如 $X, Y, S, \cdots$ 表示集合, 而用小写字母如 $x, y, s, \cdots$ 表示集合的元素.

若 x 是集合 X 的元素, 则称 x 属于 X, 记为 $x \in X$. 若 x 不是集合 X 的元素, 则称 x 不属于 X, 记为 $x \notin X$.

表示集合的方法通常有两种: 枚举法与描述法. 枚举法就是将集合的元素逐一列举出来的方法, 包括尽管集合的元素无法一一列举, 但是可以将它们的变化规律表示出来的情况. 例如, 由 a, b, c 这三个字母组成的集合 X 可表示为

$$X = \{a, b, c\}.$$

由所有正整数组成的集合 Y 可表示为

$$Y = \{1, 2, 3, \cdots, n, \cdots\},$$

如此等等. 描述法就是用描述集合中元素公共属性的方法来表示集合. 例如, 由正切值等于 3 的角度组成的集合 T 可表示为

$$T = \{\theta | \tan\theta = 3\}.$$

要注意的是, 集合中的元素之间没有次序关系, 并且集合中的各个元素必须是彼此互异的. 如果集合中的元素是有限的, 则称此集合为有限集, 否则称此集合为无限集. 此外, 为了方便, 我们引进所谓不含任何元素的集合, 称之为空集, 记为 $\varnothing$.

设 A, B 是两个集合, 如果 B 中所有元素都属于 A, 我们称 B 是 A 的子集, 记为 $B \subset A$. 规定空集 $\varnothing$ 是任何集合的一个子集. 如果 B 是 A 的子集, 即 $B \subset A$, 并且 A 中存在一个元素 b 不属于 B, 则称 B 是 A 的一个真子集, 记为 $B \subsetneq A$.

如果两个集合 A, B 的元素完全相同, 我们称集合 A 与 B 相等, 记为 $A = B$. 显然集合 A 与 B 相等的充分必要条件是: $A \subset B$, 并且 $B \subset A$.

1.1.2 集合的运算

给定集合 A, B. 集合 A 与 B 的基本运算包含集合的并、交、差和补四种运算, 分别记为 $A \cup B$、$A \cap B$、$A \setminus B$、$C_X(A)$ 或者 A^c. 具体来说, 集合 A 中的所有元素与集合 B 中的所有元素汇集在一起所构成的集合称为 A 与 B 的并集, 记为 $A \cup B$, 即

$$A \cup B = \{x \mid x \in A \text{ 或者 } x \in B\};$$

由集合 A 和 B 的一切共有元素所构成的集合称为 A 与 B 的交集, 记为 $A \cap B$, 即

$$A \cap B = \{x \mid x \in A \text{ 且 } x \in B\}.$$

特别地, 若 $A \cap B = \varnothing$, 即 A 与 B 无交集, 则称 A 与 B 不相交. 由一切属于 A 但不属于 B 的元素所构成的集合称为 A 与 B 的差集, 记为 $A \setminus B$, 即

$$A \setminus B = \{x \mid x \in A \text{ 且 } x \notin B\}.$$

若 $A \subset X$, 则 $X \setminus A$ 称为 A 关于 X 的余集 (或者补集), 记为 $C_X(A)$. 如果没有必要标出 X, 也可简记为 A^c. 集合的并、交、补运算有以下运算性质:

(1) 交换律: $A \cup B = B \cup A$, $A \cap B = B \cap A$;

(2) 结合律: $(A \cup B) \cup C = A \cup (B \cup C)$, $(A \cap B) \cap C = A \cap (B \cap C)$;

(3) 分配律: $(A \cup B) \cap C = (A \cap C) \cup (B \cap C)$, $(A \cap B) \cup C = (A \cup C) \cap (B \cup C)$;

(4) 对偶律 (德摩根 (De Morgan) 公式): $(A \cup B)^c = A^c \cap B^c$, $(A \cap B)^c = A^c \cup B^c$.

1.1.3 集族

所谓集族, 是指这样的集合 C, 其元素本身都是集合 X 的子集, 这时也称 C 为集合 X 上的一个集族. 设有一个集合 Λ (称为指标集), 使得对于指标集 Λ 中的每一个元素 λ, 有 X 的一个子集 A_λ 与之对应, 这样就得到 X 上的一个集族 C, 即

$$C = \{A_\lambda \mid \lambda \in \Lambda, A_\lambda \subset X\},$$

也可以简记为 $\{A_\lambda\}_{\lambda \in \Lambda}$, 称之为由指标集 Λ 所确定的 X 上的集族. 指标集 Λ 一般是一个数集, 它可以是有限集, 也可以是无限集.

对于由指标集 Λ 所确定的集族中的元素, 也可以作相应的并与交运算, 记为

$$\bigcup_{\lambda \in \Lambda} A_\lambda = \{a \mid \text{ 存在 } \lambda \in \Lambda \text{ 使得 } a \in A_\lambda\},$$

$$\bigcap_{\lambda \in \Lambda} A_\lambda = \{a| \text{ 任意 } \lambda \in \Lambda \text{ 成立 } a \in A_\lambda\}.$$

特别地, 当指标集 $\Lambda = \{1, 2, 3, \cdots, n, \cdots\}$ 时, 则记 $\{A_\lambda\}_{\lambda \in \Lambda}$ 为 $\{A_n\}$, 其并与交分别记为

$$\bigcup_{n=1}^{\infty} A_n \text{ 与 } \bigcap_{n=1}^{\infty} A_n.$$

例 1.1.1 设 $A_n = \left(-1 - \dfrac{1}{n}, 1 + \dfrac{1}{n}\right)$, $n = 1, 2, 3, \cdots$. 证明: $\displaystyle\bigcap_{n=1}^{\infty} A_n = [-1, 1]$.

证明 显然 $[-1, 1] \subset \displaystyle\bigcap_{n=1}^{\infty} A_n$. 另一方面, 对于任意 $x \in \displaystyle\bigcap_{n=1}^{\infty} A_n$, 倘若 $x \notin [-1, 1]$, 则有 $x > 1$ 或者 $x < -1$. 不妨设 $x > 1$, 则存在 $n_0 \in \mathbb{N}$, 使得 $x > 1 + \dfrac{1}{n_0}$, 从而 $x \notin A_{n_0}$. 于是得到 $x \notin \displaystyle\bigcap_{n=1}^{\infty} A_n$, 从而导致矛盾. □

练习题 1.1

1. 证明集合运算的基本性质:

    (1) 交换律: $A \cup B = B \cup A$, $A \cap B = B \cap A$;

    (2) 结合律: $(A \cup B) \cup C = A \cup (B \cup C)$, $(A \cap B) \cap C = A \cap (B \cap C)$;

    (3) 分配律: $(A \cup B) \cap C = (A \cap C) \cup (B \cap C)$, $(A \cap B) \cup C = (A \cup C) \cap (B \cup C)$;

    (4) 对偶律 (德摩根公式): $(A \cup B)^c = A^c \cap B^c$, $(A \cap B)^c = A^c \cup B^c$.

    (5) 对偶律 (德摩根公式): $\left(\displaystyle\bigcup_{n=1}^{\infty} A_n\right)^c = \displaystyle\bigcap_{n=1}^{\infty} A_n^c$, $\left(\displaystyle\bigcap_{n=1}^{\infty} A_n\right)^c = \displaystyle\bigcup_{n=1}^{\infty} A_n^c$.

2. 设 $A_n = \left[\dfrac{1}{n}, +\infty\right)$, $n = 1, 2, \cdots$, 证明: $\displaystyle\bigcup_{n=1}^{\infty} A_n = (0, +\infty)$.

3. 设 $A_n = \left[-2 + \dfrac{1}{2n}, 1 - \dfrac{1}{n}\right]$, $n = 1, 2, \cdots$, 证明: $\displaystyle\bigcup_{n=1}^{\infty} A_n = (-2, 1)$.

4. 设 $A_n = \left(-\dfrac{1}{n}, +\infty\right)$, $n = 1, 2, \cdots$, 证明: $\displaystyle\bigcap_{n=1}^{\infty} A_n = [0, +\infty)$.

5. 设 $A_n = \left[-2 - \dfrac{1}{2n}, 1 + \dfrac{1}{n}\right]$, $n = 1, 2, \cdots$, 证明: $\displaystyle\bigcap_{n=1}^{\infty} A_n = [-2, 1]$.

1.2 映射

集合之间可以定义对应关系, 即映射.

定义 1.2.1　设 X 和 Y 是两个非空集合, 若在 X 和 Y 之间存在一个对应关系 f, 使得对于 X 中的每个元素 x, 在 Y 中有唯一的元素 y 与之对应, 则称 f 给出了一个从 X 到 Y 的映射. 记为

$$f:\quad X \to Y,$$
$$x \mapsto y = f(x).$$

这里 y 称为 x 在该映射 f 下的像, X 称为映射 f 的定义域, 记为 D_f; $f(X) = \{f(x) | x \in X\}$ 称为 f 的值域, 记为 R_f. 集合间的映射也可以用图 1.1 表示.

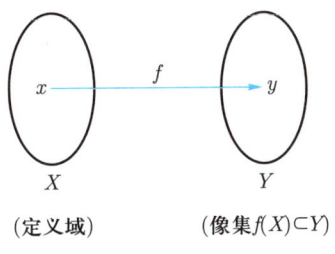

(定义域)　　　　(像集$f(X) \subset Y$)

图 1.1

映射是一个很宽泛的概念. 映射的例子也非常广泛. 下面我们给出几个映射的例子.

例 1.2.2　设 X 是平面中所有三角形的集合, Y 是平面中所有圆的集合, 这里我们将形状相同的三角形和半径相同的圆看成同一个元素. 定义对应关系 f, 使得 X 中每个三角形对应这个三角形的内切圆, 则 f 是 X 到 Y 的一个映射.

例 1.2.3　设 $X = \left(-\dfrac{\pi}{2}, \dfrac{\pi}{2}\right)$, $Y = (-\infty, +\infty)$. 定义对应关系 f, 使得每个 $x \in X$ 对应于 $\tan x \in Y$, 则 f 是 X 到 Y 的一个映射, 即

$$f:\quad X \to Y,$$
$$x \mapsto y = f(x) = \tan x.$$

定义 1.2.4　若对于任一 $y \in Y$ 存在 $x \in X$ 使得 $y = f(x)$, 则称 f 是映上的或满射; 若对于 X 中的任何两个元素, 当 $x_1 \neq x_2$ 时有 $f(x_1) \neq f(x_2)$, 则称 f 是 1-1 映射或单射; 若 f 既是单射又是满射, 则称 f 是一一对应或双射.

按照定义, 可以看出例 1.2.2 中的映射是满射但不是单射, 例 1.2.3 中的映射是双射. 若存在 $y_0 \in Y$ 使得对一切 $x \in X$, 有 $f(x) = y_0$, 则称 f 为常值映射. 若 $Y = X$, 且对于任一 $x \in X$, 有 $f(x) = x$, 则称 f 为恒等映射, X 上的恒等映射常记作 I_X. 若 f, g 是 X 到 Y 的映射, 并对于任意 $x \in X$ 都有 $f(x) = g(x)$, 则称 $f = g$.

定义 1.2.5   设映射 $f : X \to U, g : W \to Y$. 若 $R_f \subset W$, 则对每一个 $x \in X$, 通过映射 f, g, 在 Y 中有且只有一个元素 y 与之对应, 因此映射 f, g 确定了 X 到 Y 的一个映射, 通常把这个映射称为 f, g 的复合映射, 记为 $g \circ f$, 即

$$g \circ f : X \to Y,$$
$$x \mapsto y = g \circ f(x) = g(f(x)).$$

定义 1.2.6   若 $f : X \to Y$ 为双射, 则对每一个 $y \in Y$, 有且仅有一个 $x \in X$ 使得 $f(x) = y$, 即双射 f 确定了 Y 到 X 的一个映射, 把这个映射记为

$$f^{-1} : Y \to X,$$
$$y \mapsto x = f^{-1}(y).$$

则 f^{-1} 是 Y 到 X 上的双射, 称之为 f 的逆映射.

显然双射 f 与其逆映射 f^{-1} 满足以下复合运算:

$$f^{-1} \circ f = I_X, \quad f \circ f^{-1} = I_Y.$$

值得一提的是, 映射与逆映射的上述复合关系可以给出判断映射存在逆映射的充分必要条件.

例 1.2.7   设映射 $f : X \to Y$. 若存在映射 $g : Y \to X$, 使得

$$g \circ f = I_X, \quad f \circ g = I_Y,$$

则 f 是双射, 且 $g = f^{-1}$.

证明   先证明 f 是双射. 若对于任意 $x_1, x_2 \in X$ 且 $x_1 \neq x_2$, 则

$$x_1 = (g \circ f)(x_1) \neq (g \circ f)(x_2) = x_2.$$

从而必有 $f(x_1) \neq f(x_2)$, 故 f 是单射. 对于任意 $y \in Y$, 由于

$$y = (f \circ g)(y) = f(g(y)),$$

而且 $g(y) \in X$, 这说明对于任意 $y \in Y$, 在 X 中有 $g(y)$ 与之对应, 故 f 是满射. 于是证得 f 是双射.

因为 f 是双射, 故 f 具有逆映射, 记为 f^{-1}. 下面证明 $g = f^{-1}$. 事实上, 对于任意 $y \in Y$, 利用 $f \circ g = I_Y$, 有

$$f^{-1}(y) = f^{-1} \circ (f \circ g)(y) = g(y),$$

从而证得 $g = f^{-1}$. $\qquad\qquad\qquad\qquad\qquad\qquad\qquad\qquad\qquad\qquad\qquad$ $\square$

练习题 1.2

1. 设映射 f 满足 $f \circ f(a) = a$, 求 $f^n(a) := f \circ f \circ \cdots \circ f(a)$.

2. 定义映射 $D : \mathbb{R} \to \{0, 1\}$ 如下:

$$D(x) = \begin{cases} 1, & x \in \mathbb{Q}, \\ 0, & x \in \mathbb{Q}^c. \end{cases}$$

   (1) 求复合映射 $D \circ D$;

   (2) 求 $D^{-1}(\{0\}), D^{-1}(\{1\}), D^{-1}(\{0, 1\})$. 这里 $D^{-1}(A)$ 表示集合 A 关于映射 D 的原像集.

3. 建立 $[0, 1]$ 到 $[0, 1]$ 的一个双射. 请问是否能够建立 $(0, 1]$ 到 $[0, 1]$ 的双射? 为什么?

4. 设 $f(x) = \begin{cases} x, & x \in \mathbb{Q}, \\ 1 - x, & x \in \mathbb{Q}^c \end{cases}$ 是 $\mathbb{R}$ 到 $\mathbb{R}$ 的映射, 判断 $f(x)$ 是否是双射. 如果是双射, 请求出其逆映射.

5. 设 f 是集合 A 到 B 的一个映射. 证明:

   (1) f 是单射, 当且仅当对任意集合 X 到 A 的任意映射 g, h, 若有 $f \circ g = f \circ h$, 必有 $g = h$.

   (2) f 是满射, 当且仅当对任意集合 Y 和 B 到 Y 的任意映射 g, h, 若有 $g \circ f = h \circ f$, 必有 $g = h$.

6. 设 A 是任意一个非空集合, B 是 A 到集合 $\{0, 1\}$ 的一切映射所组成的集合. 证明: 在 A 与 B 之间不存在双射.

1.3 实数集

我们从数系的扩充历史出发, 引出实数集的定义.

1.3.1 实数的引进

人类对数的认识是从自然数开始的, 习惯上用符号 $\mathbb{N}$ 表示自然数集. 若一个集合中的任意两个元素进行了某种运算, 所得结果仍属于这个集合, 我们称该集合对这种运算是封闭的. 显然, 自然数集 $\mathbb{N}$ 对于减法运算并不封闭.

于是数系由自然数集 $\mathbb{N}$ 扩充到了整数集 $\mathbb{Z}$. 整数集 $\mathbb{Z}$ 对于加法、减法、乘法运算是封闭的, 但是整数集 $\mathbb{Z}$ 对于除法运算是不封闭的.

于是数系又由整数集 $\mathbb{Z}$ 扩充到了有理数集 $\mathbb{Q}$. 显然, 有理数即分数, 它们是有限小数或无限循环小数. 有理数集 $\mathbb{Q}$ 对于加法、减法、乘法和除法 (除数 $\neq 0$) 四则运算都是封闭的. 换言之, 有理数集 $\mathbb{Q}$ 具有比较完善的代数结构. 但是, 有理数集 $\mathbb{Q}$ 并不是完美无缺的. 我们可以从三个方面来说明.

首先, 有理数集 $\mathbb{Q}$ 对于开方运算是不封闭的, 这一点早在古希腊时期数学家就已经发现了. 比如说, 若用 c 表示边长为 1 的正方形对角线的长度, 则这个 c 就无法用有理数来表示. 这可以通过反证法来论证: 由勾股定理可知, $c^2 = 2$. 若 $c = \dfrac{q}{p}$, 其中 p, q 是正整数, 并且 p, q 互素, 那么 $q^2 = 2p^2$. 由于奇数的平方必为奇数, 因此 q 是偶数. 设 $q = 2r, r$ 是正整数, 又得到 $p^2 = 2r^2$, 也就是说 p 也是偶数, 这就与 p, q 互素的假设矛盾, 所以 c 不是有理数, 它必是无尽不循环小数. 事实上, 我们知道 $c = \sqrt{2}$, 称为代数数; 如果作开方运算, 得到

$$\sqrt{2} = 1.41421356\cdots.$$

其次, 有理数集 $\mathbb{Q}$ 对于极限运算也是不封闭的. 比如, 有理数序列

$$\{1, 1.4, 1.41, 1.414, 1.4142, 1.41421, 1.414213, \cdots\}$$

无限地逼近代数数 $\sqrt{2}$; 再如, 在后面的极限理论中我们可以看到有理数序列 $\{u_n\}$, 其中

$$u_n = 1 + \frac{1}{1!} + \frac{1}{2!} + \cdots + \frac{1}{n!},$$

也不趋于一个有理数, 而是无限地逼近超越数 e. 一个集合对极限运算不封闭, 我们通常称此集合不完备. 完备性在数学分析中是一个重要概念.

最后, 从几何直观上看, 在数轴上任何两个有理数之间有无穷多个有理数, 有理数点在数轴上是密密麻麻地分布着的, 即有理数集 $\mathbb{Q}$ 具有稠密性. 但是, 有理数并没有充满整个数轴, 这一点从 $\sqrt{2}$ 这个比 1 大比 2 小的无限不循环小数的客观存在性就可知.

因此, 有理数集合必须加以扩充. 把有理数集 $\mathbb{Q}$ 扩充的一个最直接的方法是把所有的无限不循环小数 (称为无理数) 吸纳进来. 我们将全体有理数和全体无理数所构成的集合称为实数集 $\mathbb{R}$. 在一些参考书上关于戴德金 (Dedekind) 分割的陈述中, 或者在本书的第二章中关于闭区间套定理的讨论中将会了解到, 全体无理数点确实填补了有理点在数轴上的所有 "空隙", 即实数铺满了整个数轴. 这样, 每个实数都可以在坐标上找到自己的对应点, 而坐标轴上的每个点又可以通过自己的坐标表示成唯一的一个实数. 实数集合的这一性质称为实数集 $\mathbb{R}$ 的 "连续性". 为了强调实数集所特有的这种连续性, $\mathbb{R}$ 又被称为实数连续统. 在第二章中也将会看到, 实数集 $\mathbb{R}$ 对极限运算也是封闭的, 这一性质称为实数集的完备性.

1.3.2 实数的无尽小数表示

上一小节我们从数的扩充角度讨论了实数集. 其实, 数的产生和发展是由计数和测量的需要而促成的. 我们把测量过程进行抽象, 就可以把实数定义为一个无尽小数.

考虑一个正实数 a, 并假设实数 a 代表数轴上一点. 由于整数把数轴分成无穷多个半开区间 $[n, n+1)$, 而数轴上每一个点都只属于这些区间中的一个, 因此存在自然数 n_0 使得 a 属于 $[n_0, n_0+1)$, 于是 a 的无尽小数表示的整数部分就是 n_0. 接下来, 我们把 $[n_0, n_0+1)$ 分成 10 个小区间 $\left[n_0, n_0+\dfrac{1}{10}\right)$, $\left[n_0+\dfrac{1}{10}, n_0+\dfrac{2}{10}\right)$, $\cdots$, $\left[n_0+\dfrac{9}{10}, n_0+1\right)$. 实数 a 必属于上述某个区间, 不妨说属于 $\left[n_0+\dfrac{a_1}{10}, n_0+\dfrac{a_1+1}{10}\right)$, 这样便确定了 a 的小数点之后的第一位数字 a_1. 再把 $\left[n_0+\dfrac{a_1}{10}, n_0+\dfrac{a_1+1}{10}\right)$ 等分成 10 个小区间, 就可以确定 a 的小数点之后的第二位数字 a_2. 将上述步骤反复进行下去, 就把实数 a 表示为十进制的无尽小数

$$a = n_0.a_1a_2a_3\cdots,$$

其中每个 a_i 是 0 到 9 之间的整数. 注意, 在这种构造方法中, 无尽小数表示里存在从某一位起以后的各位数字有可能都是 0, 或者从某一位起以后的各位数字都是 9 的情况. 通常把 $a = n_0.a_1a_2\cdots a_l\dot{9}$ 和 $a = n_0.a_1a_2\cdots(a_l+1)\dot{0}$ 看成同一个数.

实数的无尽小数表示是很自然的. 事实上, 有理数是循环的无尽小数. 比如 $\frac{22}{7} = 3.\dot{1}4285\dot{7}$, 这是必然的. 因为 22 除以 7 时每次产生的余数只能是 $0, 1, 2, 3, 4, 5, 6$ 七个数字, 因此最多除以 7 次必得重复出现的余数. 反过来循环的无尽小数必是有理数. 比如考察循环的无尽小数 $3.\dot{1}4285\dot{7}$, 如果把它写成 $3.\dot{1}4285\dot{7} = 3 + x$, 则 $x = 0.\dot{1}4285\dot{7}$. 两边乘 10^6, 得到 $10^6 x = 142857 + 0.\dot{1}4285\dot{7} = 142857 + x$, 从而得到 $x = \frac{142857}{10^6 - 1} = \frac{1}{7}$. 因此我们得到 $3.\dot{1}4285\dot{7} = \frac{22}{7}$, 即 $3.\dot{1}4285\dot{7}$ 是一个有理数.

根据上面的讨论, 自然地, 把不循环的无尽小数称为无理数, 而实数就是无尽小数. 显然数轴上任何一点都可以用一个实数表示. 进一步, 在第二章中我们可以说明实数也对应数轴上一点, 并且全体实数连续不断地铺满了整个数轴, 这一事实也就是实数的连续性.

定义实数的方法有好多种. 用无尽小数来定义实数只是其中的一种. 需要指出的是, 实数的连续性和数轴的连续性是一回事, 这实际上是一条公理. 用公理化体系定义实数也是一种方法, 对此有兴趣的同学请自行探索, 这里不再赘述.

练习题 1.3

1. 证明: 任何有理数都可以表示为无尽循环小数, 无尽循环小数一定是有理数.

2. $0.1010010001000010\cdots$ 是有理数还是无理数?

3. 证明: $\sqrt{2} + \sqrt{3}$ 是无理数.

4. 设 $n \in \mathbb{N}_+$ 且不是完全平方数, 证明 $\sqrt{n}$ 不是有理数.

5. 若 $r + s\sqrt{2} + t\sqrt{3} = 0$, 其中 r, s, t 是有理数. 证明: $r = s = t = 0$.

6. 在平面直角坐标系中, 当 x 和 y 都是有理数时, 称点 (x, y) 为有理点. 证明: 圆周 $(x - \sqrt{2})^2 + y^2 = 2$ 上只有唯一的有理点.

1.4 可数集与连续统

这一节利用集合间映射的概念简单介绍一些有关实数的基数 (势) 的内容.

首先给出集合 X 的基数 (势) 的定义. 设两个集合 X, Y. 若存在 X 到 Y 的一个双射, 则称 X 与 Y 等势, 记为 $X \sim Y$. 等势关系是一种等价关系, 可以验证:

(1) 自反性: $X \sim X$;

(2) 对称性: 若 $X \sim Y$, 则 $Y \sim X$;

(3) 传递性: 若 $X \sim S, S \sim Y$, 则 $X \sim Y$.

等势关系把所有集合所成的集族划分成了彼此等价的集合类. 同一个等价类中的集合具有相同数量的元素 (即等势), 不同类中的集合所含元素的数量不同. 集合 X 所在的类叫做集合 X 的势 (或者集合 X 的基数), 记为 $\operatorname{card} X$. 于是, 若 $X \sim Y$, 则 $\operatorname{card} X = \operatorname{card} Y$. 关于集合基数的一个著名定理是康托尔定理, 即 $\operatorname{card} X < \operatorname{card} P(X)$, 其中 $P(X)$ 表示 X 的一切子集构成的集族.

有限集的基数是很清晰的. 而无限集中, 最基本的一类集合是可数集. 可数集指的是与自然数集 $\mathbb{N}$ 等势的集合 X, 即 $\operatorname{card} X = \operatorname{card} \mathbb{N}$. 很容易证明正整数集 $\mathbb{Z}$ 是可数集. 下面我们证明有理数集 $\mathbb{Q}$ 是可数集.

例 1.4.1 证明 $\mathbb{Q}$ 是可数集.

证明 设 $\mathbb{Q} = \left\{ \dfrac{p}{q} \middle| p \in \mathbb{Z}, q \in \mathbb{N}_+, (p, q) = 1 \right\}$. 分别考察 $|p| + q = n, n = 1, 2, \cdots$ 时有理数的个数:

当 $n = 1$ 时, 显然有 1 个有理数: 0;

当 $n = 2$ 时, 有 3 个有理数: $0, \dfrac{1}{1}, \dfrac{-1}{1}$;

当 $n = 3$ 时, 有 5 个有理数: $0, \dfrac{2}{1}, \dfrac{-2}{1}, \dfrac{1}{2}, \dfrac{-1}{2}$;

特别地, 当 $n = k$ 时, 有 $2(k-1) + 1$ 个有理数: $0, \dfrac{k-1}{1}, \dfrac{-(k-1)}{1}, \dfrac{k-2}{2}, \dfrac{-(k-2)}{2}, \cdots, \dfrac{1}{k-1}, \dfrac{-1}{k-1}$;

如此继续, $\mathbb{Q}$ 中的元素可依次排列如下:

$$0, \frac{1}{1}, \frac{-1}{1}, \frac{2}{1}, \frac{-2}{1}, \frac{1}{2}, \frac{-1}{2}, \cdots, \frac{k-1}{1}, \frac{-(k-1)}{1}, \frac{k-2}{2}, \frac{-(k-2)}{2}, \cdots, \frac{1}{k-1}, \frac{-1}{k-1}, \cdots,$$

注意排列时去掉重复元素. 从而可知 $\mathbb{Q}$ 与 $\mathbb{N}$ 可建立双射, 即它们等势, 故 $\mathbb{Q}$ 是可数集. $\qquad\square$

可数集有时也称为可列集. 我们不加证明地给出可数集的如下性质: 可数集的每一个无限子集是可数集; 有限个或者可数个可数集的并是可数集.

实数集 $\mathbb{R}$ 的基数又是什么呢? 首先可以证明实数集 $\mathbb{R}$ 不是可数集. 我们只要说明 $(0,1]$ 不是可数集即可. 事实上, 我们反设 $(0,1]$ 是可数集, 则可记 $(0,1] = \{x_1, x_2, x_3, \cdots, x_n, \cdots\}$, 其中

$$x_1 = 0.x_{11}x_{12}x_{13}x_{14}\cdots,$$
$$x_2 = 0.x_{21}x_{22}x_{23}x_{24}\cdots,$$
$$x_3 = 0.x_{31}x_{32}x_{33}x_{34}\cdots,$$
$$\cdots.$$

这里, x_{ij} 都是 0 到 9 的整数, 并且对每个 i, 集合 $\{x_{ij}|\ j=1,2,3,\cdots\}$ 中有无限个不为 0 (即 x_i 若有两种表示, 则用一种. 若 0.5 采用 $0.499\cdots = 0.4\dot{9}$, 而不用 $0.500\cdots$). 作十进制小数

$$a = 0.a_1a_2a_3\cdots,$$

使得对于任意 $i \in \mathbb{N}_+$ 成立 $a_i \neq x_{ii}$ 且 $a_i \neq 0$. 于是 $a \in (0,1]$, 但是 $a \neq x_i, i \in \mathbb{N}_+$, 即 a 没有被排列出来, 导致矛盾.

既然实数集 $\mathbb{R}$ 不是可数集, 我们就得到了康托尔的结论: $\operatorname{card}\mathbb{N} < \operatorname{card}\mathbb{R}$. 在集合论中, 实数集也叫做数的连续统, 而它的势叫做连续统的势.

值得指出的是, 势比连续统的势大的集合始终存在, 而 "是否存在着可数集势与连续统势的中间势的集合" 这个问题在集合论初期有许多争论, 并提出了 "连续统假定" 的命题, 它断定不存在中间势. 但是在 1963 年美国数学家科恩 (P. Cohen) 证明了连续统假定是不可解的, 并指出, 无论是它本身还是它的否定, 与公理化集合论都没有矛盾, 所以连续统假定在公理系统框架内既不能被证明, 也不能被否定.

练习题 1.4

1. 证明可数集的性质:

    (1) 可数集的每一个无限子集是可数集;

    (2) 有限个或者可数个可数集的并是可数集.

2. 证明: 实数集 $\mathbb{R}$ 与开区间 $(-1,1)$ 等势.

3. 证明: 无理数集 $\mathbb{Q}^c$ 具有连续统势.

第二章 数列极限与实数基本定理

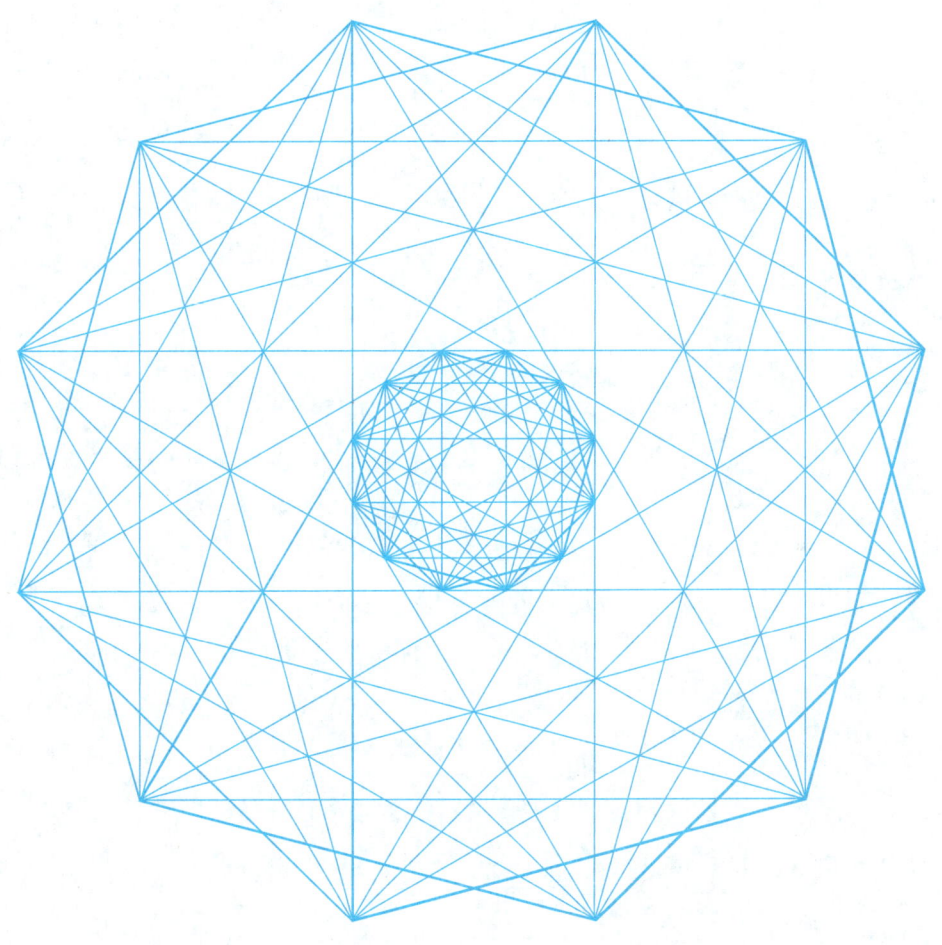

极限理论是微积分学的工具和基础, 它解决了 "直" 与 "曲"、"均匀" 与 "非均匀"、"近似" 与 "精确" 的矛盾, 反映了客观世界中很多现象的本质. 例如: 变速直线运动的瞬时速度、非匀质材料的密度、曲边形的面积等都可以用极限方法通过无限细分, 以 "直" 代 "曲", 以 "匀" 代 "不匀" 来讨论. 这一章我们将给出极限的严格定义、基本性质和判别准则等基本极限理论. 同时利用极限理论讨论实数集的连续性和完备性, 并给出相关的实数基本定理.

2.1 数列极限

2.1.1 数列极限的定义

所谓数列, 是指按某一种法则排列的一串有次序的数 $x_1, x_2, \cdots, x_n, \cdots$, 通常记为 $\{x_n\}$, 或者 $x_n, n = 1, 2, 3, \cdots$, 其中 x_n 称为数列的通项.

对于数列 $\{x_n\}$ 而言, 若 $\exists\, M \in \mathbb{R}$, 使得数列所有的项都满足

$$x_n \leqslant M, \quad n = 1, 2, 3, \cdots,$$

则称 M 是数列 $\{x_n\}$ 的上界. 若 $\exists\, m \in \mathbb{R}$, 使得数列所有的项都满足

$$x_n \geqslant m, \quad n = 1, 2, 3, \cdots,$$

则称 m 是数列 $\{x_n\}$ 的下界.

一个数列 $\{x_n\}$, 若既有上界又有下界, 则称之为有界数列. 显然数列 $\{x_n\}$ 有界的一个等价定义是: $\exists\, M > 0$, 使得数列所有的项都满足

$$|x_n| \leqslant M, \quad n = 1, 2, 3, \cdots.$$

如果数列满足 $x_1 \leqslant x_2 \leqslant x_3 \leqslant \cdots \leqslant x_n \leqslant \cdots$, 称数列 $\{x_n\}$ 是单调增加数列; 如果数列满足 $x_1 < x_2 < x_3 < \cdots < x_n < \cdots$, 称数列 $\{x_n\}$ 是严格单调增加数列.

同理可以定义单调减少数列和严格单调减少数列. 数列的一些简单例子如下:

$$\{n^2\}:1,2^2,3^2,\cdots,n^2,\cdots,$$

$$\left\{\frac{1}{n}\right\}:1,\frac{1}{2},\frac{1}{3},\cdots,\frac{1}{n},\cdots,$$

$$\left\{\frac{n}{n+1}\right\}:\frac{1}{2},\frac{2}{3},\frac{3}{4},\cdots,\frac{n}{n+1},\cdots,$$

$$\left\{\frac{-1+(-1)^n}{2}\right\}:-1,0,-1,0,\cdots,\frac{-1+(-1)^n}{2},\cdots,$$

$$\left\{n\sin\frac{n\pi}{2}\right\}:1,0,-3,0,5,0,-7,0,9,\cdots,$$

显然数列 $\left\{\dfrac{1}{n}\right\}$, $\left\{\dfrac{n}{n+1}\right\}$ 和 $\left\{\dfrac{-1+(-1)^n}{2}\right\}$ 是有界数列, 数列 $\{n^2\}$ 和 $\left\{n\sin\dfrac{n\pi}{2}\right\}$ 是无界数列. 而 $\{n^2\}$ 和 $\left\{\dfrac{n}{n+1}\right\}$ 是严格单调增加数列, $\left\{\dfrac{1}{n}\right\}$ 是严格单调减少数列.

对于数列, 我们感兴趣的是当 n 无限增大时, x_n 的变化趋势. 比如, 对于数列 $\left\{\dfrac{n}{n+1}\right\}$, 当 n 无限增大时, 数列的项 $\dfrac{n}{n+1}$ 无限接近于 1; 对于数列 $\{n^2\}$, 该数列的项随着 n 的无限增大, 它的变化趋势是无限增大. 而对于数列 $\left\{\dfrac{-1+(-1)^n}{2}\right\}$, 当 n 无限增大时, 数列的项 x_n 不能与任何数 a 无限接近.

通常, 当 n 无限增大时, 数列的项 x_n 能与某个常数 a 无限地接近, 我们就称数列 $\{x_n\}$ 为收敛数列, 常数 a 称为数列 $\{x_n\}$ 当 n 无限增大时的极限. 否则就称数列 $\{x_n\}$ 发散. 如数列 $\left\{\dfrac{n}{n+1}\right\}$ 与 $\left\{\dfrac{1}{n}\right\}$ 是收敛数列, 它们的极限分别为 1 与 0; 数列 $\left\{\dfrac{-1+(-1)^n}{2}\right\}$, $\{n^2\}$ 和 $\left\{n\sin\dfrac{n\pi}{2}\right\}$ 均是发散数列.

但是, 以上这种关于收敛的描述是不严格的, 我们必须对 "n 无限增大" 与 "x_n 无限接近于 a" 进行定量的描述. 由于数列的项与数轴上的点一一对应, 所以可以利用点 x_n 与点 a 的距离 $|x_n-a|$ 来描述它们的接近程度. 让我们来研究数列 $\left\{\dfrac{n}{n+1}\right\}$.

(1) 取 $\varepsilon=1$, 则当 $n>1$ 时, $|x_n-1|<\varepsilon$ 成立;

(2) 取 $\varepsilon=0.1$, 则数列 $\left\{\dfrac{n}{n+1}\right\}$ 除前 9 项外, 自第 10 项起数列的所有项均满足不等式 $|x_n-1|<\varepsilon$;

(3) 取 $\varepsilon=0.00005$, 则数列 $\left\{\dfrac{n}{n+1}\right\}$ 除前 $2\times10^4-1$ 项外, 自第 20000 项开始的所有项均满足不等式 $|x_n-1|<\varepsilon$.

依次类推, 不论 ε 是多么小的正数, 在数列 $\left\{\dfrac{n}{n+1}\right\}$ 中总存在这样的一项 x_N, 从该项开始, 以后的所有项 $x_n(n>N)$ 都满足不等式 $|x_n-1|<\varepsilon$. 这样, 我们便给出了 "当 n 无限增大时数列 $\{x_n\}$ 无限接近于 a " 的定量描述.

一般地, 数列极限有以下定义:

定义 2.1.1　设数列 $\{x_n\}$. 若存在常数 a, 如果对于任意给定的 $\varepsilon>0$, 总存在自然数 N, 使得当 $n>N$ 时, 不等式

$$|x_n-a|<\varepsilon$$

恒成立, 则称数列 $\{x_n\}$ 收敛于 a. a 称为数列 $\{x_n\}$ 当 n 无限增大时的极限, 记为

$$\lim_{n\to\infty}x_n=a \quad 或者 \quad x_n\to a \quad (n\to\infty).$$

极限的定义可以用逻辑符号描述. 通常我们用 "$\forall$" 表示 "任意给定的", 用 "$\exists$" 表示 "存在", 用 ":" 表示 "使得". 那么极限的定义可以用逻辑符号表示为

$$\forall\,\varepsilon>0, \exists\,N\in\mathbb{N}, \forall\,n>N:\ |x_n-a|<\varepsilon.$$

上述极限定义的逻辑符号表示称为极限的 "$\varepsilon-N$" 语言.

数列 $\{x_n\}$ 以 a 为极限的几何意义是很明显的. 绝对值不等式 $|x_n-a|<\varepsilon$ 意味着 $a-\varepsilon<x_n<a+\varepsilon$. 因此, $\{x_n\}$ 以 a 为极限的几何意义是, 对任意给定一个 $\varepsilon>0$, 只要 n 充分大 (即 $n>N$), x_n 在数轴上对应的点都将聚集在以 a 为中心, 以 ε 为半径的开区间 $(a-\varepsilon,a+\varepsilon)$ 内 (此开区间通常称为点 a 的 ε 邻域, 记为 $O(a,\varepsilon)$). 换句话讲, $\{x_n\}$ 以 a 为极限的几何意义就是, 对任意给定的 $\varepsilon>0$, 邻域 $O(a,\varepsilon)$ 外至多包含数列的有限项, 参见图 2.1.

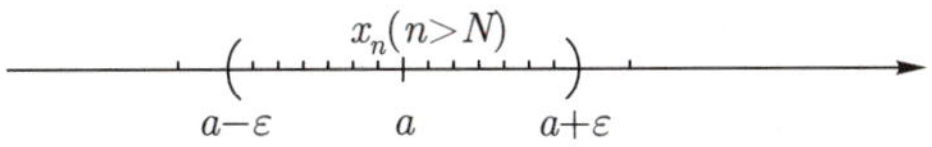

图 2.1

例 2.1.2　用极限的 $\varepsilon-N$ 语言验证 $\lim\limits_{n\to\infty}q^n=0\ (0<|q|<1)$.

证明　$\forall\,\varepsilon>0$, 欲使

$$|q^n-0|=|q|^n<\varepsilon,$$

对上式两端取对数, 即得

$$n\ln|q|<\ln\varepsilon,$$

只需
$$n > \frac{\ln \varepsilon}{\ln |q|}.$$

取 $N = \max\left\{\left[\frac{\ln \varepsilon}{\ln |q|}\right], 1\right\}$. 于是, $\forall \, \varepsilon > 0, \exists \, N = \max\left\{\left[\frac{\ln \varepsilon}{\ln |q|}\right], 1\right\}, \, \forall \, n > N: \, |q^n - 0| < \varepsilon.$ 故 $\lim\limits_{n \to \infty} q^n = 0.$ □

从以上例子可以看出, 用数列极限的 $\varepsilon - N$ 语言证明数列收敛, 其关键是对于任意给定的 $\varepsilon > 0$ 寻找自然数 N. 在例 2.1.2 中, 通过解不等式 $|x_n - a| < \varepsilon$ 而得到 N 的取值. 但在大多数情况下, 这个不等式并不容易解出来. 实际上, 数列极限的定义并不要求取到最小的或最佳的自然数 N, 所以在证明中常常对 $|x_n - a|$ 作适度的放大处理, 通常称此技巧为适当放大技巧.

例 2.1.3   用极限的 $\varepsilon - N$ 语言证明 $\lim\limits_{n \to \infty} \dfrac{n^2 - n + 2}{3n^2 + 2n - 4} = \dfrac{1}{3}.$

证明   因为
$$\left|\frac{n^2 - n + 2}{3n^2 + 2n - 4} - \frac{1}{3}\right| = \left|\frac{-5n + 10}{3(3n^2 + 2n - 4)}\right|,$$

所以当 $n \geqslant 2$ 时,
$$\left|\frac{5n - 10}{3(3n^2 + 2n - 4)}\right| = \frac{5n - 10}{3(3n^2 + 2n - 4)} < \frac{5n}{3 \cdot 3n^2} < \frac{1}{n}.$$

于是, $\forall \, \varepsilon > 0$, 欲使
$$\left|\frac{n^2 - n + 2}{3n^2 + 2n - 4} - \frac{1}{3}\right| < \varepsilon,$$

只需
$$\frac{1}{n} < \varepsilon,$$

即
$$n > \frac{1}{\varepsilon}.$$

取 $N = \max\left\{\left[\frac{1}{\varepsilon}\right], 2\right\}$. 于是,
$$\forall \, \varepsilon > 0, \exists \, N = \max\left\{\left[\frac{1}{\varepsilon}\right], 2\right\}, \forall \, n > N: \, \left|\frac{n^2 - n + 2}{3n^2 + 2n - 4} - \frac{1}{3}\right| < \varepsilon.$$

故有 $\lim\limits_{n \to \infty} \dfrac{n^2 - n + 2}{3n^2 + 2n - 4} = \dfrac{1}{3}.$ □

上述不等式的放大, 在条件 "$n \geqslant 2$" 的前提下才成立, 所以在取 N 时, 必须要求 $N \geqslant \left[\dfrac{1}{\varepsilon}\right]$ 与 $N \geqslant 2$ 同时成立.

例 2.1.4 设 $\lim\limits_{n\to\infty} x_n = a$. 证明: $\lim\limits_{n\to\infty} \dfrac{x_1 + x_2 + \cdots + x_n}{n} = a$.

证明 因为

$$\left| \frac{x_1 + x_2 + \cdots + x_n}{n} - a \right| = \left| \frac{(x_1 - a) + (x_2 - a) + \cdots + (x_n - a)}{n} \right|,$$

所以不妨假设 $a = 0$. 故 $\lim\limits_{n\to\infty} x_n = 0$, 有

$$\forall\, \varepsilon > 0, \exists\, N_1 \in \mathbb{N}, \forall\, n > N_1 : |x_n| < \frac{\varepsilon}{2}.$$

于是得到

$$\begin{aligned}
\left| \frac{x_1 + x_2 + \cdots + x_n}{n} \right| &\leqslant \frac{|x_1 + x_2 + \cdots + x_{N_1}|}{n} + \frac{|x_{N_1+1} + x_{N_1+2} + \cdots + x_n|}{n} \\
&\leqslant \frac{|x_1 + x_2 + \cdots + x_{N_1}|}{n} + \frac{|x_{N_1+1}| + |x_{N_1+2}| + \cdots + |x_n|}{n} \\
&< \frac{|x_1 + x_2 + \cdots + x_{N_1}|}{n} + \frac{n - N_1}{n} \cdot \frac{\varepsilon}{2}.
\end{aligned}$$

注意到 $\lim\limits_{n\to\infty} \dfrac{|x_1 + x_2 + \cdots + x_{N_1}|}{n} = 0$. 因此, 对于上述 ε 成立

$$\forall\, \varepsilon > 0, \quad \exists\, N_2 \in \mathbb{N}, \quad \forall\, n > N_2 : \frac{|x_1 + x_2 + \cdots + x_{N_1}|}{n} < \frac{\varepsilon}{2}.$$

取 $N = \max\{N_1, N_2\}$. 于是,

$$\forall\, \varepsilon > 0, \exists\, N = \max\{N_1, N_2\}, \forall\, n > N : \left| \frac{x_1 + x_2 + \cdots + x_n}{n} \right| < \frac{\varepsilon}{2} + \frac{\varepsilon}{2} = \varepsilon.$$

从而得到 $\lim\limits_{n\to\infty} \dfrac{x_1 + x_2 + \cdots + x_n}{n} = 0$. $\qquad\qquad\square$

从上述例子中看出, 我们可以从已知的数列极限中寻找 N, 从而得到所考虑的数列极限的 $\varepsilon - N$ 语言刻画. 另外一个有趣的问题是: 逻辑上如何定义一个数列 $\{a_n\}$ 不以实数 a 为极限, 即 $\lim\limits_{n\to\infty} a_n \neq a$. 数学上对这种逻辑对立事件的描述往往相当重视.

一般来讲, 这种否命题的描述往往有规律可循. 若原命题是: $\lim\limits_{n\to\infty} a_n = a$, 即对任意实数 $\varepsilon > 0$, 存在自然数 N, 对任意的 $n > N$, 都有 $|a_n - a| < \varepsilon$. 否命题的肯定语气描述为: $\lim\limits_{n\to\infty} a_n \neq a$, 即存在某一 $\varepsilon_0 > 0$, 对任意的自然数 N, 存在 $n > N$, 使得 $|a_n - a| \geqslant \varepsilon_0$. 也就是说, 在用肯定语气描述否命题时, 通常把原命题中的 "任意" 改成 "存在某一个", 把 "存在某一个" 改成 "任意", 把最后的结论改成否定形式即可. 这种逻辑符号的对偶法则应多体会理解.

例 2.1.5   证明: $\lim\limits_{n \to \infty} \dfrac{1}{n^2} \neq 1$.

证明   取 $\varepsilon_0 = \dfrac{3}{4}$, 对任意自然数 N, 取 $n = \max\{N+1, 2\} > N$, 则有

$$\left| \frac{1}{n^2} - 1 \right| = \frac{n^2 - 1}{n^2} \geqslant \frac{\frac{3}{4}n^2}{n^2} = \frac{3}{4}.$$

所以 $\lim\limits_{n \to \infty} \dfrac{1}{n^2} \neq 1$.   □

2.1.2 数列极限的性质

这一节给出收敛数列的性质.

定理 2.1.6   (唯一性) 若数列收敛, 则其极限唯一.

证明   设 $\{x_n\}$ 收敛于极限 a 与 b, 根据极限的定义, $\forall \varepsilon > 0$,

$$\exists N_1, \forall n > N_1: \ |x_n - a| < \frac{\varepsilon}{2},$$

$$\exists N_2, \forall n > N_2: \ |x_n - b| < \frac{\varepsilon}{2}.$$

取 $N = \max\{N_1, N_2\}$, 利用三角不等式, 则 $\forall n > N$, 有

$$|a - b| = |a - x_n + x_n - b| \leqslant |x_n - a| + |x_n - b| < \frac{\varepsilon}{2} + \frac{\varepsilon}{2} = \varepsilon.$$

由 ε 的任意性, 可知 $a = b$.   □

定理 2.1.7   (有界性) 若数列收敛, 则其必有界.

证明   设 $\lim\limits_{n \to \infty} x_n = a$, 由极限定义, 对于 $\varepsilon = 1, \exists N, \forall n > N: \ |x_n - a| < 1$, 从而得到

$$|x_n| < 1 + |a|, \quad n > N.$$

取 $M = \max\{1 + |a|, |x_1|, |x_2|, |x_3|, \cdots, |x_N|\} > 0$, 则有

$$|x_n| \leqslant M, \quad n = 1, 2, \cdots,$$

即 $\{x_n\}$ 为有界数列.   □

定理 2.1.8   (逐项比较性) 设 $\lim\limits_{n \to \infty} x_n = a$, $\lim\limits_{n \to \infty} y_n = b$. 若 $a < b$, 则存在自然数 N, 当 $n > N$ 时成立

$$x_n < y_n.$$

证明 由极限定义, 对于 $\varepsilon = \dfrac{b-a}{2} > 0$,

$$\exists N_1, \forall n > N_1: \ |x_n - a| < \frac{b-a}{2}.$$

从而得到

$$x_n < a + \frac{b-a}{2} = \frac{a+b}{2}, n > N_1.$$

又因为对于上述 $\varepsilon = \dfrac{b-a}{2} > 0$,

$$\exists N_2, \forall n > N_2: \ |y_n - b| < \frac{b-a}{2}.$$

从而得到

$$y_n > b - \frac{b-a}{2} = \frac{a+b}{2}, n > N_2.$$

于是取 $N = \max\{N_1,\ N_2\}$, 当 $n > N$ 时, $y_n > \dfrac{a+b}{2} > x_n$, 即 $x_n < y_n$. $\qquad\square$

定理 2.1.8 的证明从极限的几何意义上看是很显然的, 参见图 2.2. 从某项起, x_n 和 y_n 分别落在 a 和 b 的两个不相交的邻域内, 因此 x_n 和 y_n 彼此隔离, 逐项可以比较: $x_n < y_n$. 同理可以得到下面的推论.

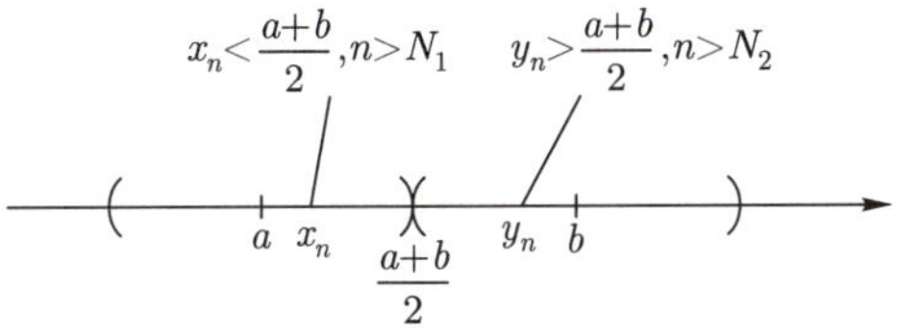

图 2.2

推论 2.1.9 (保号性) 若 $\lim\limits_{n\to\infty} x_n = a$ 且 $a > 0$ $(a < 0)$, 则存在自然数 N, 当 $n > N$ 时, $x_n > 0$ $(x_n < 0)$.

推论 2.1.9 说明数列 $\{x_n\}$ 收敛且极限不为零, 则当 n 充分大时, x_n 不为零. 事实上, 我们可以证明 x_n 与 0 的距离不能任意小, 而当 n 充分大时, $|x_n| > \dfrac{|a|}{2}$. (请读者证明这一结论)

推论 2.1.10 设有数列 $\{x_n\}$, 存在自然数 N, 当 $n > N$ 时, $x_n \geqslant 0$ $(x_n \leqslant 0)$. 若 $\lim\limits_{n\to\infty} x_n = a$, 则必有 $a \geqslant 0$ $(a \leqslant 0)$.

在推论 2.1.10 中, 即使 $x_n > 0$ $(x_n < 0)$ 也只能推出其极限值 $a \geqslant 0$ $(a \leqslant 0)$. 例如, $x_n = \dfrac{1}{n^2} > 0$, 但 $\lim\limits_{n\to\infty} \dfrac{1}{n^2} = 0$.

定理 2.1.11 (夹逼性) 若三个数列 $\{x_n\}$, $\{y_n\}$, $\{z_n\}$ 从某项 N_0 开始成立 $x_n \leqslant y_n \leqslant z_n$, 且 $\lim\limits_{n\to\infty} x_n = \lim\limits_{n\to\infty} z_n = a$, 则 $\lim\limits_{n\to\infty} y_n = a$.

证明   由于 $\lim\limits_{n\to\infty} x_n = a$, 则

$$\forall \, \varepsilon > 0, \exists \, N_1, \forall \, n > N_1 : \ |x_n - a| < \varepsilon,$$

从而 $a - \varepsilon < x_n$; 又由于 $\lim\limits_{n\to\infty} z_n = a$, 则对于上述 $\varepsilon > 0$,

$$\exists \, N_2, \forall \, n > N_2 : \ |z_n - a| < \varepsilon,$$

从而 $z_n < a + \varepsilon$. 取 $N = \max\{N_1, N_2, \ N_0\}$. 于是得到

$$\forall \, \varepsilon > 0, \exists \, N, \forall \, n > N : \ a - \varepsilon < x_n \leqslant y_n \leqslant z_n < a + \varepsilon,$$

即 $|y_n - a| < \varepsilon$. 故 $\lim\limits_{n\to\infty} y_n = a$. □

在验证数列极限时, 常常会用到数列极限的性质. 特别地, 利用夹逼性求极限是一种非常有效的方法. 要注意的是, 在应用夹逼性求极限时, 为了得到数列 $\{x_n\}$ 和 $\{z_n\}$, 对所求数列 $\{y_n\}$ 极限的一般项应进行适度放大与适度缩小且要保持 $\{x_n\}$ 与 $\{z_n\}$ 具有相同的极限. 下面我们举一些例子说明数列极限性质的应用.

例 2.1.12   设 $\lim\limits_{n\to\infty} x_n = a$. 用数列极限的定义证明 $\lim\limits_{n\to\infty} x_n^{\frac{1}{3}} = a^{\frac{1}{3}}$.

证明   分情况讨论.

当 $a = 0$ 时, 由于 $\lim\limits_{n\to\infty} x_n = 0$, 可知

$$\forall \, \varepsilon > 0, \exists \, N, \ \forall \, n > N : \ |x_n| < \varepsilon^3.$$

从而得到

$$|x_n^{\frac{1}{3}}| \leqslant |x_n|^{\frac{1}{3}} < \varepsilon.$$

即证得 $\lim\limits_{n\to\infty} x_n^{\frac{1}{3}} = 0$.

当 $a \neq 0$ 时, 由于 $\lim\limits_{n\to\infty} x_n = a$, 可知

$$\forall \, \varepsilon > 0, \exists \, N_1, \forall \, n > N_1 : \ |x_n - a| < a^{\frac{2}{3}} \varepsilon.$$

又由极限的保号性可知,

$$\exists \, N_2, \ \forall \, n > N_2 : \ x_n \cdot a > 0.$$

取 $N = \max\{N_1, \ N_2\}, \forall \, n > N :$

$$\left| x_n^{\frac{1}{3}} - a^{\frac{1}{3}} \right| = \frac{|x_n - a|}{x_n^{\frac{2}{3}} + (ax_n)^{\frac{1}{3}} + a^{\frac{2}{3}}} < \frac{|x_n - a|}{a^{\frac{2}{3}}} < \varepsilon.$$

即证得 $\lim\limits_{n\to\infty} x_n^{\frac{1}{3}} = a^{\frac{1}{3}}$. □

例 2.1.13 求证 $\lim\limits_{n\to\infty}\dfrac{10^n}{n!}=0.$

证明 设 $y_n=\dfrac{10^n}{n!}$, 于是当 $n>10$ 时,

$$0<y_n=\frac{10^n}{n!}=\frac{10^{10}}{10!}\cdot\frac{10}{11}\cdots\cdots\frac{10}{n}<\frac{10^{10}}{10!}\left(\frac{10}{11}\right)^{n-10}.$$

因为 $\lim\limits_{n\to\infty}\dfrac{10^{10}}{10!}\left(\dfrac{10}{11}\right)^{n-10}=0$, 利用极限的夹逼性, 得到

$$\lim_{n\to\infty}\frac{10^n}{n!}=0. \qquad\qquad \square$$

例 2.1.14 设 $x_n=\dfrac{(2n-1)!!}{(2n)!!}.$ 证明数列 $\{x_n\}$ 收敛于零.

证明 对于任一自然数 m, 由于 $\dfrac{m}{m+1}<\dfrac{m+1}{m+2}$, 因此

$$\frac{1\times3\times5\times\cdots\times(2n-1)}{2\times4\times6\times\cdots\times(2n)}<\frac{2\times4\times6\times\cdots\times(2n)}{3\times5\times7\times\cdots\times(2n+1)}.$$

于是

$$\left(\frac{1\times3\times5\times\cdots\times(2n-1)}{2\times4\times6\times\cdots\times(2n)}\right)^2<\frac{1}{2n+1},$$

即

$$0<\frac{(2n-1)!!}{(2n)!!}<\frac{1}{\sqrt{2n+1}}.$$

因为 $\lim\limits_{n\to\infty}\dfrac{1}{\sqrt{2n+1}}=0$, 利用极限的夹逼性, 所以得到

$$\lim_{n\to\infty}\frac{(2n-1)!!}{(2n)!!}=0. \qquad\qquad \square$$

例 2.1.15 求证 $\lim\limits_{n\to\infty}n^{\frac{1}{n}}=1.$

证明 利用几何–算术平均不等式, 可以得到

$$1\leqslant n^{\frac{1}{n}}=(1\times1\times\cdots\times1\times1\times\sqrt{n}\times\sqrt{n})^{\frac{1}{n}}$$
$$\leqslant\frac{n-2+2\sqrt{n}}{n}$$
$$\leqslant1+\frac{2}{\sqrt{n}}.$$

因为 $\lim\limits_{n\to\infty}\left(1+\dfrac{2}{\sqrt{n}}\right)=1$, 利用极限的夹逼性, 得到

$$\lim_{n\to\infty}n^{\frac{1}{n}}=1. \qquad\qquad \square$$

2.1.3　数列极限的四则运算

定理 2.1.16　设 $\lim\limits_{n\to\infty} x_n = a$, $\lim\limits_{n\to\infty} y_n = b$. 则数列 $\{x_n\}$ 和 $\{y_n\}$ 满足以下四则运算:

(1) $\lim\limits_{n\to\infty} (x_n + y_n) = \lim\limits_{n\to\infty} x_n + \lim\limits_{n\to\infty} y_n = a + b$;

(2) $\lim\limits_{n\to\infty} (x_n \cdot y_n) = \lim\limits_{n\to\infty} x_n \cdot \lim\limits_{n\to\infty} y_n = ab$;

(3) $\lim\limits_{n\to\infty} \left(\dfrac{x_n}{y_n}\right) = \dfrac{\lim\limits_{n\to\infty} x_n}{\lim\limits_{n\to\infty} y_n} = \dfrac{a}{b}$ $(b \neq 0)$.

证明　(1) 由 $\lim\limits_{n\to\infty} x_n = a$, $\lim\limits_{n\to\infty} y_n = b$ 可知, $\forall\, \varepsilon > 0$,

$$\exists\, N_1, \forall\, n > N_1 : \ |x_n - a| < \frac{\varepsilon}{2},$$

$$\exists\, N_2, \forall\, n > N_2 : \ |y_n - b| < \frac{\varepsilon}{2}.$$

取 $N = \max\{N_1, N_2\}, \forall\, n > N :$

$$|(x_n + y_n) - (a + b)| \leqslant |x_n - a| + |y_n - b| \leqslant \frac{\varepsilon}{2} + \frac{\varepsilon}{2} = \varepsilon.$$

即 (1) 得证.

(2) 注意到 $\lim\limits_{n\to\infty} x_n = a$ 和 $\lim\limits_{n\to\infty} y_n = b$, 则 $\exists\, M > 0$, 使得 $|x_n| \leqslant M, n = 1, 2, 3, \cdots$, 且 $\forall\, \varepsilon > 0$,

$$\exists\, N_1, \forall\, n > N_1 : \ |x_n - a| \leqslant \frac{\varepsilon}{M + |b|},$$

$$\exists\, N_2, \forall\, n > N_2 : \ |y_n - b| \leqslant \frac{\varepsilon}{M + |b|}.$$

取 $N = \max\{N_1,\ N_2\}, \forall\, n > N :$

$$|x_n y_n - ab| = |x_n(y_n - b) + b(x_n - a)| \leqslant M \cdot \frac{\varepsilon}{M + |b|} + |b| \cdot \frac{\varepsilon}{M + |b|} = \varepsilon.$$

即 (2) 得证.

(3) 首先由 $\lim\limits_{n\to\infty} y_n = b \neq 0$ 知, 对于 $\varepsilon = \dfrac{|b|}{2}, \exists\, N_0,\ \forall\, n > N_0 : \ |y_n - b| < \dfrac{|b|}{2}$. 于是得到 $|y_n| = |y_n - b + b| \geqslant |b| - |y_n - b| > \dfrac{|b|}{2}$. 然后, 由于

$$\left|\frac{x_n}{y_n} - \frac{a}{b}\right| = \left|\frac{bx_n - ay_n}{by_n}\right|$$

$$= \left|\frac{b(x_n - a) - a(y_n - b)}{by_n}\right|$$

$$< \frac{1}{|by_n|} \left(|b| \, |x_n - a| + |a| \, |y_n - b| \right),$$

于是 $\forall \, \varepsilon > 0$, 由 $\lim\limits_{n \to \infty} x_n = a$, 可知 $\exists \, N_1, \forall \, n > N_1 : \quad |x_n - a| < \dfrac{\varepsilon \, b^2}{2(|b| + |a|)}$; 由

$\lim\limits_{n \to \infty} y_n = b$, 可知 $\exists \, N_2, \forall \, n > N_2 : \quad |y_n - b| \leqslant \dfrac{\varepsilon b^2}{2(|b| + |a|)}$. 取 $N = \max\{N_0, N_1,$

$N_2\}, \forall \, n > N :$

$$\left| \frac{x_n}{y_n} - \frac{a}{b} \right| < \varepsilon.$$

即 (3) 得证. $\qquad\qquad \square$

例 2.1.17 求极限 $\lim\limits_{n \to \infty} \sqrt{n} \left(\sqrt{n+1} - \sqrt{n} \right)$.

解 $\lim\limits_{n \to \infty} \sqrt{n} \left(\sqrt{n+1} - \sqrt{n} \right) = \lim\limits_{n \to \infty} \dfrac{\sqrt{n}}{\sqrt{n+1} + \sqrt{n}} = \lim\limits_{n \to \infty} \dfrac{1}{\sqrt{1 + \dfrac{1}{n}} + 1} = \dfrac{1}{2}$.

例 2.1.18 求证当 $a > 0$ 时, $\lim\limits_{n \to \infty} \sqrt[n]{a} = 1$.

证明 当 $a = 1$ 时, 结论显然成立.

当 $a > 1$ 时, $\sqrt[n]{a} > 1$. 记 $\sqrt[n]{a} = 1 + h_n \ (h_n > 0)$, 则

$$a = (1 + h_n)^n = 1 + \mathrm{C}_n^1 h_n + \mathrm{C}_n^2 h_n^2 + \cdots + \mathrm{C}_n^n h_n^n \geqslant 1 + n h_n.$$

于是得到

$$0 < h_n \leqslant \frac{a-1}{n}.$$

因为 $\lim\limits_{n \to \infty} \dfrac{a-1}{n} = 0$, 所以根据极限的夹逼性知 $h_n \to 0 \ (n \to \infty)$, 再由极限的四则运算法则, 得 $\lim\limits_{n \to \infty} \sqrt[n]{a} = \lim\limits_{n \to \infty} (1 + h_n) = 1 + 0 = 1$.

当 $0 < a < 1$ 时, $\dfrac{1}{a} > 1$, 因而 $\lim\limits_{n \to \infty} \sqrt[n]{\dfrac{1}{a}} = 1$, 再由 $\sqrt[n]{a} = \dfrac{1}{\sqrt[n]{\dfrac{1}{a}}}$ 与极限的四则

运算法则, 可得 $\lim\limits_{n \to \infty} \sqrt[n]{a} = 1$. $\qquad\qquad \square$

值得注意的是数列极限的四则运算法则只能推广到有限个数列的情况, 而不能随意推广到无限个数列上去. 例如对极限 $\lim\limits_{n \to \infty} \left(\dfrac{1}{n^2} + \dfrac{2}{n^2} + \cdots + \dfrac{n}{n^2} \right)$. 若将定理随意推广, 则会得到极限为零的错误结论; 而事实上, 由于 $\sum\limits_{i=1}^{n} i = \dfrac{n(n+1)}{2}$,

$$\lim_{n \to \infty} \left(\frac{1}{n^2} + \frac{2}{n^2} + \cdots + \frac{n}{n^2} \right) = \lim_{n \to \infty} \frac{n(n+1)}{2n^2} = \frac{1}{2}.$$

2.1.4　无穷小量与无穷大量

如果数列 $\{x_n\}$ 的极限为零, 则称 $\{x_n\}$ 为无穷小量. 例如: 数列 $\left\{\dfrac{1}{n}\right\}$ 与 $\{q^n\}(|q| < 1)$ 均是无穷小量. 这样, 无穷小量只是收敛数列的特例. 但是在后面的章节里, 我们将看到无穷小量在数列极限中是一个很重要的概念, 在极限的计算中也起着举足轻重的作用. 下面我们再举一些无穷小量的例子.

例 2.1.19　证明 $\left\{\dfrac{a^n}{n!}\right\}$ 是无穷小量, 其中 $a > 0$.

证明　当 $[a] = 0$ 时, 由于

$$0 < x_n = \frac{a^n}{n!} < \frac{1}{n},$$

因此 $\lim\limits_{n\to\infty} \dfrac{a^n}{n!} = 0$, 即 $\left\{\dfrac{a^n}{n!}\right\}$ 是一个无穷小量.

当 $[a] \neq 0$ 时, 设 $n > [a]$, 则

$$|x_n - 0| = \frac{a^n}{n!} = \frac{a}{1}\frac{a}{2}\cdots\frac{a}{[a]}\frac{a}{[a]+1}\cdots\frac{a}{n} \leqslant \frac{a^{[a]}}{[a]!}\frac{a}{n},$$

因此 $\lim\limits_{n\to\infty} \dfrac{a^n}{n!} = 0$, 从而 $\left\{\dfrac{a^n}{n!}\right\}$ 是一个无穷小量. □

例 2.1.20　已知 $\lim\limits_{n\to\infty}(x_n - x_{n-2}) = 0$. 证明: $\left\{\dfrac{x_n - x_{n-1}}{n}\right\}$ 是无穷小量.

证明　由 $\lim\limits_{n\to\infty}(x_n - x_{n-2}) = 0$ 可知,

$$\forall\,\varepsilon > 0, \exists\,N_1, \forall\,n > N_1: \ |x_n - x_{n-2}| < \frac{\varepsilon}{2}.$$

从而当 $n > \max\{2, N_1\}$ 时, 通过递推方法可以得到

$$|x_n - x_{n-1}| \leqslant |x_n - x_{n-2}| + |x_{n-1} - x_{n-2}|$$

$$\leqslant |x_n - x_{n-2}| + |x_{n-1} - x_{n-3}| + |x_{n-2} - x_{n-3}|$$

$$\leqslant \cdots$$

$$\leqslant |x_n - x_{n-2}| + |x_{n-1} - x_{n-3}| + \cdots + |x_{N_1+1} - x_{N_1-1}| + |x_{N_1} - x_{N_1-1}|$$

$$< \frac{(n - N_1)\varepsilon}{2} + |x_{N_1} - x_{N_1-1}|.$$

对于选定了的 $N_1, |x_{N_1} - x_{N_1-1}|$ 是固定数, 所以 $\left\{\dfrac{1}{n}|x_{N_1} - x_{N_1-1}|\right\}$ 是无穷小量, 因此, 对于上述 $\varepsilon > 0$, 存在自然数 N_2, 当 $n > N_2$ 时, 有

$$\frac{1}{n}|x_{N_1} - x_{N_1-1}| < \frac{\varepsilon}{2}.$$

取 $N = \max\{N_1, N_2\}$, 则当 $n > N$ 时, 有

$$\frac{|x_n - x_{n-1}|}{n} < \frac{(n - N_1)\dfrac{\varepsilon}{2} + |x_{N_1} - x_{N_1-1}|}{n} < \varepsilon.$$

因此 $\lim\limits_{n\to\infty} \dfrac{x_n - x_{n-1}}{n} = 0$, 从而 $\left\{\dfrac{x_n - x_{n-1}}{n}\right\}$ 是一个无穷小量.   □

由无穷小量的定义以及极限的四则运算可以得到以下性质:

(1) 有限个无穷小量的代数和是无穷小量;

(2) 常数乘无穷小量仍是无穷小量;

(3) 有限个无穷小量的乘积是无穷小量;

(4) 无穷小量乘有界量仍是无穷小量;

(5) 数列 $\{x_n\}$ 以 a 为极限, 则存在无穷小量 $\{\alpha_n\}$, 使得 $\forall\, n \in \mathbb{N}_+ : x_n = a + \alpha_n$;
反之亦然.

证明　性质 (1)—(4) 是显然的. 性质 (5) 的证明如下:

若 $\lim\limits_{n\to\infty} x_n = a$, 则令 $\alpha_n = x_n - a$, 于是

$$\lim_{n\to\infty} \alpha_n = 0, \quad \text{且 } x_n = a + \alpha_n.$$

反过来, 若 $x_n = a + \alpha_n$, 且 $\lim\limits_{n\to\infty} \alpha_n = 0$, 则

$$\lim_{n\to\infty} x_n = \lim_{n\to\infty}(a + \alpha_n) = a + \lim_{n\to\infty} \alpha_n = a.$$ □

性质 (5) 说明了收敛数列和无穷小量之间的关系. 下面我们举例说明无穷小量性质的应用.

例 2.1.21　设 $\lim\limits_{n\to\infty} x_n = a$, $\lim\limits_{n\to\infty} y_n = b$. 证明: $\lim\limits_{n\to\infty} \dfrac{x_n y_1 + x_{n-1} y_2 + \cdots + x_1 y_n}{n} = ab.$

证明　令 $x_n = a + \alpha_n$, $y_n = b + \beta_n$. 由性质 (5) 可知 $\{\alpha_n\}$ 和 $\{\beta_n\}$ 是无穷小量. 令 $I_n = \dfrac{x_n y_1 + x_{n-1} y_2 + \cdots + x_1 y_n}{n}$. 通过计算可得

$$I_n = ab + \frac{b}{n}\sum_{k=1}^{n} \alpha_k + \frac{a}{n}\sum_{k=1}^{n} \beta_k + \frac{1}{n}\sum_{k=1}^{n} \alpha_k \beta_{n-k+1}.$$

由例 2.1.4 可知,

$$\lim_{n\to\infty} \frac{b}{n}\sum_{k=1}^{n} \alpha_k = 0, \quad \lim_{n\to\infty} \frac{a}{n}\sum_{k=1}^{n} \beta_k = 0.$$

又因为数列 $\{\beta_n\}$ 有界, 所以我们可以假设存在 $M > 0$, 对于任意的正整数 n, 有 $|\beta_n| \leqslant M$. 于是得到

$$\left| \frac{1}{n} \sum_{k=1}^{n} \alpha_k \beta_{n-k+1} \right| \leqslant \frac{M \sum_{k=1}^{n} |\alpha_k|}{n}.$$

则由夹逼法可知,

$$\lim_{n \to \infty} \frac{1}{n} \sum_{k=1}^{n} \alpha_k \beta_{n-k+1} = 0.$$

再由极限的四则运算, 可得 $\lim\limits_{n \to \infty} I_n = ab$. □

　　与无穷小量相对立的是无穷大量. 通常若数列 $\{x_n\}$ 随着 n 的增大, $|x_n|$ 也无限增大, 则称数列 $\{x_n\}$ 为无穷大量. 我们给出精确的数学语言描述: 若对于任意给定的 $G > 0$, 可以找到正整数 N, 使得当 $n > N$ 时, 成立

$$|x_n| > G,$$

则称数列 $\{x_n\}$ 是无穷大量, 记为

$$\lim_{n \to \infty} x_n = \infty.$$

用逻辑符号, 即 $G - N$ 语言, 描述如下:

$$\forall\, G > 0, \exists\, N \in \mathbb{N}, \forall\, n > N : |x_n| > G.$$

　　如果无穷大量 $\{x_n\}$ 从某一项开始都是正的 (或负的), 则称其为正无穷大量 (或负无穷大量), 记为

$$\lim_{n \to \infty} x_n = +\infty \ (\text{或} \ \lim_{n \to \infty} x_n = -\infty).$$

相应的 $G - N$ 语言描述为

$$\forall\, G > 0, \exists\, N \in \mathbb{N}, \forall\, n > N : x_n > G \ (\text{或} \ \forall\, G > 0, \exists\, N \in \mathbb{N}, \forall\, n > N : x_n < -G).$$

　　注意无界量不一定是无穷大量. 两个无穷大量之和也不一定是无穷大量. 但是无穷大量和无穷小量、无穷大量和有界量之间具有一些运算性质:

(1) 若 $\{x_n\}$ 是无穷大量, $\{y_n\}$ 是有界量, 则 $\{x_n \pm y_n\}$ 是无穷大量;

(2) 若 $\{x_n\}$ 是无穷大量, $\lim\limits_{n \to \infty} y_n = b \neq 0$, 则 $\{x_n y_n\}$ 和 $\left\{ \dfrac{x_n}{y_n} \right\}$ 是无穷大量;

(3) 设 $x_n \neq 0$, 则 $\{x_n\}$ 是无穷小量的充分必要条件是 $\left\{ \dfrac{1}{x_n} \right\}$ 是无穷大量.

证明 性质 (1) 比较容易证明, 故这里只给出性质 (2) 与 (3) 的证明.

性质 (2) 的证明: 由 $\lim\limits_{n\to\infty} y_n = b \neq 0$ 知,

$$\exists\, N_1 \in \mathbb{N}, \forall\, n > N_1 : |y_n| > \frac{|b|}{2}.$$

又由 $\{x_n\}$ 是无穷大量知,

$$\forall\, G > 0, \exists\, N_2 \in \mathbb{N}, \forall\, n > N_2 : |x_n| > \frac{2}{|b|} G.$$

从而

$$\forall\, G > 0, \exists\, N = \max\{N_1, N_2\} \in \mathbb{N}, \forall\, n > N : |x_n y_n| > \frac{2}{|b|} G \cdot \frac{|b|}{2} = G.$$

于是证得 $\{x_n y_n\}$ 是无穷大量.

性质 (3) 的证明: 若 $x_n \neq 0$, $\lim\limits_{n\to\infty} x_n = 0$, 则 $\forall\, G > 0$, 取 $\varepsilon = \dfrac{1}{G}$, 由 $\lim\limits_{n\to\infty} x_n = 0$ 可知 $\exists\, N, \forall\, n > N : |x_n - 0| < \varepsilon = \dfrac{1}{G}$, 从而 $\left|\dfrac{1}{x_n}\right| > G$, 故 $\lim\limits_{n\to\infty} \dfrac{1}{x_n} = \infty$.

若 $x_n \neq 0$, $\lim\limits_{n\to\infty} \dfrac{1}{x_n} = \infty$, 则 $\forall\, \varepsilon > 0$, 取 $G = \dfrac{1}{\varepsilon}$, 由 $\lim\limits_{n\to\infty} \dfrac{1}{x_n} = \infty$ 可知 $\exists\, N, \forall\, n > N : \left|\dfrac{1}{x_n}\right| > G = \dfrac{1}{\varepsilon}$, 故 $\lim\limits_{n\to\infty} x_n = 0$. $\qquad\square$

2.1.5 子列

关于数列的子数列 (简称子列), 一般有如下定义:

定义 2.1.22 在数列 $\{x_n\}$ 中, 考虑任何一个部分数列

$$x_{n_1}, x_{n_2}, \cdots, x_{n_k}, \cdots,$$

其中 $n_1 < n_2 < \cdots < n_k < \cdots$ 为任一个增加的正整数数列, 那么称数列 $\{x_{n_k}\}$ 为 $\{x_n\}$ 的子数列. 这里 k 表示 x_{n_k} 在 $\{x_{n_k}\}$ 中的第 k 项, 而 n_k 表示 x_{n_k} 在原数列 $\{x_n\}$ 中的第 n_k 项.

例如 $\{x_{2n}\}, \{x_{2n-1}\}, \{x_{4n+1}\}, \{x_{n^2}\}$ 等都是数列 $\{x_n\}$ 的子数列. 特别地, $\{x_n\}$ 本身也可称为 $\{x_n\}$ 的子数列. 按定义, 显然对每一个 k, 有 $n_k \geqslant k$. 故当 k 无限增大时, n_k 也无限增大, 即 $\lim\limits_{k\to\infty} n_k = +\infty$.

关于子数列的极限有下述定理:

定理 2.1.23 $\lim\limits_{n\to\infty} x_n = a$ 的充分必要条件是: $\{x_n\}$ 的任何子数列都以 a 为极限.

证明   充分性是显然的. 下面证明必要性. 设 $\{x_{n_k}\}$ 为 $\{x_n\}$ 任意一个子数列, 因为 $\lim\limits_{n\to\infty} x_n = a$, 所以 $\forall\, \varepsilon > 0, \exists\, N, \forall\, n > N:\ |x_n - a| < \varepsilon$. 于是当 $k > N$ 时, 有 $n_k \geqslant k > N$, 因此有

$$|x_{n_k} - a| < \varepsilon.$$

故 $\lim\limits_{k\to\infty} x_{n_k} = a.$ □

定理 2.1.24 $\lim\limits_{n\to\infty} x_n = a$ 的充分必要条件是子列 $\{x_{2n}\}$ 和 $\{x_{2n+1}\}$ 都以 a 为极限.

证明   必要性是显然的. 下面证明充分性. 由于 $\{x_{2k}\}$ 和 $\{x_{2k+1}\}$ 都以 a 为极限, 故有

$$\forall\, \varepsilon > 0, \exists\, K_1, \forall\, k > K_1:\ |x_{2k} - a| < \varepsilon,$$

$$\forall\, \varepsilon > 0, \exists\, K_2, \forall\, k > K_2:\ |x_{2k+1} - a| < \varepsilon.$$

于是取 $N = \max\{2K_1, 2K_2 + 1\}$, 当 $n > N$ 时, 若 n 是偶数, 则由于 $\dfrac{n}{2} > K_1$, 从而成立 $|x_n - a| = |x_{2\cdot\frac{n}{2}} - a| < \varepsilon$. 若 n 是奇数, 则由于 $\dfrac{n-1}{2} > K_2$, 从而成立 $|x_n - a| = |x_{2\cdot\frac{n-1}{2}+1} - a| < \varepsilon$. 即当 $n > N$ 时, 有

$$|x_n - a| < \varepsilon.$$

故 $\lim\limits_{n\to\infty} x_n = a.$ □

注意上述定理中 a 都是实数. 事实上, 当 a 是 $\infty, \pm\infty$ 时, 上述定理也成立. 请读者给出证明. 另外, 上述定理给出了证明数列 $\{x_n\}$ 发散的一个方法: 找出 $\{x_n\}$ 的发散子列; 或者找出 $\{x_n\}$ 两个有不同极限的子列.

例 2.1.25   设 $x_n = \sin\dfrac{n\pi}{4}$, 讨论数列 $\{x_n\}$ 的敛散性.

解   由于

$x_{4k} = \sin\dfrac{4k\pi}{4} = \sin k\pi = 0$, 且 $\lim\limits_{k\to\infty} x_{4k} = 0.$

$x_{8k+2} = \sin\dfrac{(8k+2)\pi}{4} = \sin\left(2k + \dfrac{1}{2}\right)\pi = 1$, 且 $\lim\limits_{k\to\infty} x_{8k+2} = 1.$

故数列 $\{x_n\}$ 发散.

例 2.1.26   证明无界数列必有一子列为无穷大量.

证明   设 $\{x_n\}$ 为无界数列. 则由定义可知

$$\forall\, G > 0, \exists\, n \in \mathbb{N}_+:\ |x_n| > G.$$

特别地, 对于

$$M_1 = 1, \exists\, n_1 \in \mathbb{N}_+:\ |x_{n_1}| > M_1 = 1;$$

$$M_2 = 1 + \sum_{i=1}^{n_1} |x_i|, \exists\, n_2 \in \mathbb{N}_+ : |x_{n_2}| > M_2, \text{ 即有 } n_2 > n_1, |x_{n_2}| > 2;$$

$$\cdots;$$

$$M_{k+1} = 1 + \sum_{i=1}^{n_k} |x_i|, \exists\, n_{k+1} \in \mathbb{N}_+ : |x_{n_{k+1}}| > M_{k+1}, \text{ 即有 } n_{k+1} > n_k, |x_{n_{k+1}}|$$
$$> k+1.$$

如此继续, 可得到子列 $\{x_{n_k}\}$ 且 $\lim\limits_{k \to \infty} x_{n_k} = \infty$. $\qquad\square$

练习题 2.1

1. 试判断下列命题的真伪. 若正确证明之, 否则举反例说明.

   (1) $\lim\limits_{n \to \infty} x_n = a \ (a \in \mathbb{R}) \Longleftrightarrow \forall\, 0 < \varepsilon < 1, \exists\, N \in \mathbb{N}, \forall\, n \geqslant N : |x_n - a| \leqslant \varepsilon$;

   (2) $\lim\limits_{n \to \infty} x_n = a \ (a \in \mathbb{R}) \Longleftrightarrow \forall\, 0 < \varepsilon < 1, \exists\, N \in \mathbb{N}, \forall\, n > N : |x_n - a| < \varepsilon$;

   (3) $\lim\limits_{n \to \infty} x_n = a \ (a \in \mathbb{R}) \Longleftrightarrow \forall\, \varepsilon > 0, \exists\, N \in \mathbb{N}, \forall\, n > N : |x_n - a| < M\varepsilon$ (M 为正常数);

   (4) $\lim\limits_{n \to \infty} x_n = a \ (a \in \mathbb{R}) \Longleftrightarrow \forall\, k \in \mathbb{N}, \exists\, N \in \mathbb{N}, \forall\, n > N : |x_n - a| < \dfrac{1}{k}$;

   (5) $\lim\limits_{n \to \infty} x_n = a \ (a \in \mathbb{R}) \Longleftrightarrow \forall\, \varepsilon > 0,$ 在 $(a - \varepsilon, a + \varepsilon)$ 中含有数列 $\{x_n\}$ 中的无穷多项.

2. 试判断下列命题的真伪. 若正确证明之, 否则举反例说明.

   (1) 若 $a_n \leqslant b_n \leqslant c_n \ (n \in \mathbb{N})$ 且 $\lim\limits_{n \to \infty} (c_n - a_n) = 0$, 则数列 $\{a_n\}$ 收敛;

   (2) 若 $a_n \leqslant b_n \leqslant c_n \ (n \in \mathbb{N})$, 数列 $\{b_n\}$ 收敛且 $\lim\limits_{n \to \infty} (c_n - a_n) = 0$, 则数列 $\{a_n\}$ 收敛;

   (3) 若 $\{a_n\}$ 收敛, 且 $a_n \neq 0, n \in \mathbb{N}$, 则 $\lim\limits_{n \to \infty} \dfrac{a_{n+1}}{a_n} = 1$;

   (4) $\lim\limits_{n \to \infty} a_n b_n = 0$, 则 $\lim\limits_{n \to \infty} a_n = 0$ 或 $\lim\limits_{n \to \infty} b_n = 0$;

   (5) $\lim\limits_{n \to \infty} \dfrac{b_n}{a_n} = 1$, 且数列 $\{a_n\}$ 收敛, 则数列 $\{b_n\}$ 收敛且 $\lim\limits_{n \to \infty} b_n = \lim\limits_{n \to \infty} a_n$;

   (6) 若数列 $\{a_{2k}\}$ 和 $\{a_{2k-1}\}$ 都收敛, 则数列 $\{a_n\}$ 收敛.

3. 用 $\varepsilon - N$ 定义证明:

   (1) $\lim\limits_{n \to \infty} \dfrac{1}{1 + \sqrt{n}} = 0$;

   (2) $\lim\limits_{n \to \infty} \dfrac{3n^2 + n}{2n^2 - 1} = \dfrac{3}{2}$;

   (3) $\lim\limits_{n \to \infty} (\sqrt{n^2 + n} - n) = \dfrac{1}{2}$;

   (4) $\lim\limits_{n \to \infty} \arctan n = \dfrac{\pi}{2}$;

(5) $\lim\limits_{n\to\infty}\dfrac{n^2\arctan n}{1+n^2}=\dfrac{\pi}{2}$.

4. 求下列极限:

(1) $\lim\limits_{n\to\infty}\dfrac{(-2)^n+3^n}{(-2)^{n+1}+3^{n+1}}$;

(2) $\lim\limits_{n\to\infty}\dfrac{\dfrac{1}{2}+\dfrac{1}{2^2}+\cdots+\dfrac{1}{2^n}}{\dfrac{1}{3}+\dfrac{1}{3^2}+\cdots+\dfrac{1}{3^n}}$;

(3) $\lim\limits_{n\to\infty}\left(\dfrac{1}{n^2}+\dfrac{3}{n^2}+\cdots+\dfrac{2n-1}{n^2}\right)$;

(4) $\lim\limits_{n\to\infty}\left(1+\dfrac{1}{2}\right)\left(1+\dfrac{1}{2^2}\right)\left(1+\dfrac{1}{2^4}\right)\cdots\left(1+\dfrac{1}{2^{2^n}}\right)$;

(5) $\lim\limits_{n\to\infty}\left(\dfrac{1}{\sqrt{n^2+1}}+\dfrac{1}{\sqrt{n^2+2}}+\cdots+\dfrac{1}{\sqrt{n^2+n}}\right)$;

(6) $\lim\limits_{n\to\infty}\left(1-\dfrac{1}{\sqrt[n]{2}}\right)\cos n$;

(7) $\lim\limits_{n\to\infty}\sqrt[n]{n^2-n+2}$;

(8) $\lim\limits_{n\to\infty}\sqrt[n]{n\ln n}$;

(9) $\lim\limits_{n\to\infty}\sqrt[n]{\arctan n}$;

(10) $\lim\limits_{n\to\infty}\left(\sqrt[n]{1}+\sqrt[n]{2}+\cdots+\sqrt[n]{10}\right)$;

(11) $\lim\limits_{n\to\infty}\sqrt[n]{2\sin^2 n+\cos^2 n}$;

(12) $\lim\limits_{n\to\infty}((n+1)^\alpha-n^\alpha),\alpha\in(0,1)$;

(13) $\lim\limits_{n\to\infty}\dfrac{[na_n]}{n}$. 这里 $\lim\limits_{n\to\infty}a_n=a$.

5. 证明数列 $\left\{\dfrac{2n+(-1)^n n}{3n+1}\right\}$, $n\in\mathbb{N}$ 发散.

6. 设 $a_n\neq 0,\dfrac{a_{n+1}}{a_n}>0\ (n\in\mathbb{N}),\lim\limits_{n\to\infty}\dfrac{a_{n+1}}{a_n}=0$. 证明: 当 n 充分大时, 数列 $\{a_n\}$ 单调.

7. 设数列 $\{a_n\}$ 收敛, 证明: 数列 $\{a_n\}$ 或者有最大的一项或者有最小的一项. 又问是否二者必定都有?

8. 已知 $\lim\limits_{n\to\infty}x_n=a,a\neq 0$, 用 $\varepsilon-N$ 语言证明:

(1) $\lim\limits_{n\to\infty}\sqrt{x_n}=\sqrt{a}$;   (2) $\lim\limits_{n\to\infty}\sin\dfrac{1}{x_n^2}=\sin\dfrac{1}{a^2}$.

9. 设 $\lim\limits_{n\to\infty}(x_n-x_{n-1})=d$, 证明: $\lim\limits_{n\to\infty}\dfrac{x_n}{n}=d$.

10. 设 $\lim\limits_{n\to\infty}a_n=a\ (a_n>0,n\in\mathbb{N})$. 证明: $\lim\limits_{n\to\infty}\sqrt[n]{a_1a_2\cdots a_n}=a$, 并依次证明:

(1) 若 $\lim\limits_{n\to\infty}\dfrac{a_{n+1}}{a_n}=a\ (a_n>0,n\in\mathbb{N})$, 则 $\lim\limits_{n\to\infty}\sqrt[n]{a_n}=a$;

(2) $\lim\limits_{n\to\infty} \dfrac{\sqrt[n]{n!}}{n} = \dfrac{1}{e}$.

11. 证明: 若数列 $\{a_{3k-2}\}, \{a_{3k-1}\}$ 和 $\{a_{3k}\}$ 都收敛, 且有相同的极限, 则数列 $\{a_n\}$ 收敛.

12. 设 $\lim\limits_{n\to\infty} x_n = +\infty$, 证明: $\lim\limits_{n\to\infty} \dfrac{x_1 + x_2 + \cdots + x_n}{n} = +\infty$.

13. 设 $a_n > 0, n \in \mathbb{N}$, $\lim\limits_{n\to\infty} \dfrac{a_n}{a_{n+1} + a_{n+2}} = 0$, 证明: 数列 $\{a_n\}$ 无界.

14. 证明数列为无穷大量的充分必要条件是该数列的任何子列均是无界数列.

15. 设 $a_n \neq 0, n \in \mathbb{N}$, $\lim\limits_{n\to\infty} a_n = 0$, 证明: 若 $\lim\limits_{n\to\infty} \dfrac{a_{n+1}}{a_n} = l$, 则 $|l| \leqslant 1$.

16. 设 $f(x)$ 在 $[a, b]$ 上严格单调增加, 又 $\{x_n\} \subset [a, b]$, 使得 $\lim\limits_{n\to\infty} f(x_n) = f(a)$, 证明: $\lim\limits_{n\to\infty} x_n = a$.

17. 设数列 $\{x_n\}$ 单调增加, $\lim\limits_{n\to\infty} \dfrac{x_1 + x_2 + \cdots + x_n}{n} = a$, 证明: $\lim\limits_{n\to\infty} x_n = a$.

2.2 施托尔茨定理

在极限的计算过程中, 通常会需要计算两个无穷大量和两个无穷小量之商的极限. 这种类型的极限不容易计算, 其极限可能是有限数, 也可能是无穷大. 通常把这种类型的极限称为**不定型**或**待定型**. 下面介绍一种特殊的方法, 它对计算某些不定型的极限有很大帮助.

定理 2.2.1 (施托尔茨 (Stolz) 定理) 设 $\{a_n\}$ 是一列严格单调增加且极限为正无穷大的数列, $\{b_n\}$ 是任意数列. 如果

$$\lim_{n\to\infty} \frac{b_n - b_{n-1}}{a_n - a_{n-1}} = a,$$

则有

$$\lim_{n\to\infty} \frac{b_n}{a_n} = a.$$

这里 a 可以是正无穷、负无穷或有限数.

证明 先证 a 是有限数的情况. 由 $\lim\limits_{n\to\infty} \dfrac{b_n - b_{n-1}}{a_n - a_{n-1}} = a$ 可知, $\forall\, \varepsilon > 0$, $\exists\, N_1$, $\forall\, n > N_1$, 有

$$|b_n - aa_n - (b_{n-1} - aa_{n-1})| < \varepsilon\, |a_n - a_{n-1}|.$$

由于 $\{a_n\}$ 是一列严格单调增加且极限为正无穷大的数列, 故不妨设 $a_{N_1} > 0$, 于是

$$|b_n - aa_n - (b_{N_1} - aa_{N_1})| \leqslant \sum_{i=N_1+1}^{n} |b_i - aa_i - (b_{i-1} - aa_{i-1})|$$

$$\leqslant \sum_{i=N_1+1}^{n} \varepsilon\, (a_i - a_{i-1}) = \varepsilon\, (a_n - a_{N_1}).$$

注意到

$$\frac{b_n}{a_n} - a = \frac{b_n - aa_n - (b_{N_1} - aa_{N_1})}{a_n - a_{N_1}} \cdot \frac{a_n - a_{N_1}}{a_n} + \frac{b_{N_1} - aa_{N_1}}{a_n}.$$

又由于 $\{a_n\}$ 是正无穷大量, 故存在 $N_2 > N_1$, 使得当 $n > N_2$ 时, 有

$$\left| \frac{b_{N_1} - aa_{N_1}}{a_n} \right| < \varepsilon.$$

取 $N = N_2$, 则当 $n > N$ 时

$$\left| \frac{b_n}{a_n} - a \right| \leqslant \left| \frac{b_n - aa_n - (b_{N_1} - aa_{N_1})}{a_n - a_{N_1}} \right| \cdot \left| \frac{a_n - a_{N_1}}{a_n} \right| + \left| \frac{b_{N_1} - aa_{N_1}}{a_n} \right| < 2\varepsilon,$$

从而证得 $\lim\limits_{n\to\infty}\dfrac{b_n}{a_n}=a$.

对于 $a=+\infty$ 的情况, 首先由 $\lim\limits_{n\to\infty}\dfrac{b_n-b_{n-1}}{a_n-a_{n-1}}=+\infty$ 可知, 存在 N, 当 $n\geqslant N$ 时, 有

$$b_n-b_{n-1}>a_n-a_{n-1},$$

于是 $\{b_n\}$ 也可以视为严格单调增加数列, 并且通过递推运算可以得到

$$b_n-b_N>a_n-a_N,$$

因此 $\{b_n\}$ 也是正无穷大量. 将前面证明的结果用到 $\left\{\dfrac{a_n}{b_n}\right\}$, 则有

$$\lim_{n\to\infty}\frac{a_n-a_{n-1}}{b_n-b_{n-1}}=\lim_{n\to\infty}\frac{a_n}{b_n}=0,$$

因而 $\lim\limits_{n\to\infty}\dfrac{b_n}{a_n}=+\infty$.

对于 $a=-\infty$ 的情况, 考虑数列 $\{c_n=-b_n\}$. 由已知可得

$$\lim_{n\to\infty}\frac{c_n-c_{n-1}}{a_n-a_{n-1}}=+\infty,$$

从而由第二种情形可得

$$\lim_{n\to\infty}\frac{c_n}{a_n}=+\infty,$$

于是

$$\lim_{n\to\infty}\frac{b_n}{a_n}=\lim_{n\to\infty}\frac{-c_n}{a_n}=-\infty. \qquad\square$$

注 上述定理中, 若 $a=\infty$, 定理结论是不成立的, 请读者自行给出反例.

例 2.2.2 设 $\lim\limits_{n\to\infty}a_n=a$. 证明: $\lim\limits_{n\to\infty}\dfrac{a_1+2^2a_2+\cdots+n^2a_n}{n^3}=\dfrac{a}{3}$.

证明 令 $c_n=n^3$, $b_n=\sum\limits_{k=1}^{n}k^2a_k$. 显然 $\{c_n\}$ 是严格单调增加数列而且是正无穷大量. 又由于

$$\lim_{n\to\infty}\frac{b_n-b_{n-1}}{c_n-c_{n-1}}=\lim_{n\to\infty}\frac{n^2a_n}{n^3-(n-1)^3}=\frac{a}{3}.$$

则由施托尔茨定理得到

$$\lim_{n\to\infty}\frac{a_1+2^2a_2+\cdots+n^2a_n}{n^3}=\lim_{n\to\infty}\frac{n^2a_n}{n^3-(n-1)^3}=\frac{a}{3}. \qquad\square$$

例 2.2.3 计算极限 $\lim\limits_{n\to\infty}n\left(\dfrac{\sum\limits_{k=1}^{n}(2k+1)^2}{n^3}-\dfrac{4}{3}\right)$.

解 注意到

$$n\left(\frac{\sum\limits_{k=1}^{n}(2k+1)^2}{n^3}-\frac{4}{3}\right)=\frac{\sum\limits_{k=1}^{n}(2k+1)^2-\frac{4}{3}n^3}{n^2}.$$

令 $a_n=n^2, b_n=\sum\limits_{k=1}^{n}(2k+1)^2-\frac{4}{3}n^3$. 由于 $\{a_n\}$ 是严格单调增加数列而且是正无穷大量, 并且

$$\lim_{n\to\infty}\frac{b_n-b_{n-1}}{a_n-a_{n-1}}=\lim_{n\to\infty}\frac{(2n+1)^2-\frac{4}{3}\left[n^3-(n-1)^3\right]}{n^2-(n-1)^2}=\lim_{n\to\infty}\frac{24n-1}{3(2n-1)}=4.$$

则由施托尔茨定理

$$\lim_{n\to\infty}n\left(\frac{\sum\limits_{k=1}^{n}(2k+1)^2}{n^3}-\frac{4}{3}\right)=\lim_{n\to\infty}\frac{(2n+1)^2-\frac{4}{3}\left(n^3-(n-1)^3\right)}{n^2-(n-1)^2}=4.$$

练习题 2.2

1. 举例说明施托尔茨定理的逆命题不成立.

2. 举例说明施托尔茨定理当 $a=\infty$ 时不成立.

3. 计算下列极限:

  (1) $\lim\limits_{n\to\infty}\dfrac{1+\frac{1}{\sqrt{2}}+\cdots+\frac{1}{\sqrt{n}}}{\ln\sqrt{n}}$;

  (2) $\lim\limits_{n\to\infty}\dfrac{1+\sqrt{2}+\cdots+\sqrt{n}}{n\sqrt{n}}$;

  (3) $\lim\limits_{n\to\infty}\dfrac{1+\sqrt{2}+\sqrt[3]{3}+\cdots+\sqrt[n]{n}}{n}$;

  (4) $\lim\limits_{n\to\infty}\dfrac{1^2+3^2+\cdots+(2n-1)^2}{n^3}$;

  (5) $\lim\limits_{n\to\infty}\dfrac{a_1+2a_2+\cdots+na_n}{1+2+\cdots+n}$ $\left(\text{已知}\lim\limits_{n\to\infty}a_n=a\right)$.

4. 计算极限 $\lim\limits_{n\to\infty}(n!)^{\frac{1}{n^2}}$.

5. 设 $x_n=\dfrac{1}{n^2}\sum\limits_{k=0}^{n}\ln\mathrm{C}_n^k$, $n=1,2,\cdots$, 求极限 $\lim\limits_{n\to\infty}x_n$.

6. 设 $\lim\limits_{n\to\infty}n(A_n-A_{n-1})=0$, 试证: 当极限 $\lim\limits_{n\to\infty}\dfrac{A_1+A_2+\cdots+A_n}{n}$ 存在时,

  $$\lim_{n\to\infty}A_n=\lim_{n\to\infty}\frac{A_1+A_2+\cdots+A_n}{n}.$$

2.3 数列极限的存在准则

虽然 $\varepsilon - N$ 语言能够证明数列 $\{x_n\}$ 以 a 为极限, 但是它必须事先知道 a 本身的值. 这个要求对于许多实际情况来说并不现实, 因为一个数列即使收敛, 其极限也往往无法事先知道. 因此, 我们需要从数列本身出发去研究其收敛性, 进而利用极限的四则运算求出相应的极限. 下面给出数列极限的存在准则.

2.3.1 单调有界收敛定理

定理 2.3.1 单调有界数列必定收敛.

证明 不妨设数列 $\{x_n\}$ 是单调增加且有上界的数列. 由实数的定义, 数列中每一项可以用十进制无限小数表示, 即

$$x_1 = A_1.p_1q_1r_1\cdots,$$
$$x_2 = A_2.p_2q_2r_2\cdots,$$
$$\cdots,$$
$$x_n = A_n.p_nq_nr_n\cdots,$$
$$\cdots.$$

考察整数位构成的数列 $\{A_n\}$, 则 $\{A_n\}$ 单调增加且有上界, 从而 A_n 达到最大值之后将保持不变. 记此最大数为 A_0 且在第 N_0 项出现.

再考察第一位小数构成的数列 $\{p_n\}$, 同样 $\{p_n\}$ 在第 N_0 项之后单调增加且数列各项取值为 0 与 9 之间的整数, 从而 $\{p_n\}(n \geqslant N_0)$ 中的项达到最大值之后将保持不变. 记此最大数为 A_1 且在第 N_1 项出现. 显然 $N_1 \geqslant N_0$.

对第二位小数重复上述过程, 如此继续, 可得到实数

$$A = A_0.A_1A_2A_3\cdots,$$

其中每个 A_i 在相应数列的第 N_i 项出现, 并且 $N_0 \leqslant N_1 \leqslant N_2 \leqslant \cdots$.

下面证明: $\lim\limits_{n\to\infty} x_n = A$. 事实上, 对于任意 $\varepsilon > 0$, 取 $m \in \mathbb{N}$, 使得 $10^{-m} < \varepsilon$. 当 $n > N_m$ 时, x_n 的整数部分以及小数点后的前 m 位的数值与 A 的一致, 从而有 $|x_n - A| < 10^{-m} < \varepsilon$. 于是得到 $\lim\limits_{n\to\infty} x_n = A$. $\qquad\square$

例 2.3.2　设 x_1 是已知正数. 证明由 $x_{n+1} = \dfrac{3(1+x_n)}{3+x_n}, n = 1, 2, \cdots$ 所定义的数列 $\{x_n\}$ 收敛, 并求其极限.

证明　首先由 $x_1 > 0$ 可知, $x_n > 0, n = 1, 2, \cdots$, 且

$$x_{n+1} = \frac{3(1+x_n)}{3+x_n} < 3,$$

即数列 $\{x_n\}$ 是有界数列. 又

$$x_{n+1} - x_n = \frac{3(1+x_n)}{3+x_n} - \frac{3(1+x_{n-1})}{3+x_{n-1}} = \frac{6(x_n - x_{n-1})}{(3+x_n)(3+x_{n-1})}.$$

由于分母为正, 故得 $x_{n+1} - x_n$ 和 $x_n - x_{n-1}$ 同号, 从而推得它和 $x_2 - x_1$ 同号, 即数列 $\{x_n\}$ 是单调数列. 从而得到数列 $\{x_n\}$ 为单调有界数列, 故数列 $\{x_n\}$ 收敛.

为计算数列 $\{x_n\}$ 的极限, 我们不妨设 $\lim\limits_{n\to\infty} x_n = a$, 并对递推公式

$$x_{n+1} = \frac{3(1+x_n)}{3+x_n}$$

两边取极限, 由极限的四则运算得到

$$a = \frac{3(1+a)}{3+a}.$$

通过计算可解得 $a = \pm\sqrt{3}$, 由于 $x_n > 0$, 故 $a = -\sqrt{3}$ 舍弃, $a = \sqrt{3}$, 即 $\lim\limits_{n\to\infty} x_n = \sqrt{3}$. □

以上例题分两步进行, 先确定数列极限存在, 再用极限的运算法则求出极限. 如果缺少了第一步, 后面一步的合理性就会出问题.

下面利用单调有界收敛定理证明两个实数定理, 它们是实数连续性的一种分析表现形式.

定理 2.3.3　(波尔查诺–魏尔斯特拉斯 (Bolzano-Weierstrass) 定理)　$\mathbb{R}$ 中的有界数列必有收敛子列.

证明　设数列 $\{x_n\}$ 有界. 首先证明任意的数列都可选出单调子列. 我们对 $\{x_n\}$ 分两种情况展开讨论.

(1) 若 $\{x_n\}$ 中无最大项, 可任取 $n_1 \in \mathbb{N}$, 对 x_{n_1}, 存在 $n_2 > n_1$: $x_{n_2} > x_{n_1}$. 对 x_{n_2}, 存在 $n_3 > n_2$: $x_{n_3} > x_{n_2}$, 如此继续, 便取出了 $\{x_n\}$ 中严格单调增加的子列 $\{x_{n_k}\}$;

(2) 若 $\{x_n\}$ 有最大项, 记最大项为 x_{n_1}. 考虑集合 $\{x_n | n > n_1\}$, 设它仍有最大项 (否则回到情形 (1)), 记最大项 x_{n_2}, 显然 $n_2 > n_1$, 且 $x_{n_2} \leqslant x_{n_1}$. 再考虑集合 $\{x_n | n > n_2\}$, 如此继续, 便取出了 $\{x_n\}$ 单调减少的子列 $\{x_{n_k}\}$.

由于数列 $\{x_n\}$ 有界, 故以上取出的单调子列 $\{x_{n_k}\}$ 有界. 于是由单调有界收敛定理知 $\{x_{n_k}\}$ 收敛. □

定理 2.3.4　(闭区间套定理)　设闭区间列 $\{[a_n, b_n]\}$ 满足

(1) 对于任意的正整数 $n \in \mathbb{N}_+, [a_{n+1}, b_{n+1}] \subset [a_n, b_n]$;

(2) $\lim\limits_{n \to \infty}(b_n - a_n) = 0$,

则在闭区间列中存在唯一的公共点 ξ, 即唯一存在 $\xi \in \bigcap\limits_{n=1}^{\infty}[a_n, b_n]$, 使得 $\lim\limits_{n \to \infty} b_n = \lim\limits_{n \to \infty} a_n = \xi$.

证明　先证明闭区间列公共点的存在性. 考虑闭区间列左右端点构成的数列 $\{a_n\}$ 和 $\{b_n\}$. 由已知可得 $\{a_n\}$ 单调增加而且有上界 b_1. 故由单调有界收敛定理可知 $\{a_n\}$ 收敛, 记 $\lim\limits_{n \to \infty} a_n = \xi$. 显然 $\xi \in [a_n, b_n]$ $(n = 1, 2, \cdots)$. 同理可得 $\{b_n\}$ 单调减少且有下界 a_1, 因此 $\{b_n\}$ 收敛, 而且

$$\lim_{n \to \infty} b_n = \lim_{n \to \infty}((b_n - a_n) + a_n) = \xi.$$

再证明闭区间列公共点的唯一性. 假设 ξ_1, ξ_2 都是闭区间列的公共点, 则有

$$|\xi_1 - \xi_2| \leqslant |b_n - a_n|, \forall\, n \in \mathbb{N},$$

令 $n \to \infty$, 得到

$$|\xi_1 - \xi_2| \leqslant \lim_{n \to \infty}|b_n - a_n| = 0,$$

因此 $\xi_1 = \xi_2$. □

2.3.2 数 e

这一节, 我们用数列 $\left\{\left(1 + \dfrac{1}{n}\right)^n\right\}$ 的极限给出实数 e 的定义, 然后证明 e 是无理数. 由此可见有理数集 $\mathbb{Q}$ 对极限运算不封闭.

令 $a_n = \left(1 + \dfrac{1}{n}\right)^n$, 因为

$$a_n = 1 + n \cdot \frac{1}{n} + \frac{n(n-1)}{2!}\frac{1}{n^2} + \cdots + \frac{n(n-1)(n-2)\cdots(n-k+1)}{k!} \cdot \frac{1}{n^k} + \cdots +$$
$$\frac{n(n-1)(n-2)\cdots 1}{n!}\frac{1}{n^n}$$
$$= 1 + 1 + \frac{1}{2!}\left(1 - \frac{1}{n}\right) + \cdots + \frac{1}{k!}\left(1 - \frac{1}{n}\right)\left(1 - \frac{2}{n}\right)\cdots\left(1 - \frac{k-1}{n}\right) + \cdots +$$
$$\frac{1}{n!}\left(1 - \frac{1}{n}\right)\left(1 - \frac{2}{n}\right)\cdots\left(1 - \frac{n-1}{n}\right),$$

因此得到

$$a_n < 1 + 1 + \frac{1}{2!} + \frac{1}{3!} + \cdots + \frac{1}{k!} + \cdots + \frac{1}{n!}$$

$$< 1 + 1 + \frac{1}{2} + \frac{1}{2^2} + \cdots + \frac{1}{2^{k-1}} + \cdots + \frac{1}{2^{n-1}}$$

$$< 1 + \frac{1 - \dfrac{1}{2^n}}{1 - \dfrac{1}{2}} < 3.$$

又由几何–算术平均不等式可知

$$a_n = \left(1 + \frac{1}{n}\right)^n \cdot 1 < \left(\frac{n\left(1 + \dfrac{1}{n}\right) + 1}{n+1}\right)^{n+1} = a_{n+1}.$$

即数列 $\{a_n\}$ 严格单调增加且有上界, 从而证得数列 $\{a_n\}$ 收敛. 习惯上用字母 e 来表示这个极限, 即

$$\lim_{n \to \infty} \left(1 + \frac{1}{n}\right)^n = \mathrm{e}.$$

已经计算得 $\mathrm{e} = 2.718281828459045 \cdots$, 通常称 e 是自然对数的底.

类似地, 对于数列 $\{b_n\} = \left\{\left(1 + \dfrac{1}{n}\right)^{n+1}\right\}$, 由于

$$\frac{1}{b_n} = \left(\frac{n}{n+1}\right)^{n+1} \cdot 1 < \left(\frac{(n+1)\dfrac{n}{n+1} + 1}{n+2}\right)^{n+2} = \left(\frac{n+1}{n+2}\right)^{n+2} = \frac{1}{b_{n+1}},$$

故 $\{b_n\}$ 是严格单调减少且有下界的数列, 从而也收敛. 通过计算可得

$$\lim_{n \to \infty} b_n = \lim_{n \to \infty} a_n \left(1 + \frac{1}{n}\right) = \mathrm{e}.$$

于是对于任意正整数 n 有不等式

$$\left(1 + \frac{1}{n}\right)^n < \mathrm{e} < \left(1 + \frac{1}{n}\right)^{n+1}$$

成立. 下面我们说明 e 是无理数. 为此我们令

$$x_n = \sum_{k=0}^{n} \frac{1}{k!}.$$

于是, 对于任意的正整数 n, 有

$$a_n = \left(1 + \frac{1}{n}\right)^n < x_n.$$

任意固定 $k : k < n$, 有

$$a_n = 1 + 1 + \frac{1}{2!}\left(1 - \frac{1}{n}\right) + \cdots + \frac{1}{k!}\left(1 - \frac{1}{n}\right)\left(1 - \frac{2}{n}\right)\cdots\left(1 - \frac{k-1}{n}\right) + \cdots +$$

$$\frac{1}{n!}\left(1 - \frac{1}{n}\right)\left(1 - \frac{2}{n}\right)\cdots\left(1 - \frac{n-1}{n}\right)$$

$$> 1 + 1 + \frac{1}{2!}\left(1 - \frac{1}{n}\right) + \cdots + \frac{1}{k!}\left(1 - \frac{1}{n}\right)\left(1 - \frac{2}{n}\right)\cdots\left(1 - \frac{k-1}{n}\right).$$

令 $n \to \infty$, 对任意的 $k \in \mathbb{N}_+$, 都有

$$\mathrm{e} \geqslant x_k.$$

从而得到不等式

$$a_n < x_n \leqslant \mathrm{e}.$$

由夹逼法得到

$$\lim_{n \to \infty} x_n = \mathrm{e}.$$

下面我们计算 x_n 和 e 的误差. 事实上,

$$\begin{aligned}
x_{n+m} - x_n &= \frac{1}{(n+1)!} + \cdots + \frac{1}{(n+m)!} \\
&= \frac{1}{(n+1)!}\left(1 + \frac{1}{n+2} + \frac{1}{(n+2)(n+3)} + \cdots + \frac{1}{(n+2)\cdots(n+m)}\right) \\
&< \frac{1}{(n+1)!}\left(1 + \frac{1}{n+2} + \frac{1}{(n+2)^2} + \cdots + \frac{1}{(n+2)^{m-1}}\right) \\
&\leqslant \frac{1}{(n+1)!}\frac{n+2}{n+1} = \frac{1}{n!n}\frac{n(n+2)}{(n+1)^2}.
\end{aligned}$$

注意到

$$0 < \frac{n(n+2)}{(n+1)^2} < 1,$$

从而有

$$0 < x_{n+m} - x_n < \frac{1}{n!n}.$$

令 $m \to \infty$, 对任意的 $n \in \mathbb{N}_+$, 都有

$$0 < \mathrm{e} - x_n \leqslant \frac{1}{n!n}.$$

于是对于任意的正整数 $n \in \mathbb{N}_+$, 存在 $\theta_n \in (0,1)$ 使得

$$\mathrm{e} = x_n + \frac{\theta_n}{n!n} = 1 + 1 + \frac{1}{2!} + \frac{1}{3!} + \cdots + \frac{1}{n!} + \frac{\theta_n}{n!n}.$$

现在利用上式证明 e 是无理数. 采用反证法证明. 假设 e 是有理数, 不妨设 $e = \dfrac{p}{q}$, 其中 p, q 是正整数. 则

$$e = \frac{p}{q} = 1 + 1 + \frac{1}{2!} + \frac{1}{3!} + \cdots + \frac{1}{q!} + \frac{\theta_q}{q!q}.$$

两端乘 $q!$ 得到

$$(q-1)!p = q!\left(1 + 1 + \frac{1}{2!} + \frac{1}{3!} + \cdots + \frac{1}{q!}\right) + \frac{\theta_q}{q},$$

左端为整数, 而右端是一个整数加上一个非零小数, 从而得出矛盾, 即 e 不是有理数.

2.3.3   柯西收敛准则

这一节, 我们从数列本身出发, 找出数列收敛的充分必要条件. 我们先看数列收敛的必要条件. 假设数列 $\{x_n\}$ 收敛于 a, 按照数列极限定义, $\forall\, \varepsilon > 0, \exists\, N, \forall\, n, m > N$:

$$|x_n - a| < \frac{\varepsilon}{2}, \quad |x_m - a| < \frac{\varepsilon}{2}.$$

于是得到

$$|x_m - x_n| \leqslant |x_m - a| + |x_n - a| < \varepsilon.$$

即收敛数列 $\{x_n\}$ 具有以下特性: 对任意给定的 $\varepsilon > 0$, 存在自然数 N, 当 $n, m > N$ 时, 不等式 $|x_n - x_m| < \varepsilon$ 恒成立. 通常把具有这种特性的数列称为柯西数列或基本数列.

定义 2.3.5   若数列 $\{x_n\}$ 满足: 对任意给定的 $\varepsilon > 0$, 存在自然数 N, 当 $n, m > N$ 时, 不等式 $|x_n - x_m| < \varepsilon$ 恒成立, 则称 $\{x_n\}$ 是一个柯西数列或基本数列.

基本数列的定义也可以用逻辑符号描述, 即

$$\forall\, \varepsilon > 0, \exists\, N \in \mathbb{N}, \forall\, m, n > N: \ |x_m - x_n| < \varepsilon.$$

如果取 $m = n + p$, 那么柯西数列的逻辑符号描述为

$$\forall\, \varepsilon > 0, \exists\, N \in \mathbb{N}, \forall\, n > N, \forall\, p \in \mathbb{N}: \ |x_{n+p} - x_n| < \varepsilon.$$

例 2.3.6   设 $x_n = 1 + \dfrac{1}{2^2} + \dfrac{1}{3^2} + \cdots + \dfrac{1}{n^2}$, 证明 $\{x_n\}$ 是一个基本数列.

证明   对任意正整数 m 与 n, 不妨设 $m > n$, 则

$$x_m - x_n = \frac{1}{(n+1)^2} + \frac{1}{(n+2)^2} + \cdots + \frac{1}{m^2}$$

$$< \frac{1}{n(n+1)} + \frac{1}{(n+1)(n+2)} + \cdots + \frac{1}{(m-1)m}$$

$$= \left(\frac{1}{n} - \frac{1}{n+1} \right) + \left(\frac{1}{n+1} - \frac{1}{n+2} \right) + \cdots + \left(\frac{1}{m-1} - \frac{1}{m} \right)$$

$$= \frac{1}{n} - \frac{1}{m} < \frac{1}{n}.$$

于是, 对任意给定的 $\varepsilon > 0$, 取 $N = \left[\frac{1}{\varepsilon} \right] + 1$, 当 $m > n > N$ 时, 成立

$$|x_m - x_n| < \varepsilon.$$

故 $\{x_n\}$ 是一个基本数列. □

定理 2.3.7 (柯西收敛准则) 数列 $\{x_n\}$ 收敛的充分必要条件是 $\{x_n\}$ 是基本数列.

证明 必要性已经证明. 下面证明充分性.

设 $\{x_n\}$ 是基本数列, 按照定义, 对于 $\varepsilon = 1, \exists N_0, \forall n \geqslant N_0:$

$$|x_n - x_{N_0}| < \varepsilon.$$

令 $M = \max \{ |x_1|, |x_2|, \cdots, |x_{N_0}|, |x_{N_0}| + 1 \}$, 则对一切 n, 成立

$$|x_n| \leqslant M,$$

即数列 $\{x_n\}$ 有界. 根据波尔查诺–魏尔斯特拉斯定理, 数列 $\{x_n\}$ 具有收敛子列 $\{x_{n_k}\}$. 不妨设

$$\lim_{k \to \infty} x_{n_k} = A.$$

于是,

$$\forall \, \varepsilon > 0, \exists \, N_1 \in \mathbb{N}, \, \forall \, m, n > N_1: \ |x_n - x_m| < \frac{\varepsilon}{2},$$

$$\exists \, N_2 \in \mathbb{N}, \forall \, n_k > N_2: \ |x_{n_k} - A| < \frac{\varepsilon}{2}.$$

令 $N = \max \{N_1, N_2\}$, 当 $n_k, \, n > N$ 时

$$|x_n - A| \leqslant |x_n - x_{n_k}| + |x_{n_k} - A| < \varepsilon.$$

即 $\lim_{k \to \infty} x_n = A.$ □

柯西收敛准则表明由实数构成的基本数列 $\{x_n\}$ 必存在实数极限, 这一性质称为实数系的完备性. 值得注意的是有理数集不具有完备性. 例如 $\left\{ \left(1 + \frac{1}{n} \right)^n \right\}$ 是由有理数构成的基本数列, 但其极限是无理数 e, 并不是有理数.

例 2.3.8　设 x_0, a 是任意的常数. 令

$$x_1 = q \sin x_0 + a, x_2 = q \sin x_1 + a, \cdots, x_{n+1} = q \sin x_n + a, \cdots,$$

这里 $0 < q < 1$ 是常数. 证明数列 $\{x_n\}$ 收敛.

证明　因为

$$|x_2 - x_1| = q |\sin x_1 - \sin x_0| = 2q \left| \sin \frac{x_1 - x_0}{2} \cos \frac{x_1 + x_0}{2} \right|$$

$$\leqslant 2q \cdot \frac{|x_1 - x_0|}{2} = q |x_1 - x_0| = q\lambda,$$

其中 $\lambda = |x_1 - x_0|$ 是常数. 同理

$$|x_3 - x_2| \leqslant q |x_2 - x_1| \leqslant q^2 \lambda,$$

依次下去可得

$$|x_{n+1} - x_n| \leqslant q |x_n - x_{n-1}| \leqslant q^n \lambda.$$

因此, 对任意的 $p \in \mathbb{N}$,

$$|x_{n+p} - x_n| \leqslant |x_{n+p} - x_{n+p-1}| + |x_{n+p-1} - x_{n+p-2}| + \cdots + |x_{n+1} - x_n|$$

$$\leqslant \left(q^{n+p-1} + q^{n+p-2} + \cdots + q^n \right) \lambda$$

$$< \frac{q^n}{1-q} \lambda.$$

由 $0 < q < 1$, 得到 $\lim\limits_{n \to \infty} \dfrac{q^n}{1-q} \lambda = 0$. 因此,

$$\forall \varepsilon > 0, \exists N \in \mathbb{N}, \forall n > N, \forall p \in \mathbb{N}: \ |x_{n+p} - x_n| < \frac{q^n}{1-q} \lambda < \varepsilon.$$

根据柯西收敛准则可知数列 $\{x_n\}$ 收敛. □

根据柯西收敛准则, 如果数列 $\{x_n\}$ 不是基本数列, 则数列 $\{x_n\}$ 必发散. 即若数列 $\{x_n\}$ 满足:

$$\exists \varepsilon_0 > 0, \forall N \in \mathbb{N}, \exists n > N, \exists p \in \mathbb{N}: \ |x_{n+p} - x_n| \geqslant \varepsilon_0,$$

则数列 $\{x_n\}$ 不是基本数列, 从而 $\{x_n\}$ 发散.

例 2.3.9　设 $a_n = \sum\limits_{i=1}^{n} \dfrac{1}{i}$. 证明数列 $\{a_n\}$ 发散.

证明 取 $\varepsilon_0 = \dfrac{1}{2}$, $\forall N \in \mathbb{N}_+$, 取 $n = N$, $p = N$, 则

$$|a_{n+p} - a_n| = \sum_{i=N+1}^{2N} \frac{1}{i} > \sum_{i=N+1}^{2N} \frac{1}{2N} = \frac{N}{2N} = \frac{1}{2},$$

所以 $\{a_n\}$ 不是柯西数列, 从而证得 $\{a_n\}$ 发散. □

练习题 2.3

1. 证明下列数列极限存在并求其值:

   (1) 设 $x_1 = \sqrt{2}, x_{n+1} = \sqrt{2x_n}, n = 1, 2, \cdots$;

   (2) 设 $x_1 = \sqrt{c}\ (c > 0), x_{n+1} = \sqrt{c + x_n}, n = 1, 2, \cdots$;

   (3) 设 $x_1 > 1, x_{n+1} = \dfrac{3x_n + 1}{x_n + 3}, n = 1, 2, \cdots$.

2. 设 $0 < a_1 < b_1$, 令 $a_{n+1} = \sqrt{a_n b_n}, b_{n+1} = \dfrac{a_n + b_n}{2}, n \in \mathbb{N}_+$. 证明: $\{a_n\}, \{b_n\}$ 收敛于同一极限.

3. 设数列 $\{x_n\}$ 满足 $0 < x_n < 1$ 与 $(1 - x_n)x_{n+1} > \dfrac{1}{4}, n = 1, 2, 3, \cdots$, 求证: $\lim\limits_{n \to \infty} x_n = \dfrac{1}{2}$.

4. 证明: 若单调数列 $\{x_n\}$ 含有一个收敛子列, 则 $\{x_n\}$ 收敛.

5. 设 $x_1 \in (0, 1), x_{n+1} = x_n(1 - x_n), n \in \mathbb{N}_+$, 证明: 数列 $\{nx_n\}$ 收敛, 并求其极限.

6. 证明: 若 $a_n > 0, \lim\limits_{n \to \infty} \dfrac{a_n}{a_{n+1}} = l > 1$, 则 $\lim\limits_{n \to \infty} a_n = 0$.

7. 证明: $\dfrac{1}{2} + \dfrac{1}{3} + \cdots + \dfrac{1}{n} < \ln(n + 1) < 1 + \dfrac{1}{2} + \cdots + \dfrac{1}{n}$.

8. 证明: 数列 $\{x_n\}$ 收敛, 其中 $x_n = 1 + \dfrac{1}{2} + \dfrac{1}{3} + \cdots + \dfrac{1}{n} - \ln n, n \in \mathbb{N}_+$.

9. 求极限 $\lim\limits_{n \to \infty} (n!\mathrm{e} - [n!\mathrm{e}])$.

10. 求极限 $\lim\limits_{n \to \infty} \left(\dfrac{1}{n+1} + \dfrac{1}{n+2} + \cdots + \dfrac{1}{n+n} \right)$.

11. 设数列 $x_n = \left(1 + \dfrac{1}{2}\right)\left(1 + \dfrac{1}{2^2}\right) \cdots \left(1 + \dfrac{1}{2^n}\right)$, 证明 $\lim\limits_{n \to \infty} x_n$ 存在.

12. 下列说法是否能作为数列收敛的充分必要条件?

    (1) $\forall \varepsilon > 0, \forall p \in \mathbb{N}, \exists N \in \mathbb{N}, \forall n > N: |x_{n+p} - x_n| < \varepsilon$;

    (2) $\forall \varepsilon > 0, \exists N, p \in \mathbb{N}, \forall n > N: |x_{n+p} - x_n| < \varepsilon$;

    (3) $\forall n, p \in \mathbb{N}_+, |x_{n+p} - x_n| < \dfrac{p}{n}$ 或者 $\forall p \in \mathbb{N}_+, \lim\limits_{n \to \infty}(x_{n+p} - x_n) = 0$;

    (4) $\forall n, p \in \mathbb{N}_+, |x_{n+p} - x_n| < \dfrac{p}{n^2}$.

13. 应用柯西收敛准则证明下列数列 $\{a_n\}$ 收敛:

(1) $a_n = 1 - \dfrac{1}{2^2} + \dfrac{1}{3^2} - \cdots + (-1)^{n-1}\dfrac{1}{n^2}$ $(n \in \mathbb{N}_+)$;

(2) $a_n = 1 + \dfrac{\sin x}{1^2} + \cdots + \dfrac{\sin nx}{n^2}$ $(x \in \mathbb{R})$;

(3) $a_n = \dfrac{\sin 2x}{2(2 + \sin 2x)} + \dfrac{\sin 3x}{3(3 + \sin 3x)} + \cdots + \dfrac{\sin nx}{n(n + \sin nx)}$ $(n \in \mathbb{N}_+, x \in \mathbb{R})$.

14. 设数列 $\{|a_2 - a_1| + |a_3 - a_2| + \cdots + |a_n - a_{n-1}|\}$ 有界, 求证 $\{a_n\}$ 收敛.

15. 证明 $\dfrac{0}{0}$ 型的施托尔茨定理: 设 $\lim\limits_{n\to\infty} a_n = 0$, $\lim\limits_{n\to\infty} b_n = 0$, 且 $b_1 > b_2 > b_3 > \cdots$. 如果 $\lim\limits_{n\to\infty} \dfrac{a_n - a_{n-1}}{b_n - b_{n-1}} = A$, 则 $\lim\limits_{n\to\infty} \dfrac{a_n}{b_n} = A$. 这里 A 或者是有限数, 或者是正负无穷大.

16. 设 $a_n \in [a, b]$ $(n \in \mathbb{N}_+)$, 证明: 若 $\{a_n\}$ 发散, 则 $\{a_n\}$ 必有两个子列收敛于不同的数.

17. 用柯西收敛准则证明单调有界数列必定收敛.

18. 用闭区间套定理证明波尔查诺–魏尔斯特拉斯定理.

19. 用闭区间套定理证明柯西收敛准则.

20. 设数列 $\{x_n\}$ 满足 $\lim\limits_{n\to\infty} x_n \sum\limits_{k=1}^{n} x_k^2 = 1$, 证明: $\lim\limits_{n\to\infty} \sqrt[3]{3n}\, x_n = 1$.

21. 设 $a_0 = 3, a_n = a_{n-1}^2 - 2$, 证明:

(1) $\lim\limits_{n\to\infty} a_n = +\infty$;

(2) $\lim\limits_{n\to\infty} \dfrac{a_n}{a_0 a_1 \cdots a_{n-1}} = \sqrt{5}$.

2.4 确界原理

每个实数都可以在坐标轴上找到自己的对应点, 而坐标轴上每个点又可以通过自己的坐标唯一地表示一个实数, 实数集合的这一连续性可以用数集的确界原理来刻画.

设 S 是一个数集, 如果存在 S 中的元素 M, 使得 S 中任何元素 x, 有 $x \leqslant M$, 则称 M 是数集 S 中的最大数, 记为 $M = \max S$; 如果存在 S 中的元素 m, 使得 S 中任何元素 y, 有 $y \geqslant m$, 则称 m 是数集 S 中的最小数, 记为 $m = \min S$.

当数集 S 只含有限个数时, $\max S$ 即为这有限个数的最大者, $\min S$ 即为这有限个数的最小者. 但是当 S 含有无限个数时, 最大数与最小数可能不存在. 例如 $S = (-5, 5]$ 有最大数 $\max S = 5$, 但无最小数; 再如, $S = (-5, 5)$ 既无最大数又无最小数.

定义 2.4.1 设 S 是一个非空数集, 如果存在实数 M, 使得 S 中的任何元素 x, 有 $x \leqslant M$, 则称 M 是数集 S 的一个上界; 如果存在实数 m, 使得 S 中的任何元素 y, 有 $y \geqslant m$, 则称 m 是数集 S 的一个下界. 当数集 S 既有上界又有下界时, 称 S 为有界集. 如果数集 S 无上界, 称 S 为无上界集. 同理可以分别定义数集 S 是无界集和无下界集.

显然, 数集 S 是有界集, 当且仅当存在正的实数 X, 对于 S 中的任何元素 x, 有 $|x| \leqslant X$. 每一个有界数集都有无限多个上界, 也有无限多个下界. 于是很自然地提出一个问题: 有界数集的无限多个上界中有没有一个最小的上界? 同样地, 它的无限多个下界中有没有一个最大的下界? 对于有界数集来说, 答案是肯定的, 即有界数集的最小上界及最大下界就是数集的上确界与下确界.

定义 2.4.2 给定非空数集 S, 如果存在一个实数 β 满足:

(1) 对于 S 中的所有实数 x, 成立 $x \leqslant \beta$;

(2) 对于任意 $\varepsilon > 0$, 至少存在 S 中的一个数 x_0, 使得 $x_0 > \beta - \varepsilon$, 那么, 就称 β 是数集 S 的上确界, 记为

$$\beta = \sup S,$$

其中 sup 是 supremum (上确界) 的缩写.

实际上, 这里的第一个条件意味着 β 是数集 S 的一个上界; 第二个条件则进一步规定它是最小的上界, 因为这个条件等价于任何比 β 小的实数都不能成为 S 的

上界. 这样, 数集 S 的上确界 $\sup S$ 实质上就是数集 S 的最小上界.

类似地, 可以给出下确界的定义.

定义 2.4.3   给定数集 S, 如果存在一个实数 α 满足:

(1) 对于 S 中的所有实数 x, 成立 $\alpha \leqslant x$;

(2) 对于任意 $\varepsilon > 0$, 至少存在 S 中的一个数 y_0, 使得 $y_0 < \alpha + \varepsilon$,

那么, 就称 α 是数集 S 的下确界, 记为

$$\alpha = \inf S,$$

其中 $\inf$ 是 infimum (下确界) 的缩写.

同样的道理, 上面的第一个条件意味着 α 是数集 S 的一个下界; 第二个条件则进一步规定它是最大的下界, 因为这个条件表明任何比 α 大的实数都不能成为 S 的下界. 所以数集 S 的下确界 $\inf S$ 实质上就是数集 S 的最大下界.

定理 2.4.4   (确界存在定理)   非空有上界的数集必有上确界, 非空有下界的数集必有下确界.

证明   用闭区间套定理证明此定理. 不妨设集合 A 非空, 取 $a \in A$, 令 b 是数集 A 的一个上界并且满足 $a < b$.

下面用二分法构造闭区间套. 把区间 $[a, b]$ 二等分, 即 $\left[a, \dfrac{a+b}{2}\right]$ 与 $\left[\dfrac{a+b}{2}, b\right]$. 若 $\left[\dfrac{a+b}{2}, b\right] \cap A \neq \varnothing$, 则记 $[a_1, b_1] = \left[\dfrac{a+b}{2}, b\right]$. 若 $\left[\dfrac{a+b}{2}, b\right] \cap A = \varnothing$, 则记 $[a_1, b_1] = \left[a, \dfrac{a+b}{2}\right]$. 于是闭区间 $[a_1, b_1]$ 具有性质: $[a_1, b_1] \cap A \neq \varnothing$ 且 b_1 是数集 A 的一个上界.

接下来把闭区间 $[a_1, b_1]$ 二等分, 重复上述过程, 可得闭区间 $[a_2, b_2]$, 并且满足性质: $[a_2, b_2] \cap A \neq \varnothing$ 且 b_2 是数集 A 的一个上界. 依次类推, 可得到一列闭区间 $\{[a_n, b_n]\}$ 满足:

(1) 对于任意的正整数 $n \in \mathbb{N}_+$, $[a_{n+1}, b_{n+1}] \subset [a_n, b_n]$;

(2) $\lim\limits_{n \to \infty} (b_n - a_n) = 0$;

(3) 每个闭区间满足 $[a_n, b_n] \cap A \neq \varnothing$ 且 b_n 是数集 A 的一个上界,

则由闭区间套定理知, 存在唯一的公共点 $\xi \in [a_n, b_n]$ $(n = 1, 2, \cdots)$, 使得 $\lim\limits_{n \to \infty} b_n = \lim\limits_{n \to \infty} a_n = \xi$.

下面证明 $\xi = \sup A$, 即验证 ξ 满足上确界的定义.

首先说明 ξ 是数集 A 的一个上界. 事实上, 由 (3) 知, $\forall\, x \in A: x \leqslant b_n$. 令 $n \to \infty$, 得到 $x \leqslant \xi$, 即 ξ 是数集 A 的一个上界.

然后说明 ξ 是数集 A 的最小上界. 事实上, 对于任意 $\varepsilon > 0$, 由于闭区间列长度趋于零而且 ξ 是闭区间列的公共点, 所以必定存在某个 $n_0 \in \mathbb{N}$, 使得 $[a_{n_0}, b_{n_0}] \in (\xi - \varepsilon, \xi + \varepsilon)$. 从而由 (3) 知, $\forall \varepsilon > 0$, $\exists x \in A : x > \xi - \varepsilon$. 这样便说明了 ξ 是数集 A 的最小上界.

综上所述, 证明了 $\xi = \sup A$. □

若数集 A 无上界, 通常规定 $\sup A = +\infty$; 若数集 A 无下界, 通常规定 $\inf A = -\infty$. 此外, 从确界的定义可知数集的上下确界若存在则唯一. 数集的上下确界与最大数最小数之间的关系也是明显的. 若数集 S 是有限集, 则 $\sup S = \max S$, $\inf S = \min S$; 若数集 S 是无限数集, 虽然 S 可能不存在 $\max S$ 和 $\min S$, 但它的 $\inf S$ 和 $\sup S$ 却存在; 比如取 S 为开区间 $(-5, 5)$, 虽然 S 不存在 $\max S$ 和 $\min S$, 但 S 却存在 $\sup S = 5, \inf S = -5$. 由此可见, 数集的上下确界概念包含着数集的最大数和最小数在内, 而又要比后者更加一般.

练习题 2.4

1. 试证明确界的唯一性.

2. 设 A 为非空数集, 证明:

   (1) $\sup A \in A$ 当且仅当 A 具有最大数, 此时有 $\sup A = \max A$;

   (2) $\inf A \in A$ 当且仅当 A 具有最小数, 此时有 $\inf A = \min A$.

3. 设对每个 $x \in S$ 成立 $x < a$. 问: 结论 $\sup S < a$ 和 $\sup S \leqslant a$ 中哪个是正确的?

4. 求下列数集 S 的上确界和下确界:

   (1) $S = \{x \in \mathbb{Q} | x > \sqrt{2}\}$;

   (2) $S = \{y \in \mathbb{R} | y = x^2, x \in (-\sqrt{3}, 10)\}$;

   (3) $S = \{y \in \mathbb{R} | y = \arctan x, \ x \in \mathbb{Q}\}$;

   (4) $S = \left\{1, \dfrac{1}{2}, \dfrac{2}{3}, \dfrac{3}{4}, \cdots\right\}$.

5. 设 A 为非空数集, 记 $-A = \{x | -x \in A\}$, 则

   (1) $\sup(-A) = -\inf A$;

   (2) $\inf(-A) = -\sup A$.

6. 设数集 A 和 B 有上界. 若有数集 $S \subset \{x + y | x \in A, \ y \in B\}$, 证明: $\sup S \leqslant \sup A + \sup B$. 举例说明严格不等号不一定成立.

7. 设数集 A 和 B 有上界. 若有数集 $S \supset \{x + y | x \in A, \ y \in B\}$, 证明:

$\sup S \geqslant \sup A + \sup B.$ 举例说明严格不等号不一定成立.

8. 设 A, B 为两个非空数集, $\alpha \geqslant 0$. 记 $A + \alpha B = \{x | x = a + \alpha b, a \in A, b \in B\}$, 证明:

(1) $\sup (A + \alpha B) = \sup A + \alpha \sup B$;

(2) $\inf (A + \alpha B) = \inf A + \alpha \inf B$.

9. 设有两个数集 A 和 B, 且 $A \subset B$. 证明: $\sup A \leqslant \sup B, \inf A \geqslant \inf B$.

10. 设有两个数集 A 和 B, 且对数集 A 中的任何一个数 x 和数集 B 中的任何一个数 y 成立不等式 $x \leqslant y$. 证明: $\sup A \leqslant \inf B$.

第三章 函数极限与连续

当我们观察或者研究客观世界的各种事物时, 会遇到很多不同的量, 而这些量都是变化发展的, 通常把这些量叫做变量. 在客观世界中这些变量通常互相联系、互相依赖又互相制约, 我们把变量之间的这种互相依赖的关系称为函数关系. 从集合间的映射角度看, 函数可以定义为实数子集间的映射. 函数是数学分析中最重要的研究对象. 因此, 这一章, 我们将从函数概念出发, 研究函数的极限和函数的连续性.

3.1 函数

函数是一类特殊的映射. 习惯上, 若映射 $f : X \to Y$, 且 X, Y 均为数集, 则称 f 为 X 上的函数, 称 X 中的 x 为自变量, Y 中与 x 对应的量 y 为因变量, X 为函数的定义域, 定义域有时也记为 $\mathfrak{D}_f$. 通常用 $y = f(x), x \in X$ 表示定义在 X 上的一个函数. 有时, 也用 $y = g(x), y = \varphi(x)$ 等记号来表示不同的函数.

设 $y = f(x)$ 是定义在 X 上的一个函数, 通常称集合

$$\{f(x) | x \in X\}$$

为该函数的值域, 记为 $f(X)$, 或者 $\mathfrak{R}_f$. 我们称平面点集

$$S = \{(x, y) \mid y = f(x), x \in X\}$$

为该函数的图像. 函数的图像有助于我们直观了解与分析函数. 一般来讲, 它是平面内的一条曲线, 它和任何一条平行于 y 轴的直线至多只有一个交点.

在中学数学中, 我们所遇到的主要是下列六类函数:

(1) 常值函数 $y = C$ (C 为任意常数);

(2) 幂函数 $y = x^{\alpha}$ (α 是常数);

(3) 指数函数 $y = a^x$ ($a > 0, a \neq 1$);

(4) 对数函数 $y = \log_a x$ ($a > 0, a \neq 1$);

(5) 三角函数 $y = \sin x, y = \cos x, y = \tan x, y = \cot x$;

(6) 反三角函数 $y = \arcsin x, y = \arccos x, y = \arctan x, y = \text{arccot} x$.

这些函数通常称为基本初等函数, 它们的定义域是使得其解析式有意义的数 x 的全体. 基本初等函数的图像也是很清楚明了的, 请读者自行画出这些函数的图像.

函数的表示法有图表法、图像法、解析法以及用语言描述法等. 下面给出在今后的学习中常用的几个用分段表示法表示的函数:

例 3.1.1 (取整函数)　表示该函数在 x 的值为不大于 x 的最大整数, 记为 $y = [x]$. 比如, n 为整数, 当 $n \leqslant x < n + 1$ 时, 有 $[x] = n$.

例 3.1.2 (符号函数)　所谓的符号函数, 是指如下函数:

$$y = \text{sgn} x = \begin{cases} 1, & x > 0, \\ 0, & x = 0, \\ -1, & x < 0. \end{cases}$$

这个函数的表达式是分段给出的, 通常称这样的函数为分段函数. 读者应该注意它是一个函数, 而不是三个函数.

例 3.1.3 (狄利克雷 (Dirichlet) 函数)　函数

$$y = D(x) = \begin{cases} 1, & x \in \mathbb{Q}, \\ 0, & x \in \mathbb{Q}^c \end{cases}$$

称为狄利克雷函数. 狄利克雷函数的值域是只有两个元素的离散集, 它的图像是无法精确画出的.

例 3.1.4 (黎曼 (Riemann) 函数)　所谓的黎曼函数, 是指如下函数:

$$y = R(x) = \begin{cases} 1, & x = 0 \text{ 或} 1, \\ \dfrac{1}{q}, & x = \dfrac{p}{q} \in (0, 1), p, q \text{ 为互素的正整数}, \\ 0, & x \in [0, 1] \setminus \mathbb{Q}. \end{cases}$$

黎曼函数的图像也不是连续不断的曲线, 也无法精确画出.

3.1.1　函数的性质

这一小节主要介绍函数可能具有的一些性质. 在以后的章节中我们经常遇到函数的这些性质, 因此有必要给出这些函数性质的精确数学描述.

1. 函数的奇偶性

设 $y = f(x)$ 是定义在 X 上的一个函数, 而且 x 是关于原点对称的, 即 $x \in X$ 蕴涵着 $-x \in X$. 若 $f(-x) = -f(x), x \in X$, 则称 $f(x)$ 是 X 上的奇函数; 若 $f(-x) = f(x), x \in X$, 则称 $f(x)$ 是 X 上的偶函数.

容易看出, 偶函数的图像是关于 y 轴对称的, 而奇函数的图像是关于原点对称的. 比如 $y = \sin x, y = \ln(x + \sqrt{1 + x^2})$ 是奇函数, 而 $y = \cos x, y = |x|$ 是偶函数.

2. 函数的周期性

设 $y = f(x)$ 是定义在 X 上的一个函数. 若存在 $T > 0$, 使得对于任意 $x \in X$, 有 $f(x + T) = f(x)$, 则称 $f(x)$ 为周期函数, T 称为该函数的一个周期. 易知, 若 T 为 $f(x)$ 的一个周期, 则 nT 也是 $f(x)$ 的周期. 若周期函数存在最小正周期 T, 则通常所称的周期即指最小正周期.

函数 $y = \sin x$ 是以 2π 为周期的周期函数, 2π 是其最小正周期. 但是并非每个周期函数都存在最小正周期. 例如, 狄利克雷函数, 可以验证任一正有理数均为其周期, 但不存在最小正周期.

3. 函数的单调性

设 $y = f(x)$ 是定义在 X 上的一个函数. 若对任意的 $x, y \in X$, 只要 $x < y$, 就成立不等式

$$f(x) \leqslant f(y) \ (f(x) \geqslant f(y)),$$

则称 $y = f(x)$ 是 X 上的单调增加函数 (单调减少函数). 在上述不等式中, 将 "$\leqslant$" 或者 "$\geqslant$" 换成 "$<$" 或者 "$>$", 则称 $y = f(x)$ 是 X 上的严格单调增加函数或者严格单调减少函数. 单调增加函数和单调减少函数统称为单调函数. 严格单调的函数是定义域到值域的双射, 所以它具有反函数. 但存在反函数的函数未必是严格单调函数. 例如函数

$$y = f(x) = \begin{cases} x, & x \in [0, 1] \cap \mathbb{Q}, \\ 1 - x, & x \in [0, 1] \setminus \mathbb{Q}. \end{cases}$$

容易看出, 该函数是双射, 它的反函数就是它自己, 但函数 $f(x)$ 在 $[0, 1]$ 的任何子区间上都不是单调函数. 由此可知, 函数的严格单调性只是其反函数存在的充分条件, 而非必要条件.

4. 函数的有界性

设 $y = f(x)$ 是定义在 X 上的一个函数. 若函数的值域 $f(X)$ 为下有界数集, 即

$$\exists\, m \in \mathbb{R}, \forall\, x \in X:\ f(x) \geqslant m,$$

则称 f 在 X 上是下有界函数, 同时称 m 是 f 的一个下界; 若 $f(X)$ 为上有界数集, 即

$$\exists\, M \in \mathbb{R}, \forall\, x \in X:\ f(x) \leqslant M,$$

则称 f 在 X 上是上有界函数, 同时称 M 是 f 的一个上界; 若 $f(X)$ 为有界数集, 即

$$\exists\, K > 0, \forall\, x \in X:\ |f(x)| \leqslant K,$$

则称 f 在 X 上是有界函数. 易知, f 为有界函数的充分必要条件是 f 既为下有界函数又为上有界函数.

从几何上看, 若函数 $y = f(x)$ 在 X 上有上界 M, 则 f 的图像将位于直线 $y = M$ 的下方. 若函数 $y = f(x)$ 在 X 上有下界 m, 则 f 的图像将位于直线 $y = m$ 的上方. 若函数 $y = f(x)$ 在 X 上有界, 则存在 $M > 0$, 使得函数 $f(x)$ 的图像位于直线 $y = -M$ 和直线 $y = M$ 之间.

例如, 函数 $y = \sin x$ 和 $y = \cos x$ 都是 $\mathbb{R}$ 上的有界函数, $M = 1$ 是它们的一个上界, $m = -1$ 是它们的一个下界.

若函数 $y = f(x)$ 不是 X 上的有界函数, 则称 f 在 X 上无界. 我们可以用肯定语气叙述函数的无界性, 即对于任意正数 K, 存在 $x \in X$, 使得 $|f(x)| > K$. 同样, 可以给出函数上无界和下无界的定义. 例如, $y = \mathrm{e}^x$ 在 $\mathbb{R}$ 上是上无界函数, 但是有下界 $m = 0$. 又例如 $y = \log_a x$ 在 $(0, +\infty)$ 上是无界函数.

例 3.1.5 证明函数 $f(x) = \dfrac{1}{x} \sin \dfrac{1}{x}$ 在区间 $(0, 1]$ 上既无上界也无下界, 但在 $[a, 1]$ 上有界, 这里 $0 < a < 1$.

证明   要证明 $f(x)$ 在区间 $(0, 1]$ 上无上界, 只需证明:

$$\forall\, M \in \mathbb{R}, \exists\, x_0 \in (0, 1]:\ f(x_0) > M.$$

为此, 对于任意 $M \in \mathbb{R}$, 取正整数 $n_0 > M$, 并取 $x_0 = \dfrac{1}{2n_0\pi + \dfrac{\pi}{2}} \in (0, 1]$, 则有

$$f(x_0) = \frac{1}{x_0} = 2n_0\pi + \frac{\pi}{2} > n_0 > M.$$

从而证明了 $f(x) = \dfrac{1}{x} \sin \dfrac{1}{x}$ 在区间 $(0, 1]$ 上无上界.

要证明 $f(x)$ 在区间上 $(0,1]$ 无下界, 只需证明:

$$\forall \, m \in \mathbb{R}, \exists \, x_0 \in (0,1]: \ f(x_0) < m.$$

为此, 对于任意 $m \in \mathbb{R}$, 取正整数 $n_0 > -m$, 并取 $x_0 = \dfrac{1}{2n_0\pi - \dfrac{\pi}{2}} \in (0,1]$, 则有

$$f(x_0) = -\frac{1}{x_0} = -2n_0\pi + \frac{\pi}{2} < -n_0 < m.$$

从而证明了 $f(x) = \dfrac{1}{x}\sin\dfrac{1}{x}$ 在区间 $(0,1]$ 上无下界.

而在区间 $[a,1]$ 上, 可取 $M = \dfrac{1}{a} > 0$, 则 $\forall \, x \in [a,1]$, 有

$$\left| \frac{\sin\dfrac{1}{x}}{x} \right| \leqslant \frac{1}{x} \leqslant M,$$

即 $f(x) = \dfrac{1}{x}\sin\dfrac{1}{x}$ 在 $[a,1]$ 上有界. $\qquad\qquad\square$

3.1.2　函数的运算

函数的运算包括函数的四则运算、函数的限制和延拓、函数的复合运算和函数的逆运算. 从已知的函数出发, 通过函数的这些运算可以构造出许多新的函数.

1. 函数的四则运算

设有两个已知函数 $y = f(x), x \in X, y = g(x), x \in Y$, 且 $X \cap Y \neq \varnothing$, 则可以利用实数的四则运算构造新函数如下:

$$(f \pm g)(x) = f(x) \pm g(x), x \in X \cap Y;$$
$$(fg)(x) = f(x)g(x), \ x \in X \cap Y;$$
$$\left(\frac{f}{g}\right)(x) = \frac{f(x)}{g(x)} \ (g(x) \neq 0), \ x \in X \cap Y.$$

函数的加法、减法与乘法运算可以推广到任意有限个函数的情形, 而且对于加法和乘法运算, 它们具有交换律与结合律.

2. 函数的限制和延拓

所谓函数的限制和延拓是指: 设两个函数 $y = f(x), x \in X, y = g(x), x \in Y$. 若 $X \subset Y$, 且 $f(x) \equiv g(x), x \in X$, 则称 $f(x)$ 是 $g(x)$ 在 X 上的限制, 而 $g(x)$ 是 $f(x)$

在 Y 上的延拓. 众所周知, 对于两个函数而言, 只有当它们的定义域及对应关系完全一致时, 才能说它们是相等的. 因此我们可以从一个已知函数出发, 通过限制和延拓来产生新的函数.

3. 函数的复合运算

函数的复合运算是数学中的一种重要运算. 设两个函数 $u = g(x), x \in X, y = f(u), u \in U.$ 若 $\mathfrak{R}_g \subset U$, 则由复合映射的定义可得复合函数 $y = f \circ g(x) = f(g(x)).$ 通常 x 为复合函数的自变量, u 称为复合函数的中间变量. 我们也可以考虑多个函数的复合. 复合运算一般不具有交换律. 复合运算是构造新函数的重要途径.

4. 函数的逆运算

如果函数 $y = f(x)$ 是 X 到 Y 上的双射, 则按照逆映射的定义可得逆映射 $f^{-1} : Y \to X$, 称这个逆映射 f^{-1} 为函数 $y = f(x)$ 的反函数, 记为 $x = f^{-1}(y).$ 反函数 $x = f^{-1}(y)$ 的定义域恰好为原函数 $y = f(x)$ 的值域. 习惯上, 我们总是把自变量记为 x, 因变量记为 y, 而把反函数记为 $y = f^{-1}(x).$ 于是, 在几何上, 函数 $y = f(x)$ 的图像与它的反函数 $y = f^{-1}(x)$ 的图像正好关于直线 $y = x$ 对称.

利用函数的运算可以得到初等函数. 在前面, 我们已经指出常值函数、幂函数、指数函数、对数函数、三角函数及反三角函数统称为基本初等函数. 从这些基本初等函数出发, 经过有限次加、减、乘、除和复合运算所得到的函数统称为初等函数. 初等函数的自然定义域是指使得该函数有意义的自变量取值范围. 在实际应用问题中, 函数的定义域应视题意而定. 例如下列函数均是初等函数:

$$y = \sin \sqrt{x^2 + 1};$$
$$y = |f(x)| = \sqrt{f^2(x)};$$
$$y = x^{\tan x} = \mathrm{e}^{\tan x \ln x};$$
$$y = \max \{f(x), g(x)\} = \frac{f(x) + g(x) + |f(x) - g(x)|}{2};$$
$$y = \min \{f(x), g(x)\} = \frac{f(x) + g(x) - |f(x) - g(x)|}{2},$$

这里 $f(x)$ 与 $g(x)$ 是已知的初等函数. 值得注意的是, 狄利克雷函数、黎曼函数不是初等函数, 下列分段函数

$$y = \begin{cases} \sin \sqrt{x}, & x \geqslant 0, \\ \mathrm{e}^{\cos x}, & x < 0 \end{cases}$$

也不是初等函数.

练习题 3.1

1. 设 $f\left(x + \dfrac{1}{x}\right) = x^2 + \dfrac{1}{x^2}$, 求 $f(x)$.

2. 设 $f\left(\sin\dfrac{x}{2}\right) = 1 + \cos x$, 求 $f\left(\cos\dfrac{x}{2}\right)$.

3. 设 $f(x) - 3f(2-x) = 2x + 1$, 求 $f(x)$.

4. 已知 $f(x) = \mathrm{e}^{x^2}$, $f(g(x)) = 1 - x$, 且 $g(x) \geqslant 0$, 求 $g(x)$.

5. 求下列函数的 n 次复合 f^n:

   (1) $f(x) = \dfrac{x}{1-x}$ $(x \neq 0, 1)$;

   (2) $f(x) = ax + b$;

   (3) $f(x) = \dfrac{x}{\sqrt{1 + x^2}}$;

   (4) $f(x) = |1 + x| - |1 - x|$.

6. 设 $f(x) \leqslant g(x), x \in E$, 证明:

   (1) $\sup f(E) \leqslant \sup g(E)$;

   (2) $\inf f(E) \leqslant \inf g(E)$.

7. 设 f, g 均为 E 上的有界函数, 证明:

   (1) $\inf f(E) + \inf g(E) \leqslant \inf(f + g)(E) \leqslant \inf f(E) + \sup g(E)$;

   (2) $\sup f(E) + \inf g(E) \leqslant \sup(f + g)(E) \leqslant \sup f(E) + \sup g(E)$.

8. 设 f, g 均为 E 上的非负有界函数, 证明:

   (1) $\inf f(E) \cdot \inf g(E) \leqslant \inf(f \cdot g)(E) \leqslant \inf f(E) \cdot \sup g(E)$;

   (2) $\sup f(E) \cdot \inf g(E) \leqslant \sup(f \cdot g)(E) \leqslant \sup f(E) \cdot \sup g(E)$.

9. 设 $f(x)$ 满足 $2f(x) + f\left(\dfrac{1}{x}\right) = \dfrac{a}{x}$, a 为常数, 证明: $f(x)$ 为奇函数.

10. 设 $f(x), g(x)$ 均为单调增加 (或均为单调减少) 函数, 试考察下列函数的单调性:

    (1) $M(x) = \max\{f(x), g(x)\}$;

    (2) $m(x) = \min\{f(x), g(x)\}$.

11. 试求 $[0,1] \to [0,1]$ 上的一一对应 f, 它在 $[0,1]$ 的任意一个子区间上均不单调.

12. 试证: $\sin x^2$, $\sin x + \cos\sqrt{2}x$ 均不是周期函数.

13. 给定函数 $f : \mathbb{R} \to \mathbb{R}$, 如果 $x \in \mathbb{R}$ 使得 $f(x) = x$, 则称 x 为 f 的一个不动点. 若 $f \circ f$ 有唯一的不动点, 求证: f 也有唯一的不动点.

14. 设函数 $f : \mathbb{R} \to \mathbb{R}$. 若 $f \circ f$ 有且仅有两个不动点 a, b $(a \neq b)$, 试证只有以

下两种情况:

(1) a, b 都是 f 的不动点;

(2) $f(a) = b$, $f(b) = a$.

15. 设 f 为 $\mathbb{R}$ 上的奇函数, $f(1) = a$, 且满足 $f(x+2) - f(x) = 2, x \in \mathbb{R}$.

(1) 试用 a 表示 $f(2)$ 与 $f(5)$;

(2) 确定 a, 使得 f 是以 2 为周期的周期函数.

16. 设 f 为 $\mathbb{R}$ 上不恒为零的函数, $f(1) = a$, 且满足 $f(x+y) = f(x) + f(y), f(xy) = f(x)f(y), x, y \in \mathbb{R}$, 试证明:

(1) $f(1) = 1$;

(2) $f(x) = x, x \in \mathbb{Q}$;

(3) $f(x) > 0, x > 0$;

(4) 若 $x > y$, 则 $f(x) > f(y)$;

(5) $f(x) = x, x \in \mathbb{R}$.

3.2 函数的极限

上一章我们讨论了数列的极限, 数列是特殊的函数. 本节讨论一般函数的极限. 数列是定义在 $\mathbb{N}$ 上的函数, 自变量的变化只有一种变化过程. 一般函数的极限问题是研究在自变量 x 无限增大或无限趋于某定点 x_0 的变化过程中, 函数 $f(x)$ 相应的变化趋势问题. 与数列极限比较, 函数极限中自变量有六种不同的变化过程, 这就导致函数极限的定义有各种不同的形式.

3.2.1 函数极限的概念

1. $x \to \infty$ 时函数 $f(x)$ 的极限

当自变量无限增大时, 函数 $f(x)$ 的极限概念与数列极限概念很相近, 也很容易理解. 值得注意的是, 自变量 x 无限增大包括三种情形: x 取正值且无限增大, 记为 $x \to +\infty$; x 取负值且绝对值无限增大, 记为 $x \to -\infty$; x 可取正值也可取负值且绝对值无限增大, 记为 $x \to \infty$. 我们首先给出当 $x \to +\infty$ 时函数 $f(x)$ 趋于常数 A 的极限定义.

定义 3.2.1　设函数 $f(x)$ 在 $[a, +\infty)$ 上有定义. 若存在实数 A, 对任意给定的 $\varepsilon > 0$, 总存在实数 $X > a$, 当 $x > X$ 时, 不等式

$$|f(x) - A| < \varepsilon$$

成立, 则称 $f(x)$ 当 $x \to +\infty$ 时以 A 为极限, 记为

$$\lim_{x \to +\infty} f(x) = A.$$

用逻辑符号描述为: $\forall\, \varepsilon > 0, \exists\, X > a, \forall\, x > X : |f(x) - A| < \varepsilon$. 极限的几何意义可参见图 3.1.

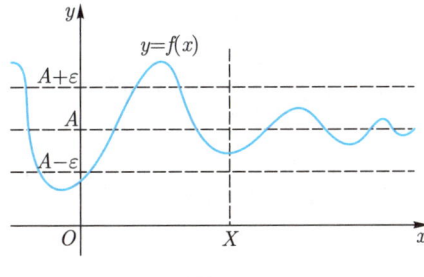

图 3.1

例 3.2.2   证明: $\lim\limits_{x\to+\infty}\dfrac{x^3+1}{x^3-1}=1$.

证明 $\forall\,\varepsilon>0$, 由于

$$\left|\frac{x^3+1}{x^3-1}-1\right|=\left|\frac{2}{x^3-1}\right|,$$

当 $x>2$ 时, 由于

$$\left|\frac{2}{x^3-1}\right|=\frac{2}{x^3-1}\leqslant\frac{2}{\dfrac{x^3}{2}}=\frac{4}{x^3},$$

令

$$\frac{4}{x^3}<\varepsilon,$$

解不等式得到 $x>\left(\dfrac{4}{\varepsilon}\right)^{\frac{1}{3}}$. 于是取 $X=\max\left\{2,\left(\dfrac{4}{\varepsilon}\right)^{\frac{1}{3}}\right\}$, 从而得到

$$\forall\,\varepsilon>0,\exists\,X=\max\left\{2,\left(\frac{4}{\varepsilon}\right)^{\frac{1}{3}}\right\}>0,\forall\,x>X:\ \left|\frac{x^3+1}{x^3-1}-1\right|<\varepsilon.$$

故 $\lim\limits_{x\to+\infty}\dfrac{x^3+1}{x^3-1}=1$.   □

类似地, 我们可以给出当 $x\to-\infty$ 时和当 $x\to\infty$ 时函数 $f(x)$ 的极限定义:

$$\lim_{x\to-\infty}f(x)=A\Leftrightarrow\forall\,\varepsilon>0,\exists\,X>0,\ \forall\,x<-X:\ |f(x)-A|<\varepsilon,$$

$$\lim_{x\to\infty}f(x)=A\Leftrightarrow\forall\,\varepsilon>0,\exists\,X>0,\forall\,|x|>X:\ |f(x)-A|<\varepsilon.$$

例 3.2.3   证明: $\lim\limits_{x\to\infty}\dfrac{x^2+1}{3x^2-x+1}=\dfrac{1}{3}$.

证明   注意到 $3x^2-x+1>0$, 当 $|x|\geqslant2$ 时,

$$\left|\frac{x^2+1}{3x^2-x+1}-\frac{1}{3}\right|=\frac{|x+2|}{3|3x^2-x+1|}\leqslant\frac{|x|+2}{2x^2}\leqslant\frac{1}{|x|}.$$

于是 $\forall\,\varepsilon>0$, 欲使

$$\left|\frac{x^2+1}{3x^2-x+1}-\frac{1}{3}\right|<\varepsilon,$$

只需

$$\frac{1}{|x|}<\varepsilon.$$

解得 $|x|>\dfrac{1}{\varepsilon}$. 于是取 $X=\max\left\{2,\dfrac{1}{\varepsilon}\right\}>0$, 从而得到

$$\forall\,\varepsilon>0,\exists\,X=\max\left\{2,\frac{1}{\varepsilon}\right\}>0,\forall\,|x|>X:\ \left|\frac{x^2+1}{3x^2-x+1}-\frac{1}{3}\right|<\varepsilon.$$

由极限定义可知 $\lim\limits_{x\to\infty}\dfrac{x^2+1}{3x^2-x+1}=\dfrac{1}{3}$.   □

2. $x \to x_0$ 时函数 $f(x)$ 的极限

考虑函数 $f(x) = \dfrac{x^3 - 1}{x - 1}$. 注意到这个函数在 $x = 1$ 时没有定义, 但我们仍然可以问: 当 x 趋于 1 时, $f(x)$ 的极限是多少? 显然约去零因子后, 当 x 趋于 1 时, $f(x)$ 趋于 3, 即 $f(x)$ 的极限是 3. 从这个例子可以看出, 虽然函数 $f(x)$ 在某点 x_0 没有定义, 但是只要 $f(x)$ 在去心邻域 $(x_0 - \delta, x_0 + \delta) \setminus \{x_0\}$ (记为 $O(x_0, \delta) \setminus \{x_0\}$) 内有定义, 我们依然可以研究当 x 无限接近 x_0 时函数的变化趋势. 因此我们引入函数极限的定义.

定义 3.2.4   设函数 $f(x)$ 在 $x = x_0$ 的某个去心邻域内有定义, 在 x_0 处可以没有定义. 若存在实数 A, 对任意给定的 $\varepsilon > 0$, 总存在一个相应的 $\delta > 0$, 当 $0 < |x - x_0| < \delta$ 时, 不等式 $|f(x) - A| < \varepsilon$ 成立, 则称 $f(x)$ 当 $x \to x_0$ 时以 A 为极限, 记为

$$\lim_{x \to x_0} f(x) = A \text{ 或 } f(x) \to A, x \to x_0.$$

简单地, 我们把这个定义用逻辑符号来描述:

$$\lim_{x \to x_0} f(x) = A \Leftrightarrow \forall\, \varepsilon > 0,\ \exists\, \delta > 0, \forall\, x(0 < |x - x_0| < \delta) :\ |f(x) - A| < \varepsilon.$$

极限的几何意义可以参见图 3.2.

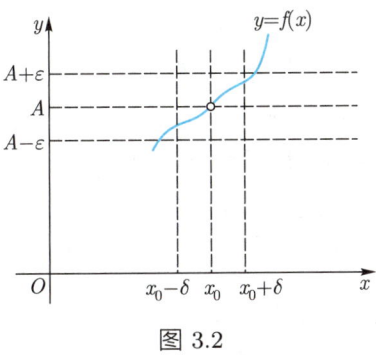

图 3.2

从以上定义可以看出, $f(x)$ 在 x_0 存在极限 A 与 $f(x)$ 在 x_0 是否有定义无关, 即使 $f(x)$ 在 x_0 处有定义, A 也不一定等于 $f(x_0)$. 换句话讲, 在考虑函数极限时, 我们只考虑在 x_0 附近 $f(x)$ 的变化趋势, 而并不关心 $f(x)$ 在 x_0 的取值情况.

极限 $\lim\limits_{x \to x_0} f(x) = A$ 有很明显的几何意义. 任意给定 $\varepsilon > 0$, 用平行于 x 轴的直线 $y = A - \varepsilon$ 和 $y = A + \varepsilon$ 作一条长带域. 由定义, 在 x 轴上可以找到一个以 x_0 为中心的开区间 $(x_0 - \delta, x_0 + \delta)$ (通常称为 x_0 的 δ 邻域, 记为 $O(x_0, \delta)$), 使得

当 $x \in (x_0 - \delta, x_0 + \delta) \setminus \{x_0\}$ 时, 函数图像上的点 $(x, f(x))$ 就必然落在所述的长带域内.

例 3.2.5   证明: $\lim\limits_{x \to 1} x^{\frac{1}{3}} = 1$.

证明   注意到

$$\left| x^{\frac{1}{3}} - 1 \right| = \left| \frac{|x-1|}{x^{\frac{2}{3}} + x^{\frac{1}{3}} + 1} \right|.$$

由于我们只考虑函数在 $x = 1$ 附近的变化情况, 因此不妨设 $|x-1| < 1$, 此时 $x > 0$, 从而

$$\left| x^{\frac{1}{3}} - 1 \right| \leqslant |x-1|.$$

于是对任意的 $\varepsilon > 0$, 取 $\delta = \min\{1, \varepsilon\} > 0$, 则当 $0 < |x-1| < \delta$ 时, 有

$$\left| x^{\frac{1}{3}} - 1 \right| \leqslant |x-1| < \varepsilon.$$

从而由极限定义证得 $\lim\limits_{x \to 1} x^{\frac{1}{3}} = 1$.   □

例 3.2.6   证明: $\lim\limits_{x \to 1} \dfrac{\sqrt{x} - 1}{x - 1} = \dfrac{1}{2}$.

证明   当 $x \neq 1, x > 0$ 时, 有

$$\left| \frac{\sqrt{x} - 1}{x - 1} - \frac{1}{2} \right| = \frac{|x-1|}{2(\sqrt{x} + 1)^2}.$$

由于我们只考虑函数在 $x = 1$ 附近的变化情况, 因此不妨设 $|x - 1| < 1$, 此时 $x > 0, (\sqrt{x} + 1)^2 > 1$, 从而

$$\left| \frac{\sqrt{x} - 1}{x - 1} - \frac{1}{2} \right| = \frac{|x-1|}{2(\sqrt{x} + 1)^2} < \frac{1}{2}|x-1|.$$

于是对任意的 $\varepsilon > 0$, 取 $\delta = \min\{1, 2\varepsilon\} > 0$, 则当 $0 < |x-1| < \delta$ 时, 有

$$\left| \frac{\sqrt{x} - 1}{x - 1} - \frac{1}{2} \right| < \frac{1}{2}|x-1| < \varepsilon.$$

从而由极限定义证得 $\lim\limits_{x \to 1} \dfrac{\sqrt{x} - 1}{x - 1} = \dfrac{1}{2}$.   □

例 3.2.7   证明: $\lim\limits_{x \to a} \dfrac{1}{x} = \dfrac{1}{a} \ (a \neq 0)$.

证明   首先

$$\left| \frac{1}{x} - \frac{1}{a} \right| = \left| \frac{a - x}{ax} \right| = \frac{1}{|x|} \cdot \frac{|x-a|}{|a|}.$$

对任意的 $\varepsilon > 0$, 我们要找相应的 δ, 使得当 $0 < |x-a| < \delta$ 时, 有 $\left| \dfrac{1}{x} - \dfrac{1}{a} \right| < \varepsilon$. 可以看出这里的因子 $\dfrac{1}{|x|}$ 比较麻烦, 尤其是在 $x = 0$ 附近时. 若能远离 $x = 0$, 便能有

效地控制这一项. 为此, 令 $|x - a| < \dfrac{|a|}{2}$, 则 $|x| > \dfrac{|a|}{2}$, 并且

$$\left| \frac{1}{x} - \frac{1}{a} \right| = \frac{1}{|x|} \cdot \frac{|x - a|}{|a|} < \frac{2|x - a|}{|a|^2}.$$

取 $\delta = \min\left\{ \dfrac{|a|}{2}, \dfrac{\varepsilon a^2}{2} \right\}$. 则当 $0 < |x - a| < \delta$ 时, 有

$$\left| \frac{1}{x} - \frac{1}{a} \right| < \frac{2|x - a|}{|a|^2} < \varepsilon.$$

从而由极限定义证得 $\lim\limits_{x \to a} \dfrac{1}{x} = \dfrac{1}{a}$. □

从以上例子的证明可以看出, 用 $\varepsilon - \delta$ 语言证明函数极限, 我们首先应该限定 x 在 x_0 的某个邻域内, 再使用适当放大技巧, 从而得到关于 $|x - x_0|$ 的不等式.

在函数这一节中我们给出了符号函数:

例 3.2.8 (符号函数)

$$y = \operatorname{sgn} x = \begin{cases} 1, & x > 0, \\ 0, & x = 0, \\ -1, & x < 0. \end{cases}$$

容易看出, 当 x 趋于 0 时, $\operatorname{sgn} x$ 不能趋于一个固定的数, 因此 $\lim\limits_{x \to 0} \operatorname{sgn} x$ 不存在. 但我们也注意到, 当 x 从 0 的左侧趋于 0 时, $\operatorname{sgn} x$ 趋于 -1; 当 x 从 0 的右侧趋于 0 时, $\operatorname{sgn} x$ 趋于 1. 因此, 我们自然可以引进函数单侧极限的概念.

定义 3.2.9 若 x 从 x_0 的左侧趋于 x_0 时函数 $f(x)$ 以 A 为极限, 称 A 为函数 $f(x)$ 在 x_0 处的左极限, 记为 $\lim\limits_{x \to x_0^-} f(x) = A$; 若 x 从 x_0 的右侧趋于 x_0 时函数 $f(x)$ 以 A 为极限, 称 A 为函数 $f(x)$ 在 x_0 处的右极限, 记为 $\lim\limits_{x \to x_0^+} f(x) = A$.

函数 $f(x)$ 在 $x = x_0$ 处的左右极限又可分别记为 $f(x_0 - 0)$ 与 $f(x_0 + 0)$ 或者 $f(x_0^-)$ 与 $f(x_0^+)$. 同样地我们可以用 $\varepsilon - \delta$ 语言描述函数单侧极限的定义.

$$\lim_{x \to x_0^-} f(x) = A \Leftrightarrow \forall\, \varepsilon > 0, \exists\, \delta > 0, \forall\, x(0 < x_0 - x < \delta): \ |f(x) - A| < \varepsilon,$$

$$\lim_{x \to x_0^+} f(x) = A \Leftrightarrow \forall\, \varepsilon > 0, \exists\, \delta > 0, \forall\, x(0 < x - x_0 < \delta): \ |f(x) - A| < \varepsilon.$$

对于符号函数来说, 由于 $\lim\limits_{x \to 0^-} \operatorname{sgn} x = -1, \lim\limits_{x \to 0^+} \operatorname{sgn} x = 1$, 因此左右极限不相等. 由此看出两个单侧极限都存在不足以保证函数在该点的极限存在. 但是如果函数的左右极限存在且相等, 则函数极限必定存在. 事实上, 我们有如下定理:

定理 3.2.10

$$\lim_{x \to x_0} f(x) = A \Leftrightarrow f(x_0 - 0) = f(x_0 + 0) = A.$$

定理的证明请读者自行给出.

3.2.2 函数极限的性质与运算

与数列极限类似, 我们列举函数极限的下列性质与运算法则. 以 x 趋于定点 a 的函数极限为例.

定理 3.2.11　(极限的唯一性)　若 $\lim\limits_{x \to a} f(x) = A$, $\lim\limits_{x \to a} f(x) = B$, 则 $A = B$.

证明　由极限的定义可知, $\forall \, \varepsilon > 0, \exists \, \delta > 0$, 当 $0 < |x - a| < \delta$ 时, 有

$$|f(x) - A| < \frac{\varepsilon}{2}, \quad |f(x) - B| < \frac{\varepsilon}{2}.$$

从而

$$|A - B| \leqslant |f(x) - A| + |f(x) - B| < \frac{\varepsilon}{2} + \frac{\varepsilon}{2} = \varepsilon,$$

由 ε 的任意性可知 $A = B$.　$\square$

定理 3.2.12　(局部有界性)　若 $\lim\limits_{x \to a} f(x) = A$, 则存在 $\delta > 0$, 使得 $f(x)$ 在 $x = a$ 的去心邻域 $O(a, \delta) \setminus \{a\}$ 内有界.

证明　由极限的定义可知, 对 $\varepsilon = 1$, 存在 $\delta > 0$, 使得当 $x \in O(a, \delta) \setminus \{a\}$ 时, 有

$$|f(x) - A| < 1,$$

即

$$A - 1 < f(x) < A + 1.$$　$\square$

这里要注意与收敛数列的整体有界性的区别. 下面给出函数极限的运算法则.

定理 3.2.13　(局部比较性)　设 $\lim\limits_{x \to a} f(x) = A, \lim\limits_{x \to a} g(x) = B$, 且 $A < B$, 则存在 $\delta > 0$, 使得当 $0 < |x - a| < \delta$ 时, 成立 $f(x) < g(x)$.

证明　由极限的定义可知, 对于 $\varepsilon = \dfrac{B - A}{2} > 0$, 存在 $\delta > 0$, 使当 $0 < |x - a| < \delta$ 时,

$$|f(x) - A| < \varepsilon, \quad |g(x) - B| < \varepsilon,$$

从而

$$f(x) < A + \varepsilon = \frac{A + B}{2} = B - \varepsilon < g(x).$$　$\square$

特别地, 若 $\lim\limits_{x \to a} f(x) = A > 0$, 则存在 $\delta > 0$, 使得当 $0 < |x - a| < \delta$ 时, 成立 $f(x) > 0$. 这一性质称为局部保号性.

定理 3.2.13 与它的逆否命题等价, 即

推论 3.2.14 设 $\lim\limits_{x \to a} f(x) = A$, $\lim\limits_{x \to a} g(x) = B$. 若存在 $\delta > 0$, 使得当 $0 < |x - a| < \delta$ 时, 成立 $f(x) \leqslant g(x)$, 则 $A \leqslant B$.

值得注意的是, 即使上述条件加强为 $f(x) < g(x)$, 我们也只能得到 $A \leqslant B$, 而不能得到 $A < B$ 的结论. 读者不难举出反例.

定理 3.2.15 (函数极限的四则运算) 设 $\lim\limits_{x \to a} f(x) = A$, $\lim\limits_{x \to a} g(x) = B$, 则

(1) $\lim\limits_{x \to a} (f(x) \pm g(x)) = A \pm B$;

(2) $\lim\limits_{x \to a} f(x)g(x) = AB$;

(3) $\lim\limits_{x \to a} \dfrac{f(x)}{g(x)} = \dfrac{A}{B}$ $(B \neq 0)$.

证明 这里只证明 (3), 其余的请读者自己给出证明.

由 $\lim\limits_{x \to a} g(x) = B$ 知, 存在 $\delta_1 > 0$, 当 $x \in O(a, \delta_1) \setminus \{a\}$ 时, 有 $|g(x) - B| < \dfrac{|B|}{2}$, 从而得到

$$|g(x)| \geqslant |B| - |g(x) - B| \geqslant |B| - \frac{|B|}{2} = \frac{|B|}{2}.$$

于是当 $x \in O(a, \delta_1) \setminus \{a\}$ 时, 有

$$\left| \frac{f(x)}{g(x)} - \frac{A}{B} \right| = \frac{|Bf(x) - Ag(x)|}{|Bg(x)|} = \frac{|B(f(x) - A) - A(g(x) - B)|}{|B||g(x)|}$$

$$\leqslant \frac{1}{|B||g(x)|}(|B||f(x) - A| + |A||g(x) - B|)$$

$$\leqslant \frac{2}{|B|}|f(x) - A| + \frac{2|A|}{|B|^2}|g(x) - B|.$$

又因为 $\lim\limits_{x \to a} f(x) = A$, $\lim\limits_{x \to a} g(x) = B$, 故 $\forall \varepsilon > 0, \exists \delta_2 > 0$, 当 $x \in O(a, \delta_2) \setminus \{a\}$ 时, 有

$$|f(x) - A| < \frac{|B|}{4}\varepsilon;$$

存在 $\delta_3 > 0$, 当 $x \in O(a, \delta_3) \setminus \{a\}$ 时, 有

$$|g(x) - B| < \frac{|B|^2}{4(|A| + 1)}\varepsilon.$$

令 $\delta = \min\{\delta_1, \delta_2, \delta_3\}$, 则当 $x \in O(a, \delta) \setminus \{a\}$ 时, 有

$$\left| \frac{f(x)}{g(x)} - \frac{A}{B} \right| < \frac{\varepsilon}{2} + \frac{\varepsilon}{2} = \varepsilon.$$

从而由极限定义可知: $\lim\limits_{x \to a} \dfrac{f(x)}{g(x)} = \dfrac{A}{B}$. $\qquad\qquad \square$

定理 3.2.16 （函数极限的复合运算）　设复合函数 $y = g(f(x))$ 满足:

(1) $\lim\limits_{x \to a} f(x) = A$, 且 $\exists\, \delta_0 > 0, \forall\, x\,(0 < |x - a| < \delta_0)$, $f(x) \neq A$;

(2) $\lim\limits_{u \to A} g(u) = B$.

则成立

$$\lim_{x \to a} g(f(x)) = B.$$

证明　由条件 (2) 可知, $\forall\, \varepsilon > 0, \exists\, \delta_1 > 0$, 当 $0 < |u - A| < \delta_1$ 时, 有 $|g(u) - B| < \varepsilon$. 又由条件 (1) 知, 对上述 $\delta_1, \exists\, \delta_2 > 0$, 当 $0 < |x - a| < \delta_2$ 时, 有 $|f(x) - A| < \delta_1$. 取 $\delta = \min\{\delta_0,\ \delta_2\}$, 则当 $0 < |x - a| < \delta$ 时, 有 $0 < |f(x) - A| < \delta_1$, 故而有

$$|g(f(x)) - B| < \varepsilon.$$

从而由极限定义可得 $\lim\limits_{x \to a} g(f(x)) = B$. □

特别地, 当 $B = g(A)$, 即 $\lim\limits_{u \to A} g(u) = g(A)$ 时, 则成立

$$\lim_{x \to a} g(f(x)) = g(\lim_{x \to a}(f(x))) = g(A).$$

定理 3.2.17 （极限的夹逼性）　设 $f(x) \leqslant g(x) \leqslant h(x), \forall\, x\,(0 < |x - a| < r)$, 且

$$\lim_{x \to a} f(x) = \lim_{x \to a} h(x) = A.$$

则

$$\lim_{x \to a} g(x) = A.$$

证明　由极限的定义可知, $\forall\, \varepsilon > 0, \exists\, \delta > 0$, 当 $0 < |x - a| < \delta$ 时, 有

$$|f(x) - A| < \varepsilon, \quad |h(x) - A| < \varepsilon.$$

取 $\delta^* = \min\{\delta,\ r\}$, 则当 $0 < |x - a| < \delta^*$ 时, 有

$$A - \varepsilon < f(x) \leqslant g(x) \leqslant h(x) < A + \varepsilon,$$

即

$$|g(x) - A| < \varepsilon.$$

从而得证 $\lim\limits_{x \to a} g(x) = A$. □

利用函数极限的四则运算法则、复合运算法则与夹逼性, 我们给出两个非常重要的极限以及与它们相关的极限.

例 3.2.18　证明: $\lim\limits_{x \to 0} \dfrac{\sin x}{x} = 1$.

证明 设以 O 点为圆心的单位圆上有 A, B 两点. C 点为圆在 A 点的切线与 OB 延长线的交点. 设 OA 与 OB 所夹角的弧度为 $x\left(0 < x < \dfrac{\pi}{2}\right)$, 则三角形 AOB, 扇形 AOB 和三角形 AOC 的面积从小到大分别为 $\dfrac{1}{2}\sin x$, $\dfrac{1}{2}x$ 和 $\dfrac{1}{2}\tan x$, 如图 3.3 所示. 则当 $0 < x < \dfrac{\pi}{2}$ 时, 有

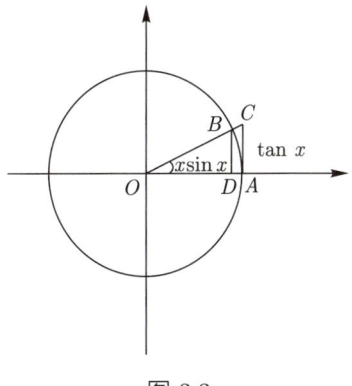

图 3.3

$$\sin x < x < \tan x,$$

即

$$1 < \frac{x}{\sin x} < \frac{1}{\cos x}.$$

从而得到

$$0 < 1 - \frac{\sin x}{x} < 1 - \cos x = 2\sin^2\left(\frac{x}{2}\right) < \frac{x^2}{2}, \quad 0 < x < \frac{\pi}{2}.$$

利用夹逼性可得

$$\lim_{x \to 0^+} \frac{\sin x}{x} = 1.$$

又因为

$$\lim_{x \to 0^-} \frac{\sin x}{x} = \lim_{y \to 0^+} \frac{\sin(-y)}{-y} = \lim_{y \to 0^+} \frac{\sin y}{y} = 1,$$

因而证得

$$\lim_{x \to 0} \frac{\sin x}{x} = 1. \qquad \square$$

注 由例 3.2.18, 很容易计算下列极限:

(1) $\displaystyle\lim_{x \to 0} \frac{\tan x}{x} = \lim_{x \to 0} \frac{1}{\cos x} \cdot \lim_{x \to 0} \frac{\sin x}{x} = 1 \cdot 1 = 1$;

(2) $\displaystyle\lim_{x \to 0} \frac{1 - \cos x}{x^2} = \lim_{x \to 0} \frac{2\sin^2 \dfrac{x}{2}}{x^2} = \lim_{x \to 0} \frac{1}{2}\left(\frac{\sin \dfrac{x}{2}}{\dfrac{x}{2}}\right)^2$

$\qquad = \dfrac{1}{2}\left(\displaystyle\lim_{x \to 0} \frac{\sin \dfrac{x}{2}}{\dfrac{x}{2}}\right)^2 = \dfrac{1}{2} \cdot 1^2 = \dfrac{1}{2}$;

(3) $\displaystyle\lim_{x \to 0} \frac{\arctan x}{x} \xlongequal{y=\arctan x} \lim_{y \to 0} \frac{y}{\tan y} = 1$;

(4) $\displaystyle\lim_{x \to 0} \frac{\arcsin x}{x} \xlongequal{y=\arcsin x} \lim_{y \to 0} \frac{y}{\sin y} = 1$.

例 3.2.19 证明: $\displaystyle\lim_{x \to \infty}\left(1 + \frac{1}{x}\right)^x = e$.

证明　我们先计算 $\lim\limits_{x\to+\infty}\left(1+\dfrac{1}{x}\right)^x=\mathrm{e}$.

为此, 令 $[x]=n$. 则当 $x>1$ 时, 成立

$$n=[x]\leqslant x<[x]+1=n+1.$$

于是

$$1+\frac{1}{n+1}=1+\frac{1}{[x]+1}<1+\frac{1}{x}\leqslant 1+\frac{1}{[x]}=1+\frac{1}{n},$$

而且

$$\left(1+\frac{1}{n+1}\right)^n<\left(1+\frac{1}{x}\right)^x<\left(1+\frac{1}{n}\right)^{n+1},$$

注意到

$$\lim_{n\to+\infty}\left(1+\frac{1}{n+1}\right)^n=\lim_{n\to+\infty}\left(1+\frac{1}{n}\right)^{n+1}=\mathrm{e},$$

由夹逼性得

$$\lim_{x\to+\infty}\left(1+\frac{1}{x}\right)^x=\mathrm{e}.$$

而

$$\lim_{x\to-\infty}\left(1+\frac{1}{x}\right)^x\xlongequal{y=-x}\lim_{y\to+\infty}\left(1-\frac{1}{y}\right)^{-y}$$

$$=\lim_{y\to+\infty}\left(\frac{y}{y-1}\right)^y=\lim_{y\to+\infty}\left(1+\frac{1}{y-1}\right)^{y-1}\left(1+\frac{1}{y-1}\right)$$

$$=\lim_{y\to+\infty}\left(1+\frac{1}{y-1}\right)^{y-1}\cdot\lim_{y\to+\infty}\left(1+\frac{1}{y-1}\right)=\mathrm{e}\cdot 1=\mathrm{e}.$$

结合 $\lim\limits_{x\to+\infty}\left(1+\dfrac{1}{x}\right)^x=\mathrm{e}$, 得到

$$\lim_{x\to\infty}\left(1+\frac{1}{x}\right)^x=\mathrm{e}.\qquad\square$$

注　从例 3.2.19 容易得到:

(1) $\lim\limits_{x\to 0}(1+x)^{\frac{1}{x}}=\mathrm{e}$;

(2) $\lim\limits_{x\to 0}\dfrac{\ln(1+x)}{x}=\lim\limits_{x\to 0}\ln(1+x)^{1/x}=\ln\left(\lim\limits_{x\to 0}(1+x)^{1/x}\right)=\ln\mathrm{e}=1$;

(3) $\lim\limits_{x\to 0}\dfrac{\mathrm{e}^x-1}{x}\xlongequal{y=\mathrm{e}^x-1}\lim\limits_{y\to 0}\dfrac{y}{\ln(1+y)}=\dfrac{1}{\lim\limits_{y\to 0}\dfrac{\ln(1+y)}{y}}=\dfrac{1}{1}=1$;

(4) $\lim\limits_{x\to 0}\dfrac{a^x-1}{x}=\lim\limits_{x\to 0}\dfrac{\mathrm{e}^{x\ln a}-1}{x}=\ln a$;

(5) $\lim\limits_{x\to 0}\dfrac{(1+x)^\alpha-1}{x}\xlongequal{y=(1+x)^\alpha-1}\lim\limits_{x\to 0}\dfrac{y}{x}=\lim\limits_{x\to 0}\left(\dfrac{y}{x}\cdot\dfrac{\alpha\ln(1+x)}{\ln(1+y)}\right)=$

$\alpha\cdot\lim\limits_{x\to 0}\dfrac{\ln(1+x)}{x}\cdot\lim\limits_{y\to 0}\dfrac{y}{\ln(1+y)}=\alpha$, 这里 α 为常数.

以上这些函数极限是计算函数极限的基础, 通常称为重要极限. 利用这些重要极限, 能够比较容易地计算一些复杂函数的极限.

例 3.2.20 计算函数极限 $\lim\limits_{x \to 0} \dfrac{\cos x - \sqrt[3]{\cos x}}{\sin^2 x}$.

解 原式 $= \lim\limits_{x \to 0} \left(\dfrac{\cos x - 1}{\sin^2 x} + \dfrac{1 - \sqrt[3]{\cos x}}{\sin^2 x} \right)$

$= \lim\limits_{x \to 0} \left(\dfrac{\cos x - 1}{\sin^2 x} + \dfrac{1 - \cos x}{\sin^2 x (1 + \sqrt[3]{\cos x} + \sqrt[3]{\cos^2 x})} \right)$

$= \lim\limits_{x \to 0} \dfrac{\cos x - 1}{\sin^2 x} \left(1 - \dfrac{1}{1 + \sqrt[3]{\cos x} + \sqrt[3]{\cos^2 x}} \right)$

$= \lim\limits_{x \to 0} \dfrac{\cos x - 1}{x^2} \cdot \dfrac{x^2}{\sin^2 x} \left(1 - \dfrac{1}{1 + \sqrt[3]{\cos x} + \sqrt[3]{\cos^2 x}} \right)$

$= -\dfrac{1}{2} \cdot 1 \cdot \left(1 - \dfrac{1}{3} \right) = -\dfrac{1}{3}.$

例 3.2.21 计算函数极限 $\lim\limits_{x \to \infty} \left(1 + \dfrac{1}{x^2} \right)^x$.

解 由 $\left(1 + \dfrac{1}{x^2} \right)^x = \left(\left(1 + \dfrac{1}{x^2} \right)^{x^2} \right)^{1/x}$ 知,

$$\ln \left(1 + \dfrac{1}{x^2} \right)^x = \dfrac{1}{x} \ln \left(1 + \dfrac{1}{x^2} \right)^{x^2},$$

而

$$\lim_{x \to \infty} \ln \left(1 + \dfrac{1}{x^2} \right)^x = \lim_{x \to \infty} \dfrac{1}{x} \cdot \ln \left(\lim_{x \to \infty} \left(1 + \dfrac{1}{x^2} \right)^{x^2} \right) = 0 \cdot \ln e = 0,$$

故有

$$\lim_{x \to \infty} \left(1 + \dfrac{1}{x^2} \right)^x = \lim_{x \to \infty} e^{\ln \left(1 + \frac{1}{x^2} \right)^x} = e^{\lim\limits_{x \to \infty} \ln \left(1 + \frac{1}{x^2} \right)^x} = e^0 = 1.$$

上面极限的计算中用到了复合函数极限的计算公式, 以及基本初等函数 $y = \ln x$ 和 $y = e^x$ 的基本事实:

$$\lim_{u \to u_0} e^x = e^{u_0}, \quad \forall\, x_0 \in \mathbb{R}$$

和

$$\lim_{u \to u_0} \ln u = \ln u_0, \quad \forall\, u_0 > 0.$$

以上基本事实将在后面函数的连续性章节中加以说明.

3.2.3　函数极限存在的条件

这一节, 我们以 $x \to x_0$ 的极限为例, 给出函数极限与数列极限的关系及极限存在定理.

定理 3.2.22　(海涅 (Heine) 定理)　设 $f(x)$ 在 x_0 的某去心邻域内有定义, 则 $\lim\limits_{x \to x_0} f(x) = A$ 成立的充分必要条件是: 对于上述去心邻域内收敛于 x_0 的任何自变量数列 $\{x_n\}$, 都有 $\lim\limits_{n \to \infty} f(x_n) = A$.

证明　先证必要性. 已知 $\lim\limits_{x \to x_0} f(x) = A$, 则 $\forall \varepsilon > 0, \exists \delta > 0$, 当 $x \in O(x_0, \delta) \setminus \{x_0\}$ 时, 有

$$|f(x) - A| < \varepsilon.$$

而对上述 $\delta > 0$, 存在 $N \in \mathbb{N}$, 当 $n > N$ 时, 有 $0 < |x_n - x_0| < \delta$, 从而

$$|f(x_n) - A| < \varepsilon.$$

故证得 $\lim\limits_{n \to \infty} f(x_n) = A$.

再证充分性. 采用反证法, 反设 $\lim\limits_{x \to x_0} f(x) \neq A$, 即

$$\exists \varepsilon_0 > 0, \forall \delta > 0, \exists x \ (0 < |x - x_0| < \delta) : \ |f(x) - A| \geqslant \varepsilon_0.$$

特别地,

$$\delta = 1, \exists x_1 \left(0 < |x_1 - x_0| < 1 \right) : \ |f(x_1) - A| \geqslant \varepsilon_0;$$
$$\delta = \frac{1}{2}, \ \exists x_2 \left(0 < |x_2 - x_0| < \frac{1}{2} \right) : \ |f(x_2) - A| \geqslant \varepsilon_0;$$
$$\cdots$$
$$\delta = \frac{1}{n}, \exists x_n \left(0 < |x_n - x_0| < \frac{1}{n} \right) : \ |f(x_n) - A| \geqslant \varepsilon_0;$$
$$\cdots$$

这样, 在去心邻域内找到数列 $\{x_n\} : x_n \to x_0 \ (n \to \infty)$, 但显然 $\lim\limits_{n \to \infty} f(x_n) \neq A$. 由此产生矛盾. □

这里我们指出, 海涅定理在 $x \to \infty$ 时仍然成立. 海涅定理的必要性也可以减弱, 即以下定理:

定理 3.2.23　(海涅定理的弱形式)　设 $f(x)$ 在 x_0 的某去心邻域内有定义, 则极限 $\lim\limits_{x \to x_0} f(x)$ 存在的充分必要条件是: 对于上述去心邻域内收敛于 x_0 的任何自变量数列 $\{x_n\}$, 对应因变量数列的极限 $\lim\limits_{n \to \infty} f(x_n)$ 都存在.

证明 定理的必要性是显然的. 下面证明充分性, 为此只需证明: 对于上述去心邻域内收敛于 x_0 的任何自变量数列 $\{x_n\}$, 对应的因变量数列 $\{f(x_n)\}$ 都收敛到同一个极限. 事实上, 倘若存在去心邻域内收敛于 x_0 的两个不同的自变量数列 $\{x_n^{(1)}\}$ 和 $\{x_n^{(2)}\}$, 对应的因变量数列 $\{f(x_n^{(1)})\}$ 和 $\{f(x_n^{(2)})\}$ 收敛于不同极限, 即 $\lim\limits_{n\to\infty} f(x_n^{(1)}) = A, \lim\limits_{n\to\infty} f(x_n^{(2)}) = B$, 而且 $A \neq B$. 于是我们取新的自变量数列 $\{z_n\}$, 使得 $z_{2n-1} = x_n^{(1)}, z_{2n} = x_n^{(2)}$. 显然 $\{z_n\}$ 是去心邻域内收敛于 x_0 的自变量数列, 但是 $\lim\limits_{n\to\infty} f(z_{2n-1}) = A, \lim\limits_{n\to\infty} f(z_{2n}) = B$, 故数列 $\{f(z_n)\}$ 发散, 这与已知矛盾. □

海涅定理有两方面的应用. 一是用数列极限性质确定函数极限的相应性质. 比如, 函数极限的夹逼定理可以用海涅定理结合数列极限的夹逼定理给出证明, 请读者自行完成证明. 二是常常被用来证明函数极限不存在, 即

(1) 若能找到收敛于 x_0 的数列 $\{x_n\}$ $(x_n \neq x_0)$, 使得 $\lim\limits_{n\to\infty} f(x_n)$ 不存在, 则 $\lim\limits_{x\to x_0} f(x)$ 不存在;

(2) 若能找到两个收敛于 x_0 的数列 $\{x_n^{(1)}\}, \{x_n^{(2)}\}$ $(x_n^{(1)}, x_n^{(2)} \neq x_0)$, 使得 $\lim\limits_{n\to\infty} f(x_n^{(1)}) \neq \lim\limits_{n\to\infty} f(x_n^{(2)})$, 则 $\lim\limits_{x\to x_0} f(x)$ 不存在.

例 3.2.24 证明狄利克雷函数 $D(x)$ 在定义域内任何一点 x_0 处的极限不存在.

证明 取 $\{x_n^{(1)}\} \subset \mathbb{Q}, \{x_n^{(2)}\} \subset \mathbb{Q}^c$, 使得

$$\lim_{n\to\infty} x_n^{(1)} = \lim_{n\to\infty} x_n^{(2)} = x_0.$$

但是

$$D(x_n^{(1)}) = 1, \quad D(x_n^{(2)}) = 0,$$

由海涅定理知, $\lim\limits_{x\to x_0} D(x)$ 不存在. □

海涅定理还有其他应用, 这里举例说明.

例 3.2.25 设 f 在 $(0, +\infty)$ 上满足函数方程 $f(2x) = f(x)$ $(x > 0)$, 并且 $\lim\limits_{x\to+\infty} f(x)$ 存在. 证明: $f(x)$ 是常值函数.

证明 由已知, 不妨设 $\lim\limits_{x\to+\infty} f(x) = A$. 下面证明 $f(x) \equiv A$. 事实上, 任取 $x_0 \in (0, +\infty)$, 由于

$$f(x_0) = f(2x_0) = f(2^2 x_0) = \cdots = f(2^n x_0), \quad n \in \mathbb{N}.$$

注意到 $2^n x_0 \to +\infty, n \to \infty$ 与 $\lim\limits_{x\to+\infty} f(x) = A$, 在上式中令 $n \to \infty$, 由海涅定理得到:

$$f(x_0) = \lim_{n\to\infty} f(2^n x_0) = \lim_{x\to+\infty} f(x) = A.$$
□

同数列极限一样, 在不知道函数极限的情况下, 从函数本身出发, 也能够判断它的极限是否存在.

定理 3.2.26 (柯西收敛准则) 假设 $f(x)$ 在 x_0 的某去心邻域内有定义, 则极限 $\lim\limits_{x \to x_0} f(x)$ 存在的充分必要条件是: $\forall\, \varepsilon > 0, \exists\, \delta > 0$, 当 $x', x'' \in O(x_0, \delta) \setminus \{x_0\}$ 时,

$$|f(x') - f(x'')| < \varepsilon.$$

证明   先证明必要性: 设 $\lim\limits_{x \to x_0} f(x) = A$, 则 $\forall\, \varepsilon > 0, \exists\, \delta > 0$, 当 $0 < |x - x_0| < \delta$ 时,

$$|f(x) - A| < \frac{\varepsilon}{2}.$$

故对于 $x', x'' \in O(x_0, \delta) \setminus \{x_0\}$ 时, 有

$$|f(x') - f(x'')| \leqslant |f(x') - A| + |f(x'') - A| < \frac{\varepsilon}{2} + \frac{\varepsilon}{2} = \varepsilon,$$

从而证得必要性.

再证明充分性: 假设 $\forall\, \varepsilon > 0, \exists\, \delta > 0$, 当 $0 < |x' - x_0| < \delta, 0 < |x'' - x_0| < \delta$ 时, 成立

$$|f(x') - f(x'')| < \varepsilon.$$

对于任意数列 $x_n \neq x_0, x_n \to x_0 \ (n \to \infty)$, 则对上述 δ, 存在 $N > 0$, 当 $m, n > N$ 时, 有 $0 < |x_m - x_0| < \delta, 0 < |x_n - x_0| < \delta$, 所以有

$$|f(x_m) - f(x_n)| < \varepsilon.$$

即 $\{f(x_n)\}$ 是柯西数列, 从而 $\{f(x_n)\}$ 收敛. 由海涅定理的弱形式可得极限 $\lim\limits_{x \to x_0} f(x)$ 存在. $\square$

读者可以尝试写出其他类型极限相应的柯西收敛准则, 比如 $\lim\limits_{x \to \infty} f(x), \lim\limits_{x \to a^+} f(x)$ 等极限存在的柯西收敛准则.

对于数列而言, 单调有界数列必收敛. 对于函数, 考察下列函数

$$y = f(x) = \begin{cases} x, & x > 1, \\ x - 1, & x \leqslant 1. \end{cases}$$

显然函数 $f(x)$ 单调增加, 但是可以看出 $f(x)$ 在 $x = 1$ 处的极限不存在. 另一方面, 还可以看出 $f(x)$ 在 $x = 1$ 处的左右极限是存在的. 事实上, 我们有如下单调有界单侧极限存在定理.

定理 3.2.27 (单调有界单侧极限存在定理) 设 $f(x)$ 是 (a, b) 内的单调函数, 则对于任意 $x_0 \in (a, b)$, 极限 $\lim\limits_{x \to x_0^+} f(x)$ 和 $\lim\limits_{x \to x_0^-} f(x)$ 必定存在.

证明 不妨假设 $f(x)$ 是 (a, b) 内的单调增加函数, 如图 3.4. 对于 $x_0 \in (a, b)$, 我们证明极限 $\lim\limits_{x \to x_0^-} f(x)$ 存在. 为此, 考虑集合

$$E = \{y | y = f(x), x \in (a, x_0)\}.$$

显然 E 是非空集合, 而且对于任意 $y \in E$, 由于 $f(x)$ 是 (a, b) 内的单调增加函数, 故有 $y \leqslant f(x_0)$, 即 E 是上有界集. 由确界定理可知, 存在一个实数 β, 使得 $\beta = \sup E$.

下面证明: $\lim\limits_{x \to x_0^-} f(x) = \beta$.

事实上, 由确界定义可知, 对任意 $x \in (a, x_0)$, $f(x) \leqslant \beta$, 而且对于任意 $\varepsilon > 0$, 存在 $x_1 \in (a, x_0)$, 使得 $\beta - \varepsilon < f(x_1)$. 令 $\delta = x_0 - x_1 > 0$, 则对任意 $x(-\delta < x - x_0 < 0)$, 由 $x_1 < x < x_0$ 及函数的单调性, 得到 $\beta - \varepsilon < f(x_1) \leqslant f(x) \leqslant \beta$, 即

$$|f(x) - \beta| < \varepsilon.$$

从而证得 $\lim\limits_{x \to x_0^-} f(x) = \beta$.

同理可证 $\lim\limits_{x \to x_0^+} f(x)$ 存在. $\square$

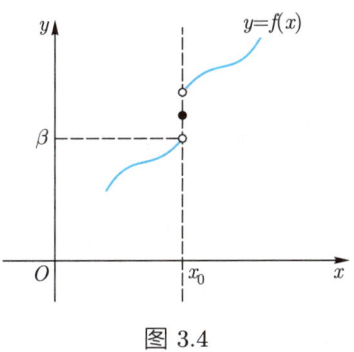

图 3.4

值得一提的是, 上述定理中 x_0 不能取到端点. 若需要考虑端点 $x = b$ 处的极限, 除了函数的单调性外, 我们还需加上函数在 (a, b) 内有界的条件. 特别地, 当函数 $f(x)$ 在 (a, b) 内单调增加且有界时, $\lim\limits_{x \to b^-} f(x) = \sup\limits_{x \in (a, b)} f(x)$.

3.2.4　无穷小量与无穷大量的阶

无穷小量和无穷大量是极限理论中非常重要的概念, 在数列极限中我们已经给出了它们的定义和性质. 特别地, 一个收敛数列可以表示为极限值与无穷小量之和, 使得无穷小量在极限理论中有特殊的意义. 对于函数极限同样可以给出无穷小量和无穷大量的定义. 下面我们以 $x \to x_0$ 为例进一步讨论无穷小量和无穷大量的性质.

定义 3.2.28　若 $\lim\limits_{x \to x_0} \alpha(x) = 0$, 则称 $\alpha(x)$ 是 $x \to x_0$ 时的无穷小量, 记为 $\alpha(x) = o(1)$. 其等价定义为

$$\forall \varepsilon > 0, \exists \delta > 0, \forall x \ (0 < |x - x_0| < \delta) : \ |\alpha(x)| < \varepsilon.$$

定义 3.2.29　若 $\lim\limits_{x \to x_0} f(x) = \infty$, 称 $f(x)$ 是 $x \to x_0$ 时的无穷大量, 其等价定义为

$$\forall G > 0, \exists \delta > 0, \forall x \ (0 < |x - x_0| < \delta) : \ |f(x)| > G.$$

同样可以定义正无穷大量和负无穷大量, 也可以定义其他极限过程下的无穷大量. 如果把函数值趋于无穷大看成是函数极限的一种广义存在, 那么就有 24 种极限定义, 即六种极限过程下, 函数的四种变化趋势所对应的极限定义. 函数极限的无穷小量与无穷大量也具有一系列的运算性质, 与数列极限完全类似, 在这里不再赘述. 但是值得注意的是, 海涅定理对无穷大量也成立, 即有下列定理:

定理 3.2.30　(海涅定理)　设 $f(x)$ 在 x_0 的某去心邻域内有定义, 则 $\lim\limits_{x \to x_0} f(x) = \infty$ 成立的充分必要条件是: 对于上述去心邻域内收敛于 x_0 的任何自变量数列 $\{x_n\}$, 都有 $\lim\limits_{n \to \infty} f(x_n) = \infty$.

我们把定理的证明留给读者.

由定义, 我们知道, 无穷小量是极限为零的变量, 那么它趋于零的速度如何? 两个无穷小量趋于零的速度大小如何比较? 我们将会看到, 这样的问题对极限的运算很有意义.

定义 3.2.31　设 $\alpha(x), \beta(x)$ 为 $x \to x_0$ 时的无穷小量.

(1) 若 $\lim\limits_{x \to x_0} \dfrac{\beta(x)}{\alpha(x)} = 0$, 则称 $\beta(x)$ 是 $\alpha(x)$ 的高阶无穷小量, $\alpha(x)$ 是 $\beta(x)$ 的低阶无穷小量, 记为 $\beta(x) = o(\alpha(x))$, 这表明 $\beta(x)$ 趋于零的速度比 $\alpha(x)$ 大;

(2) 若 $\lim\limits_{x \to x_0} \dfrac{\beta(x)}{\alpha(x)} = C \neq 0$, 则称 $\beta(x)$ 与 $\alpha(x)$ 是同阶无穷小量. 特别地, 若 $\lim\limits_{x \to x_0} \dfrac{\beta(x)}{\alpha(x)} = 1$, 则称 $\beta(x)$ 与 $\alpha(x)$ 是等价无穷小

量, 记为 $\beta(x) \sim \alpha(x)$ 或 $\alpha(x) \sim \beta(x)$, 也可以记为 $\beta(x) = \alpha(x) + o(\alpha(x))$, 并称 $\alpha(x)$ 为 $\beta(x)$ 的主部;

(3) 若存在 $M > 0$, 在 x_0 的某个去心邻域内有 $|\beta(x)| \leqslant M|\alpha(x)|$ 成立, 则记为 $\beta(x) = O(\alpha(x))$. 特别地, 当 $\alpha(x) \equiv 1$ 时, 记 $\beta(x) = O(1)$.

不难看出, 当 $\beta(x)$ 与 $\alpha(x)$ 是同阶无穷小量时, 我们有 $\beta(x) = O(\alpha(x))$. 下面我们列举一些常用的等价无穷小量: 当 $x \to 0$ 时,

$$\sin x \sim x, \qquad \sin x = x + o(x);$$
$$\tan x \sim x, \qquad \tan x = x + o(x);$$
$$1 - \cos x \sim \frac{1}{2}x^2, \qquad \cos x = 1 - \frac{1}{2}x^2 + o(x^2);$$
$$(1+x)^{\alpha} - 1 \sim \alpha x, \qquad (1+x)^{\alpha} = 1 + \alpha x + o(x);$$
$$\ln(1+x) \sim x, \qquad \ln(1+x) = x + o(x);$$
$$\mathrm{e}^x - 1 \sim x, \qquad \mathrm{e}^x = 1 + x + o(x).$$

我们指出, 在求两个函数商的极限时, 可以用无穷小量的等价无穷小来代替, 而且非常有效, 具体的是:

定理 3.2.32 若当 $x \to x_0$ 时, $\alpha(x) \sim \alpha'(x), \beta(x) \sim \beta'(x)$, 且 $\lim\limits_{x \to x_0} \dfrac{\beta'(x)}{\alpha'(x)} = A$ (A 可以为 ∞), 则

$$\lim_{x \to x_0} \frac{\beta(x)}{\alpha(x)} = \lim_{x \to x_0} \frac{\beta'(x)}{\alpha'(x)} = A.$$

证明

$$\lim_{x \to x_0} \frac{\beta(x)}{\alpha(x)} = \lim_{x \to x_0} \frac{\beta(x)}{\beta'(x)} \cdot \lim_{x \to x_0} \frac{\beta'(x)}{\alpha'(x)} \cdot \lim_{x \to x_0} \frac{\alpha'(x)}{\alpha(x)} = A. \qquad \square$$

举几个简单的例子如下:

(1) $\lim\limits_{x \to 0} \dfrac{\tan ax}{\sin bx} = \lim\limits_{x \to 0} \dfrac{ax}{bx} = \dfrac{a}{b}$, 因为 $\tan ax \sim ax, \sin bx \sim bx, x \to 0$;

(2) $\lim\limits_{x \to \infty} x^2 \sin \dfrac{1}{x} = \lim\limits_{x \to \infty} \dfrac{\sin \frac{1}{x}}{\frac{1}{x^2}} = \lim\limits_{x \to \infty} \dfrac{\frac{1}{x}}{\frac{1}{x^2}} = \infty$, 因为 $\sin \dfrac{1}{x} \sim \dfrac{1}{x}, x \to \infty$;

(3) $\lim\limits_{x \to 0} \dfrac{\mathrm{e}^{x^3} - 1}{1 - \cos \sqrt{x(1 - \cos x)}} = \lim\limits_{x \to 0} \dfrac{x^3}{\frac{1}{2}x(1 - \cos x)} = 4$, 因为 $\mathrm{e}^{x^3} - 1 \sim x^3$,

$1 - \cos \sqrt{x(1 - \cos x)} \sim \dfrac{1}{2}x(1 - \cos x), \ x \to 0.$

等价无穷小代换在极限的计算中非常有用, 但除了商的极限外, 一定要谨慎代换, 以防出错.

例 3.2.33　计算极限 $\displaystyle\lim_{x\to 0}\dfrac{\sqrt{1+x^2}-1-\dfrac{x^2}{2}}{3x^4}$.

解　此时如果用 $\sqrt{1+x^2}-1\sim\dfrac{x^2}{2}$ 代入, 就会得到极限为零的错误结论. 事实上,

$$\lim_{x\to 0}\frac{\sqrt{1+x^2}-1-\dfrac{x^2}{2}}{3x^4}=\lim_{x\to 0}\frac{(1+x^2)-\left(1+\dfrac{x^2}{2}\right)^2}{3x^4\left(\sqrt{1+x^2}+1+\dfrac{x^2}{2}\right)}$$

$$=\lim_{x\to 0}\frac{-\dfrac{x^4}{4}}{3x^4\left(\sqrt{1+x^2}+1+\dfrac{x^2}{2}\right)}=-\frac{1}{24}.$$

在极限过程中, 如果选取一个基本无穷小量, 让其他无穷小量与这个基本无穷小量进行比较, 就可以给出无穷小量相对于这个基本无穷小量的阶数, 从而可以更加清晰地反映出无穷小量收敛到零的速度.

定义 3.2.34　设 $\beta(x)$ 是当 $x\to x_0$ 时的无穷小量. 若存在正实数 k 使得 $\displaystyle\lim_{x\to x_0}\dfrac{\beta(x)}{(x-x_0)^k}=C\ (C\neq 0)$, 则称 $\beta(x)$ 是 $x-x_0$ 的 k 阶无穷小量.

例 3.2.35　当 $x\to 0$ 时, $\sqrt{2x^2+3\sqrt[3]{x}}$ 是 x 的几阶无穷小量?

解　因为

$$\lim_{x\to 0}\frac{\sqrt{2x^2+3\sqrt[3]{x}}}{\sqrt[6]{x}}=\lim_{x\to 0}\sqrt{\frac{2x^2+3\sqrt[3]{x}}{\sqrt[3]{x}}}=\lim_{x\to 0}\sqrt{2x^{5/3}+3}=\sqrt{3},$$

所以 $\sqrt{2x^2+3\sqrt[3]{x}}$ 是 x 的 $\dfrac{1}{6}$ 阶无穷小量.

例 3.2.36　当 $x\to 0$ 时, $\tan x-\sin x$ 是 x 的几阶无穷小量?

解　当 $x\to 0$ 时, $\tan x,\sin x$ 都是 x 的一阶无穷小量, 那么 $\tan x-\sin x$ 也是 x 的一阶无穷小量吗? 答案是否定的. 事实上,

$$\lim_{x\to 0}\frac{\tan x-\sin x}{x}=\lim_{x\to 0}\frac{\sin x}{x}\cdot\lim_{x\to 0}\left(\frac{1}{\cos x}-1\right)=1\cdot 0=0,$$

故 $\tan x-\sin x=o(x)$, 即 $\tan x-\sin x$ 是 x 的高阶无穷小量. 又进一步地

$$\lim_{x\to 0}\frac{\tan x-\sin x}{x^3}=\lim_{x\to 0}\frac{\sin x(1-\cos x)}{x^3\cos x}=\lim_{x\to 0}\frac{x\cdot\dfrac{x^2}{2}}{x^3}=\frac{1}{2},$$

从而可知 $\tan x-\sin x$ 是 x 的 3 阶无穷小量.

我们还要指出, 有些无穷小量是无法确定阶数的, 例如 $e^{-\frac{1}{x}}$ 是 $x \to 0^+$ 时的无穷小量, 但对任意的 $n \in \mathbb{N}$, 有

$$\lim_{x \to 0^+} \frac{e^{-\frac{1}{x}}}{x^n} = \lim_{y \to +\infty} \frac{y^n}{e^y} = 0,$$

即 $e^{-\frac{1}{x}} = o(x^n)$.

同样地, 我们可以比较无穷大量趋于无穷大的速度, 以 $x \to x_0$ 为例, 设 $f(x)$ 与 $g(x)$ 为两个无穷大量,

(1) 若 $\lim\limits_{x \to x_0} \dfrac{f(x)}{g(x)} = 0$, 则称 $g(x)$ 为 $f(x)$ 的高阶无穷大量, 同时称 $f(x)$ 为 $g(x)$ 的低阶无穷大量;

(2) 若 $\lim\limits_{x \to x_0} \dfrac{f(x)}{g(x)} = C \ (C \neq 0)$, 则称 $g(x)$ 为 $f(x)$ 的同阶无穷大量. 特别地, 若 $C = 1$, 则称 $g(x)$ 为 $f(x)$ 的等阶无穷大量;

(3) 若 $f(x)$ 与基本无穷大量 $\dfrac{1}{x - x_0}$ 进行比较, 有 $\lim\limits_{x \to x_0} \dfrac{f(x)}{(x - x_0)^{-k}} = C(C \neq 0)$, 则称 $f(x)$ 为 $\dfrac{1}{x - x_0}$ 的 k 阶无穷大量.

例如, 我们已经知道 $\sqrt{2x^2 + 3\sqrt[3]{x}}$ 是当 $x \to 0$ 时的无穷小量, 是 x 的 $\dfrac{1}{6}$ 阶无穷小量; 但是, 当 $x \to \infty$ 时它是正无穷大量, 因为当 $x \to \infty$ 时基本无穷大量是 $|x|$, 而且

$$\lim_{x \to \infty} \frac{\sqrt{2x^2 + 3\sqrt[3]{x}}}{|x|} = \lim_{x \to \infty} \sqrt{\frac{2x^2 + 3\sqrt[3]{x}}{x^2}} = \lim_{x \to \infty} \sqrt{2 + x^{-5/3}} = \sqrt{2},$$

故 $\sqrt{2x^2 + 3\sqrt[3]{x}}$ 是当 $x \to \infty$ 时 $|x|$ 的一阶无穷大量.

再例如 $\ln^p x \ (p > 0), x^k \ (k \in \mathbb{N}), a^x \ (a > 1)$ 当 $x \to +\infty$ 时它们都是正无穷大量, 进一步可以知道 x^k 是 $\ln^p x$ 的高阶无穷大量, 而 a^x 是 x^k 的高阶无穷大量, 即在三个正无穷大量中 a^x 在 $x \to +\infty$ 时趋于正无穷大的速度最大.

练习题 3.2

1. 判断下列命题的真伪, 若正确给出证明, 若错误举出反例.

(1) $\lim\limits_{x \to x_0} f(x) = A \in \mathbb{R} \Leftrightarrow \forall\, n \in \mathbb{N}, \exists\, \delta > 0, \forall\, x(0 < |x - x_0| < \delta): |f(x) - A| < \dfrac{1}{2^n}$;

(2) $\lim\limits_{x \to x_0} f(x) = A \in \mathbb{R} \Leftrightarrow \forall\, \varepsilon > 0, \exists\, n \in \mathbb{N}, \forall\, x\left(0 < |x - x_0| < \dfrac{1}{n}\right): |f(x) - A| < \varepsilon$;

(3) $\lim\limits_{x \to x_0} f(x) = A \in \mathbb{R} \Leftrightarrow \forall\, \varepsilon > 0, \exists\, \delta > 0, \forall\, x(0 < |x - x_0| < \delta):\ |f(x) - A| < \varepsilon^2$;

(4) $\lim\limits_{x \to x_0} f(x) = A \in \mathbb{R} \Leftrightarrow \forall\, \varepsilon > 0, \exists\, \delta > 0, \forall\, x(0 < |x - x_0| < \delta):\ |f(x) - A| < \delta\varepsilon$;

(5) $\lim\limits_{x \to x_0} f(x) = A \in \mathbb{R} \Leftrightarrow \forall\, \varepsilon > 0, \exists\, \delta > 0, \forall\, x(0 < |x - x_0| < \delta\varepsilon):\ |f(x) - A| < \varepsilon$.

2. 试用定义证明:

(1) $\lim\limits_{x \to 1} \dfrac{x(x-1)}{x^2 - 1} = \dfrac{1}{2}$;

(2) $\lim\limits_{x \to a} \sqrt{x} = \sqrt{a}\ (a \geqslant 0)$;

(3) $\lim\limits_{x \to +\infty} (\sqrt{x+1} - \sqrt{x-1}) = 0$.

3. 证明: $\lim\limits_{x \to x_0} f(x) = A \Leftrightarrow \lim\limits_{x \to x_0^-} f(x) = A$, 且 $\lim\limits_{x \to x_0^+} f(x) = A$.

4. 求下列函数在指定点 x_0 的左右极限.

(1) $f(x) = \dfrac{\sqrt{(x-1)^2}}{x - 1}, x_0 = 1$;

(2) $f(x) = \arctan \dfrac{1}{x}, x_0 = 0$;

(3) $f(x) = \dfrac{2^{\frac{1}{x}} - 1}{2^{\frac{1}{x}} + 1}, x_0 = 0$;

(4) $f(x) = \dfrac{1}{x} - \left[\dfrac{1}{x}\right], x_0 = \dfrac{1}{n}\ (n \in \mathbb{N}_+)$.

5. 计算下列极限.

(1) $\lim\limits_{x \to 1} \dfrac{x^2 - 2x + 1}{x^2 - x}$;

(2) $\lim\limits_{x \to 0} \dfrac{\sqrt{1+x} - \sqrt{1-x}}{x}$;

(3) $\lim\limits_{x \to -8} \dfrac{\sqrt{1-x} - 3}{2 + \sqrt[3]{x}}$;

(4) $\lim\limits_{x \to 1} \dfrac{x + x^2 + \cdots + x^m - m}{x - 1}$;

(5) $\lim\limits_{h \to 0} \dfrac{\sin(x+h) - \sin x}{h}$;

(6) $\lim\limits_{n \to \infty} \cos \dfrac{x}{2} \cos \dfrac{x}{4} \cdots \cos \dfrac{x}{2^n}$;

(7) $\lim\limits_{x \to 0} \dfrac{1 - \cos x \cos 2x \cdots \cos nx}{x^2}$;

(8) $\lim\limits_{x \to \infty} \left(\sin \dfrac{1}{x} + \cos \dfrac{1}{x}\right)^x$;

(9) $\lim\limits_{x \to 0} \dfrac{\ln(\cos ax)}{\ln(\cos bx)}\ (a, b \neq 0)$;

(10) $\lim\limits_{x\to 0} x\left[\dfrac{1}{x}\right]$;

(11) $\lim\limits_{x\to 2^+} \dfrac{[x]^2-4}{x^2-4}$;

(12) $\lim\limits_{x\to\infty} \left(\dfrac{1+x}{3+x}\right)^x$;

(13) $\lim\limits_{n\to\infty} n(\sqrt[n]{x}-1)$;

(14) $\lim\limits_{x\to 0} \left(\dfrac{a^x+b^x+c^x}{3}\right)^{\frac{1}{x}}$;

(15) $\lim\limits_{x\to 0} \dfrac{\ln(1+x)+\ln(1-x)}{1-\cos x+\sin^2 x}$;

(16) $\lim\limits_{x\to 0} \dfrac{x\tan^4 x}{\sin^3 x(1-\cos x)}$;

(17) $\lim\limits_{x\to 0} \dfrac{\sqrt{1+x^2}-1}{1-\cos x}$;

(18) $\lim\limits_{x\to 0} \dfrac{\sqrt{1+x^4}-1}{1-\cos^2 x}$;

(19) $\lim\limits_{x\to 0} \dfrac{(1+x+x^2)^{\frac{1}{n}}-1}{\sin 2x}$ $(n\in\mathbb{N}_+)$.

6. 确定常数 a,b 使得下列等式成立.

(1) $\lim\limits_{x\to\infty} \left(\dfrac{x^2+1}{x+1}-ax-b\right)=0$;

(2) $\lim\limits_{x\to+\infty} (\sqrt{x^2-x+1}-ax-b)=0$;

(3) $\lim\limits_{x\to-\infty} (\sqrt{x^2-x+1}-ax-b)=0$.

7. 设 $f(x_0^-)<f(x_0^+)$, 求证: 存在 $\delta>0,\forall\, x\in(x_0-\delta,x_0),\forall y\in(x_0,x_0+\delta)$: $f(x)<f(y)$.

8. 设 f 在 $(-\infty,x_0)$ 上是递增的, 并且存在一个数列 $\{x_n\}$ 满足 $x_n<x_0,n\in\mathbb{N}_+,x_n\to x_0\ (n\to\infty)$ 且使得 $\lim\limits_{n\to\infty} f(x_n)=A$, 求证: $f(x_0^-)=A$.

9. 用极限来定义函数: $f(x)=\lim\limits_{n\to\infty} n^x\left(\left(1+\dfrac{1}{n}\right)^{n+1}-\left(1+\dfrac{1}{n}\right)^n\right)$, 求 f 的定义域, 并写出 f 的表达式.

10. 设 $\forall\, n\in\mathbb{N}_+, A_n\subset[0,1]$ 是有限集, 且 $A_i\cap A_j=\varnothing\ (i\neq j,i,j\in\mathbb{N}_+)$. 定义函数

$$f(x)=\begin{cases} \dfrac{1}{n}, & x\in A_n, \\[2mm] 0, & x\in[0,1],x\in A_n^c. \end{cases}$$

求极限 $\lim\limits_{x\to x_0} f(x)\ (x_0\in[0,1])$.

11. 设 f 为 $\mathbb{R}$ 上的周期函数, 且 $\lim\limits_{x\to+\infty} f(x)=0$, 证明: $f\equiv 0$.

12. 设 $f(x), x \in (0,1)$, 当 $x \to 0^+$ 时成立 $f(x) = o(1)$ 及 $f(x) - f\left(\dfrac{x}{2}\right) = o(x)$.

   证明: 当 $x \to 0^+$ 时, 有 $f(x) = o(x)$.

13. 设 a, b 是大于 1 的常数, 定义在 $\mathbb{R}$ 上的函数 $f(x)$ 在 $x = 0$ 的某去心邻域内有界, 并对一切 $x \in \mathbb{R}$, 有 $f(ax) = bf(x)$, 求证: $\lim\limits_{x \to 0} f(x) = f(0)$.

14. 设 f 为 $(0, +\infty)$ 上严格单调增加函数, $x_n \in (a, +\infty), n \in \mathbb{N}$, 且 $\lim\limits_{n \to +\infty} f(x_n) = \lim\limits_{x \to +\infty} f(x)$, 证明: $\lim\limits_{n \to +\infty} x_n = +\infty$.

15. 试问: 当 $x \to 0$ 时, 下列式子是否成立?

   (1) $o(x) = O(x)$;

   (2) $O(x^2) = o(x)$;

   (3) $x^2 \cdot o(1) = o(x^2)$;

   (4) $\dfrac{o(x^2)}{o(x)} = o(x)$;

   (5) $o(x^m) + o(x^n) = o(x^n) \ (m > n > 0)$;

   (6) $o(x^m) \cdot o(x^n) = o(x^{m+n}) \ (m, n > 0)$.

3.3 函数的连续性

3.3.1 连续函数的定义

从函数的图像可以看出, 一次函数的图像是一条连续不断的直线, 余弦函数的图像是一条周期变化的连续曲线, 而正切函数的图像则在每个点 $x_n = n\pi + \dfrac{\pi}{2}(n = 0, \pm 1, \pm 2, \cdots)$ 处都断开一次. 通常我们称这些断开的点就是该函数的间断点; 而连续曲线所对应的点 x 就是函数的连续点. 如图 3.5, x_0 是函数的一个连续点. 当然, 有一些函数的图像并不是连续的曲线, 后面一些例子将说明这一点. 连续函数具体的定义如下:

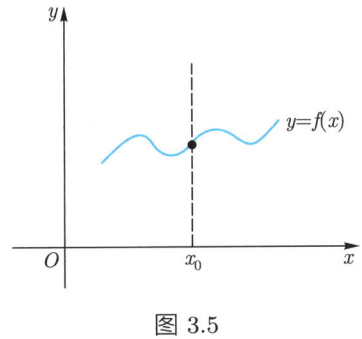

图 3.5

定义 3.3.1　设函数 $f(x)$ 在 x_0 的邻域内有定义, 如果 $\lim\limits_{x \to x_0} f(x) = f(x_0)$, 则称函数 $f(x)$ 在点 x_0 连续, x_0 称为连续点. 若函数 $f(x)$ 在开区间 (a, b) 内每一点处都连续, 则称它在开区间 (a, b) 内连续, 记为 $f(x) \in C(a, b)$.

显然函数 $f(x)$ 在点 x_0 处连续, 可以用 $\varepsilon - \delta$ 语言描述:

$$\forall\, \varepsilon > 0, \exists\, \delta > 0, \forall\, x(|x - x_0| < \delta): \ |f(x) - f(x_0)| < \varepsilon.$$

若引进记号:

$$\Delta x = x - x_0, \Delta f = f(x) - f(x_0) = f(x_0 + \Delta x) - f(x_0),$$

这里 Δx 和 Δf 分别称为自变量 x 在 x_0 处的增量和函数 $f(x)$ 在 x_0 处的增量, 则连续的定义可以表达为

$$\lim_{\Delta x \to 0} \Delta f = 0.$$

这个式子说明了函数在一点连续时它在该点邻域的性态: 当自变量在该点有微小变化时, 相应函数值的变化也是微小的.

例 3.3.2   证明函数 $\sin x$ 和 $\cos x$ 在 $(-\infty, +\infty)$ 内连续.

证明   设 x_0 为 $(-\infty, +\infty)$ 内任一点, 由于

$$\left| \sin x - \sin x_0 \right| = \left| 2 \sin \frac{x - x_0}{2} \cos \frac{x + x_0}{2} \right| \leqslant 2 \left| \sin \frac{x - x_0}{2} \right| \leqslant \left| x - x_0 \right|,$$

$$\left| \cos x - \cos x_0 \right| = \left| 2 \sin \frac{x - x_0}{2} \sin \frac{x + x_0}{2} \right| \leqslant 2 \left| \sin \frac{x - x_0}{2} \right| \leqslant \left| x - x_0 \right|,$$

故 $\forall \varepsilon > 0$, 取 $\delta = \varepsilon$, 当 $|x - x_0| < \delta$ 时,

$$\left| \sin x - \sin x_0 \right| \leqslant \left| x - x_0 \right| < \delta = \varepsilon,$$

$$\left| \cos x - \cos x_0 \right| \leqslant \left| x - x_0 \right| < \delta = \varepsilon.$$

由定义知 $\sin x$ 和 $\cos x$ 都在 x_0 连续. 再由点 x_0 的任意性知, $\sin x$ 和 $\cos x$ 在 $(-\infty, +\infty)$ 内连续. $\square$

例 3.3.3   指数函数 $f(x) = a^x\,(a > 0, a \neq 1)$ 在 $(-\infty, +\infty)$ 上连续.

证明 $\forall x_0 \in (-\infty, +\infty)$, 由于

$$a^x - a^{x_0} = a^{x_0}\left(a^{x - x_0} - 1 \right).$$

要证明 $\lim\limits_{x \to x_0} a^x = a^{x_0}$ 成立, 只需证 $\lim\limits_{u \to 0} a^u = 1$.

事实上, 当 $u > 0$ 时, 取 $n = \left[\dfrac{1}{u} \right]$. 如果 $a > 1$, 则由于

$$1 < a^u \leqslant a^{\frac{1}{n}}, \quad \lim_{n \to \infty} \sqrt[n]{a} = 1,$$

由夹逼性定理可得

$$\lim_{u \to 0^+} a^u = 1.$$

如果 $0 < a < 1$, 则

$$\lim_{u \to 0^+} a^u = \lim_{u \to 0^+} \frac{1}{\left(\dfrac{1}{a} \right)^u} = \frac{1}{\lim\limits_{u \to 0^+} \left(\dfrac{1}{a} \right)^u} = 1.$$

当 $u < 0$ 时, 只需令 $u = -t$, 便有

$$\lim_{u \to 0^-} a^u = \frac{1}{\lim\limits_{t \to 0^+} a^t} = 1.$$

综上所述, 我们有 $\lim\limits_{u \to 0} a^u = 1$, 从而 $\lim\limits_{x \to x_0} a^x = a^{x_0}$, 即 $f(x)$ 在 x_0 处连续, 再由 x_0 的任意性可知, $f(x) = a^x$ 在 $(-\infty, +\infty)$ 内连续.

例 3.3.4 设 $x_0 \in [0,1] \cap \mathbb{Q}^c$. 证明黎曼函数 $R(x)$ 在 x_0 处连续.

证明 任取 $x_0 \in [0,1]$, 只需证明 $\lim\limits_{x \to x_0} R(x) = 0$, 从而证得结论. 事实上, 对于任意 $\varepsilon > 0$, 集合 $E = \{x \in [0,1] \setminus \{x_0\} | R(x) \geqslant \varepsilon\}$ 是有限集合. 记 E 中的元素为 $x_1, x_2, \cdots, x_p$. 令 $\delta = \min\{|x_i - x_0|, i = 1, 2, \cdots, p\}$. 显然 $\delta > 0$, 于是 $\forall \, \varepsilon > 0, \exists \, \delta > 0, \forall \, x(0 < |x - x_0| < \delta): |R(x)| < \varepsilon$. 由极限定义得到 $\lim\limits_{x \to x_0} R(x) = 0$. $\qquad\square$

与单侧极限类似, 函数也有单侧连续的概念:

定义 3.3.5 若 $\lim\limits_{x \to x_0^-} f(x) = f(x_0)$, 则称函数 $f(x)$ 在点 x_0 左连续; 若 $\lim\limits_{x \to x_0^+} f(x) = f(x_0)$, 则称函数 $f(x)$ 在点 x_0 右连续.

显然函数 $f(x)$ 在点 x_0 连续的充分必要条件是 $f(x)$ 在点 x_0 既左连续又右连续.

若函数 $f(x)$ 在 (a,b) 内每一点都连续, 则称 $f(x)$ 在 (a,b) 内连续; 进一步, 若 $f(x)$ 还在点 a 处右连续, 在点 b 处左连续, 则称函数 $f(x)$ 在闭区间 $[a,b]$ 上连续, 记为 $f(x) \in C[a,b]$.

3.3.2 函数间断点的类型

设 x_0 的任意去心邻域与函数 $f(x)$ 的定义域的交集非空. 对于这样的 x_0, 函数 $f(x)$ 在点 x_0 连续等价于函数在点 x_0 的左、右极限存在, 且左、右极限等于该点的函数值, 即 $f(x_0)$ 有定义且 $f_0(x_0 + 0) = f(x_0)$, $f(x_0 - 0) = f(x_0)$, 上述三者缺一不可. 否则, 就称 x_0 为函数 $f(x)$ 的间断点或不连续点. 函数的间断点通常有以下几种情况:

(1) 若 $f(x)$ 在点 x_0 极限存在, 但 $f(x)$ 在 x_0 无定义或 $f(x_0) \neq \lim\limits_{x \to x_0} f(x)$, 则称点 x_0 为函数 $f(x)$ 的可去间断点. 这类间断点只要补充或改变 $f(x)$ 在 x_0 的定义为 $f(x_0) = \lim\limits_{x \to x_0} f(x)$ 就可以成为连续点, 因此间断是可去的.

例如, 函数 $f(x) = e^{-\frac{1}{x^2}}$ 在 $x = 0$ 没有定义, 但是在 $x = 0$ 的左、右极限存在并且都等于 0, 所以 $x = 0$ 是 $f(x)$ 的可去间断点. 通过补充定义

$$f(x) = \begin{cases} e^{-\frac{1}{x^2}}, & x \neq 0, \\ 0, & x = 0. \end{cases}$$

则 $f(x)$ 就在 $(-\infty, +\infty)$ 上连续.

(2) 若 $f(x)$ 在点 x_0 的左、右极限存在但不相等, 则称点 x_0 为函数 $f(x)$ 的跳跃

间断点. 这类间断点, 函数的左、右极限值不同, 在图形上表现为一个 "跳跃". 例如, 函数 $f(x) = \arctan \dfrac{1}{x}$ 在 $x = 0$ 处, 成立 $\lim\limits_{x \to 0^+} \arctan \dfrac{1}{x} = \dfrac{\pi}{2}, \lim\limits_{x \to 0^-} \arctan \dfrac{1}{x} = -\dfrac{\pi}{2}$, 即函数在 $x = 0$ 的两侧极限不相等, 故 $x = 0$ 是函数 $f(x) = \arctan \dfrac{1}{x}$ 的跳跃间断点.

上述两类间断点处, 函数的左、右极限均存在, 统称为函数的第一类间断点. 而若 $f(x)$ 在点 x_0 的左、右极限至少有一个不存在, 则称点 x_0 为函数 $f(x)$ 的第二类间断点. 第二类间断点包括下列无穷型间断点和振荡型间断点.

(3) 若 $\lim\limits_{x \to x_0} f(x) = \infty$, 则称 x_0 是 $f(x)$ 的无穷间断点. 例如, $f(x) = \dfrac{1}{x - 1}$ 在 $x = 1$ 处间断, 显然这个间断点是无穷间断点.

(4) 若当 $x \to x_0$ 时, 函数不断地交替取到两个不同数附近的值而无极限, 则称 x_0 是 $f(x)$ 的振荡间断点. 例如, $f(x) = \sin \dfrac{1}{x}$ 在 $x \to 0$ 时极限不存在, 而函数值反复不断地取到 -1 和 1, 故 $x = 0$ 就是一个振荡间断点.

3.3.3 连续函数的运算

由极限的四则运算可得连续函数的四则运算:

定理 3.3.6　设 $f(x), g(x)$ 在 x_0 处连续, 则 $(af + bg)(x), (f \cdot g)(x), \left(\dfrac{f}{g}\right)(x)$ $(g(x_0) \neq 0)$ 在 x_0 处连续, 其中 a, b 为常数. 特别地, 当 $\lim\limits_{x \to x_0} f(x) = f(x_0), \lim\limits_{x \to x_0} g(x) = g(x_0)$ 时,

(1) $\lim\limits_{x \to x_0} (af(x) \pm bg(x)) = af(x_0) \pm bg(x_0)$;

(2) $\lim\limits_{x \to x_0} (f(x) g(x)) = f(x_0) g(x_0)$;

(3) $\lim\limits_{x \to x_0} \dfrac{f(x)}{g(x)} = \dfrac{f(x_0)}{g(x_0)}$ $(g(x_0) \neq 0)$.

常数函数 $f(x) = c$ 和 $f(x) = x$ 显然是连续的, 由连续函数的四则运算可知, 多项式 $P_n(x) = a_0 + a_1 x + a_2 x^2 + \cdots + a_n x^n$ 在 $(-\infty, +\infty)$ 内连续; 有理函数 $R(x) = \dfrac{P_n(x)}{Q_m(x)}$, 其中 $P_n(x), Q_m(x)$ 分别为 n 次和 m 次多项式, 在其定义域 (即 $(-\infty, +\infty)$ 去掉使分母 $Q_m(x)$ 为零的一切点 x) 上连续. 正弦函数 $\sin x$ 和余弦函数 $\cos x$ 在 $(-\infty, +\infty)$ 内连续, 由连续函数的四则运算法则可知, 正切函数 $\tan x = \dfrac{\sin x}{\cos x}$ 和正割函数 $\sec x = \dfrac{1}{\cos x}$ 在其定义域 $\left\{ x \middle| x \in (-\infty, +\infty), x \neq \left(k + \dfrac{1}{2}\right) \pi, \ k = 0, \pm 1, \pm 2, \cdots \right\}$ 上连续; 同理, 余切函数 $\cot x = \dfrac{\cos x}{\sin x}$ 和余割函数 $\csc x = \dfrac{1}{\sin x}$ 在定义域 $\{x | x \in (-\infty, +\infty), x \neq k\pi, \ k = 0, \pm 1, \pm 2, \cdots \}$ 上也分

别连续.

例 3.3.7 设函数 $f(x)$ 和 $g(x)$ 在 $[a,b]$ 上连续, 证明 $|f(x)|$, $\max\{f(x),g(x)\}$, $\min\{f(x),g(x)\}$, $f^+(x)$ 和 $f^-(x)$ 在 $[a,b]$ 上连续, 其中

$$f^+(x) = \begin{cases} f(x), & f(x) > 0, \\ 0, & f(x) \leqslant 0, \end{cases} \qquad f^-(x) = \begin{cases} 0, & f(x) \geqslant 0, \\ -f(x), & f(x) < 0. \end{cases}$$

证明 (1) 先证明 $|f|$ 的连续性. 因为 $f(x)$ 在 $[a,b]$ 上连续, 所以 $\forall\, x_0 \in [a,b]$, $\forall\, \varepsilon > 0, \exists\, \delta > 0$, 当 $|x - x_0| < \delta$ 时, 有 $|f(x) - f(x_0)| < \varepsilon$. 又

$$||f(x)| - |f(x_0)|| \leqslant |f(x) - f(x_0)| < \varepsilon,$$

由连续函数的定义知, $|f|$ 在点 x_0 连续, 又由 x_0 的任意性可证 $|f|$ 在 $[a,b]$ 上连续;

(2) 因为

$$\max\{f(x),g(x)\} = \frac{f(x)+g(x)}{2} + \frac{|f(x)-g(x)|}{2},$$

$$\min\{f(x),g(x)\} = \frac{f(x)+g(x)}{2} - \frac{|f(x)-g(x)|}{2},$$

由 $f(x)$ 和 $g(x)$ 的连续性, 连续函数的四则运算和 (1) 可证 $\max\{f(x),g(x)\}$ 和 $\min\{f(x),g(x)\}$ 在 $[a,b]$ 上连续;

(3) 这里只证 f^+ 的连续性, f^- 的连续性可以类似证明. 任取一点 $x_0 \in [a,b]$, 如果 $f(x_0) > 0$, 则由连续函数的保号性可知, 必存在 x_0 的 δ 邻域 $O(x_0,\delta)$, 使得 $\forall\, x \in O(x_0,\delta)$, 都有 $f(x) > 0$, 因此 $f^+(x) = f(x)$. 由 $f(x)$ 的连续性可知, $f^+(x)$ 在 x_0 连续. 如果 $f(x_0) < 0$, 那么必存在 x_0 的 δ 邻域 $O(x_0,\delta)$, 使得 $\forall\, x \in O(x_0,\delta)$, 都有 $f(x) < 0$, 所以 $f^+(x) = 0$, 显然 $f^+(x)$ 在 x_0 连续; 如果 $f(x_0) = 0$, 有 $f^+(x_0) = 0$, 那么 $\forall\, \varepsilon > 0, \exists\, \delta > 0$, 当 $|x - x_0| < \delta$ 时, $|f^+(x) - f^+(x_0)| \leqslant |f(x) - f(x_0)| < \varepsilon$. 因此 $f^+(x)$ 在 x_0 连续. 由 x_0 的任意性可知, $f^+(x)$ 在 $[a,b]$ 上连续. □

由极限的复合运算, 可以得到下列连续函数的复合运算:

定理 3.3.8 设 $y = f(u)$ 在 $u = u_0$ 连续, $u = g(x)$ 在 $x = x_0$ 连续, 且 $u_0 = g(x_0)$, 则复合函数 $y = f(g(x))$ 在 $x = x_0$ 连续. 特别地,

$$\lim_{x \to x_0} f(g(x)) = f\left(\lim_{x \to x_0} g(x)\right) = f(g(\lim_{x \to x_0} x_0)) = f(g(x_0)).$$

关于反函数的连续性有如下定理:

定理 3.3.9 设 $y = f(x)$ 是 (a,b) 内连续且严格单调增加 (减少) 的函数, 记 $\alpha = \inf\limits_{a<x<b} f(x), \beta = \sup\limits_{a<x<b} f(x)$, 则 $y = f(x)$ 在 (a,b) 存在严格单调增加 (减少) 的反函数 $x = f^{-1}(y)$, 而且 $x = f^{-1}(y)$ 在 (α, β) 内连续.

证明 (1) 不妨设 $f(x)$ 严格单调增加. $y = f(x)$ 在 (a,b) 内存在严格单调增加的反函数 $x = f^{-1}(y)$ 是显然的. 下面首先证明反函数的定义域 (也就是 $f(x)$ 的值域) 恰好为 (α, β).

事实上, $\forall y_0 \in (\alpha, \beta)$, 由上、下确界的定义知, $\exists x_1, x_2 \in (a,b)$, 使得 $f(x_1) < y_0 < f(x_2)$. 令

$$E = \{x \in (a,b) \mid f(x) < y_0\},$$

则 $x_1 \in E, x_2$ 是 E 的一个上界. 由确界定理和连续函数的保号性知, 存在 $x_0 \in (x_1, x_2)$, 使得 $x_0 = \sup E$. 下面证明 $f(x_0) = y_0$. 这是因为当 x 在 x_0 的左去心邻域时, 由确界定义知存在 $t \in E$, 使得 $x < t \leqslant x_0$, 再由函数的严格单调性可知 $f(x) < f(t) < y_0$, 故由函数在 x_0 的连续性可知 $f(x_0 - 0) \leqslant y_0$. 而当 x 在 x_0 的右去心邻域时, 则 $x \notin E$, 故 $f(x) \geqslant y_0$, 再由函数在 x_0 的连续性可知 $f(x_0 + 0) \geqslant y_0$. 综上所述, 可得 $f(x_0) = y_0$. 由 y_0 的任意性可知 (α, β) 为 $f(x)$ 的值域 (α 和 β 显然不可能是 $f(x)$ 的函数值), 即 (α, β) 为 $x = f^{-1}(y)$ 的定义域.

(2) 现在证 $f^{-1}(y)$ 在 (α, β) 内连续

任取 $y_0 \in (\alpha, \beta)$, 令 $x_0 = f^{-1}(y_0)$ (即 $y_0 = f(x_0)$). $\forall \varepsilon > 0$, 使得 $x_0 \pm \varepsilon \in (a,b)$. 设 $\delta_1 = y_0 - f(x_0 - \varepsilon), \delta_2 = f(x_0 + \varepsilon) - y_0$, 取 $\delta = \min\{\delta_1, \delta_2\}$, 显然 $\delta > 0$, 并且当 $|y - y_0| < \delta$ 时, 有

$$y_0 - \delta_1 \leqslant y_0 - \delta < y < y_0 + \delta \leqslant y_0 + \delta_2.$$

因为 $f^{-1}(y)$ 是严格增加的, 所以

$$f^{-1}(y_0 - \delta_1) < f^{-1}(y) < f^{-1}(y_0 + \delta_2),$$

即

$$x_0 - \varepsilon < f^{-1}(y) < x_0 + \varepsilon,$$

上式也可写为

$$\left| f^{-1}(y) - f^{-1}(y_0) \right| < \varepsilon,$$

这表明 $f^{-1}(y)$ 在点 y_0 处连续, 由 y_0 的任意性可知 $f^{-1}(y)$ 在 (α, β) 连续.   □

注 若定理 3.3.9 中的条件改为 $f(x)$ 在闭区间 $[a,b]$ 上连续, 且严格单调增加 (减少), $f(a) = \alpha$, $f(b) = \beta$, 则结论中的开区间 (α, β) 相应地改为 $[\alpha, \beta]$ 即可.

3.3.4 初等函数的连续性

我们知道三角函数在其定义区间内是连续的, 由反函数的连续性可知反三角函数 $y = \arcsin x$, $y = \arccos x$, $y = \arctan x$, $y = \text{arccot}\, x$ 在它们的定义域内也分别连续. 利用指数函数 $y = a^x$ 的连续性, 可得对数函数 $y = \log_a x$ 在 $(0, +\infty)$ 内是连续的. 对于幂函数 $y = x^a$ (a 是任意实数), 因为 $y = x^a = \mathrm{e}^{a \ln x}$ 是由指数函数 $y = \mathrm{e}^u, u \in (-\infty, +\infty)$ 和函数 $u = a \ln x, x \in (0, +\infty)$ 复合而得的函数, 由复合函数的连续性定理即可得出 $y = x^a$ 在 $(0, +\infty)$ 上连续.

由上面的讨论, 我们证明了三角函数、反三角函数、幂函数、对数函数、指数函数这些基本初等函数在它们定义域上的连续性, 根据连续函数的四则运算和复合函数的连续性定理可得如下定理:

定理 3.3.10 一切初等函数在其定义域上连续.

利用初等函数的连续性, 我们可以讨论幂指函数的连续性. 所谓幂指函数, 指的是形如 $u(x)^{v(x)}$ 的函数. 例如函数 $\left(1 + \dfrac{1}{x}\right)^x$ 就是一个幂指函数. 因为

$$u(x)^{v(x)} = \mathrm{e}^{v(x) \ln u(x)},$$

所以当 $u(x), v(x)$ 为连续函数时, 由指数函数和复合函数的连续性可知, 幂指函数 $u(x)^{v(x)}$ 也是连续函数. 关于幂指函数的连续性, 通常可以用于幂指函数极限的计算.

例 3.3.11 设 $\lim\limits_{x \to x_0} u(x) = a > 0, \lim\limits_{x \to x_0} v(x) = b$, 证明:

$$\lim_{x \to x_0} u(x)^{v(x)} = a^b.$$

证明 补充定义 $u(x_0) = a, v(x_0) = b$, 则函数 $u(x), v(x)$ 在 x_0 点连续, 从而 $u(x)^{v(x)}$ 在 x_0 处连续, 因此

$$\lim_{x \to x_0} u(x)^{v(x)} = u(x_0)^{v(x_0)} = a^b. \qquad \Box$$

例 3.3.12 计算极限 $\lim\limits_{x \to \infty} \left(\cos \dfrac{1}{x}\right)^{x^2}$.

解法一 由于

$$\left(\cos \frac{1}{x}\right)^{x^2} = \left\{\left(1 + \left(\cos \frac{1}{x} - 1\right)\right)^{\frac{1}{\cos \frac{1}{x} - 1}}\right\}^{x^2 \left(\cos \frac{1}{x} - 1\right)} = u(x)^{v(x)},$$

其中 $v(x) = x^2 \left(\cos \dfrac{1}{x} - 1 \right), u(x) = \left(1 + \left(\cos \dfrac{1}{x} - 1 \right) \right)^{\frac{1}{\cos \frac{1}{x} - 1}}$. 显然

$$\lim_{x \to \infty} u(x) = \mathrm{e},$$

$$\lim_{x \to \infty} v(x) = \lim_{x \to \infty} x^2 \left(\cos \frac{1}{x} - 1 \right) = \lim_{x \to \infty} x^2 \cdot \left(-\frac{1}{2x^2} \right) = -\frac{1}{2}.$$

再由幂指函数的连续性可得

$$\lim_{x \to \infty} \left(\cos \frac{1}{x} \right)^{x^2} = \frac{1}{\sqrt{\mathrm{e}}}.$$

解法二　我们知道幂指函数可以写成底为 e 的指数函数, 由指数函数的连续性可得

$$\begin{aligned}
\lim_{x \to \infty} \left(\cos \frac{1}{x} \right)^{x^2} &= \mathrm{e}^{\lim\limits_{x \to \infty} x^2 \ln \cos \frac{1}{x}} \\
&= \mathrm{e}^{\lim\limits_{x \to \infty} x^2 \ln(1 + \cos \frac{1}{x} - 1)} \\
&= \mathrm{e}^{\lim\limits_{x \to \infty} x^2 (\cos \frac{1}{x} - 1)} \\
&= \mathrm{e}^{-\frac{1}{2}}.
\end{aligned}$$

练习题 3.3

1. 试判断下列命题的真伪, 若正确给出证明, 若错误给出反例:

   (1) 设 f 在 x_0 的某一邻域中有定义, 则 f 在 x_0 点连续 $\Leftrightarrow \lim\limits_{h \to 0} (f(x_0 + h) - f(x_0 - h)) = 0$;

   (2) 设 f 在 x_0 的某一邻域中有定义, 则 f 在 x_0 点连续 $\Leftrightarrow \lim\limits_{h \to 0} f(x_0 + h) = f(x_0)$;

   (3) f 在 $[a,b]$ 上连续 $\Leftrightarrow \forall\, (\alpha, \beta) \subset [a,b], f$ 在 (α, β) 内连续;

   (4) f 在 (a,b) 内连续 $\Leftrightarrow \forall\, [\alpha, \beta] \subset (a,b), f$ 在 $[\alpha, \beta]$ 上连续;

   (5) 设 f 在区间 I 上连续 $\Leftrightarrow |f|$ 在区间 I 上连续.

2. 试作一个定义在 $\mathbb{R}$ 上的函数 f, 使其有且仅有一个连续点 x_0.

3. 试讨论下列函数的连续性. 若在某点间断, 则指出其所属类型, 若是可去间断点, 则补充或改变定义使其连续:

   (1) $f(x) = [x]$;

   (2) $f(x) = [|\cos x|]$;

   (3) $f(x) = \mathrm{sgn}\,(\cos x)$;

(4) $f(x) = \dfrac{\sqrt[3]{1+4x}-1}{2\sin x}$;

(5) $f(x) = \dfrac{\dfrac{1}{x}-\dfrac{1}{x+1}}{\dfrac{1}{x-1}-\dfrac{1}{x}}$.

4. 试讨论下列函数的连续性:

(1) $y = \lim\limits_{n\to\infty} \dfrac{1}{1+x^n}$;

(2) $y = \lim\limits_{n\to\infty} \sqrt[n]{1+x^{2n}}$;

(3) $y = \lim\limits_{n\to\infty} \cos^{2n} x$;

(4) $y = \lim\limits_{n\to\infty} \dfrac{n^x - n^{-x}}{n^x + n^{-x}}$.

5. 试确定常数 a, b, 使得 $f(x) = \lim\limits_{n\to\infty} \dfrac{x^{2n-1}+ax^2+bx}{x^{2n}+1}, x \in \mathbb{R}$ 为连续函数.

6. 设

$$f(x) = \begin{cases} x^a \sin\dfrac{1}{x}, & x > 0, \\ \mathrm{e}^x + b, & x \leqslant 0. \end{cases}$$

根据不同的 a, b, 讨论函数在 $x = 0$ 处的连续性 (连续、左连续、右连续或间断, 在间断时指出其所属类型).

7. 计算下列极限:

(1) $\lim\limits_{x\to1} \dfrac{x^2-1}{2x^2-x-1}$;

(2) $\lim\limits_{x\to0} \dfrac{(1+x)(1+2x)(1+3x)-1}{x}$;

(3) $\lim\limits_{x\to1} \dfrac{x^{n+1}-(n+1)x+n}{(x-1)^2}, n \in \mathbb{N}_+$;

(4) $\lim\limits_{x\to1} \dfrac{\sqrt[m]{x}-1}{\sqrt[n]{x}-1}, m, n \in \mathbb{N}_+$;

(5) $\lim\limits_{x\to0} \dfrac{\sqrt[m]{1+\alpha x}-\sqrt[n]{1+\beta x}}{x}, m, n \in \mathbb{N}_+$;

(6) $\lim\limits_{x\to1} \dfrac{(1-\sqrt{x})(1-\sqrt[3]{x})\cdots(1-\sqrt[n]{x})}{(1-x)^{n-1}}, n \in \mathbb{N}_+$;

(7) $\lim\limits_{x\to0} \left(\dfrac{1+\tan x}{1+\sin x}\right)^{\frac{1}{\sin x}}$;

(8) $\lim\limits_{x\to\frac{\pi}{4}} (\tan x)^{\tan 2x}$;

(9) $\lim\limits_{n\to\infty} \cos^n \dfrac{x}{\sqrt{n}}$;

(10) $\lim\limits_{x\to0} (2\mathrm{e}^{\frac{x}{1+x}}-1)^{\frac{1+x^2}{x}}$.

8. 设 $|x| < 1$, 求极限 $\lim\limits_{n\to\infty} \left(1+\dfrac{x+x^2+\cdots+x^n}{n}\right)^n$.

9. 设函数 f 只有可去间断点, 又令 $g(x) = \lim\limits_{t \to x} f(t)$, 证明: g 是连续函数.

10. 设 f 为 $\mathbb{R}$ 上的单调函数, 定义 $F(x) = f(x+0)$ (f 在 $x \in \mathbb{R}$ 处的右极限), 证明 F 为 $\mathbb{R}$ 上的右连续函数.

11. 设 $f \in C(0, +\infty)$, 即 f 为 $(0, +\infty)$ 内的连续函数, 且满足 $f(x^2) = f(x)$, 证明: f 为常值函数.

12. 设 $f : \mathbb{R} \to \mathbb{R}$ 满足: $f(x+y) = f(x) + f(y), x, y \in \mathbb{R}$, 且 f 在 $x = 0$ 处连续. 证明: $f \in C(\mathbb{R})$.

13. 设 f 在 (a, b) 中每一点处单侧极限存在, 且满足 $f\left(\dfrac{x+y}{2}\right) \leqslant \dfrac{f(x) + f(y)}{2}$, $x, y \in (a, b)$, 试证明: $f \in C(a, b)$.

14. 设 $f : [0, +\infty) \to \mathbb{R}$ 满足 $f(2x) = f(x) \cos x, x \in [0, +\infty)$, 且在 $x = 0$ 处连续, 证明: $f(x) = f(0) \dfrac{\sin x}{x}, x \in [0, +\infty)$.

3.4 闭区间上连续函数的性质

3.4.1 函数的一致连续性

函数 $f(x)$ 在某区间上连续, 是指它在此区间上的每一点连续. 函数 $f(x)$ 在点 x_0 连续的定义可叙述为

$$\forall\, \varepsilon > 0, \exists\, \delta > 0, \forall\, x(|x - x_0| < \delta): \ |f(x) - f(x_0)| < \varepsilon.$$

可以看出, δ 不仅依赖于 ε 的大小, 还与点 x_0 有关, 即 δ 的值随着 ε 与 x_0 的不同而变化. 这一点可以通过例子说明.

例 3.4.1 证明: 函数 $y = \dfrac{1}{x}$ 在区间 $(0,1)$ 内连续.

证明 对于任意 $x_0 \in (0,1)$, 因为当 $|x - x_0| < \dfrac{x_0}{2}$ 时

$$\left| \frac{1}{x} - \frac{1}{x_0} \right| = \left| \frac{x - x_0}{x x_0} \right| < \frac{2\,|x - x_0|}{x_0^2},$$

故对任意的 $\varepsilon > 0$, 取 $\delta = \min\left\{ \dfrac{x_0}{2}, \dfrac{x_0^2 \varepsilon}{2} \right\} > 0$, 则当 $|x - x_0| < \delta$ 时, 有

$$\left| \frac{1}{x} - \frac{1}{x_0} \right| < \varepsilon.$$

由连续的定义证得 $\dfrac{1}{x}$ 在 x_0 处连续. 再由 x_0 的任意性可知 $y = \dfrac{1}{x}$ 在区间 $(0,1)$ 内连续.

一般说来, δ 应表述为 $\delta = \delta(\varepsilon, x_0)$. 众所周知, 我们不能要求 δ 与 ε 无关, 但是能否要求 δ 与 x_0 无关呢? 我们再看下面的例子:

例 3.4.2 证明函数 $\sin x$ 在 $(-\infty, +\infty)$ 内连续.

证明 设 x_0 为 $(-\infty, +\infty)$ 内任一点, 由于

$$|\sin x - \sin x_0| = \left| 2 \sin \frac{x - x_0}{2} \cos \frac{x + x_0}{2} \right| \leqslant 2 \left| \sin \frac{x - x_0}{2} \right| \leqslant |x - x_0|,$$

故 $\forall\, \varepsilon > 0$, 取 $\delta = \varepsilon$, 当 $|x - x_0| < \delta$ 时,

$$|\sin x - \sin x_0| \leqslant |x - x_0| < \delta = \varepsilon.$$

由定义知 $\sin x$ 在 x_0 连续. 再由 x_0 的任意性可知 $\sin x$ 在 $(-\infty, +\infty)$ 内连续. $\square$

从上述例子可以看出, 对于函数 $y = \sin x, \delta$ 与 x_0 无关. 通常把具有这种性质的函数称为一致连续函数.

定义 3.4.3   设 I 是一个区间, 它可以是开的、半开的、闭的或者无界的, 函数 $f(x)$ 在区间 I 上有定义. 若 $\forall\, \varepsilon > 0, \exists\, \delta > 0$, 只要 $x_1, x_2 \in I$ 且 $|x_1 - x_2| < \delta$, 就有 $|f(x_1) - f(x_2)| < \varepsilon$, 则称函数 $f(x)$ 在区间 I 上一致连续. 此时, 通常记 $f(x) \in U.C(I)$.

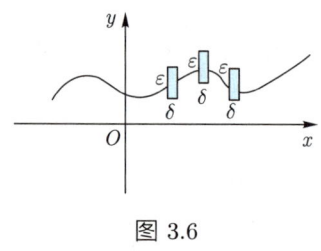

图 3.6

按照上述定义, 我们知道 $y = \sin x$ 在 $\mathbb{R}$ 上一致连续. 显然, 如果 $f(x)$ 在 I 上一致连续, 那么它必在 I 的每一点连续, 即在 I 上连续. 但是, 如果 $f(x)$ 在 I 上连续, 那么它在 I 上不一定一致连续. 函数 $y = f(x)$ 在 I 上一致连续是函数 $f(x)$ 的一种整体性质, 在几何上可以理解为: 对任意 $\varepsilon > 0$, 存在一个宽为 δ、高为 ε 的管子在左右移动时能够套住曲线 $y = f(x)$. 如图 3.6 所示.

例 3.4.4   试证函数 $\sqrt[3]{x}$ 在 $[0, +\infty)$ 上一致连续.

证明   设 $x_2 > x_1 \geqslant 0$, 由于

$$\sqrt[3]{x_2} = \sqrt[3]{(x_2 - x_1) + x_1} \leqslant \sqrt[3]{x_2 - x_1} + \sqrt[3]{x_1},$$

因此

$$\sqrt[3]{x_2} - \sqrt[3]{x_1} \leqslant \sqrt[3]{x_2 - x_1}.$$

进一步, 对于任意的 $x_1, x_2 \in [0, +\infty)$, 我们有

$$|\sqrt[3]{x_2} - \sqrt[3]{x_1}| \leqslant \sqrt[3]{|x_2 - x_1|}.$$

于是对任意给定的 $\varepsilon > 0$, 取 $\delta = \varepsilon^3 > 0$, $\forall\, x_1, x_2 \in [0, +\infty)$ 且 $|x_1 - x_2| < \delta$, 就有

$$|\sqrt[3]{x_2} - \sqrt[3]{x_1}| \leqslant \sqrt[3]{|x_2 - x_1|} < \sqrt[3]{\delta} = \varepsilon.$$

这表明 $\sqrt[3]{x}$ 在 $[0, +\infty)$ 上是一致连续的.

从函数 $y = \dfrac{1}{x}$ 的图像可以看出, 函数 $y = \dfrac{1}{x}$ 在 $x = 0$ 附近非常陡峭, 所以函数 $y = \dfrac{1}{x}$ 在 $(0, 1)$ 上应该不一致连续. 但是如何判断函数的不一致连续性? 从函数的一致连续性定义出发就可以知道函数 $f(x)$ 在区间 I 上不一致连续可表述为: $\exists\, \varepsilon_0 > 0, \forall\, \delta > 0, \exists\, x_1, x_2 \in I$ 且 $|x_1 - x_2| < \delta$, 但 $|f(x_1) - f(x_2)| \geqslant \varepsilon_0$. 如果分别取 $\delta = \dfrac{1}{n}, n = 1, 2, \cdots$, 则存在 $x_n', x_n'' \in I$ 满足 $|x_n' - x_n''| < \dfrac{1}{n}$, 但

$$|f(x_n') - f(x_n'')| \geqslant \varepsilon_0.$$

由此可得判别一个函数在其定义区间内不一致连续的方法:

设函数 $f(x)$ 在区间 I 内有定义, 如果存在 $\varepsilon_0 > 0$, 并且在 I 内存在两个序列 $\{x_n'\}, \{x_n''\}$ 满足 $\lim\limits_{n \to \infty} (x_n' - x_n'') = 0$, 但 $|f(x_n') - f(x_n'')| \geqslant \varepsilon_0$, 那么函数 $f(x)$ 在 I 上不一致连续.

用以上方法很容易证明 $y = \dfrac{1}{x}$ 在 $(0,1)$ 内不一致连续, 但在 $[a,1)$ $(a > 0)$ 上一致连续. 对于函数 $y = \sin\dfrac{1}{x}$ 也有类似的结论.

例 3.4.5 试证函数 $f(x) = \sin\dfrac{1}{x}$ 在 $(0,1)$ 内不一致连续, 但在 $[a,1)$ $(a > 0)$ 上一致连续.

证明 对于区间 $(0,1)$, 取 $\varepsilon_0 = \dfrac{1}{2}$, 再取

$$x_n' = \frac{1}{2n\pi + \dfrac{\pi}{2}}, \quad x_n'' = \frac{1}{2n\pi}.$$

显然 $x_n', x_n'' \in (0,1)$ 且

$$\lim_{n \to \infty} (x_n'' - x_n') = \lim_{n \to \infty} \frac{\dfrac{\pi}{2}}{2n\pi\left(2n\pi + \dfrac{\pi}{2}\right)} = 0,$$

但是

$$|f(x_n'') - f(x_n')| = |1 - 0| = 1 \geqslant \varepsilon_0.$$

因此证得 $f(x) = \sin\dfrac{1}{x}$ 在 $(0,1)$ 上不一致连续.

对于区间 $[a,1)$, 由于当 $x, y \in [a,1)$ 时

$$\left|\sin\frac{1}{x} - \sin\frac{1}{y}\right| \leqslant \left|\frac{1}{x} - \frac{1}{y}\right| = \frac{|x-y|}{xy} \leqslant \frac{|x-y|}{a^2}.$$

从而对任意给定的 $\varepsilon > 0$, 取 $\delta = \varepsilon a^2 > 0, \forall\, x, y \in [a,1)$ 且 $|x-y| < \delta$ 时, 就有

$$\left|\sin\frac{1}{x} - \sin\frac{1}{y}\right| < \varepsilon.$$

这表明 $\sin\dfrac{1}{x}$ 在 $[a,1)$ 上是一致连续的. $\qquad\square$

以上例子还说明, 开区间上的连续函数不一定一致连续, 但是对于有限闭区间上的连续函数, 我们有

定理 3.4.6 (康托尔定理) 设函数 $f(x)$ 在闭区间 $[a,b]$ 上连续, 则 $f(x)$ 在 $[a,b]$ 上一致连续.

证明 用反证法. 假设 $f(x)$ 在 $[a,b]$ 上不一致连续, 则 $\exists\, \varepsilon_0 > 0$ 及 $x_n', x_n'' \in I$, 满足 $|x_n' - x_n''| \to 0$ $(n \to \infty)$, 但是 $|f(x_n') - f(x_n'')| \geqslant \varepsilon_0$, $n = 1, 2, \cdots$. 由于数列 $\{x_n'\}$ 有界, 则必存在一收敛子列 $\{x_{n_k}'\}$, 使得 $\lim\limits_{k \to \infty} x_{n_k}' = \xi \in [a,b]$. 又在 $\{x_n''\}$ 中取相同下标的子列 $\{x_{n_k}''\}$, 则有

$$\lim_{k \to \infty} x_{n_k}'' = \lim_{k \to \infty} (x_{n_k}'' - x_{n_k}') + \lim_{k \to \infty} x_{n_k}' = \xi.$$

由 $f(x)$ 的连续性可得

$$\lim_{k\to\infty} f\left(x'_{n_k}\right) = \lim_{k\to\infty} f\left(x''_{n_k}\right) = f(\xi).$$

因此

$$\lim_{k\to\infty}\left|f\left(x'_{n_k}\right) - f\left(x''_{n_k}\right)\right| = \left|\lim_{k\to\infty} f\left(x'_{n_k}\right) - \lim_{k\to\infty} f\left(x''_{n_k}\right)\right| = 0,$$

这与

$$\left|f\left(x'_{n_k}\right) - f\left(x''_{n_k}\right)\right| \geqslant \varepsilon_0 > 0$$

矛盾. 所以 $f(x)$ 必在 $[a,b]$ 上一致连续. □

康托尔定理告诉我们, 闭区间内的连续函数即为一致连续函数. 但是有限开区间内的连续函数不一定是一致连续函数. 一个自然的问题是一致连续函数在区间端点处究竟具有什么样的性质? 我们通过下列定理加以说明.

定理 3.4.7　设函数 $f(x)$ 在开区间 (a,b) 内连续. 则 $f(x)$ 在 (a,b) 内一致连续的充分必要条件是极限 $\lim_{x\to a^+} f(x)$ 和 $\lim_{x\to b^-} f(x)$ 存在.

证明　先证明必要性. 由 $f(x)$ 在 (a,b) 内一致连续可知, $\forall\,\varepsilon>0,\exists\,\delta>0$, 只要 $x_1,\,x_2\in I$ 且 $|x_1-x_2|<\delta$, 就有 $|f(x_1)-f(x_2)|<\varepsilon$. 把 x_1,x_2 限制在 a 的右 δ 去心邻域内, 则有 $\forall\,\varepsilon>0,\exists\,\delta>0$, 当 $x_1,\,x_2\in(a,a+\delta)$ 时, $|x_1-x_2|<\delta$, 就有 $|f(x_1)-f(x_2)|<\varepsilon$, 即 $f(x)$ 满足 $x\to a^+$ 时的柯西收敛准则, 从而极限 $\lim_{x\to a^+} f(x)$ 存在. 同理可以证明极限 $\lim_{x\to b^-} f(x)$ 存在.

再证明充分性. 由极限 $\lim_{x\to a^+} f(x)$ 和 $\lim_{x\to b^-} f(x)$ 存在, 故可以补充函数 $f(x)$ 在 $x=a$ 与 $x=b$ 处的函数值, 即定义

$$f(x)=\begin{cases} f(x), & x\in(a,b),\\[2mm] \displaystyle\lim_{x\to a^+} f(x), & x=a,\\[2mm] \displaystyle\lim_{x\to b^-} f(x), & x=b. \end{cases}$$

则函数 $f(x)$ 在闭区间 $[a,b]$ 上连续, 由康托尔定理知 $f(x)$ 在 $[a,b]$ 内一致连续, 从而在 (a,b) 内一致连续. □

3.4.2　函数的有界性

定理 3.4.8　(有界性定理)　设函数 $f(x)$ 在闭区间 $[a,b]$ 上连续, 则 $f(x)$ 在 $[a,b]$ 有上界.

证明 用反证法. 假设 $f(x)$ 在 $[a,b]$ 无上界, 因此任意的正整数 k 都不可能是 $f(x)$ 的上界, 所以对每个 k, 都存在一点 $x_k \in [a,b]$ 使得 $f(x_k) > k$, 这里 $k = 1, 2, \cdots$. 由于 $[a,b]$ 是有界闭区间, 因此数列 $\{x_k\}$ 中必有一收敛的子列 $\{x_{k_n}\}$ 使得 $\lim\limits_{n \to \infty} x_{k_n} = x_0 \in [a,b]$. 又由 $f(x)$ 的连续性, 则有

$$\lim_{n \to \infty} f(x_{k_n}) = f(x_0).$$

另一方面, 由

$$f(x_{k_n}) \geqslant k_n \geqslant k \ (k = 1, 2, \cdots)$$

可知 $\lim\limits_{n \to \infty} f(x_{k_n}) = +\infty$, 得出矛盾. 这说明 $f(x)$ 在 $[a,b]$ 有上界. 同理可证 $f(x)$ 在 $[a,b]$ 有下界. $\qquad \square$

注意定理中的闭区间条件不能减弱, 如函数 $f(x) = \dfrac{1}{x}$ 在开区间 $(0,1)$ 内连续, 但没有上界.

例 3.4.9 设函数 $f(x)$ 在 $(-\infty, +\infty)$ 上连续. 若极限 $\lim\limits_{x \to \infty} f(x)$ 存在, 则函数 $f(x)$ 在 $(-\infty, +\infty)$ 上有界.

证明 由于极限 $\lim\limits_{x \to \infty} f(x)$ 存在, 由极限的局部有界性可知

$$\exists\, M_1 > 0, \exists\, X > 0, \ \forall\, |x| > X: \ |f(x)| \leqslant M_1.$$

又由于函数 $f(x)$ 在 $[-X, X]$ 上连续, 故由上述定理得到

$$\exists M_2 > 0, \forall\, |x| \leqslant X: \ |f(x)| \leqslant M_2.$$

取 $M = \max\{M_1, M_2\} > 0, \forall\, x \in (-\infty, +\infty): |f(x)| \leqslant M$, 即 $f(x)$ 在 $(-\infty, +\infty)$ 上有界. $\qquad \square$

3.4.3 最值性

有界性定理表明闭区间 $[a,b]$ 上连续函数 $f(x)$ 的值域 $f([a,b])$ 是有界集, 由确界定理可知 $\sup f([a,b])$ 和 $\inf f([a,b])$ 是实数. 一个自然的问题是上述上确界和下确界是否可达到? 下面的定理给出了肯定的回答.

定理 3.4.10 (最值定理) 设函数 $f(x)$ 在闭区间 $[a,b]$ 上连续, 则 $f(x)$ 在 $[a,b]$ 上必能取到最大值和最小值, 即存在两点 $\xi, \eta \in [a,b]$, 使得

$$f(\xi) = \max f([a,b]), \quad f(\eta) = \min f([a,b]).$$

证明　考察函数 $f(x)$ 的值域

$$f([a,b]) = \{f(x) \,|\, x \in [a,b]\}.$$

由有界性定理可知它是一个有界集, 所以必有上、下确界, 分别记为 $M = \sup f([a,b])$, $m = \inf f([a,b])$.

下面证明 M 就是 $f(x)$ 在 $[a,b]$ 上的最大值, 即 $\exists\, \xi \in [a,b]: f(\xi) = M$. 事实上根据上确界的定义, 一方面, $\forall\, x \in [a,b]$, 都有 $f(x) \leqslant M$, 另一方面, $\forall\, \varepsilon > 0, \exists\, x \in [a,b]$ 使得 $f(x) > M - \varepsilon$. 于是取 $\varepsilon_n = \dfrac{1}{n}$, $n = 1, 2, \cdots$, 相应地得到 $x_n \in [a,b]$ 使得

$$M - \frac{1}{n} < f(x_n) \leqslant M.$$

又由于数列 $\{x_n\}$ 有界, 故存在子列 $\{x_{n_k}\}$, 使得 $x_{n_k} \to \xi \in [a,b]\,(k \to \infty)$. 这时考虑不等式

$$M - \frac{1}{n_k} < f(x_{n_k}) \leqslant M.$$

令 $k \to \infty$, 得到

$$\lim_{k \to \infty} f(x_{n_k}) = M.$$

由 $f(x)$ 的连续性可得

$$f(\xi) = f\left(\lim_{k \to \infty} x_{n_k}\right) = \lim_{k \to \infty} f(x_{n_k}) = M.$$

这说明 $f(x)$ 在 $[a,b]$ 上取到最大值. 同理可证明 $f(x)$ 在 $[a,b]$ 上可取到最小值, 即 $\exists\, \eta \in [a,b]$ 使得 $f(\eta) = m$. 　　　　　□

最值定理中的条件同样也不能减弱, 即使函数有界. 例如, $f(x) = \sin x$ 在开区间 $\left(0, \dfrac{\pi}{2}\right)$ 连续且有界, 且有上、下确界 $\displaystyle\sup_{x \in \left(0, \frac{\pi}{2}\right)} f(x) = 1$, $\displaystyle\inf_{x \in \left(0, \frac{\pi}{2}\right)} f(x) = 0$, 但是函数 $f(x) = \sin x$ 在区间 $\left(0, \dfrac{\pi}{2}\right)$ 上取不到 0 和 1.

例 3.4.11　设函数 $f(x)$ 在 $(-\infty, +\infty)$ 上连续. 若极限 $\displaystyle\lim_{x \to \infty} f(x) = +\infty$, 证明: 函数 $f(x)$ 在 $(-\infty, +\infty)$ 上存在最小值.

证明　由于极限 $\displaystyle\lim_{x \to \infty} f(x) = +\infty$, 故

$$\exists\, X > 0,\ \forall\, |x| > X:\ f(x) > f(0).$$

又由于函数 $f(x)$ 在 $[-X, X]$ 上连续, 故由最值定理知,

$$\exists\, \xi \in [-X, X]:\ f(\xi) = \min f([-X, X]).$$

显然 $f(\xi) \leqslant f(0)$. 于是可得 $f(\xi)$ 是函数 $f(x)$ 在 $(-\infty, +\infty)$ 上的最小值. 　　　　　□

3.4.4 介值性

定理 3.4.12 (介值定理) 设函数 $f(x)$ 在闭区间 $[a,b]$ 上连续, β 是介于 $f(a)$ 与 $f(b)$ 之间的任意实数, 则存在 $c \in [a,b]$ 使得 $f(c) = \beta$.

证明 不失一般性, 可设 $f(a) \leqslant f(b)$. 若 $f(a) = f(b)$, 则 $\beta = f(a) = f(b)$, 只需取 $c = a$ 或者 $c = b$, 便有 $f(c) = \beta$. 现在设 $f(a) < f(b)$, 任取 β 满足 $f(a) < \beta < f(b)$. 定义集合

$$K = \{x | f(x) < \beta, \ x \in [a,b]\}.$$

显然 $a \in K$, 所以 K 非空, 又因为 b 是 K 的一个上界, 故集合 K 必有上确界. 记 $c = \sup K$. 显然 $c \in [a,b]$. 下面证明 $c \in (a,b), f(c) = \beta$.

事实上, 由上确界的定义可知, 存在数列 $\{x_k\} \subset K$ 使得 $\lim\limits_{k \to \infty} x_k = c$. 因为 $f(x_k) < \beta$, 由极限的不等式性以及 $f(x)$ 的连续性, 我们有

$$\lim_{k \to \infty} f(x_k) = f(\lim_{k \to \infty} x_k) = f(c) \leqslant \beta.$$

显然 $c \neq b$, 否则与 $\beta < f(b)$ 矛盾. 如果 $f(c) < \beta$, 由于 $f(x)$ 在 c 点连续, 则 $\exists \delta > 0$, 使得 $\forall x \in [c, c+\delta] \subset [a,b]$, 都有 $f(x) < \beta$, 这与 $c = \sup K$ 矛盾. 所以必有 $f(c) = \beta$. 显然 $c \neq a$, 即 $c \in (a,b)$. $\qquad\square$

作为介值定理的特殊情形, 我们有

定理 3.4.13 (零点存在定理) 设函数 $f(x)$ 在闭区间 $[a,b]$ 上连续, 且 $f(a) \cdot f(b) < 0$, 则必存在 $\xi \in (a,b)$ 使得 $f(\xi) = 0$.

例 3.4.14 证明方程 $3^x - 4x = 0$ 在区间 $\left(0, \dfrac{1}{2}\right)$ 内有一个实根.

证明 设 $f(x) = 3^x - 4x$, 则函数 $f(x)$ 在 $\left[0, \dfrac{1}{2}\right]$ 上连续. 由于 $f(0) = 1 > 0$, $f\left(\dfrac{1}{2}\right) = \sqrt{3} - 2 < 0$, 根据零点存在定理可知, 必存在 $\xi \in \left(0, \dfrac{1}{2}\right)$, 使得 $f(\xi) = 0$, 因此 ξ 就是原方程的一个实根. $\qquad\square$

例 3.4.15 证明: 任何实系数奇次方程必有实根.

证明 设方程为

$$x^{2n+1} + a_{2n} x^{2n} + a_{2n-1} x^{2n-1} + \cdots + a_1 x + a_0 = 0.$$

将左边的多项式记为 $f(x)$, 则

$$f(x) = x^{2n+1} \left(1 + a_{2n} \frac{1}{x} + a_{2n-1} \frac{1}{x^2} + \cdots + a_1 \frac{1}{x^{2n}} + a_0 \frac{1}{x^{2n+1}}\right).$$

因此

$$\lim_{x \to +\infty} f(x) = +\infty, \lim_{x \to -\infty} f(x) = -\infty.$$

所以存在实数 a, b 满足 $a < b$ 且 $f(a) < 0, f(b) > 0$. 又因为多项式函数 $f(x)$ 在 $[a, b]$ 上连续, 由零点存在定理可知, 必存在 $\xi \in (a, b)$ 使得 $f(\xi) = 0$. 这表明 ξ 是原方程的一个实根.   □

例 3.4.16   设函数 $f(x)$ 在闭区间 $[a, b]$ 上连续, 且反函数 $f^{-1}(x)$ 存在. 证明 $f(x)$ 必在 $[a, b]$ 上严格单调.

证明   用反证法. 反设 $f(x)$ 在 $[a, b]$ 上不严格单调, 则必存在三个点 x_1, x_2, x_3 满足

$$a \leqslant x_1 < x_2 < x_3 \leqslant b,$$

使得

$$(f(x_1) - f(x_2))(f(x_2) - f(x_1)) \leqslant 0.$$

又因为 $f(x)$ 是双射, 故有以下两种情形之一发生:

(1) $f(x_1) < f(x_2)$ 且 $f(x_2) > f(x_3)$;

(2) $f(x_1) > f(x_2)$ 且 $f(x_2) < f(x_3)$.

不妨设情形 (1) 发生, 则取 β 满足

$$\max\{f(x_1), f(x_3)\} < \beta < f(x_2),$$

则由介值定理知, 存在 $\xi_1 \in (x_1, x_2)$ 和 $\xi_2 \in (x_2, x_3)$, 使得 $f(\xi_1) = \beta = f(\xi_2)$. 这与反函数 $f^{-1}(x)$ 存在矛盾. 所以, $f(x)$ 在 $[a, b]$ 上严格单调.   □

函数的连续性是函数的一个重要性质, 它有非常广泛的应用. 在这里, 我们再给出一个例子作为这章的结束.

例 3.4.17   设 $f(x)$ 是 $\mathbb{R}$ 上的非常值周期函数. 若 $f(x)$ 是连续函数, 证明: $f(x)$ 具有最小正周期.

证明   定义集合

$$E = \{T | T > 0, \ T \text{ 是} f(x) \text{ 的一个周期}\}.$$

显然 E 是非空下有界集合, 由确界存在定理知, 存在 $\alpha \in \mathbb{R}$: $\alpha = \inf E$. 显然 $\alpha \geqslant 0$.

下面我们证明 $\alpha > 0$. 事实上, 若 $\alpha = 0$, 则由确界定义可知存在 E 中的数列 $\{T_n\}$ 使得

$$\lim_{n\to\infty} T_n = \alpha = 0.$$

又由于 $f(x)$ 不是常值函数, 故存在 $x_0 \in \mathbb{R}$: $f(x_0) \neq f(0)$. 再由 $f(x)$ 在 x_0 的连续性推知, 存在 $\delta_0 > 0$, 使得任意 $x \in O(x_0, \delta_0)$: $f(x) \neq f(0)$. 由 $\lim\limits_{n\to\infty} T_n = \alpha = 0$ 可得, 存在 $n_0 \in \mathbb{N}$: $0 < T_{n_0} < 2\delta_0$. 于是可以选取整数 l, 使得 $lT_{n_0} \in O(x_0, \delta_0)$, 从而有 $f(lT_{n_0}) \neq f(0)$. 但是 lT_{n_0} 是 $f(x)$ 的一个周期, 故 $f(lT_{n_0}) = f(0)$, 这样便得到矛盾. 由此证得 $\alpha > 0$.

下面再证明 α 是 $f(x)$ 的一个周期, 从而证得 α 是 $f(x)$ 的最小正周期. 事实上, 由确界定义可知存在 E 中的数列 $\{T_n\}$ 使得

$$\lim_{n\to\infty} T_n = \alpha.$$

于是, 对于任意 $x \in \mathbb{R}$, 由函数的连续性推得

$$f(x+\alpha) = f\left(x + \lim_{n\to\infty} T_n\right) = \lim_{n\to\infty} f(x+T_n) = \lim_{n\to\infty} f(x) = f(x).$$

从而证得 α 是 $f(x)$ 的一个周期. $\qquad\square$

练习题 3.4

1. 试判断下列命题的真伪, 若正确给出证明, 若错误给出反例:

   (1) 设 $a < b$, 若 $\forall \delta \in \left(0, \dfrac{b-a}{2}\right)$: $f \in U.C[a+\delta, b-\delta]$, 则 $f \in U.C(a,b)$;

   (2) 设 $a < b$, 若 $\exists c \in (a,b)$: $f \in U.C(a,c]$ 且 $f \in U.C[c,b)$, 则 $f \in U.C(a,b)$;

   (3) 若 $f \in U.C(I)$, 则 $|f| \in U.C(I)$;

   (4) 若 $f, g \in U.C(I)$, 则 $\alpha f + \beta g \in U.C(I), \alpha, \beta$ 为常数;

   (5) 若 $f, g \in U.C(I)$, 则 $f \cdot g \in U.C(I)$;

   (6) 若 $f, g \in U.C(I)$, 则 $\max\{f, g\} \in U.C(I)$;

   (7) 若 $f, g \in U.C(I)$, 则 $\min\{f, g\} \in U.C(I)$;

   (8) 若 $g \in U.C(I), f \in U.C(J)$, 且 $g(I) \subset J$, 则 $f \circ g \in U.C(I)$;

   (9) 若 $g \in C(I), f \in U.C(J)$, 且 $g(I) \subset J$, 则 $f \circ g \in U.C(I)$;

   (10) 若 $g \in U.C(I), f \in C(J)$, 且 $g(I) \subset J$, 则 $f \circ g \in U.C(I)$.

2. 讨论下列函数的一致连续性:

   (1) $f(x) = \cos\dfrac{1}{x}, x > 0$;

   (2) $f(x) = x\sin x, x \in \mathbb{R}$;

   (3) $f(x) = \dfrac{x}{1+x^2\sin^2 x}, x \geqslant 0$.

3. 设 $f \in C[a, +\infty)$, 且 $\lim\limits_{x \to +\infty} f(x)$ 存在, 证明: $f \in U.C[a, +\infty)$.

4. 设 $f \in C[a, +\infty)$, 若存在常数 b, c 使得 $\lim\limits_{x \to +\infty} (f(x) - bx - c) = 0$, 证明: $f \in U.C[a, +\infty)$.

5. 设 $f \in C(\mathbb{R})$ 是周期函数, 证明: $f \in U.C(\mathbb{R})$. 并由此证明 $f(x) = \sin^2 x + \sin x^2, x \in \mathbb{R}$ 不是周期函数.

6. 分别用闭区间套定理和确界原理证明: $f(x) \in C[a, b] \Rightarrow f(x)$ 在 $[a, b]$ 上有界.

7. 用闭区间套定理证明零点存在定理.

8. 设 $f \in C[a, b]$, 且 $\forall x \in [a, b], \exists y \in [a, b]: |f(y)| \leqslant \dfrac{1}{2}|f(x)|$. 试证: $\exists \xi \in [a, b]: f(\xi) = 0$.

9. 设 $\psi \in C(\mathbb{R})$, 且
$$\lim_{x \to +\infty} \frac{\psi(x)}{x^n} = \lim_{x \to -\infty} \frac{\psi(x)}{x^n} = 0.$$

   (1) 证明: 当 n 为奇数时, 方程 $x^n + \psi(x) = 0$ 有一个实根;

   (2) 证明: 当 n 为偶数时, 存在 y, 使得对所有的 $x \in \mathbb{R}$, 有 $y^n + \psi(y) \leqslant x^n + \psi(x)$.

10. 设 $f \in C(\mathbb{R}), \lim\limits_{x \to \infty} f(x) = +\infty$, 且 $f(x)$ 的最小值 $f(a) < a$, 证明: $f(f(x))$ 至少在两点取到最小值.

11. 设函数 $f: C[a, b] \to \mathbb{R}$, 并且 $f(x)$ 在有理点上取无理数值, 在无理点上取有理数值. 证明: $f(x)$ 在 $[a, b]$ 上不是连续函数.

12. 设 $f \in C[0, 2a], f(0) = f(2a), a > 0$, 证明: $\exists \xi \in [0, a]: f(\xi) = f(\xi + a)$.

13. 设 $f \in C[a, b], x_k \in [a, b], k = 1, 2, \cdots, n$, 试证: $\exists \xi \in [\min\limits_{1 \leqslant k \leqslant n}\{x_k\}, \max\limits_{1 \leqslant k \leqslant n}\{x_k\}]$:
$$f(\xi) = \frac{1}{n} \sum_{1 \leqslant k \leqslant n} f(x_k).$$

14. 设 $f \in C(\mathbb{R})$, 且对任意开区间 $I, f(I)$ 为开区间, 证明: $f(x)$ 为单调函数.

15. 设 $f \in C(\mathbb{R}), \lim\limits_{x \to \infty} f(f(x)) = \infty$, 证明: $\lim\limits_{x \to \infty} f(x) = \infty$.

16. 设对任意的 $x, y \in \mathbb{R}$, 函数 $f(x)$ 满足利普希茨 (Lipschitz) 条件: $|f(x) - f(y)| \leqslant k|x - y|$, 其中 $0 < k < 1$. 证明:

   (1) 函数 $x - f(x)$ 严格单调增加;

   (2) 存在唯一的 $\xi \in \mathbb{R}$, 使得 $f(\xi) = \xi$.

第四章　一元微分学

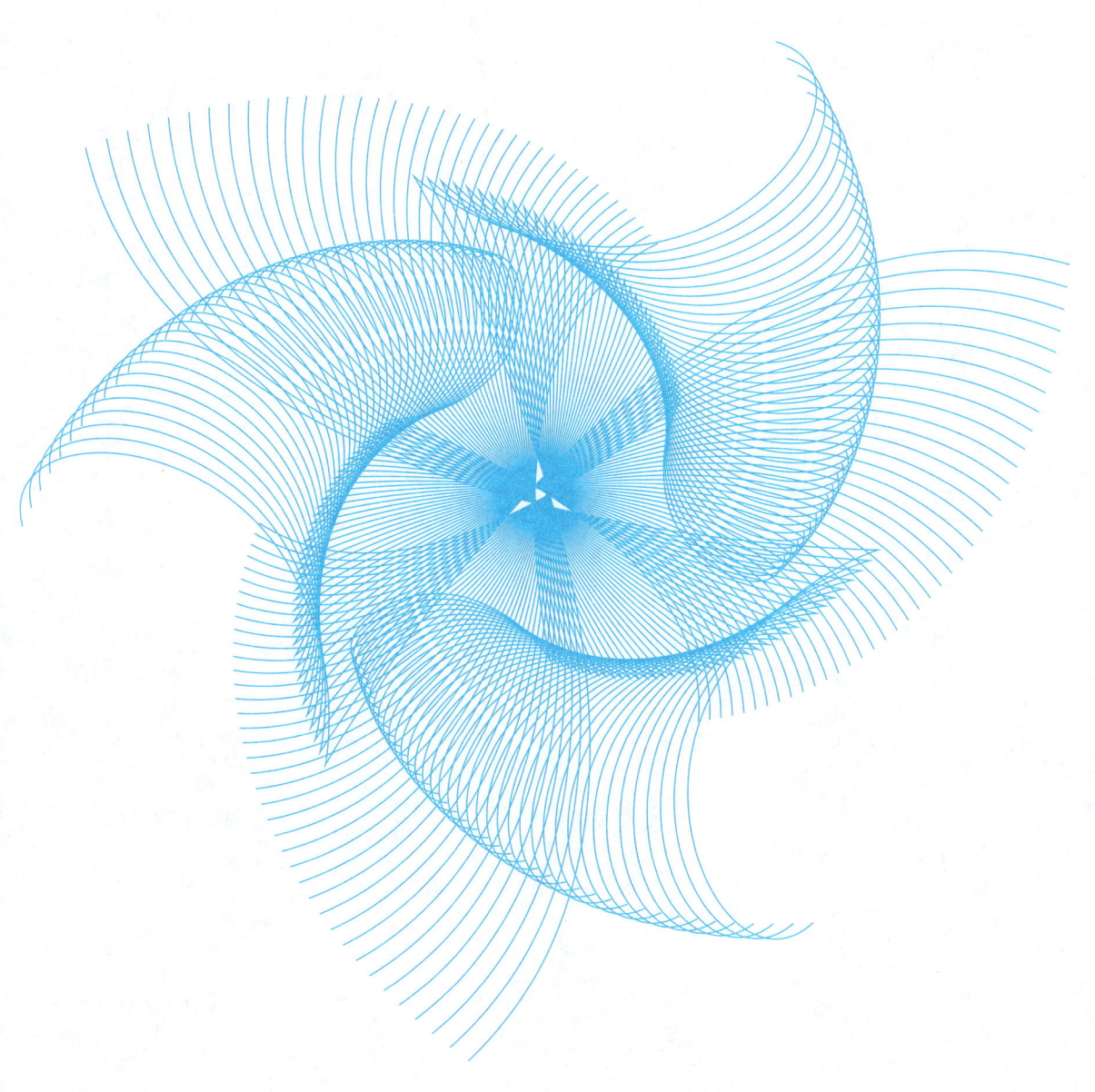

人们所说的"微积分"实际上包括"微分学"和"积分学"两部分. 而微分与导数是微分学中两个最基本的概念, 是以力学、物理学、几何学等许多实际问题为背景, 由实际需要的推动而产生的. 本章给出微分和导数的概念, 并给出导数的计算方法.

4.1 微分和导数

当一个函数的自变量有微小改变时, 它的因变量一般来说也会有相应的改变. 一个自然的问题是如何能够简便且又比较精确地估计出因变量的改变量. 如果进一步追问因变量变化的快慢问题, 这时需要计算因变量与自变量的变化率. 所以, 微分的原始思想在于去寻找一种方法, 当因变量的改变也很微小的时候, 能够简便而又比较精确地估计出因变量的改变量, 而因变量相应于自变量的变化率就称为导数. 下面我们通过实际例子来说明.

4.1.1 引例

1. 求第一宇宙速度

维持物体围绕地球作永不着地的飞行运动所需要的最低速度称为第一宇宙速度. 通常利用计算向心加速度的办法可以求出这个速度约为 7.9 km/s, 现在我们改用另一种思路去计算它.

设地心为 O, 地球的平均半径是 6371 km. 设卫星当前时刻在地球表面附近的 A 点沿着水平方向飞行, 假如没有外力影响, 那么它在 1 s 后应到达 B 点. 但事实上它要受到地球的引力, 因而实际到达的并非 B 点而是 C 点, $BC = 4.9$ m 是自由落体在重力加速度的作用下, 第 1 s 所走过的距离. 参见图 4.1.

通常假设卫星在沿地球的一个同心圆轨道运行, 所以 $\triangle AOB$ 可以看作是一个直角三角形, AO 与 AB 是直角边, C 是斜边上的一点, $OA = OC = 6371000$ m, AB 的长度为卫星每秒至少需要飞行的距离, 即 AB 的长度为第一宇宙速度. 于是

由勾股定理得到

$$AB^2 = OB^2 - OA^2 = (6371000 + 4.9)^2 - 6371000^2.$$

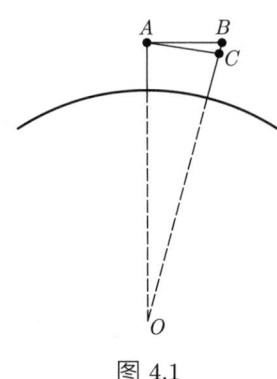

图 4.1

显然, 直接计算 AB^2 的工作量太大, 在字长较短的计算机上计算还可能产生较大的误差. 一个比较好的算法是利用平方差公式, 将上式改写为

$$AB^2 = (6371000+4.9+6371000)(6371000+4.9-6371000) = 2\times6371000\times4.9+4.9^2.$$

由于 4.9^2 这一项与 $2 \times 6371000 \times 4.9$ 这一项相比显得太小, 通常可以忽略不计, 于是可以把计算简化为

$$AB^2 \approx 2 \times 6371000 \times 4.9.$$

由此即可求出

$$AB \approx 7.9 \text{ km} ,$$

从而求得第一宇宙速度.

上面所计算的 AB^2, 实际上就是函数 $y = x^2$ 在 $x = 6371000$ 处当自变量有一个微小的改变量 $\Delta x = 4.9$ 时函数值相应的改变量 Δy. 在上述计算过程中, 我们并没有完全精确地计算

$$\Delta y = 2x\Delta x + (\Delta x)^2,$$

而是忽略了第二项, 取第一项进行计算即得到满足精度要求的计算值. 可以看出, 第一项即自变量改变量的线性项部分, 是因变量改变量的主要部分, 而第二项即自变量改变量的高阶项部分, 是因变量改变量的次要部分, 所以在精度要求内可以忽略不计. 这样的思想方法和处理过程, 就是微分概念的应用, 在数学上把自变量改变量的线性项部分称为函数在 x 处的微分.

2. 求变速直线运动的瞬时速度

当物体作直线运动时, 人们很容易计算出物体在某段时间内的平均速度. 但是平均速度只是对物体运动快慢程度的粗略描述, 并不能反映物体每一时刻运动的快慢程度. 而随着科学技术的发展, 仅仅知道运动物体的平均速度是不够的, 而需要精确地给出每一时刻的速度, 即瞬时速度. 那么如何计算瞬时速度呢?

我们不妨设质点作非匀速直线运动, 设质点所走过的路程 s 与时间 t 的函数关系为 $s = s(t)$. 下面我们给出牛顿, 17 世纪微积分的发明人之一, 定义的在 t_0 时刻的瞬时速度. 设质点在 $[t_0, t_0 + \Delta t]$ 走过的路程为 $\Delta s = s(t_0 + \Delta t) - s(t_0)$. 当 $|\Delta t|$ 很小时, 它在 t_0 时刻的瞬时速度可以用它在 $[t_0, t_0 + \Delta t]$ 中的平均速度来近似, 即

$$v(t_0) \approx \overline{v}(t_0) = \frac{\Delta s}{\Delta t} = \frac{s(t_0 + \Delta t) - s(t_0)}{\Delta t}.$$

容易看出, Δt 越接近于 0, 该平均速度越接近瞬时速度 $v(t_0)$. 于是, 在时刻 t_0 的瞬时速度 $v(t_0)$ 就是当 $\Delta t \to 0$ 时平均速度的极限, 即

$$v(t_0) = \lim_{\Delta t \to 0} \frac{\Delta s}{\Delta t} = \lim_{\Delta t \to 0} \frac{s(t_0 + \Delta t) - s(t_0)}{\Delta t}.$$

即瞬时速度是路程增量相对于时间增量的变化率.

3. 求曲线上一点的切线斜率

考虑 Oxy 坐标平面上的一条任意曲线 $y = f(x)$, $x \in (a, b)$. 设 $M_0(x_0, y_0)$ 为曲线上一点, 则如何计算曲线 $y = f(x)$ 在点 M_0 处的切线斜率呢?

这个问题的起源可以追溯到古希腊时代对圆锥曲线的切线研究. 到了 17 世纪上半叶, 法国数学家笛卡儿 (Descartes) 和费马 (Fermat) 分别对这一问题作了深入的研究. 最后, 由德国数学家莱布尼茨, 微积分的另一位发明人, 用导数的思想找到了一套系统可行且有效的一般分析方法.

事实上, 我们借助极限方法, 将此切线看作是过点 $M_0(x_0, y_0)$ 的一系列割线的极限位置. 所以, 我们在曲线上取另外一点 $M(x, y)$, 其中 $y = f(x)$. 这时 x_0 处取得增量 $\Delta x = x - x_0$, 函数 $y = f(x)$ 的增量 $\Delta y = y - y_0 = f(x_0 + \Delta x) - f(x_0)$. 过 $M_0(x_0, y_0)$ 和 $M(x, y)$ 的直线是曲线的一条割线, 该割线的斜率为

$$k_{M_0 M} = \frac{\Delta y}{\Delta x} = \frac{f(x_0 + \Delta x) - f(x_0)}{\Delta x}.$$

当 $\Delta x \to 0$ 时, 割线将无限接近于切线, 参见图 4.2.

这时割线 $M_0 M$ 的斜率 $k_{M_0 M}$ 的极限就是所求切线的斜率, 即

$$k = \lim_{\Delta x \to 0} \frac{\Delta y}{\Delta x} = \lim_{\Delta x \to 0} \frac{f(x_0 + \Delta x) - f(x_0)}{\Delta x}.$$

也就是说切线的斜率是割线斜率的极限, 并且把求切线斜率的问题归结为求函数增量与自变量增量之比的极限. 在形式上它与求瞬时速度时的极限完全相同.

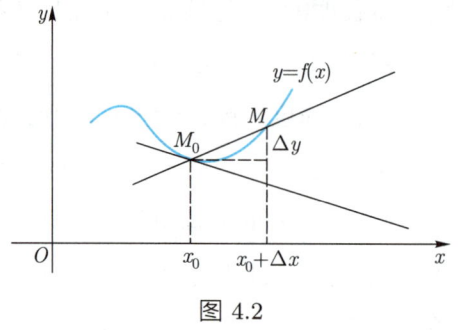

图 4.2

以上这种定义瞬时速度及切线斜率的方式也反映在物理学中的光、热、磁电的各种传导率、化学中的反应速度率及经济学中的资金流动比率、人口学中的人口增长速率等概念的定义中. 它们在数量关系上都归结为求函数增量与自变量增量之比的极限. 我们称这个极限为函数的导数 (或因变量对自变量的变化率), 反映了函数在一点处函数随自变量变化的快慢程度.

4.1.2   微分的定义

抛开引例 1 中的实际背景, 对于一般的情形, 我们可以引入如下微分的定义.

定义 4.1.1   设函数 $y = f(x)$ 在 x_0 的邻域内有定义. 若存在一个只与 x_0 有关而与 Δx 无关的常数 A, 使得当 $\Delta x \to 0$ 时恒成立关系式

$$\Delta y = f(x_0 + x) - f(x_0) = A\Delta x + o(\Delta x),$$

则称 $f(x)$ 在 x_0 处可微分, 简称可微, 并且称 $A\Delta x$ 为 $f(x)$ 在 x_0 处的微分, 记作 $\mathrm{d}f(x_0)$ 或 $\mathrm{d}y|_{x=x_0}$, 即

$$\mathrm{d}y|_{x=x_0} = A\Delta x \text{或者} \mathrm{d}f(x_0) = A\Delta x.$$

若函数 $y = f(x)$ 在某一区间上的每一点都可微分, 则称 $f(x)$ 在该区间上可微.

在微分的定义中, 若 $f(x)$ 在 x_0 处可微分, 则当 $\Delta x \to 0$ 时 $\Delta y \to 0$, 且当 $A \neq 0$ 时 Δy 与 $A\Delta x$ 等价. 因此, $A\Delta x$ 称为 Δy 的线性主要部分. 显然, 当 $|\Delta x|$ 充分小时, 用微分 $\mathrm{d}y|_{x=x_0} = A\Delta x$ 代替因变量的增量 Δy, 产生的偏差将是很小的.

例 4.1.2   设 $y = x^2$, 对于任意一点 x 处产生的增量 Δx, 有

$$\Delta y = 2x\Delta x + (\Delta x)^2,$$

故由微分的定义可知, 函数 $y = x^2$ 在 x 处是可微分的, 它的微分为

$$\mathrm{d}y = \mathrm{d}(x^2) = 2x\Delta x.$$

显然, 如果函数 $y = f(x)$ 在 x_0 处可微, 则函数 $y = f(x)$ 在 x_0 处必连续. 一个自然的问题是如何能够比较方便地计算出常数 A. 这就关系到下面函数导数的定义和导数的计算.

4.1.3   导数的定义

抛开引例 2 和引例 3 中的实际背景, 对于一般的情形, 我们可以引入如下导数的定义.

定义 4.1.3   设函数 $y = f(x)$ 在点 x_0 的邻域内有定义. 若极限

$$\lim_{\Delta x \to 0} \frac{\Delta y}{\Delta x} = \lim_{\Delta x \to 0} \frac{f(x_0 + \Delta x) - f(x_0)}{\Delta x}$$

存在, 则称函数 $y = f(x)$ 在点 x_0 处是可导的, 这个极限值称为函数 $y = f(x)$ 在点 x_0 处的导数, 记为 $\left.\dfrac{\mathrm{d}f}{\mathrm{d}x}\right|_{x=x_0}$ 或 $\left.\dfrac{\mathrm{d}y}{\mathrm{d}x}\right|_{x=x_0}$ 或 $y'(x_0)$ 或 $f'(x_0)$. 即

$$f'(x_0) = \lim_{\Delta x \to 0} \frac{f(x_0 + \Delta x) - f(x_0)}{\Delta x}.$$

导数 $f'(x_0)$ 刻画了函数 $f(x)$ 在 x_0 处相对于自变量变化的快慢程度. 根据导数的定义, 直线运动在时刻 t_0 的速度 v, 就是路程函数 $s = s(t)$ 在时刻 t_0 的导数 $s'(t_0)$; 曲线 $y = f(x)$ 在点 $M_0(x_0, y_0)$ 处的切线斜率就是函数 $f(x)$ 在点 x_0 处的导数 $f'(x_0)$.

导数的定义式也可取不同的形式, 常见的有: 记 $x_0 + \Delta x = x$, 则有 $\Delta x = x - x_0$, 当 $\Delta x \to 0$ 时, 有 $x \to x_0$, 故 x_0 处的导数公式可以改写为

$$f'(x_0) = \lim_{x \to x_0} \frac{f(x) - f(x_0)}{x - x_0}.$$

导数和微分一样是逐点定义的, 因此 "可导" 是一个局部性质. 若 $f(x)$ 在区间 (a, b) 内每一点都可导, 则称 $f(x)$ 在区间 (a, b) 内可导, 记为 $f(x) \in D(a, b)$, 并且区间 (a, b) 内每一点 x 与其相应的导数值 $f'(x)$ 建立了一种对应关系即函数关系,

我们称 $f'(x)$ 为 $f(x)$ 的导函数, 简称为导数, 记作 $f'(x)$ 或 $y'(x)$ 或 $\dfrac{\mathrm{d}y}{\mathrm{d}x}$. 导函数 $f'(x)$ 的计算公式为

$$f'(x) = \lim_{\Delta x \to 0} \frac{f(x + \Delta x) - f(x)}{\Delta x},$$

或

$$f'(x) = \lim_{h \to 0} \frac{f(x + h) - f(x)}{h}.$$

显然, 函数 $f(x)$ 在点 x_0 处的导数 $f'(x_0)$ 是导函数 $f'(x)$ 在点 $x = x_0$ 处的函数值, 即 $f'(x_0) = f'(x)|_{x=x_0}$.

例 4.1.4　求函数 $y = x^3$ 的导函数, 并求 $\dfrac{\mathrm{d}y}{\mathrm{d}x}\bigg|_{x=2}$.

解　在任意点 x 处给自变量以增量 Δx, 算出函数相应的增量

$$\Delta y = (x + \Delta x)^3 - x^3 = 3x^2 \Delta x + 3x(\Delta x)^2 + (\Delta x)^3.$$

作比值

$$\frac{\Delta y}{\Delta x} = 3x^2 + 3x\Delta x + (\Delta x)^2,$$

取极限

$$y'(x) = \lim_{\Delta x \to 0} \frac{\Delta y}{\Delta x} = \lim_{\Delta x \to 0} (3x^2 + 3x\Delta x + (\Delta x)^2) = 3x^2.$$

故函数 $y = x^3$ 的导函数为 $y'(x) = 3x^2$. 函数 $y = x^3$ 在 $x = 2$ 处的导数为 $y'(2) = 3x^2\big|_{x=2} = 12$.

导数的几何意义是很明确的. 根据导数的定义, 我们知道函数 $y = f(x)$ 在 x_0 处的导数 $f'(x_0)$ 在几何上表示曲线 $y = f(x)$ 在点 $M_0(x_0, y_0)$ 处切线的斜率, 即 $k = \tan\theta = f'(x_0)$, 其中 θ 是切线的倾斜角. 根据平面解析几何中直线的点斜式方程, 可知曲线 $y = f(x)$ 在点 $M_0(x_0, y_0)$ 处的切线方程为

$$y - y_0 = f'(x_0)(x - x_0).$$

微分 $\mathrm{d}y$ 的几何意义也是非常明显的. 函数 $y = f(x)$ 的图像如图 4.3所示. 在图中, 几个点的坐标分别为 $M_0(x_0, f(x_0))$, $M(x_0+\Delta x, f(x_0+\Delta x))$, $Q(x_0+\Delta x, f(x_0))$. 很容易看出 $\Delta y = |MQ|$. 另外 T 是曲线过点 M_0 处的切线 M_0N 与直线 MQ 的交点. 注意到切线 M_0N 的斜率是 $f'(x_0)$, 不难算得 $\mathrm{d}y = f'(x_0)\Delta x$ 恰好就是 TQ 的长度. 以上说明, 切线上两点 M_0, T 的纵坐标的差, 是曲线上相应两点 M_0, M 的纵坐标差的主要部分. 因此, 当 $|\Delta x|$ 充分小时, 可用切线段近似代替曲线段.

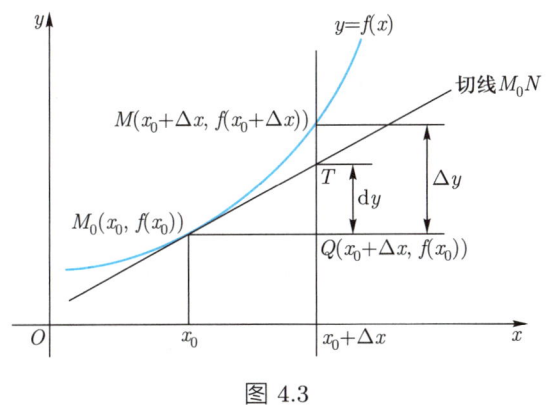

图 4.3

例 4.1.5   求过点 $(-1, 0)$ 且与曲线 $y = \sqrt{x}$ 相切的直线方程.

解   显然点 $(-1, 0)$ 不在曲线 $y = \sqrt{x}$ 上. 若设切点为 (x_0, y_0), 则 $y_0 = \sqrt{x_0}$, 由导数的几何意义知所求切线的斜率为 $k = \dfrac{1}{2\sqrt{x_0}}$. 故所求切线方程应为

$$y - \sqrt{x_0} = \frac{1}{2\sqrt{x_0}}(x - x_0),$$

又切线过点 $(-1, 0)$, 所以

$$-\sqrt{x_0} = \frac{1}{2\sqrt{x_0}}(-1 - x_0).$$

故 $x_0 = 1$, $y_0 = 1$, 从而所求切线方程为

$$y - 1 = \frac{1}{2}(x - 1),$$

即

$$2y - x - 1 = 0.$$

下面我们给出函数左、右导数的定义. 根据极限存在的充分必要条件, 函数 $y = f(x)$ 在点 x_0 处可导的充分必要条件是相应的左、右极限

$$f'_-(x_0) = \lim_{\Delta x \to 0^-} \frac{f(x_0 + \Delta x) - f(x_0)}{\Delta x}$$

和

$$f'_+(x_0) = \lim_{\Delta x \to 0^+} \frac{f(x_0 + \Delta x) - f(x_0)}{\Delta x}$$

存在且相等, 我们称 $f'_-(x_0)$ 为 $y = f(x)$ 在 x_0 处的左导数, $f'_+(x_0)$ 为 $y = f(x)$ 在 x_0 处的右导数. 换句话说, 若 $y = f(x)$ 在 x_0 处的左、右导数中至少有一个不存在, 或是左、右导数都存在但不相等, $y = f(x)$ 在 x_0 处就是不可导的.

例 4.1.6   考察函数 $f(x) = |x|$ 在 $x = 0$ 处的可导情况.

解　当 $x < 0$ 时, $f(x) = |x| = -x$, 则

$$f'_-(0) = \lim_{\Delta x \to 0^-} \frac{f(\Delta x) - f(0)}{\Delta x} = \lim_{\Delta x \to 0^-} \frac{-\Delta x}{\Delta x} = -1.$$

当 $x > 0$ 时, $f(x) = |x| = x$, 则

$$f'_+(0) = \lim_{\Delta x \to 0^+} \frac{\Delta x}{\Delta x} = 1.$$

所以 $f'_-(0) \neq f'_+(0)$. 即函数 $f(x) = |x|$ 在 $x = 0$ 处不可导.

例 4.1.7　考察函数 $f(x) = \begin{cases} \dfrac{x}{1 + \mathrm{e}^{\frac{1}{x}}}, & x \neq 0, \\ 0, & x = 0 \end{cases}$　在 $x = 0$ 处的可导情况.

　　解　因为

$$f'_-(0) = \lim_{x \to 0^-} \frac{f(x) - f(0)}{x - 0} = \lim_{x \to 0^-} \frac{1}{1 + \mathrm{e}^{\frac{1}{x}}} = 1,$$

$$f'_+(0) = \lim_{x \to 0^+} \frac{f(x) - f(0)}{x - 0} = \lim_{x \to 0^+} \frac{1}{1 + \mathrm{e}^{\frac{1}{x}}} = 0,$$

所以 $f'_-(0) \neq f'_+(0)$. 即函数 $f(x)$ 在 $x = 0$ 处不可导.

　　函数 $y = f(x)$ 在 x_0 处的左 (或右) 导数存在, 则称 $y = f(x)$ 在 x_0 处左 (或右) 可导. 若函数 $f(x)$ 在区间 (a, b) 内可导且在 a 处右可导并在 b 处左可导, 则称函数 $y = f(x)$ 在闭区间 $[a, b]$ 上可导, 记为 $f(x) \in D[a, b]$.

4.1.4　微分与导数的关系

　　微分和导数有着密切的关系, 可以归纳为如下定理:

定理 4.1.8　函数 $y = f(x)$ 在 $x = x_0$ 处可微分的充分必要条件是 $y = f(x)$ 在 $x = x_0$ 处可导.

　　证明　先证必要性, 若 $y = f(x)$ 在 x_0 处可微, 则根据定义, 存在常数 A, 有

$$\Delta y = A\Delta x + o(\Delta x).$$

于是

$$\frac{\Delta y}{\Delta x} = A + \frac{o(\Delta x)}{\Delta x}.$$

令 $\Delta x \to 0$, 得到

$$f'(x_0) = \lim_{\Delta x \to 0} \frac{\Delta y}{\Delta x} = A.$$

这说明函数 $y = f(x)$ 在 x_0 处可导, 且 $A = f'(x_0)$.

再证充分性, 如果函数 $y = f(x)$ 在 x_0 处可导, 即

$$\lim_{\Delta x \to 0} \frac{\Delta y}{\Delta x} = f'(x_0).$$

由函数的极限与无穷小量之间的关系得到

$$\frac{\Delta y}{\Delta x} = f'(x_0) + \alpha(\Delta x),$$

其中 $\alpha(\Delta x)$ 是当 $\Delta x \to 0$ 时的无穷小量. 于是

$$\Delta y = f'(x_0)\Delta x + \alpha(\Delta x)\Delta x.$$

显然 $\alpha(\Delta x)\Delta x$ 是 Δx 的高阶无穷小量, 记作 $o(\Delta x)$, 故

$$\Delta y = f'(x_0)\Delta x + o(\Delta x).$$

因此, 当 $y = f(x)$ 在 x_0 处可导时, Δy 可表示成 Δx 的线性函数项 $f'(x_0)\Delta x$ 与 Δx 的高阶项 $o(\Delta x)$ 之和, 从而由微分的定义可知函数 $y = f(x)$ 在 $x = x_0$ 处可微, 而且 $\mathrm{d}y|_{x=x_0} = f'(x_0)\Delta x$. $\qquad\square$

从上述定理看出, 对于一元函数而言, "可导" 与 "可微" 是等价的, 所以人们常常把可导与可微等同起来使用, 求导的方法也称微分法. 此外, 微分定义中的常数 A 是唯一确定的, 而且 $A = f'(x_0)$. 当函数 $f(x) \equiv x$ 时, $f'(x) \equiv 1$, $\mathrm{d}f(x) = \mathrm{d}x = \Delta x$. 因此, 对于自变量而言, 其微分与自变量改变量相同. 这样, 微分可写成

$$\mathrm{d}y = f'(x)\mathrm{d}x.$$

若用 $\mathrm{d}x$ 去除上式两端, 则有

$$\frac{\mathrm{d}y}{\mathrm{d}x} = f'(x).$$

这说明: 函数在一点处的导数是其因变量的微分与自变量的微分之商, 也正是这个原因, 人们通常称导数为微商.

值得一提的是, 从微分的定义很容易知道, 当函数 $f(x)$ 在 x_0 处可微分时, 函数 $f(x)$ 在 x_0 处连续, 反之不然. 比如函数 $f(x) = |x|$ 在 $x = 0$ 处连续但不可导. 也就是说, 当函数在一点处可导时, 函数具有比在这点连续还好的性质.

4.1.5 基本初等函数的导数

例 4.1.9 求出常数函数 $y = C$ 的导数.

解 对常数函数 $y = C$ 而言, 不论自变量 x 取何值, 函数值都为 C, 故 $\Delta y = 0$. 因此不难得到 $(C)' = 0$, 即常数的导数等于零.

例 4.1.10 求出幂函数 $y = x^a (a$ 为实数$)$ 的导数.

解 设 $x \neq 0$, 给自变量 x 以增量 Δx, 当 $\Delta x \to 0$ 时, 由无穷小量的等价性可知

$$\Delta y = (x + \Delta x)^a - x^a = x^a \left(\left(1 + \frac{\Delta x}{x} \right)^a - 1 \right) \sim ax^a \cdot \frac{\Delta x}{x} = ax^{a-1} \Delta x.$$

因此对固定的 $x \neq 0$, 作比值并取极限得到

$$\lim_{\Delta x \to 0} \frac{\Delta y}{\Delta x} = ax^{a-1},$$

即

$$(x^a)' = ax^{a-1}.$$

例 4.1.11 求出正弦函数 $y = \sin x$ 的导数.

解 任取 $x \in (-\infty, +\infty)$, 给自变量 x 以增量 Δx, 利用正弦函数和差化积公式可得

$$\Delta y = \sin(x + \Delta x) - \sin x = 2 \cos \left(x + \frac{\Delta x}{2} \right) \sin \frac{\Delta x}{2}.$$

作比值

$$\frac{\Delta y}{\Delta x} = \cos \left(x + \frac{\Delta x}{2} \right) \frac{\sin \dfrac{\Delta x}{2}}{\dfrac{\Delta x}{2}}.$$

取极限得到

$$\lim_{\Delta x \to 0} \frac{\Delta y}{\Delta x} = \lim_{\Delta x \to 0} \cos \left(x + \frac{\Delta x}{2} \right) \frac{\sin \dfrac{\Delta x}{2}}{\dfrac{\Delta x}{2}}$$

$$= \lim_{\Delta x \to 0} \cos \left(x + \frac{\Delta x}{2} \right) \cdot \lim_{\Delta x \to 0} \frac{\sin \dfrac{\Delta x}{2}}{\dfrac{\Delta x}{2}}$$

$$= \cos x.$$

因此

$$(\sin x)' = \cos x.$$

用类似的方法, 容易求得

$$(\cos x)' = -\sin x.$$

例 4.1.12 求出指数函数 $y = a^x (a > 0, a \neq 1)$ 的导数.

解 任取 $x \in (-\infty, +\infty)$, 给自变量 x 以增量 Δx, 则有

$$\Delta y = a^{x+\Delta x} - a^x = a^x(a^{\Delta x} - 1).$$

作比值

$$\frac{\Delta y}{\Delta x} = \frac{a^x(a^{\Delta x} - 1)}{\Delta x},$$

取极限

$$\lim_{\Delta x \to 0} \frac{\Delta y}{\Delta x} = \lim_{\Delta x \to 0} \frac{a^x(a^{\Delta x} - 1)}{\Delta x} = a^x \ln a,$$

因此

$$(a^x)' = a^x \ln a.$$

特别地, 当 $a = \mathrm{e}$ 时, $\ln \mathrm{e} = 1$, 从而得到

$$(\mathrm{e}^x)' = \mathrm{e}^x.$$

例 4.1.13 求出对数函数 $y = \log_a x \ (a > 0, \ a \neq 1)$ 的导数.

解 任取 $x \in (0, +\infty)$, 给自变量 x 以增量 Δx, 则有

$$\Delta y = \log_a(x + \Delta x) - \log_a x = \log_a\left(1 + \frac{\Delta x}{x}\right).$$

作比值

$$\frac{\Delta y}{\Delta x} = \frac{1}{\Delta x} \log_a\left(1 + \frac{\Delta x}{x}\right) = \frac{1}{x} \log_a\left(1 + \frac{\Delta x}{x}\right)^{\frac{x}{\Delta x}},$$

取极限

$$\lim_{\Delta x \to 0} \frac{\Delta y}{\Delta x} = \lim_{\Delta x \to 0} \frac{1}{x} \log_a\left(1 + \frac{\Delta x}{x}\right)^{\frac{x}{\Delta x}} = \frac{1}{x} \lim_{\Delta x \to 0} \log_a\left(1 + \frac{\Delta x}{x}\right)^{\frac{x}{\Delta x}} = \frac{1}{x \ln a},$$

因此

$$(\log_a x)' = \frac{1}{x \ln a}.$$

特别地, 当 $a = \mathrm{e}$ 时, $\ln \mathrm{e} = 1$, 从而得到

$$(\ln x)' = \frac{1}{x}.$$

练习题 4.1

1. 设函数 $f(x)$ 在点 x_0 处可导, 求

(1) $\lim\limits_{h \to 0} \dfrac{f(x_0 + 2h) - f(x_0 - h)}{h}$;

(2) $\lim\limits_{h \to 0} \dfrac{f^2(x_0 + 2h) - f^2(x_0 - h)}{h}$;

(3) $\lim\limits_{h \to 0} \left(\dfrac{f(x_0 + h)}{f(x_0)} \right)^{\frac{1}{h}}$, $(f(x_0) \neq 0)$;

(4) $\lim\limits_{x \to x_0} \dfrac{x f(x_0) - x_0 f(x)}{x - x_0}$.

2. 判断下列命题的真伪, 正确的请给出证明, 错误的请举反例并说明理由:

(1) 若函数 $f(x)$ 在点 x_0 处可导, 则 $f(x)$ 在点 x_0 的某邻域内必定连续;

(2) 若函数 $f(x)$ 在 (a, b) 内可导, 且 $\lim\limits_{x \to a^+} f(x) = \infty$, 则必定有 $\lim\limits_{x \to a^+} f'(x) = \infty$;

(3) 若函数 $f(x)$ 在 $(a, +\infty)$ 内可导, 且 $\lim\limits_{x \to +\infty} f(x)$ 存在, 则必定有 $\lim\limits_{x \to +\infty} f'(x) = 0$.

3. 设函数 $f : \mathbb{R} \to \mathbb{R}$.

(1) 若 $f(x + y) = f(x) f(y)$, 且 $f'(0) = 1$, 求 $f'(x)$;

(2) 若 $f(x + y) = f(x) + f(y) + 2xy$, 且 $f'(0)$ 存在, 求 $f'(x)$.

4. 设函数 $f(x)$ 在 $[a, b]$ 上连续, $f(a) = f(b) = 0$, 且 $f'_+(a) f'_-(b) > 0$. 证明: $\exists\, \xi \in (a, b) : f(\xi) = 0$.

5. 设函数 $f(x) = |x - a| g(x)$, 其中 $g(x)$ 在点 a 处连续, 试问: 在什么条件下 $f(x)$ 在点 a 处可导?

6. 设函数 $f(x)$ 在点 $x = 0$ 处连续, $f(0) = 0$ 且 $\lim\limits_{x \to 0} \dfrac{f(2x) - f(x)}{x} = A$. 证明: $f(x)$ 在点 $x = 0$ 处可导, 且 $f'(0) = A$.

7. 设函数 $f(x)$ 在点 x_0 处可导, 证明: 对于任意数列 $\{\alpha_n\}$ 与 $\{\beta_n\}$, 如果 $\alpha_n \to x_0^-$, $\beta_n \to x_0^+$ $(n \to \infty)$, 有 $f'(x_0) = \lim\limits_{n \to \infty} \dfrac{f(\beta_n) - f(\alpha_n)}{\beta_n - \alpha_n}$.

4.2 求导数的方法

求函数导数的方法叫做微分法, 求导数的运算叫做求导运算, 简称为求导. 我们可以直接用导数的定义对各种函数求导, 但是这并不总是一件容易的事, 有时甚至很难办到. 因而有必要对各种各样的函数导出一系列的求导方法. 这一节, 我们主要介绍求导的四则运算法则、复合函数求导法则和反函数求导法则.

4.2.1 导数的四则运算

定理 4.2.1 若 $f(x)$ 与 $g(x)$ 在 x 处可导, 则下列各式在 x 处成立:

(1) $(f(x) \pm g(x))' = f'(x) \pm g'(x)$;

(2) $(f(x)g(x))' = f'(x)g(x) + f(x)g'(x)$;

(3) $\left(\dfrac{f(x)}{g(x)} \right)' = \dfrac{f'(x)g(x) - f(x)g'(x)}{g^2(x)} (g(x) \neq 0)$.

证明 (1) 记 $y = f(x) \pm g(x)$, 则有

$$\Delta y = (f(x + \Delta x) \pm g(x + \Delta x)) - (f(x) \pm g(x))$$
$$= \Delta f \pm \Delta g.$$

因此

$$y' = \lim_{\Delta x \to 0} \frac{\Delta y}{\Delta x} = \lim_{\Delta x \to 0} \left(\frac{\Delta f}{\Delta x} \pm \frac{\Delta g}{\Delta x} \right) = f'(x) \pm g'(x).$$

(2) 记 $y = f(x)g(x)$, 则有

$$\Delta y = f(x + \Delta x)g(x + \Delta x) - f(x)g(x)$$
$$= (f(x + \Delta x) - f(x))g(x + \Delta x) + f(x)(g(x + \Delta x) - g(x))$$
$$= \Delta f g(x + \Delta x) + f(x)\Delta g.$$

因此

$$y' = \lim_{\Delta x \to 0} \frac{\Delta y}{\Delta x} = \lim_{\Delta x \to 0} \left(\frac{\Delta f}{\Delta x} g(x + \Delta x) + \frac{\Delta g}{\Delta x} f(x) \right) = f'(x)g(x) + f(x)g'(x).$$

特别地, 当 $g(x) = c$ 时, $(cf(x))' = cf'(x)$.

(3) 记 $y = \dfrac{1}{g(x)}$, 则有

$$\Delta y = \frac{1}{g(x + \Delta x)} - \frac{1}{g(x)} = -\frac{g(x + \Delta x) - g(x)}{g(x)g(x + \Delta x)} = -\frac{\Delta g}{g(x)g(x + \Delta x)}.$$

因此

$$y' = \lim_{\Delta x \to 0} \frac{\Delta y}{\Delta x} = \lim_{\Delta x \to 0} \frac{-1}{g(x)g(x+\Delta x)} \cdot \frac{\Delta g}{\Delta x} = -\frac{g'(x)}{g^2(x)}.$$

再由 (2) 得到

$$\left(\frac{f(x)}{g(x)}\right)' = f'(x)\frac{1}{g(x)} + f(x)\left(\frac{1}{g(x)}\right)' = \frac{f'(x)}{g(x)} - \frac{f(x)g'(x)}{g^2(x)}$$

$$= \frac{f'(x)g(x) - f(x)g'(x)}{g^2(x)}. \qquad \Box$$

例 4.2.2　求函数 $\tan x, \sec x, \cot x$ 和 $\csc x$ 的导数.

解　$(\tan x)' = \left(\dfrac{\sin x}{\cos x}\right)' = \dfrac{(\sin x)'\cos x - \sin x(\cos x)'}{\cos^2 x}$

$$= \frac{\cos^2 x + \sin^2 x}{\cos^2 x} = \sec^2 x.$$

$$(\sec x)' = \left(\frac{1}{\cos x}\right)' = -\frac{(\cos x)'}{\cos^2 x} = \frac{\sin x}{\cos^2 x} = \tan x \sec x.$$

同理可以计算得到 $(\cot x)' = -\csc^2 x$, $(\csc x)' = -\cot x \csc x$.

例 4.2.3　已知 $y = 2^x(x\sin x + \tan x)$, 求 $\dfrac{\mathrm{d}y}{\mathrm{d}x}$.

解

$$\frac{\mathrm{d}y}{\mathrm{d}x} = (2^x(x\sin x + \tan x))'$$

$$= (2^x)'(x\sin x + \tan x) + 2^x(x\sin x + \tan x)'$$

$$= 2^x \ln 2(x\sin x + \tan x) + 2^x(\sin x + x\cos x + \sec^2 x).$$

4.2.2　复合函数求导法则——链导法则

定理 4.2.4　设 $u = f(x)$ 在 $x = x_0$ 处可导, 而函数 $y = g(u)$ 在 $u = u_0$ ($u_0 = f(x_0)$) 处可导, 则复合函数 $y = g(f(x))$ 在 $x = x_0$ 处可导, 且

$$\left.\frac{\mathrm{d}y}{\mathrm{d}x}\right|_{x=x_0} = \left.\frac{\mathrm{d}y}{\mathrm{d}u}\right|_{u=u_0} \left.\frac{\mathrm{d}u}{\mathrm{d}x}\right|_{x=x_0}.$$

证明　因为函数 $y = g(u)$ 在 $u = u_0$ 处可导, 则

$$\left.\frac{\mathrm{d}y}{\mathrm{d}u}\right|_{u=u_0} = \lim_{\Delta u \to 0} \frac{g(u_0 + \Delta u) - g(u_0)}{\Delta u}.$$

由函数极限与无穷小量的关系知, 当 $\Delta u \neq 0$ 时,

$$\frac{g(u_0 + \Delta u) - g(u_0)}{\Delta u} = \left.\frac{\mathrm{d}y}{\mathrm{d}u}\right|_{u=u_0} + \alpha,$$

这里 α 为当 $\Delta u \to 0$ 时的无穷小量, 上式等价于

$$g(u_0 + \Delta u) - g(u_0) = \frac{\mathrm{d}y}{\mathrm{d}u}\bigg|_{u=u_0} \Delta u + \alpha \Delta u.$$

显然上式对 $\Delta u = 0$ 也成立. 令 $\Delta u = f(x_0 + \Delta x) - f(x_0) = f(x_0 + \Delta x) - u_0$, 则

$$\frac{g(f(x_0 + \Delta x)) - g(f(x_0))}{\Delta x} = \frac{g(u_0 + \Delta u) - g(u_0)}{\Delta x} = \frac{\mathrm{d}y}{\mathrm{d}u}\bigg|_{u=u_0} \frac{\Delta u}{\Delta x} + \alpha \frac{\Delta u}{\Delta x}.$$

令 $\Delta x \to 0$, 由于 $u = f(x)$ 在 $x = x_0$ 处可导, 则 $u = f(x)$ 在 $x = x_0$ 处连续, 且当 $\Delta x \to 0$ 时 $\Delta u \to 0$, 所以

$$\frac{\mathrm{d}y}{\mathrm{d}x}\bigg|_{x=x_0} = \frac{\mathrm{d}y}{\mathrm{d}u}\bigg|_{u=u_0} \lim_{\Delta x \to 0} \frac{\Delta u}{\Delta x} + \lim_{\Delta u \to 0} \alpha \lim_{\Delta x \to 0} \frac{\Delta u}{\Delta x} = \frac{\mathrm{d}y}{\mathrm{d}u}\bigg|_{u=u_0} \frac{\mathrm{d}u}{\mathrm{d}x}\bigg|_{x=x_0}. \qquad \square$$

上述定理 4.2.4 中, 当 x_0 取成 x 时, 复合函数的求导法则可以写成

$$\frac{\mathrm{d}y}{\mathrm{d}x} = \frac{\mathrm{d}y}{\mathrm{d}u} \cdot \frac{\mathrm{d}u}{\mathrm{d}x}.$$

我们一般称它为复合函数的链导法则 (或链式法则). 上述链导公式也可以写成为

$$f(g(x))' = f'(g(x))g'(x).$$

复合函数的链导法则可以推广到两个以上中间变量的情形. 例如两个中间变量的情形 $y = f(u)$, $u = g(v)$, $v = h(x)$, 则复合函数 $y = f(g(h(x)))$ 的导数公式为

$$y'(x) = f'(u)u'(x) = f'(u)g'(v)h'(x).$$

例 4.2.5　求 $y = \ln|x| \, (x \neq 0)$ 的导数.

解　当 $x > 0$ 时, $y = \ln|x| = \ln x$, $y' = \dfrac{1}{x}$. 当 $x < 0$ 时, 令 $-x = u$, $u > 0$, 则

$$y = \ln|x| = \ln(-x) = \ln u, \quad u = -x.$$

根据复合函数的链导法则有

$$y' = (\ln u)' \cdot (-x)' = -\frac{1}{u} = -\frac{1}{-x} = \frac{1}{x}.$$

综上所述, 不论 $x > 0$ 还是 $x < 0$, 都有

$$(\ln|x|)' = \frac{1}{x}.$$

例 4.2.6　求 $y = \sin\sqrt{x^4 + 1}$ 的导数.

解　函数 $y = \sin\sqrt{x^4 + 1}$ 可以看成 $y = \sin u, u = \sqrt{v}$ 和 $v = x^4 + 1$ 的复合函数, 因此

$$y'(x) = (\sin u)'(\sqrt{v})'(x^4 + 1)' = \cos u \cdot \frac{1}{2}v^{-\frac{1}{2}} \cdot 4x^3 = 2x^3(x^4 + 1)^{-\frac{1}{2}} \cos\sqrt{x^4 + 1}.$$

4.2.3　反函数求导法则

定理 4.2.7　设 $y = f(x)$ 在区间 (a,b) 内严格单调可导且 $f'(x) \neq 0$. 则反函数 $x = \psi(y)$ 在区间 (α, β) 内可导, 且

$$\psi'(y) = \frac{1}{f'(x)},$$

其中 $\alpha = \min\{f(a), f(b)\}$, $\beta = \max\{f(a), f(b)\}$.

证明　因为 $y = f(x)$ 在区间 (a,b) 内连续且严格单调, 由反函数存在定理, 它的反函数 $x = \psi(y)$ 在区间 (α, β) 内存在且严格单调连续. 特别地, 当 $\Delta y \to 0$ 时, $\Delta x \to 0$ 并且当 $\Delta y \neq 0$ 时, $\Delta x \neq 0$. 因此

$$\psi'(y) = \lim_{\Delta y \to 0} \frac{\Delta x}{\Delta y} = \lim_{\Delta x \to 0} \frac{1}{\dfrac{\Delta y}{\Delta x}} = \frac{1}{f'(x)}. \qquad \square$$

例 4.2.8　求反正弦函数 $y = \arcsin x$ 的导数.

解　反正弦函数 $y = \arcsin x$, $-1 \leqslant x \leqslant 1$ 是函数 $x = \sin y$, $-\dfrac{\pi}{2} \leqslant y \leqslant \dfrac{\pi}{2}$ 的反函数. 而函数 $x = \sin y$ 在开区间 $-\dfrac{\pi}{2} < y < \dfrac{\pi}{2}$ 内单调且可导, 并且 $(\sin y)' = \cos y$, $-\dfrac{\pi}{2} < y < \dfrac{\pi}{2}$. 根据反函数的求导公式, 在对应的区间 $(-1, 1)$ 内有

$$(\arcsin x)' = \frac{1}{\cos y} = \frac{1}{\sqrt{1 - x^2}}.$$

用同样的方法不难求出反余弦函数 $y = \arccos x$ 的导数为

$$(\arccos x)' = -\frac{1}{\sqrt{1 - x^2}}.$$

例 4.2.9　求反正切函数 $y = \arctan x$ 的导数.

解　反正切函数 $y = \arctan x\,(-\infty < x < +\infty)$ 是函数 $x = \tan y\left(-\dfrac{\pi}{2} < y < \dfrac{\pi}{2}\right)$, 的反函数. 而函数 $x = \tan y$ 在开区间 $\left(-\dfrac{\pi}{2}, \dfrac{\pi}{2}\right)$ 内单调且可导, 并且 $(\tan y)' = \sec^2 y > 0 \left(-\dfrac{\pi}{2} < y < \dfrac{\pi}{2}\right)$. 根据反函数的求导公式, 在对应区间 $(-\infty, +\infty)$ 内反正切函数的导数为

$$(\arctan x)' = \frac{1}{\sec^2 y} = \frac{1}{1 + x^2}.$$

同理可以求出反余切函数 $y = \text{arccot}\,x$ 的导数为

$$(\text{arccot}\,x)' = -\frac{1}{1 + x^2}.$$

附: 基本初等函数的导数公式表

$$
\begin{aligned}
&(C)' = 0, && (x^a)' = ax^{a-1}, \\
&(a^x)' = \ln a \cdot a^x, && (\mathrm{e}^x)' = \mathrm{e}^x, \\
&(\log_a x)' = \frac{1}{\ln a} \cdot \frac{1}{x}, && (\ln x)' = \frac{1}{x}, \\
&(\sin x)' = \cos x, && (\cos x)' = -\sin x, \\
&(\tan x)' = \sec^2 x, && (\cot x)' = -\csc^2 x, \\
&(\sec x)' = \tan x \sec x, && (\csc x)' = -\cot x \csc x, \\
&(\arcsin x)' = \frac{1}{\sqrt{1-x^2}}, && (\arccos x)' = -\frac{1}{\sqrt{1-x^2}}, \\
&(\arctan x)' = \frac{1}{1+x^2}, && (\operatorname{arc cot} x)' = -\frac{1}{1+x^2}.
\end{aligned}
$$

函数的可导性与可微性是等价的, 因此只需把基本初等函数的导数乘自变量的微分, 便得到基本初等函数的微分.

附: 基本初等函数的微分公式表

$$
\begin{aligned}
&\mathrm{d}(C) = 0, && \mathrm{d}(x^a) = ax^{a-1}\mathrm{d}x, \\
&\mathrm{d}(a^x) = \ln a \cdot a^x \mathrm{d}x, && \mathrm{d}(\mathrm{e}^x) = \mathrm{e}^x \mathrm{d}x, \\
&\mathrm{d}(\log_a x)' = \frac{1}{\ln a} \cdot \frac{1}{x}\mathrm{d}x, && \mathrm{d}(\ln x)' = \frac{1}{x}\mathrm{d}x, \\
&\mathrm{d}(\sin x) = \cos x \mathrm{d}x, && \mathrm{d}(\cos x) = -\sin x \mathrm{d}x, \\
&\mathrm{d}(\tan x) = \sec^2 x \mathrm{d}x, && \mathrm{d}(\cot x) = -\csc^2 x \mathrm{d}x, \\
&\mathrm{d}(\sec x) = \tan x \sec x \mathrm{d}x, && \mathrm{d}(\csc x) = -\cot x \csc x \mathrm{d}x, \\
&\mathrm{d}(\arcsin x) = \frac{1}{\sqrt{1-x^2}}\mathrm{d}x, && \mathrm{d}(\arccos x) = -\frac{1}{\sqrt{1-x^2}}\mathrm{d}x, \\
&\mathrm{d}(\arctan x) = \frac{1}{1+x^2}\mathrm{d}x, && \mathrm{d}(\operatorname{arccot} x) = -\frac{1}{1+x^2}\mathrm{d}x.
\end{aligned}
$$

类似导数, 函数的微分也有四则运算法则. 设函数 $u = u(x)$ 和 $v = v(x)$ 可微, 则函数和、差、积、商的微分运算法则为

(1) $\mathrm{d}(u \pm v) = \mathrm{d}u \pm \mathrm{d}v$;

(2) $\mathrm{d}(uv) = u\mathrm{d}v + v\mathrm{d}u$;

(3) $\mathrm{d}\left(\dfrac{u}{v}\right) = \dfrac{v\mathrm{d}u - u\mathrm{d}v}{v^2}(v \neq 0)$.

下面仅对公式 (3) 给出证明. 根据函数微分的表达式, 有

$$
\mathrm{d}\left(\frac{u}{v}\right) = \left(\frac{u}{v}\right)' \mathrm{d}x.
$$

再由两个函数之商的导数公式, 有

$$\left(\frac{u}{v}\right)' = \frac{vu' - uv'}{v^2}.$$

于是

$$\mathrm{d}\left(\frac{u}{v}\right) = \frac{vu' - uv'}{v^2}\mathrm{d}x = \frac{vu'\mathrm{d}x - uv'\mathrm{d}x}{v^2}.$$

注意到

$$u'\mathrm{d}x = \mathrm{d}u, \quad v'\mathrm{d}x = \mathrm{d}v,$$

所以

$$\mathrm{d}\left(\frac{u}{v}\right) = \frac{v\mathrm{d}u - u\mathrm{d}v}{v^2}.$$

设 $y = f(u)$, $u = h(x)$ 均为可微函数, 则复合函数 $y = f(h(x))$ 的微分为 $\mathrm{d}y = (f(h(x)))'\mathrm{d}x$. 由复合函数的求导法则, 得到 $(f(h(x)))' = f'(u)h'(x)$, 于是

$$\mathrm{d}y = f'(u)h'(x)\mathrm{d}x.$$

注意到 $h'(x)\mathrm{d}x = \mathrm{d}u$. 因此复合函数的微分又可表示为

$$\mathrm{d}y = f'(u)\mathrm{d}u.$$

这里 u 是中间变量. 若 u 是直接变量, 则函数 $y = f(u)$ 的微分也为 $\mathrm{d}y = f'(u)\mathrm{d}u$, 与复合函数的微分公式完全一致. 因此不论 u 是直接变量还是中间变量, 函数的微分 $\mathrm{d}y$ 的形式是一样的. 微分的这一特性称为**一阶微分形式不变性**. 利用一阶微分形式不变性, 容易求得复合函数的微分.

例 4.2.10   设 $y = \mathrm{e}^{\sin x} + \ln\cos\sqrt{x}$, 求 $\mathrm{d}y$.

解

$$\begin{aligned}
\mathrm{d}y &= \mathrm{e}^{\sin x}\mathrm{d}\sin x + \frac{1}{\cos\sqrt{x}}\mathrm{d}\cos\sqrt{x} \\
&= \mathrm{e}^{\sin x}\cos x\mathrm{d}x - \frac{\sin\sqrt{x}}{\cos\sqrt{x}}\mathrm{d}\sqrt{x} \\
&= \mathrm{e}^{\sin x}\cos x\mathrm{d}x - \tan\sqrt{x}\frac{1}{2\sqrt{x}}\mathrm{d}x \\
&= \left(\mathrm{e}^{\sin x}\cos x - \frac{\tan\sqrt{x}}{2\sqrt{x}}\right)\mathrm{d}x.
\end{aligned}$$

4.2.4   几种特殊函数的求导法则

1. 幂指函数的求导法则

所谓幂指函数就是形如

$$y = f(x) = u(x)^{v(x)}$$

的函数. 在计算幂指函数的导数时, 先对等式两边分别取对数, 即

$$\ln y = v(x) \ln u(x).$$

再分别对 x 求导得到

$$\frac{y'}{y} = (v(x) \ln u(x))' = v'(x) \ln u(x) + v(x)\frac{u'(x)}{u(x)},$$

解出 y' 就得到

$$y' = y\left(v'(x) \ln u(x) + v(x)\frac{u'(x)}{u(x)}\right)$$

$$= u(x)^{v(x)}\left(v'(x) \ln u(x) + v(x)\frac{u'(x)}{u(x)}\right).$$

幂指函数的这种求导方法称为**对数求导法**. 幂指函数也可以写成指数复合函数 $y = \mathrm{e}^{v(x)\ln u(x)}$, 之后便很容易计算它的导数.

例 4.2.11 设 $y = x^{\tan x}(x > 0)$, 求 y'.

解 等式两边取对数得到

$$\ln y = \tan x \ln x.$$

再分别对 x 求导, 得到

$$\frac{y'}{y} = \sec^2 x \ln x + \frac{\tan x}{x}.$$

于是求得

$$y' = x^{\tan x}\left(\sec^2 x \ln x + \frac{\tan x}{x}\right).$$

例 4.2.12 求函数 $y = \sqrt{x \sin x \sqrt{1 - \mathrm{e}^x}}$ 的导数.

解 等式两边取对数得到

$$\ln y = \frac{1}{2}\left(\ln x + \ln(\sin x) + \frac{1}{2}\ln(1 - \mathrm{e}^x)\right),$$

再分别对 x 求导, 得到

$$y' = \frac{1}{2}\sqrt{x \sin x \sqrt{1 - \mathrm{e}^x}}\left(\frac{1}{x} + \cot x + \frac{1}{2} \cdot \frac{-\mathrm{e}^x}{1 - \mathrm{e}^x}\right).$$

2. 隐函数的求导法则

设函数 $y = f(x)$ 是由方程 $F(x, y) = 0$ 确定的隐函数, 则如何在不解出函数 $y = f(x)$(很多情况下是难以解出的) 情况下求 $y'(x)$? 将 $y = f(x)$ 代入方程 $F(x, y) = 0$ 时, 我们得到一个恒等式 $F(x, y(x)) \equiv 0$, 利用复合函数的求导法则对等式两边求导, 即可解出 $y'(x)$. 下面通过例题说明.

例 4.2.13　求方程 $y = \tan(x+y)$ 所确定的隐函数 $y = y(x)$ 的导数.

解　将 $y = y(x)$ 代入方程得到

$$y(x) = \tan(x + y(x)).$$

在方程两边关于 x 求导, 得到

$$y'(x) = \sec^2(x + y(x)) \cdot (1 + y'(x)).$$

解出 $y'(x)$ 得到

$$y'(x) = \frac{\sec^2(x + y(x))}{1 - \sec^2(x + y(x))}.$$

例 4.2.14　设方程 $xy + \mathrm{e}^{xy} + y = 2$ 可确定隐函数 $y = y(x)$, 试求 $y'(0)$.

解　将 $y = y(x)$ 代入方程得到

$$xy(x) + \mathrm{e}^{xy(x)} + y(x) = 2.$$

于是, 当 $x = 0$ 时, $y(0) = 1$. 在方程两边关于 x 求导, 得到

$$y(x) + xy'(x) + \mathrm{e}^{xy(x)}(y(x) + xy'(x)) + y'(x) = 0,$$

解出 $y'(x)$ 得到

$$y'(x) = -\frac{y(x)(1 + \mathrm{e}^{xy(x)})}{1 + x + x\mathrm{e}^{xy(x)}},$$

于是

$$y'(0) = -\frac{y(x)(1 + \mathrm{e}^{xy(x)})}{1 + x + x\mathrm{e}^{xy(x)}}\bigg|_{x=0, y(0)=1} = -2.$$

3. 参数方程确定的函数的求导法则

设函数 $y = f(x)$ 由参数方程

$$\begin{cases} x = x(t), \\ y = y(t), \end{cases} \quad t \in (\alpha, \beta)$$

确定. 对于函数 $y = f(x)$ 的求导, 可以先从参数方程中消去 t, 得到函数 $y = f(x)$ 的表达式, 然后再求 y 对 x 的导数. 但是从参数方程中消去 t 有时很麻烦, 甚至不可能. 因此, 有必要研究不必消去 t, 直接从参数方程中求 y 对 x 的导数的方法.

设当 $t \in (\alpha, \beta)$ 时, $x = x(t)$, $y = y(t)$ 都可导, 且导函数连续, $x'(t) \neq 0$. 则由后面的微分中值定理可知, $x'(t)$ 是保号函数, 因此 $x = x(t)$ 是严格单调函数. 于是

可令 $t = x^{-1}(x)$ 为 $x = x(t)$ 的反函数. 则由参数方程确定的函数 $y = f(x)$ 可以看成是由 $y = y(t)$, $t = x^{-1}(x)$ 复合而成的, 故由复合函数的求导法则有

$$\frac{\mathrm{d}y}{\mathrm{d}x} = \frac{\mathrm{d}y}{\mathrm{d}t} \cdot \frac{\mathrm{d}t}{\mathrm{d}x}.$$

又由反函数的求导法则

$$\frac{\mathrm{d}t}{\mathrm{d}x} = \frac{1}{\dfrac{\mathrm{d}x}{\mathrm{d}t}}.$$

故

$$\frac{\mathrm{d}y}{\mathrm{d}x} = \frac{\dfrac{\mathrm{d}y}{\mathrm{d}t}}{\dfrac{\mathrm{d}x}{\mathrm{d}t}} = \frac{y'(t)}{x'(t)}.$$

比如设参数方程 $\begin{cases} x = a\cos^3 t, \\ y = a\sin^3 t \end{cases}$ 能确定函数 $y = y(x)$, 则 $y'(x)$ 可由上述公式计算得到

$$\frac{\mathrm{d}y}{\mathrm{d}x} = \frac{(a\sin^3 t)'}{(a\cos^3 t)'} = \frac{3a\sin^2 t \cos t}{-3a\cos^2 t \sin t} = -\tan t \ \left(t \neq \frac{n\pi}{2}, n \in \mathbb{N}\right).$$

练习题 4.2

1. 求下列函数的导数:

(1) $y = 2x^3 + \sin x - 2\cos x$;

(2) $y = x\sin x + \dfrac{\sin x}{x}$;

(3) $y = (\mathrm{e}^x + 3x^2)(x + \tan x)$;

(4) $y = \dfrac{x\mathrm{e}^x - 1}{\sin x}$;

(5) $y = \dfrac{x + \sec x}{x - \csc x}$;

(6) $y = (x^3 + 1)^4$;

(7) $y = \dfrac{1}{\sqrt{x^2 + 1}}$;

(8) $y = \mathrm{e}^{\sqrt{x^3+1}}$;

(9) $y = \ln\left(\tan\dfrac{x}{2}\right)$;

(10) $y = 2^{\sin(x^2)} + 2^{\tan\frac{1}{x}}$;

(11) $y = \cos^{-3}\dfrac{1 - \sqrt{x}}{1 + \sqrt{x}}$;

(12) $y = \sin(\sin(\sin\sqrt{x^2 + 1}))$;

(13) $y = \arcsin(e^{-x^2})$;

(14) $y = \arctan \dfrac{2x}{1 - x^2}$;

(15) $y = \ln(\sqrt{x} + \sqrt{x^2 + 1})$;

(16) $y = \ln \sqrt{\dfrac{1 + \cos x}{1 - \cos x}}$;

(17) $y = \left(\dfrac{x}{1 + x} \right)^{2x}$;

(18) $y = x^{a^a} + a^{a^x} + a^{x^a}$;

(19) $y = (x - a_1)^{a_1} (x - a_2)^{a_2} (x - a_3)^{a_3} \cdots (x - a_n)^{a_n}$.

2. 设 $f(x)$ 可导, 求下列函数的导数:

(1) $y = f(e^x) e^{f(x)}$;

(2) $y = \sin(f(\sin x))$;

(3) $y = f\left(\dfrac{1}{f(x)} \right)$;

(4) $y = \left(\dfrac{\sin(f(x))}{x} \right)^{f(f(x))}$.

3. 求下列方程表示的函数的导数 $y'(x)$:

(1) $\sin(xy) + \ln(y - x) = x$;

(2) $\arctan \dfrac{y}{x} = \ln \sqrt{x^2 + y^2}$.

4. 设隐函数 $y = y(x)$ 由方程 $xy + \ln y = 1$ 确定, 令 $g(x) = y(\ln x)e^{y(x)}$, 求 $\mathrm{d}g|_{x=1}$.

5. 设函数 $y = y(x)$ 由下列参数方程确定, 求 $\mathrm{d}y$:

(1) $\begin{cases} x = \ln(1 + t^2), \\ y = t - \arctan t. \end{cases}$

(2) $\begin{cases} x = t^2 - 2t - 3, \\ e^y \sin t - y + 1 = 0. \end{cases}$

6. 求下列函数的微分:

(1) $y = \ln(\tan x^2)$;

(2) $y = \arctan(\ln x)$;

(3) $y = \ln^2(x + \sqrt{1 + x^2})$;

(4) $y = e^{\sin x} \cos(e^x)$.

4.3 高阶导数与高阶微分

4.3.1 高阶导数

设函数 $y = f(x)$ 在 x 的邻域 $O(x)$ 内可导, 导函数记为 $f'(x)$. 若导函数 $f'(x)$ 在 x 处也可导, 则称函数 $y = f(x)$ 在 x 处二阶可导. 函数 $y = f(x)$ 在 x 处的二阶导数记为 $f''(x)$ 或 $\dfrac{\mathrm{d}^2 y}{\mathrm{d}x^2}$ 或 y'', 其计算公式为

$$f''(x) = \lim_{\Delta x \to 0} \frac{f'(x + \Delta x) - f'(x)}{\Delta x}.$$

类似地可定义更高阶导数. 一般地, 设函数 $y = f(x)$ 在 x 的邻域内 $n - 1$ 阶可导, 若 $n - 1$ 阶导函数在 x 处还可导, 则称该导数为函数 $y = f(x)$ 在 x 处的 n 阶导数. 三阶导数记作 y''' 或 $f'''(x)$ 或 $\dfrac{\mathrm{d}^3 y}{\mathrm{d}x^3}$. $n\ (n > 3)$ 阶导数, 记作 $y^{(n)}$ 或 $f^{(n)}(x)$ 或 $\dfrac{\mathrm{d}^n y}{\mathrm{d}x^n}$. 函数 $f(x)$ 在 x 处 n 阶导数的计算公式为

$$f^{(n)}(x) = \lim_{\Delta x \to 0} \frac{f^{(n-1)}(x + \Delta x) - f^{(n-1)}(x)}{\Delta x}.$$

二阶及二阶以上的导数统称为高阶导数. 由此可见, 求函数的高阶导数只要逐次求导就可以得到所要求的导数. 下面我们导出几个初等函数的高阶导数.

例 4.3.1 设 $y = x^n, n$ 为正整数, 求它的高阶导数.

解

$$y' = (x^n)' = nx^{n-1},$$

$$y'' = (y')' = (nx^{n-1})' = n(n-1)x^{n-2},$$

依次类推可得

$$y^{(n)} = n(n-1)(n-2)\cdots 3 \cdot 2 \cdot 1 = n!,$$

$$y^{(n+1)} = (y^{(n)})' = (n!)' = 0.$$

例 4.3.2 求函数 $y = \sin x$ 的 n 阶导数.

解

$$y' = (\sin x)' = \cos x = \sin\left(x + \frac{\pi}{2}\right),$$

$$y'' = \left(\sin\left(x + \frac{\pi}{2}\right)\right)' = \cos\left(x + \frac{\pi}{2}\right) = \sin\left(x + 2 \cdot \frac{\pi}{2}\right),$$

依次类推可得

$$y^{(n-1)} = \sin\left(x + (n-1)\cdot\frac{\pi}{2}\right).$$

则有

$$y^{(n)} = \left(\sin\left(x + (n-1)\frac{\pi}{2}\right)\right)' = \cos\left(x + (n-1)\frac{\pi}{2}\right) = \sin\left(x + \frac{n\pi}{2}\right).$$

于是, $(\sin x)^{(n)} = \sin\left(x + \frac{n\pi}{2}\right)$.

类似可得

$$(\cos x)^{(n)} = \cos\left(x + \frac{n\pi}{2}\right).$$

例 4.3.3   求函数 $y = \ln(1+x)$ 的 n 阶导数.

解

$$y' = \frac{1}{1+x},$$

$$y'' = \left(\frac{1}{1+x}\right)' = -\frac{1}{(1+x)^2},$$

$$y''' = \left(-\frac{1}{(1+x)^2}\right)' = \frac{2}{(1+x)^3},$$

运用数学归纳法可知

$$y^{(n)} = (-1)^{n-1}\frac{(n-1)!}{(1+x)^n}, \quad n = 1, 2, 3, \cdots.$$

类似可得

$$\left(\frac{1}{1+x}\right)^{(n)} = (-1)^n \frac{n!}{(1+x)^{n+1}}, \quad n = 1, 2, 3, \cdots.$$

例 4.3.4   设 $y = a^x$, $a > 0$, 求 $y^{(n)}$.

解

$$y' = a^x \ln a,$$

$$y'' = a^x \ln^2 a,$$

依次类推可得

$$y^{(n)} = a^x \ln^n a.$$

特别地, 当 $y = \mathrm{e}^x$ 时, $y' = y'' = y''' = \cdots = y^{(n)} = \mathrm{e}^x$.

高阶导数的四则运算比一阶导数的四则运算复杂. 这里我们仅给出两个函数的和、差与乘积的高阶导数.

定理 4.3.5　设 $f(x)$ 和 $g(x)$ 在 x 处 n 阶可导, 则 $f(x) \pm g(x)$ 在 x 处也 n 阶可导, 且

$$(f(x) \pm g(x))^{(n)} = f^{(n)}(x) \pm g^{(n)}(x).$$

证明略.

定理 4.3.6　(莱布尼茨公式)　设 $f(x)$ 和 $g(x)$ 在 x 处 n 阶可导, 则 $f(x)g(x)$ 在 x 处也 n 阶可导, 且

$$(f(x)g(x))^{(n)} = \sum_{k=0}^{n} \mathrm{C}_n^k f^{(n-k)}(x) g^{(k)}(x).$$

这里 $\mathrm{C}_n^k = \dfrac{n!}{k!(n-k)!}$ 是组合数, $f^{(0)}(x) = f(x), g^{(0)}(x) = g(x)$.

莱布尼茨公式和二项式展开式

$$(a+b)^n = \sum_{k=0}^{n} \mathrm{C}_n^k a^{n-k} b^k$$

非常相似. 请读者比较一下以便记忆.

证明　用数学归纳法. 当 $n = 1$ 时, 由导数的四则运算可得

$$(f(x)g(x))' = \mathrm{C}_1^0 f'(x)g(x) + \mathrm{C}_1^1 f(x)g'(x).$$

故 $n = 1$ 时结论成立.

假设当 $n = m$ 时, 莱布尼茨公式成立, 即

$$(f(x)g(x))^{(m)} = \sum_{k=0}^{m} \mathrm{C}_m^k f^{(m-k)}(x) g^{(k)}(x).$$

当 $n = m+1$ 时, 利用高阶导数的定义及数学归纳法假设可得

$$[f(x)g(x)]^{(m+1)}$$

$$= \left([f(x)g(x)]^{(m)} \right)'$$

$$= \left(\sum_{k=0}^{m} \mathrm{C}_m^k f^{(m-k)}(x) g^{(k)}(x) \right)'$$

$$= \sum_{k=0}^{m} \mathrm{C}_m^k \left(\left[f^{(m-k)}(x) \right]' g^{(k)}(x) + f^{(m-k)}(x) [g^{(k)}(x)]' \right)$$

$$= \sum_{k=0}^{m} \mathrm{C}_m^k f^{(m-k+1)}(x) g^{(k)}(x) + \sum_{k=0}^{m} \mathrm{C}_m^k f^{(m-k)}(x) g^{(k+1)}(x)$$

$$= I_1 + I_2.$$

又因为

$$I_1 = \sum_{k=0}^{m} \mathrm{C}_m^k f^{(m+1-k)}(x) g^{(k)}(x)$$

$$= f^{(m+1)}(x) g^{(0)}(x) + \sum_{k=1}^{m} \mathrm{C}_m^k f^{(m+1-k)}(x) g^{(k)}(x).$$

$$I_2 = \sum_{k=0}^{m} \mathrm{C}_m^k f^{(m-k)}(x) g^{(k+1)}(x)$$

$$= \sum_{k=1}^{m+1} \mathrm{C}_m^{k-1} f^{(m+1-k)}(x) g^{(k)}(x)$$

$$= \sum_{k=1}^{m} \mathrm{C}_m^{k-1} f^{(m+1-k)}(x) g^{(k)}(x) + f^{(0)}(x) g^{(m+1)}(x).$$

两式合并后利用组合数恒等式 $\mathrm{C}_m^{k-1} + \mathrm{C}_m^k = \mathrm{C}_{m+1}^k$ 得到

$$(f(x)g(x))^{(m+1)} = \sum_{k=0}^{m+1} \mathrm{C}_{m+1}^k f^{(m+1-k)}(x) g^{(k)}(x),$$

即莱布尼茨公式对 $n = m+1$ 也成立. 所以定理结论对任意正整数成立. □

例 4.3.7 设 $y = \dfrac{1}{x^2 - 3x + 2}$, 求 $y^{(n)}$.

解 通过分解因式得到

$$y = \frac{1}{x-2} - \frac{1}{x-1},$$

则

$$y^{(n)} = \left(\frac{1}{x-2}\right)^{(n)} - \left(\frac{1}{x-1}\right)^{(n)}$$

$$= \frac{(-1)^n n!}{(x-2)^{n+1}} - \frac{(-1)^n n!}{(x-1)^{n+1}}.$$

例 4.3.8 设 $y = x^2 \mathrm{e}^{-2x}$, 求 $y^{(10)}$.

解 将函数改写为 $y = \mathrm{e}^{-2x} \cdot x^2$, 设 $f(x) = \mathrm{e}^{-2x}$, $g(x) = x^2$. 由于 $g'(x) = 2x$, $g''(x) = 2$, $g'''(x) = 0$, 利用莱布尼兹公式, 实际上只需计算公式中的前三项得到

$$y^{(10)} = f^{(10)}(x) g^{(0)}(x) + 10 f^{(9)}(x) g'(x) + \frac{10 \cdot 9}{2!} f^{(8)}(x) g''(x)$$

$$= (\mathrm{e}^{-2x})^{(10)} \cdot x^2 + 10 \cdot (\mathrm{e}^{-2x})^{(9)} \cdot 2x + 45 \cdot (\mathrm{e}^{-2x})^{(8)} \cdot 2$$

$$= (-2)^{10} x^2 \mathrm{e}^{-2x} + 10 \cdot (-2)^9 \cdot 2x \mathrm{e}^{-2x} + 45 \cdot (-2)^8 \cdot 2\mathrm{e}^{-2x}$$

$$= 512 \mathrm{e}^{-2x} (2x^2 - 20x + 45).$$

复合函数、隐函数和参数方程所确定的函数的高阶导数计算比较复杂, 没有一般的公式. 但它们的二阶导数容易求得, 我们用例子说明之.

设复合函数 $y = f(g(x))$. 若令 $y = f(u)$, $u = g(x)$, 则由复合函数的求导公式知

$$\frac{\mathrm{d}y}{\mathrm{d}x} = \frac{\mathrm{d}y}{\mathrm{d}u} \cdot \frac{\mathrm{d}u}{\mathrm{d}x}.$$

由乘积的求导公式

$$\frac{\mathrm{d}^2 y}{\mathrm{d}x^2} = \frac{\mathrm{d}}{\mathrm{d}x}\left(\frac{\mathrm{d}y}{\mathrm{d}x}\right) = \frac{\mathrm{d}}{\mathrm{d}x}\left(\frac{\mathrm{d}y}{\mathrm{d}u}\right) \cdot \frac{\mathrm{d}u}{\mathrm{d}x} + \frac{\mathrm{d}y}{\mathrm{d}u} \cdot \frac{\mathrm{d}^2 u}{\mathrm{d}x^2}.$$

注意到 $\dfrac{\mathrm{d}y}{\mathrm{d}u}$ 仍是 x 的复合函数, 因此 $\dfrac{\mathrm{d}y}{\mathrm{d}u}$ 关于 x 的导数仍然必须遵循求导的链导法则, 即

$$\frac{\mathrm{d}}{\mathrm{d}x}\left(\frac{\mathrm{d}y}{\mathrm{d}u}\right) = \frac{\mathrm{d}}{\mathrm{d}u}\left(\frac{\mathrm{d}y}{\mathrm{d}u}\right) \cdot \frac{\mathrm{d}u}{\mathrm{d}x} = \frac{\mathrm{d}^2 y}{\mathrm{d}u^2} \cdot \frac{\mathrm{d}u}{\mathrm{d}x}.$$

代入前式得到

$$\frac{\mathrm{d}^2 y}{\mathrm{d}x^2} = \frac{\mathrm{d}^2 y}{\mathrm{d}u^2} \cdot \left(\frac{\mathrm{d}u}{\mathrm{d}x}\right)^2 + \frac{\mathrm{d}y}{\mathrm{d}u} \cdot \frac{\mathrm{d}^2 u}{\mathrm{d}x^2}.$$

例 4.3.9　设 $f(u)$ 任意次可导, 其中 $u = \tan x$, 求复合函数 $y = f(\tan x)$ 的二阶导数.

解　直接计算导数得到

$$y' = f'(u)u' = f'(\tan x)\sec^2 x,$$

$$y'' = f''(\tan x)\sec^4 x + 2f'(\tan x)\sec^2 x \tan x.$$

隐函数二阶导数的求导法则我们通过例题说明.

例 4.3.10　求由方程 $y = \tan(x + y)$ 确定的隐函数 $y = f(x)$ 的二阶导数 $\dfrac{\mathrm{d}^2 y}{\mathrm{d}x^2}$.

解　将 $y = y(x)$ 代入方程得到

$$y(x) = \tan(x + y(x)).$$

在方程两边关于 x 求导, 得到

$$y'(x) = \sec^2(x + y(x)) \cdot (1 + y'(x)).$$

解出 $y'(x)$, 得到

$$y'(x) = \frac{\sec^2(x + y(x))}{1 - \sec^2(x + y(x))}.$$

由除法的求导法则得到

$$y''(x) = \left(-1 + \frac{1}{1 - \sec^2(x + y(x))}\right)'$$

$$= -\frac{-2\sec^2(x + y(x))\tan(x + y(x))(1 + y'(x))}{(1 - \sec^2(x + y(x)))^2}$$

$$= \frac{2\sec^2(x + y(x))\tan(x + y(x))}{(1 - \sec^2(x + y(x)))^3}.$$

参数方程所确定的函数的二阶导数的求法如下. 设参数方程

$$\begin{cases} x = x(t), \\ y = y(t), \end{cases}$$

这里 t 是参数. 它所确定的函数为 $y = f(x)$, 则

$$\frac{\mathrm{d}y}{\mathrm{d}x} = \frac{y'(t)}{x'(t)}.$$

由二阶导数的定义及参数方程的求导法则

$$\frac{\mathrm{d}^2 y}{\mathrm{d}x^2} = \frac{\mathrm{d}}{\mathrm{d}x}\left(\frac{\mathrm{d}y}{\mathrm{d}x}\right) = \frac{\mathrm{d}}{\mathrm{d}x}\left(\frac{y'(t)}{x'(t)}\right)$$

$$= \frac{\mathrm{d}}{\mathrm{d}t}\left(\frac{y'(t)}{x'(t)}\right) \cdot \frac{1}{\dfrac{\mathrm{d}x}{\mathrm{d}t}}$$

$$= \frac{y''(t)x'(t) - y'(t)x''(t)}{[x'(t)]^3}.$$

在实际计算时, 其实只需抓住本质对所给的函数逐次求导, 不必死记公式.

例 4.3.11　设 $\begin{cases} x = a\cos^3 t, \\ y = a\sin^3 t, \end{cases}$　求 $\dfrac{\mathrm{d}^2 y}{\mathrm{d}x^2}$ 及 $\dfrac{\mathrm{d}^2 y}{\mathrm{d}x^2}\Big|_{x = \frac{\pi}{4}}$.

解　由参数方程所确定函数的求导法则可知

$$\frac{\mathrm{d}y}{\mathrm{d}x} = \frac{3a\sin^2 t\cos t}{-3a\cos^2 t\sin t} = -\tan t.$$

$$\frac{\mathrm{d}^2 y}{\mathrm{d}x^2} = \frac{\mathrm{d}}{\mathrm{d}x}\left(\frac{\mathrm{d}y}{\mathrm{d}x}\right) = -\frac{\mathrm{d}}{\mathrm{d}t}(\tan t) \cdot \frac{1}{\dfrac{\mathrm{d}x}{\mathrm{d}t}}$$

$$= -\sec^2 t \cdot \frac{1}{-3a\cos^2 t\sin t}$$

$$= \frac{1}{3a\cos^4 t\sin t}.$$

$$\frac{\mathrm{d}^2 y}{\mathrm{d}x^2}\Big|_{x = \frac{\pi}{4}} = \frac{1}{3a}(\sqrt{2})^5 = \frac{4\sqrt{2}}{3a}.$$

4.3.2 高阶微分

与高阶导数类似, 我们可以定义高阶微分. 设函数 $y = f(x)$ 可微, 则根据微分的定义, 给出自变量增量 dx, 函数在 x 处的微分为

$$dy = f'(x)dx.$$

可以看出, 对于同一个自变量增量 dx, 每一个自变量 x 都唯一对应一个函数值的微分 $dy = f'(x)dx$, 因此 dy 可以看作是 x 的函数, 这里 dx 可视为常数. 既然 dy 是 x 的函数, 因而当它可微分时, 可以对它再作微分运算. 我们称它的微分

$$d(dy) = d^2y$$

为 $y = f(x)$ 的二阶微分. 同样, 当 d^2y 可微时, 称它的微分

$$d(d^2y) = d^3y$$

为 $y = f(x)$ 的三阶微分. 依次类推, 一般地, 当 $y = f(x)$ 的 $n-1$ 阶微分 $d^{n-1}y$ 可微时, 称它的微分

$$d(d^{n-1}y) = d^ny$$

为 $y = f(x)$ 的 n 阶微分.

下面我们求出 d^ny 的表达式. 因为 $dy = f'(x)dx$, dx 视为常数, 故由微分的乘法运算得到

$$d^2y = d(f'(x)dx) = d(f'(x))dx + f'(x)d(dx)$$
$$= f''(x)(dx)^2.$$

若用 dx^2 表示自变量的微分的平方 $(dx)^2$, 则

$$d^2y = f''(x)dx^2.$$

用同样的方法, 我们可以导出 $y = f(x)$ 的 n 阶微分表达式

$$d^ny = f^{(n)}(x)dx^n, n = 1, 2, 3, \cdots.$$

这个公式反映了高阶导数与高阶微分之间的关系, 即 $y = f(x)$ 的 n 阶微分等于它的 n 阶导数乘自变量的微分的 n 次方, 这也是我们用 $\dfrac{d^ny}{dx^n}$ 来记 $f^{(n)}(x)$ 的原因.

例 4.3.12 求 $y = \cos\sqrt{x}$ 的二阶微分 d^2y.

解　由于

$$y' = -\frac{\sin\sqrt{x}}{2\sqrt{x}},$$

$$y'' = -\frac{\cos\sqrt{x}}{4x} + \frac{\sin\sqrt{x}}{4\sqrt{x^3}},$$

因此

$$\mathrm{d}^2 y = y''\mathrm{d}x^2 = \left(-\frac{\cos\sqrt{x}}{4x} + \frac{\sin\sqrt{x}}{4\sqrt{x^3}}\right)\mathrm{d}x^2.$$

复合函数的一阶微分具有形式不变性, 让我们来考察它的二阶微分是否也具有形式不变性. 函数 $y = \cos\sqrt{x}$ 可以看成由 $y = \cos u$ 和 $u = \sqrt{x}$ 复合而成的函数, 则

$$f''(u) = (\cos u)'' = -\cos u,$$

$$\mathrm{d}u^2 = (\mathrm{d}\sqrt{x})^2 = \frac{1}{4x}\mathrm{d}x^2,$$

因而

$$f''(u)\mathrm{d}u^2 = -\frac{\cos u}{4x}\mathrm{d}x^2 = -\frac{\cos\sqrt{x}}{4x}\mathrm{d}x^2.$$

所以

$$\mathrm{d}^2 y \neq f''(u)\mathrm{d}u^2.$$

即复合函数的二阶微分并不具有形式不变性. 一般地, 若对 $\mathrm{d}y = f'(u)\mathrm{d}u(u$ 是中间变量) 两边求微分, 得到

$$\mathrm{d}^2 y = d[f'(u)] \cdot \mathrm{d}u + f'(u) \cdot \mathrm{d}(\mathrm{d}u)$$
$$= f''(u)\mathrm{d}u^2 + f'(u)\mathrm{d}^2 u.$$

这时, 由于 u 是中间变量而非自变量, $d^2 u$ 一般不会等于零, 因此不能丢弃第二项. 类似地, 我们可得出结论: 复合函数的高阶微分不具有形式不变性.

练习题 4.3

1. 求下列函数的 n 阶导数:

　(1) $y = (x^2 + 2x + 2)\mathrm{e}^{-x}$;

　(2) $y = \dfrac{x^n}{1-x}$;

　(3) $y = (x^2 - x)\ln(1 + 2x)$;

　(4) $y = \dfrac{x^2 + 2}{x^2 + x - 2}$.

2. 设 $y = (\arcsin x)^2$.

(1) 证明: $(1-x^2)y^{(n+2)} - (2n+1)xy^{(n+1)} - n^2 y^{(n)} = 0$;

(2) 求 $y^{(n)}(0)$, $n \in \mathbb{N}$.

3. 设 $y = \arctan x$.

(1) 证明: $(1+x^2)y^{(n+1)} + 2nxy^{(n)} + (n-1)ny^{(n-1)} = 0$;

(2) 求 $y^{(n)}(0)$, $n \in \mathbb{N}$.

4. 设函数 $y_n = x^{n-1}\ln x$, 证明: $y_n^{(n)} = \dfrac{(n-1)!}{x}$, $n \in \mathbb{N}$.

5. 设函数 $y_n = x^{n-1}\mathrm{e}^{\frac{1}{x}}$, 证明: $y_n^{(n)} = \dfrac{(-1)^n}{x^{n+1}}\mathrm{e}^{\frac{1}{x}}$, $n \in \mathbb{N}$.

6. 设 $x = g(y)$ 是 $y = f(x)$ 的反函数, 而 $f(x)$ 三阶可导. 试用 $f'(x)$, $f''(x)$, $f'''(x)$ 表示 $g'(y)$, $g''(y)$, $g'''(y)$.

7. 设 $\mathrm{e}^{xy} + x^2 y - 1 = 0$ 确定隐函数 $y = y(x)$ 二阶可导, 求 $\dfrac{\mathrm{d}^2 y}{\mathrm{d}x^2}$.

8. 设参数方程确定的隐函数 $y = y(x)$ 二阶可导, 求 $\dfrac{\mathrm{d}^2 y}{\mathrm{d}x^2}$:

(1) $\begin{cases} x = t - \ln(1+t^2), \\ y = \arctan t. \end{cases}$

(2) $\begin{cases} x = t^2 - 2t - 3, \\ \mathrm{e}^y \sin t - y + 1 = 0. \end{cases}$

9. 设函数仅在 $x \leqslant x_0$ 时有定义且二阶可导, 问 a, b, c 如何取值, 可使

$$F(x) = \begin{cases} f(x), & x \leqslant x_0, \\ a(x-x_0)^2 + b(x-x_0) + c, & x > x_0, \end{cases}$$

在 $\mathbb{R}$ 上二阶可导?

10. 令 $y = \tan z$, 试变换方程

$$\frac{\mathrm{d}^2 y}{\mathrm{d}x^2} + \frac{1}{x}\frac{\mathrm{d}y}{\mathrm{d}x} + \left(1 - \frac{1}{4x^2}\right)y = 0.$$

4.4   微分中值定理

微分中值定理是反映函数与函数导数之间联系的重要定理, 是微分学的基础, 也是利用导数研究函数性质的强有力工具. 所以, 这一节我们介绍微分中值定理, 包括罗尔 (Rolle) 中值定理, 拉格朗日 (Lagrange) 中值定理, 柯西中值定理. 在建立微分中值定理时需要用到函数极值概念和费马引理, 因此我们首先介绍函数极值概念和费马引理.

4.4.1   函数极值与费马引理

极值问题是数学研究的重要对象之一, 在自然科学、生产技术及经济管理等领域中经常会遇到极值问题, 在本章节中我们也将利用导数来研究这类问题. 为此, 引入函数极值的定义.

定义 4.4.1   设函数 $f(x)$ 在点 x_0 的某邻域 $O(x_0, \delta)$ 内有定义.

   (1) 如果对任意 $x \in O(x_0, \delta) \setminus \{x_0\}$ 有 $f(x) \leqslant f(x_0)$, 则称 $f(x)$ 在点 x_0 处取得极大值, 点 x_0 为 $f(x)$ 的极大值点;

   (2) 如果对任意 $x \in O(x_0, \delta) \setminus \{x_0\}$ 有 $f(x) \geqslant f(x_0)$, 则称 $f(x)$ 在点 x_0 处取得极小值, 点 x_0 为 $f(x)$ 的极小值点.

   若上述定义中, 不等号严格成立, 则称 $f(x_0)$ 为严格极大 (小) 值. 极大值和极小值统称为极值, 而极大值点和极小值点统称为极值点.

从上面的定义可以看出, 极值点位于函数定义区间的内部. 函数极值是函数的局部性质, 它仅依赖于函数在某一局部邻域的取值. 也就是说, 如果 $f(x_0)$ 是函数 $f(x)$ 的一个极大值, 其实只是在 x_0 附近的某一局部邻域来说 $f(x_0)$ 是 $f(x)$ 的一个最大值, 但是就 $f(x)$ 的整个定义区间来说 $f(x_0)$ 不见得是最大值. 关于极小值也类似.

从函数图像上来看, 一个可导函数 $f(x)$ 若在点 x_0 取到极值, 则曲线 $y = f(x)$ 在 $(x_0, f(x_0))$ 处必有水平切线, 参见图 4.4. 事实上, 我们有下面的费马引理.

引理 4.4.2   设函数 $f(x)$ 在点 x_0 的某邻域内有定义, 在点 x_0 处可导. 若 $f(x)$ 在点 x_0 处取得极值, 则 $f'(x_0) = 0$.

证明   不妨设 $f(x)$ 在点 x_0 处取得极大值, 则存在区间 $(x_0 - \delta, x_0 + \delta)$ 使得 $f(x)$ 在点 x_0 处取得极大值. 因此不论 Δx 是正的还是负的, 只要 $x_0 + \Delta x \in$

$(x_0 - \delta, x_0 + \delta)$, 总有

$$f(x_0 + \Delta x) - f(x_0) \leqslant 0.$$

当 $\Delta x > 0$ 时,

$$\frac{f(x_0 + \Delta x) - f(x_0)}{\Delta x} \leqslant 0,$$

根据函数极限的性质, 有

$$f'(x_0) = \lim_{\Delta x \to 0^+} \frac{f(x_0 + \Delta x) - f(x_0)}{\Delta x} \leqslant 0,$$

同理, 当 $\Delta x < 0$, 有

$$f'(x_0) = \lim_{\Delta x \to 0^-} \frac{f(x_0 + \Delta x) - f(x_0)}{\Delta x} \geqslant 0,$$

因此必然有

$$f'(x_0) = 0. \qquad \square$$

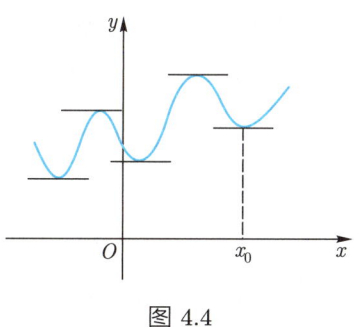

图 4.4

通常我们称导函数的零点为驻点. 从费马引理看出, 对可导函数来说, 驻点是函数成为极值点的必要条件, 但一般说来它并不是充分条件.

4.4.2 罗尔中值定理

定理 4.4.3　*如果函数 $f(x)$ 在闭区间 $[a, b]$ 上连续, 在开区间 (a, b) 内可导, 且 $f(a) = f(b)$, 那么在 (a, b) 内至少有一点 ξ 使得 $f'(\xi) = 0$.*

　　在证明这个定理之前, 先考察一下定理的几何意义. 设在 Oxy 平面上方程 $y = f(x)\ (a \leqslant x \leqslant b)$ 表示的曲线弧记为 $\widehat{AB}$. 罗尔中值定理的条件表明曲线弧 $\widehat{AB}$ 是一条连续的曲线, 除端点外处处具有不垂直于 x 轴的切线, 且两个端点的纵坐标相等, 定理的结论表明在曲线弧 $\widehat{AB}$ 上至少有一点 C, 在该点处曲线的切线是水平的, 参见图 4.5. 由几何直观可知, 在曲线的最高点或最低点处, 切线是水平的, 这就启发了我们沿着什么样的思路去证明这个定理.

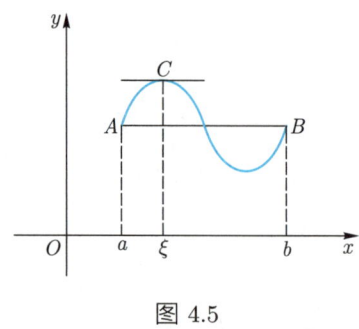

图 4.5

证明   由于 $f(x)$ 在闭区间 $[a, b]$ 上连续, 根据闭区间上连续函数的最值定理, $f(x)$ 在闭区间 $[a, b]$ 上必定取得它的最大值 M 和最小值 m. 这样就只有两种可能情形:

(1) $M = m$. 这时 $f(x)$ 在区间 $[a, b]$ 上必然为常值函数, 因此 $f'(x) = 0$, 从而可以取 (a, b) 内任意一点作为 ξ 使得 $f'(\xi) = 0$.

(2) $M > m$. 因为 $f(a) = f(b)$, 所以 M 和 m 这两个数中至少有一个不等于 $f(x)$ 在区间 $[a, b]$ 的端点处的函数值. 不妨设 $M \neq f(a)$ ($m \neq f(a)$ 的情形证明完全类似), 那么必定在开区间 (a, b) 内有一个点 ξ 使得 $f(\xi) = M$, 即 ξ 是 $f(x)$ 的极大值点, 由费马引理可知 $f'(\xi) = 0$.   □

注意: 罗尔中值定理需要三个条件, 若缺少其中的任意一个, 定理的结论都不一定成立, 对此读者可举例子予以说明. 此外, 罗尔中值定理只是告诉我们在区间 (a, b) 内存在一点 ξ 使得 $f'(\xi) = 0$, 但并没有告诉我们怎样去求 ξ. 一般来讲, 要将 ξ 求出来是十分困难的, 在很多时候, 满足这样要求的 ξ 可能有很多, 甚至有可能是无穷多个.

例 4.4.4   证明方程 $x^5 + x - 1 = 0$ 只有一个正实根.

证明   设函数

$$f(x) = x^5 + x - 1.$$

显然 $f(x) \in C[0, 1]$, 且 $f(0) = -1 < 0$, $f(1) = 1 > 0$, 由闭区间连续函数的零点存在定理可知, $\exists\, \xi \in (0, 1)$, 使得 $f(\xi) = 0$, 即 ξ 是方程 $x^5 + x - 1 = 0$ 的根.

下面用反证法证明此方程只有一个正实根. 若方程有两个正根 ξ_1, $\xi_2 (\xi_1 < \xi_2)$, 则由于 $f(x) \in C[\xi_1, \xi_2]$, $f(x) \in D(\xi_1, \xi_2)$, 并且 $f(\xi_1) = f(\xi_2)$, 由罗尔中值定理知, $\exists\, \xi \in (\xi_1, \xi_2)$, 使得 $f'(\xi) = 0$, 即 ξ 为方程 $5x^4 + 1 = 0$ 的正实根. 这与方程 $5x^4 + 1 = 0$ 没有正实根矛盾.   □

综上所述, 方程 $x^5 + x - 1 = 0$ 只有一个正实根.

例 4.4.5　已知 $f(x) \in C[0,1]$, $f(x) \in D(0,1)$ 且 $f(1) = 0$. 证明在 $(0,1)$ 内至少存在一点 ξ, 使得 $f'(\xi) = -\dfrac{f(\xi)}{\xi}$.

　　证明　作辅助函数

$$F(x) = xf(x).$$

由 $f(x)$ 满足的条件易知 $F(x) \in C[0,1]$, $F(x) \in D(0,1)$ 且 $F(0) = F(1) = 0$. 于是由罗尔中值定理知 $\exists\, \xi \in (0,1)$, 使得 $F'(\xi) = 0$, 即 $f(\xi) + \xi f'(\xi) = 0$, 从而证得结论. □

4.4.3　拉格朗日中值定理

　　罗尔中值定理中条件 $f(a) = f(b)$ 是相当特殊的, 它使得罗尔中值定理的应用受到限制. 一个自然的问题是: 如果把 $f(a) = f(b)$ 这个条件去掉, 将有什么结论呢? 从几何上看, 罗尔中值定理表示在每点都有切线的曲线上有一条平行于曲线端点连线的水平切线. 这正是一个可微函数的图像所具有的几何特征, 而这个几何特征与坐标系的选择无关. 因此, 如果将曲线旋转使它满足罗尔中值定理的条件, 应当有一个更一般的定理, 这就是微分学中十分重要的拉格朗日中值定理.

定理 4.4.6　如果函数 $f(x)$ 在闭区间 $[a,b]$ 上连续, 在开区间 (a,b) 内可导, 那么在 (a,b) 内至少有一点 ξ 使得等式

$$\frac{f(b) - f(a)}{b - a} = f'(\xi)$$

成立.

　　证明　平面上两点 $(a, f(a))$ 和 $(b, f(b))$ 的连线方程为

$$y = \frac{f(b) - f(a)}{b - a}(x - a) + f(a).$$

如果以此直线为坐标轴 (x 轴) 的话, 曲线就满足罗尔中值定理的条件. 因此, 作辅助函数

$$\varphi(x) = f(x) - \left(\frac{f(b) - f(a)}{b - a}(x - a) + f(a) \right).$$

容易验证函数 $\varphi(x)$ 满足罗尔中值定理的条件: 在闭区间 $[a,b]$ 上连续, 在开区间 (a,b) 内可导, 且 $\varphi(a) = \varphi(b) = 0$, 由罗尔中值定理可知, 在 (a,b) 内至少有一点 ξ 使得 $\varphi'(\xi) = 0$. 对 $\varphi(x)$ 求导并整理便得到

$$\frac{f(b) - f(a)}{b - a} = f'(\xi).$$ □

如果 $y = f(x)$ 为平面上的一段曲线, $\dfrac{f(b) - f(a)}{b - a}$ 表示连接两端点直线的斜率, 而 $f'(\xi)$ 表示曲线在该点处切线的斜率. 因此拉格朗日中值定理的几何意义是: 如果连续曲线 $y = f(x)$ 在除端点外处处具有不垂直于 x 轴的切线, 那么这弧上至少有一点 C 使曲线在点 C 处的切线平行于连接两端点的直线, 参见图 4.6. 显然罗尔中值定理是拉格朗日中值定理的特殊情形.

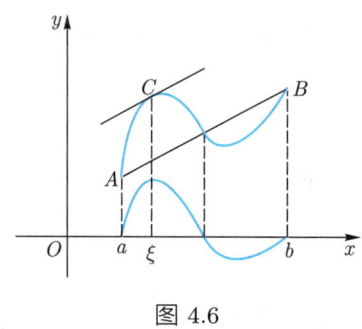

图 4.6

在拉格朗日中值定理中, 我们通常称公式

$$f(b) - f(a) = f'(\xi)(b - a)$$

为拉格朗日中值公式. 显然, 当 $a > b$ 时, 此公式依然成立, 此时 ξ 在 a, b 之间. 设 x 为区间 $[a,b]$ 内一点, $x + \Delta x$ 为这区间内的另一点 ($\Delta x > 0$ 或 $\Delta x < 0$), 则拉格朗日中值公式在区间 $[x, x + \Delta x]$(当 $\Delta x > 0$ 时) 或在区间 $[x + \Delta x, x]$(当 $\Delta x < 0$ 时) 就表示为

$$f(x + \Delta x) - f(x) = f'(x + \theta \Delta x) \cdot \Delta x,$$

其中 $0 < \theta < 1$. 同样, 拉格朗日中值公式在区间 $[a,b]$ 上也可以写为

$$f(b) - f(a) = f'(a + \theta(b - a)) \cdot (b - a),$$

其中 $0 < \theta < 1$.

拉格朗日中值公式与函数的微分公式非常相像, 但是两者是很不相同的. 如果记 $y = f(x)$, $\Delta y = f(x + \Delta x) - f(x)$, 则由拉格朗日中值公式得到

$$\Delta y = f'(x + \theta \Delta x) \cdot \Delta x, \quad 0 < \theta < 1.$$

我们知道函数的微分 $\mathrm{d}y = f'(x)\Delta x$ 是函数的增量 Δy 的近似表达式, 一般说来, 以 $\mathrm{d}y$ 近似代替 Δy 时所产生的误差只有当 $\Delta x \to 0$ 时才趋于零. 而上式则表示 $f'(x + \theta \Delta x) \cdot \Delta x$ 在 Δx 为有限时就是增量 Δy 的准确表达式. 因此拉格朗日中值

定理也叫有限增量定理, 它在微分学中占有重要的地位, 它精确地表达了函数在一个区间上的增量与函数在此区间内某点处的导数之间的关系.

拉格朗日中值定理应用广泛. 应用拉格朗日中值定理可推出在积分学经常用到的两个结论.

推论 4.4.7 设函数 $f(x) \in C[a, b]$, 且在 (a, b) 内可导. 若 $f'(x) = 0$, 则 $f(x)$ 在区间 $[a, b]$ 上是一个常值函数.

证明 在区间 $[a, b]$ 上任取两点 $x_1, x_2 \, (x_1 < x_2)$, 应用拉格朗日中值公式可得

$$f(x_2) - f(x_1) = f'(\xi) \cdot (x_2 - x_1),$$

其中 $x_1 < \xi < x_2$. 由假设 $f'(\xi) = 0$, 所以 $f(x_2) - f(x_1) = 0$, 即

$$f(x_2) = f(x_1).$$

又 x_1, x_2 是 $[a, b]$ 上的任意两点, 因此证得 $f(x)$ 在区间 $[a, b]$ 上是常值函数. □

推论 4.4.8 设函数 $f(x), g(x) \in C[a, b]$, 且在 (a, b) 内可导. 若 $f'(x) = g'(x)$, 则存在常数 C, 使得在区间 $[a, b]$ 上 $f(x) = g(x) + C$.

证明 对 $f(x) - g(x)$ 应用推论 4.4.7即可证得结论. □

推论 4.4.9 设函数 $f(x) \in C[a, b]$, 且在 (a, b) 内可导. 若 $f'(x) \geqslant 0$, 则 $f(x)$ 在区间 $[a, b]$ 上单调增加.

证明 在区间 $[a, b]$ 上任取两点 $x_1, x_2 \, (x_1 < x_2)$, 应用拉格朗日中值公式可得

$$f(x_2) - f(x_1) = f'(\xi) \cdot (x_2 - x_1),$$

其中 $x_1 < \xi < x_2$. 由假设 $f'(\xi) \geqslant 0$, 得到 $f(x_2) - f(x_1) \geqslant 0$, 即

$$f(x_2) \geqslant f(x_1),$$

从而证得 $f(x)$ 在区间 $[a, b]$ 上单调增加. □

从上述论证中可以看出, 虽然我们不知道拉格朗日中值定理中 ξ 的准确数值, 但并不妨碍它的应用.

例 4.4.10 证明不等式: 当 $x > 1$ 时, 有

$$\frac{2x(x-1)}{1+x^2} + \ln 2 < \ln(1+x^2) < x - 1 + \ln 2.$$

证明 设 $f(x) = \ln(1+x^2)$. 当 $x > 1$ 时, 显然 $f(x)$ 在区间 $[1, x]$ 上满足拉格朗日中值定理的条件, 故由定理可得

$$f(x) - f(1) = f'(\xi)(x-1),$$

其中 $1 < \xi < x$. 由于 $f'(x) = \dfrac{2x}{1+x^2}$, 因此得到

$$\ln\left(1+x^2\right) = \frac{2\xi}{1+\xi^2}\left(x-1\right) + \ln 2.$$

设 $g(x) = \dfrac{2x}{1+x^2}$, 由于当 $x > 1$ 时, $g'(x) = 2\dfrac{(1-x^2)}{(1+x^2)^2} < 0$, 因此 $g(x) = \dfrac{2x}{1+x^2}$ 在 $[1,+\infty)$ 上严格单调减少, 从而当 $x > 1$ 时, 有 $g(x) < g(\xi) < g(1)$, 即

$$\frac{2x}{1+x^2} < \frac{2\xi}{1+\xi^2} < 1.$$

于是当 $x > 1$ 时

$$\frac{2x(x-1)}{1+x^2} + \ln 2 < \ln\left(1+x^2\right) < x - 1 + \ln 2. \qquad \Box$$

例 4.4.11   证明恒等式

$$\arcsin x + \arccos x = \frac{\pi}{2},$$

其中 $|x| \leqslant 1$.

证明   设 $f(x) = \arcsin x + \arccos x$, 则当 $|x| < 1$ 时, 有

$$f'(x) = \frac{1}{\sqrt{1-x^2}} - \frac{1}{\sqrt{1-x^2}} = 0.$$

因此 $f(x)$ 恒为常数. 而 $f(0) = \dfrac{\pi}{2}$, 因此成立

$$\arcsin x + \arccos x = \frac{\pi}{2}. \qquad \Box$$

例 4.4.12   证明 $f(x) = x^\alpha$ $(0 < \alpha < 1)$ 在 $[0,+\infty)$ 上一致连续.

证明   由于 $f(x)$ 在 $[0,+\infty)$ 上连续, 因此它在 $[0,2]$ 上一致连续. 于是, $\forall \varepsilon > 0$, $\exists \delta_1 > 0$, 使得当 $x_1,\, x_2 \in [0,2]$ 且 $|x_1 - x_2| < \delta_1$ 时, 有

$$|f(x_1) - f(x_2)| < \varepsilon.$$

而在区间 $[1,+\infty)$ 上, 由于 $f(x)$ 可导且 $f'(x) = \alpha x^{\alpha-1}$. 显然 $|f'(x)| \leqslant \alpha < 1$. 于是, $\forall\ x_1,\, x_2 \in [1,+\infty)$, 应用拉格朗日微分中值定理得到

$$|f(x_1) - f(x_2)| = |f'(\xi)(x_1 - x_2)| \leqslant |x_1 - x_2|.$$

因而, $\forall\ \varepsilon > 0$, $\exists \delta_2 = \varepsilon > 0$, 当 $x_1,\, x_2 \in [1,+\infty)$ 且 $|x_1 - x_2| < \delta_2$ 时, 有

$$|f(x_1) - f(x_2)| < \varepsilon.$$

取 $\delta = \min\{\delta_1, \delta_2, 1\}$, 则当 x_1, $x_2 \in [0, +\infty)$ 且 $|x_1 - x_2| < \delta$ 时, 必有 x_1, $x_2 \in [0, 2]$ 或者 x_1, $x_2 \in [1, +\infty)$, 从而有

$$|f(x_1) - f(x_2)| < \varepsilon.$$

这表明 $f(x)$ 在 $[0, +\infty)$ 上一致连续. $\qquad\qquad\qquad\qquad\qquad\qquad\qquad\square$

以上例子可以看出, 若一个函数在某区间上的导数有界, 则它必定是利普希茨函数, 从而必定在该区间上一致连续. 此外, 上例也说明了一致连续函数即使导数存在, 其导数也未必在所讨论的区间上有界.

4.4.4 柯西中值定理

如果连续曲线弧 $\overset{\frown}{AB}$ 上除端点外处处具有不垂直于横轴的切线, 那么这段弧上至少有一点 C 使曲线在点 C 处的切线平行于弦 AB. 从几何的观点来看, 我们可以设想曲线 $\overset{\frown}{AB}$ 由下面的参数方程描述:

$$\begin{cases} x = g(t), \\ y = f(t), \end{cases}$$

这里 $a \leqslant t \leqslant b$. 那么曲线在平面上的点 (x, y) 处的切线的斜率为

$$\frac{\mathrm{d}y}{\mathrm{d}x} = \frac{f'(t)}{g'(t)}.$$

而此时线段 AB 的斜率为

$$\frac{f(b) - f(a)}{g(b) - g(a)}.$$

由拉格朗日中值定理的几何分析可知, 应当存在 $\xi (a \leqslant \xi \leqslant b)$ 使得

$$\frac{f(b) - f(a)}{g(b) - g(a)} = \frac{f'(\xi)}{g'(\xi)}.$$

这就是著名的柯西中值定理.

定理 4.4.13 设函数 $f(x), g(x)$ 在 $[a, b]$ 上连续, 在 (a, b) 内可导, 且 $g'(x) \neq 0$. 证明在 (a, b) 内至少有一点 ξ, 使得

$$\frac{f(b) - f(a)}{g(b) - g(a)} = \frac{f'(\xi)}{g'(\xi)}.$$

证明 由罗尔中值定理可知 $g'(x) \neq 0$ 蕴涵着 $g(a) \neq g(b)$. 仿照拉格朗日中值定理的证明思想, 作辅助函数

$$F(x) = f(x) - f(a) - \frac{f(b) - f(a)}{g(b) - g(a)}(g(x) - g(a)).$$

显然 $F(x)$ 满足罗尔中值定理的条件, 应用罗尔中值定理得到 $\exists\, \xi \in (a,b)$ 使得 $F'(\xi) = 0$, 经过计算整理可得结论. $\square$

很明显, 如果取 $g(x) = x$, 那么柯西中值公式即为拉格朗日中值公式. 因此柯西中值定理是拉格朗日中值定理的推广. 下面举例说明柯西中值定理的应用.

例 4.4.14   设函数 $f(x)$ 在 $(0,1]$ 上连续, 在 $(0,1)$ 内可导, 而且极限 $\lim\limits_{x \to 0^+} \sqrt{x}\, f'(x)$ 存在. 证明 $f(x)$ 在区间 $(0,1]$ 上一致连续.

证明   已知极限 $\lim\limits_{x \to 0^+} \sqrt{x}\, f'(x)$ 存在, 根据连续函数的局部有界性知, 存在 $M > 0$ 和 $0 < c < 1$, 使得

$$|\sqrt{x}\, f'(x)| \leqslant M, \quad x \in (0,c].$$

现任取 $x_1,\ x_2 \in (0,c]$, $x_1 \neq x_2$, 应用柯西中值定理, 可得

$$\frac{f(x_1) - f(x_2)}{\sqrt{x_1} - \sqrt{x_2}} = \left.\frac{f'(x)}{(\sqrt{x})'}\right|_{x=\xi} = 2\sqrt{\xi}\, f'(\xi),$$

其中 ξ 位于 x_1 和 x_2 之间. 于是

$$|f(x_1) - f(x_2)| \leqslant 2M|\sqrt{x_1} - \sqrt{x_2}| \leqslant 2M\sqrt{|x_1 - x_2|}, \quad x \in (0,c].$$

则 $\forall \varepsilon > 0$, 只需要取 $\delta = \dfrac{\varepsilon^2}{(2M)^2}$, 当 $x_1,\ x_2 \in (0,c]$ 且 $|x_1 - x_2| < \delta$ 时, 便有

$$|f(x_1) - f(x_2)| \leqslant 2M|\sqrt{x_1} - \sqrt{x_2}| \leqslant 2M\sqrt{|x_1 - x_2|} < 2M\sqrt{\frac{\varepsilon^2}{(2M)^2}} = \varepsilon.$$

这表明 $f(x)$ 在 $(0,c]$ 上一致连续. 又 $f(x)$ 在区间 $(0,1]$ 上连续蕴含着 $f(x)$ 在区间 $[c,1]$ 上一致连续, 从而便有 $f(x)$ 在区间 $(0,1]$ 上一致连续.

练习题 4.4

1. 设函数 f 在 (a,b) 内可导, 且 $f(a^+) = f(b^-) = A$, 其中 A 是有限数, $+\infty$ 与 $-\infty$. 求证: 存在一点 $\xi \in (a,b)$, 使得 $f'(\xi) = 0$.

2. 设常数 $a_0,\ a_1, \cdots, a_n$ 满足

$$\frac{a_0}{n+1} + \frac{a_1}{n} + \cdots + \frac{a_{n-1}}{2} + a_n = 0.$$

   求证: 多项式 $a_0 x^n + a_1 x^{n-1} + \cdots + a_{n-1} x + a_n$ 在 $(0,1)$ 内有一个零点.

3. 设 $f(x)$ 在 $[a,b]$ 上连续, 在 (a,b) 内可导, 且 $f(a) = f(b) = 0$. 证明:

   (1) 当 $a > 0$ 时, 存在 $\xi \in (a,b) : f'(\xi) = \dfrac{f(\xi)}{\xi}$;

(2) 对于任意 $\lambda \in \mathbb{R}$, 存在 $\xi \in (a, b): f'(\xi) = \lambda f(\xi)$.

4. 设函数 f 在 $[0, 1]$ 上有三阶导函数, 且 $f(0) = f(1) = 0$. 令 $F(x) = x^2 f(x)$, 求证: 存在 $\xi \in (0, 1)$, 使得 $F'''(\xi) = 0$.

5. 设函数 f 在开区间 $(0, a)$ 内可导, 且 $f(0^+) = +\infty$. 证明: $f'(x)$ 在 $x = 0$ 的右旁无下界.

6. 设函数 f 既不是常值函数也不是线性函数, 且在 $[a, b]$ 上连续, 在 (a, b) 内可导. 证明: 存在一点 $\xi \in (a, b)$, 使得

$$|f'(\xi)| > \left| \frac{f(b) - f(a)}{b - a} \right|.$$

7. 设函数 f 在 $[a, +\infty)$ 上可导, $f(a) = 0$, 且当 $x \geqslant a$ 时, 有 $|f'(x)| \leqslant |f(x)|$. 求证: $\forall x \in [a, +\infty), f(x) = 0$.

8. 设函数 $f(x)$ 在 $[a, b]$ 上连续, 在 (a, b) 内二阶可导, $f(a) = f(b) = 0$ 且 $f'_+(a) > 0$. 证明: 存在 $\xi \in (a, b): f''(\xi) < 0$.

9. 设函数 $f(x)$ 在 $(0, +\infty)$ 上可导, 且 $\lim\limits_{x \to +\infty} f'(x) = +\infty$. 求证: $f(x)$ 在 $(0, +\infty)$ 上不一致连续.

10. (达布 (Darboux) 定理) 设函数 $f(x)$ 在 $[a, b]$ 上可导. 若 $f'_+(a) \neq f'_-(b)$, 则对于介于 $f'_+(a), f'_-(b)$ 之间的实数 λ, 存在 $\xi \in (a, b)$ 使得 $f'(\xi) = \lambda$.

11. 设函数 $f(x)$ 在点 x_0 右连续, 在 x_0 的右去心邻域 $(x_0, x_0 + \delta_0)$ 内可导. 若 $f'(x)$ 在 x_0 处的右极限 $f'(x_0^+)$ 存在, 则 $f(x)$ 在 x_0 处右可导, 且 $f'_+(x_0) = f'(x_0^+)$.

12. 设函数 $f(x)$ 在 (a, b) 内可导, 则 (a, b) 内的点或者是 $f'(x)$ 的连续点, 或者是 $f'(x)$ 的第二类间断点.

4.5 洛必达法则

如果当 $x \to a$ 或 $x \to \infty$ 时, 函数 $f(x)$ 及 $g(x)$ 都趋于零或无穷大, 那么极限 $\lim \dfrac{f(x)}{g(x)}$ 可能存在, 也可能不存在. 通常称这种极限类型为不定型, 简记为 $\dfrac{0}{0}$ 和 $\dfrac{\infty}{\infty}$ 型. 不定型极限除上面两种类型外, 还有 $0 \cdot \infty$, $\infty - \infty$, ∞^0, 0^0 和 1^∞ 五种极限类型. 但这五种不定型都可以化为 $\dfrac{0}{0}$ 或 $\dfrac{\infty}{\infty}$ 型的不定型. 所以 $\dfrac{0}{0}$ 和 $\dfrac{\infty}{\infty}$ 型的不定型在不定型中占着很重要的地位. 我们将根据柯西中值定理来推出求这类极限的一种简便且重要的方法——洛必达 (L'Hospital) 法则.

4.5.1 $\dfrac{0}{0}$ 型不定型

定理 4.5.1　设函数 $f(x)$ 及 $g(x)$ 在点 a 的某一个去心邻域 $O(a, \delta) \setminus \{a\}$ 内可导 (δ 是一个正常数), 并且满足

(1) $\lim\limits_{x \to a} f(x) = \lim\limits_{x \to a} g(x) = 0$;

(2) $g'(x) \neq 0$, $x \in O(a, \delta) \setminus \{a\}$;

(3) $\lim\limits_{x \to a} \dfrac{f'(x)}{g'(x)} = A$($A$ 是有限数或无穷),
　　则成立

$$\lim_{x \to a} \frac{f(x)}{g(x)} = \lim_{x \to a} \frac{f'(x)}{g'(x)} = A.$$

证明　由条件 (1) 可知, 若 $f(x)$, $g(x)$ 在点 a 处间断, 则点 a 至多是它们的可去间断点. 因此若补充定义 $f(a) = g(a) = 0$, 则 $f(x), g(x)$ 在点 a 处连续. 于是, $\forall x \in O(a, \delta) \setminus \{a\}$, 在区间 $[x, a]$ 或者 $[a, x]$ 上应用柯西中值定理, 有

$$\frac{f(x)}{g(x)} = \frac{f(x) - f(a)}{g(x) - g(a)} = \frac{f'(\xi)}{g'(\xi)},$$

其中 ξ 介于 x 和 a 之间. 注意到, 当 $x \to a$ 时, $\xi \to a$, 而 $\lim\limits_{x \to a} \dfrac{f'(x)}{g'(x)} = A$, 所以在上式中取极限得到

$$\lim_{x \to a} \frac{f(x)}{g(x)} = \lim_{\xi \to a} \frac{f'(\xi)}{g'(\xi)} = \lim_{x \to a} \frac{f'(x)}{g'(x)} = A. \qquad \square$$

从定理的证明中可以看出, 把 $x \to a$ 改为 $x \to a^-$ 或者 $x \to a^+$, 上述定理的结论仍然成立. 当 $x \to \infty$ 时, 相应的定理如下:

定理 4.5.2 设函数 $f(x)$ 及 $g(x)$ 在 $\{x\,|\,|x|>X\}$ 内可导 (X 是一个正常数), 并且满足

(1) $\lim\limits_{x\to\infty} f(x) = \lim\limits_{x\to\infty} g(x) = 0$;

(2) $g'(x) \neq 0$, $|x| \geqslant X$;

(3) $\lim\limits_{x\to\infty} \dfrac{f'(x)}{g'(x)} = A$($A$ 可以是有限数或无穷大),

则成立

$$\lim_{x\to\infty} \frac{f(x)}{g(x)} = \lim_{x\to\infty} \frac{f'(x)}{g'(x)} = A.$$

证明 对自变量作变换 $x = \dfrac{1}{t}$, 则当 $x \to \infty$ 时, $t \to 0$. 于是定理的条件相应地改变为

(1) $\lim\limits_{t\to 0} f\left(\dfrac{1}{t}\right) = \lim\limits_{t\to 0} g\left(\dfrac{1}{t}\right) = 0$;

(2) $g'\left(\dfrac{1}{t}\right) \neq 0$, $t \in O\left(0, \dfrac{1}{|X|}\right) \setminus \{0\}$;

(3) $\lim\limits_{t\to 0} \dfrac{f'\left(\dfrac{1}{t}\right)}{g'\left(\dfrac{1}{t}\right)} = A$($A$ 是有限数或无穷大);

应用上述定理可得

$$\lim_{x\to\infty} \frac{f(x)}{g(x)} = \lim_{t\to 0} \frac{f\left(\dfrac{1}{t}\right)}{g\left(\dfrac{1}{t}\right)} = \lim_{t\to 0} \frac{f'\left(\dfrac{1}{t}\right)\left(-\dfrac{1}{t^2}\right)}{g'\left(\dfrac{1}{t}\right)\left(-\dfrac{1}{t^2}\right)} = A. \qquad \square$$

从上述定理的证明中可以看出, 把 $x \to \infty$ 改为 $x \to -\infty$ 或者 $x \to +\infty$, 上述定理的结论仍然成立.

例 4.5.3 求极限 $\lim\limits_{x\to 0} \dfrac{1-\cos x}{(1-\mathrm{e}^x)^2}$.

解 这是 $\dfrac{0}{0}$ 型不定型, 由洛必达法则可以得到

$$\lim_{x\to 0} \frac{1-\cos x}{(1-\mathrm{e}^x)^2} = \lim_{x\to 0} \frac{(1-\cos x)'}{[(1-\mathrm{e}^x)^2]'} = \lim_{x\to 0} -\frac{\sin x}{2(1-\mathrm{e}^x)\mathrm{e}^x} = \lim_{x\to 0} -\frac{x}{(-2x)\mathrm{e}^x} = \frac{1}{2}.$$

例 4.5.4 求 $\lim\limits_{x\to+\infty} \dfrac{\dfrac{\pi}{2} - \arctan x^2}{1 - \mathrm{e}^{\frac{1}{x^2}}}$.

解 这是 $\dfrac{0}{0}$ 型不定型, 由洛必达法则可以得到

$$\lim_{x\to+\infty} \frac{\dfrac{\pi}{2} - \arctan x^2}{1 - \mathrm{e}^{\frac{1}{x^2}}} = \lim_{y\to+\infty} \frac{\dfrac{\pi}{2} - \arctan y}{1 - \mathrm{e}^{\frac{1}{y}}}$$

$$= \lim_{y \to +\infty} \frac{\left(\frac{\pi}{2} - \arctan y\right)'}{\left(1 - \mathrm{e}^{\frac{1}{y}}\right)'} = \lim_{y \to +\infty} \frac{-\dfrac{1}{1+y^2}}{\mathrm{e}^{\frac{1}{y}} \cdot \dfrac{1}{y^2}}$$

$$= -\lim_{y \to +\infty} \frac{y^2}{1+y^2} \cdot \lim_{y \to +\infty} \frac{1}{\mathrm{e}^{\frac{1}{y}}} = -1.$$

使用了洛必达法则之后, 若所得到的结果仍是不定式, 并且函数依然满足定理的条件, 那么可以再次使用洛必达法则, 以此类推, 直到求出极限为止. 另外应注意的是, 为简便计算, 应先用等价无穷小量代换, 而且应尽量分开极限问题中的 "定式部分", 即极限存在的部分, 这样可以大大简化计算中的导数计算.

例 4.5.5　求极限 $\displaystyle\lim_{x \to 0} \frac{\tan x - x}{(1 - \mathrm{e}^x) x^2}$.

解　这是 $\dfrac{0}{0}$ 型不定型, 如果直接用洛必达法则, 那么分母的导数较烦琐, 但如果作一个等价无穷小量代换, 则运算就变得较为简单.

$$\lim_{x \to 0} \frac{\tan x - x}{(1 - \mathrm{e}^x) x^2} = \lim_{x \to 0} \frac{\tan x - x}{x^3} \cdot \lim_{x \to 0} \frac{x}{(1 - \mathrm{e}^x)}$$

$$= \lim_{x \to 0} -\frac{\sec^2 x - 1}{3x^2} = \lim_{x \to 0} -\frac{2\sec^2 x \tan x}{6x}$$

$$= -\frac{1}{3} \lim_{x \to 0} \frac{\tan x}{x} = -\frac{1}{3}.$$

4.5.2　$\dfrac{\infty}{\infty}$ 型不定型

定理 4.5.6　设函数 $f(x)$ 及 $g(x)$ 在 a 的某一个去心邻域 $O(a, \delta) \setminus \{a\}$ 内可导 (δ 是一个正常数), 并且满足

(1) $\displaystyle\lim_{x \to a} g(x) = \infty$;

(2) $g'(x) \neq 0$, $x \in O(a, \delta) \setminus \{a\}$;

(3) $\displaystyle\lim_{x \to a} \frac{f'(x)}{g'(x)} = A$ (A 是有限数或无穷大),

则成立

$$\lim_{x \to a} \frac{f(x)}{g(x)} = \lim_{x \to a} \frac{f'(x)}{g'(x)} = A.$$

证明　只对 A 是有限数和 $x \to a^-$ 的情形给出证明, 其他的情形请读者自己给出证明.

由条件 (2), (3) 知, $\forall \varepsilon > 0$, $\exists \delta_1 > 0$, 当 $a - \delta_1 < x < a$ 时, 有

$$\left| \frac{f'(x)}{g'(x)} - A \right| < \frac{\varepsilon}{3}.$$

对已经取定的 δ_1 及 $x \in (a - \delta_1, a)$, 在 $[a - \delta_1, x]$ 上应用柯西中值定理, 则存在 $\xi \in (a - \delta_1, x)$, 使得

$$\frac{f(x) - f(x_1)}{g(x) - g(x_1)} - A = \frac{f'(\xi)}{g'(\xi)} - A,$$

其中 $x_1 = a - \delta_1$. 上式可以化为

$$f(x) - Ag(x) = (f(x_1) - Ag(x_1)) + \left(\frac{f'(\xi)}{g'(\xi)} - A\right)(g(x) - g(x_1)).$$

上式两边同除以 $g(x)$, 可得

$$\frac{f(x)}{g(x)} - A = \frac{f(x_1) - Ag(x_1)}{g(x)} + \left(\frac{f'(\xi)}{g'(\xi)} - A\right)\left(1 - \frac{g(x_1)}{g(x)}\right).$$

由条件 (1), 对于固定的 x_1 可知,

$$\lim_{x \to a^-} \frac{f(x_1) - Ag(x_1)}{g(x)} = 0, \quad \lim_{x \to a^-} \frac{g(x_1)}{g(x)} = 0.$$

所以存在 $\delta_2 > 0$, 使得当 $x \in (a - \delta_2, a)$ 时, 有

$$\left|\frac{f(x_1) - Ag(x_1)}{g(x)}\right| < \frac{\varepsilon}{2}, \quad \left|\frac{g(x_1)}{g(x)}\right| < \frac{1}{2}.$$

令 $\delta = \min\{\delta_1, \delta_2\}$, 则当 $x \in (a - \delta, a)$ 时, 有

$$\left|\frac{f(x)}{g(x)} - A\right| \leqslant \left|\frac{f(x_1) - Ag(x_1)}{g(x)}\right| + \left|\frac{f'(\xi)}{g'(\xi)} - A\right|\left(1 + \left|\frac{g(x_1)}{g(x)}\right|\right)$$

$$\leqslant \frac{\varepsilon}{2} + \frac{3}{2} \cdot \frac{\varepsilon}{3} = \varepsilon.$$

因此

$$\lim_{x \to a^-} \frac{f(x)}{g(x)} = A. \qquad \square$$

上述定理的条件 (1) 中, 我们并没有假设 $\lim_{x \to a} f(x) = \infty$. 也就是说, 无论 $f(x)$ 有无极限、有界或无界, 只要 $\lim_{x \to a} \dfrac{f'(x)}{g'(x)}$ 存在, 洛必达法则都是有效的. 此外, 上述定理中把 $x \to a$ 改为 $x \to \infty$, 也有相应的定理, 在这里不再赘述.

例 4.5.7 求极限 $\lim\limits_{x \to +\infty} \dfrac{\ln x}{x^p}$, 其中 $p > 0$.

解 这是 $\dfrac{\infty}{\infty}$ 型不定型, 应用洛必达法则得到

$$\lim_{x \to +\infty} \frac{\ln x}{x^p} = \lim_{x \to +\infty} \frac{\dfrac{1}{x}}{px^{p-1}} = 0.$$

例 4.5.8 求极限 $\lim\limits_{x \to +\infty} \dfrac{x^\mu}{a^x}$, 其中 $a > 1$, $\mu > 0$.

解　这是 $\dfrac{\infty}{\infty}$ 型不定型, 应用洛必达法则得到

$$\lim_{x\to+\infty}\frac{x^{\mu}}{a^{x}}=\lim_{x\to+\infty}\frac{\mu x^{\mu-1}}{a^{x}\ln a}=\cdots=\lim_{x\to+\infty}\frac{\mu(\mu-1)\cdots(\mu-[\mu])x^{\mu-[\mu]-1}}{a^{x}\ln^{[\mu]+1}a}=0.$$

上面两个例子说明, 当 $x\to+\infty$ 时, 指数函数 a^{x} $(a>1)$ 比任何幂函数 $x^{\mu}(\mu>0)$ 趋于无穷的速度更快, 而任何幂函数 x^{μ} 比对数函数 $\ln x$ 趋于无穷的速度更快.

例 4.5.9　设函数 f 在 $(a,+\infty)$ 上可导, 如果

$$\lim_{x\to+\infty}(f(x)+xf'(x)\ln x)=l,$$

证明: $\lim\limits_{x\to+\infty}f(x)=l$.

证明　由已知, 函数 $f(x)\ln x$ 和 $\ln x$ 满足洛必达法则的条件, 所以

$$\lim_{x\to+\infty}f(x)=\lim_{x\to+\infty}\frac{f(x)\ln x}{\ln x}$$

$$=\lim_{x\to+\infty}\frac{f'(x)\ln x+\dfrac{f(x)}{x}}{\dfrac{1}{x}}$$

$$=\lim_{x\to+\infty}(f(x)+xf'(x)\ln x)=l.\qquad\square$$

4.5.3　其他类型不定型

许多不定型通过变换或者变量替换可以化为 $\dfrac{0}{0}$ 型和 $\dfrac{\infty}{\infty}$ 型, 从而可以用洛必达法则来求解.

例 4.5.10　求极限 $\lim\limits_{x\to\frac{\pi}{2}}(\sec x-\tan x)$.

解　这是 $\infty-\infty$ 型不定型, 通过通分可以把极限转化为 $\dfrac{0}{0}$ 型不定型, 由洛必达法则可得

$$\lim_{x\to\frac{\pi}{2}}(\sec x-\tan x)=\lim_{x\to\frac{\pi}{2}}\frac{1-\sin x}{\cos x}=\lim_{x\to\frac{\pi}{2}}\frac{-\cos x}{-\sin x}=0.$$

例 4.5.11　求极限 $\lim\limits_{x\to0}\sin x\cdot\ln x^{2}$.

解　这是 $0\cdot\infty$ 型不定型, 通过等价无穷小量代换和写成分式的技巧可以把极限转化为 $\dfrac{\infty}{\infty}$ 型不定型,

$$\lim_{x\to0}\sin x\cdot\ln x^{2}=\lim_{x\to0}x\cdot\ln x^{2}=\lim_{x\to0}\frac{\ln x^{2}}{\dfrac{1}{x}}=\lim_{x\to0}\frac{\dfrac{2x}{x^{2}}}{-\dfrac{1}{x^{2}}}=\lim_{x\to0}(-2x)=0.$$

对于 $\infty^0, 0^0$ 和 1^∞ 等极限类型, 我们可以通过对数恒等式

$$f(x)^{g(x)} = e^{g(x) \cdot \ln f(x)}$$

将极限化为 $0 \cdot \infty$ 型不定型, 从而也可以用洛必达法则来求.

例 4.5.12 求极限 $\lim\limits_{x \to +\infty} \left(\dfrac{\pi}{2} - \arctan x \right)^{\frac{1}{\ln x}}$.

解 这是 0^0 型不定型, 应用洛必达法则可得

$$\lim_{x \to +\infty} \left(\frac{\pi}{2} - \arctan x \right)^{\frac{1}{\ln x}} = \lim_{x \to +\infty} e^{\frac{1}{\ln x} \ln \left(\frac{\pi}{2} - \arctan x \right)}$$

$$= e^{\lim\limits_{x \to +\infty} \frac{\ln \left(\frac{\pi}{2} - \arctan x \right)}{\ln x}} = e^{\lim\limits_{x \to +\infty} \frac{-\frac{x}{1+x^2}}{\frac{\pi}{2} - \arctan x}}$$

$$= e^{\lim\limits_{x \to +\infty} \frac{-\frac{1-x^2}{(1+x^2)^2}}{-\frac{1}{1+x^2}}} = e^{-1}.$$

例 4.5.13 求极限 $\lim\limits_{x \to 1} x^{\frac{1}{1-x}}$.

解 这是 1^∞ 型不定型, 则

$$\lim_{x \to 1} x^{\frac{1}{1-x}} = \lim_{x \to 1} e^{\frac{\ln x}{1-x}} = e^{\lim\limits_{x \to 1} \frac{\ln x}{1-x}} = e^{\lim\limits_{x \to 1} \frac{\frac{1}{x}}{-1}} = e^{-1}.$$

例 4.5.14 求极限 $\lim\limits_{x \to 0^+} \left(\ln \dfrac{1}{x} \right)^{\sin x}$.

解 这是 ∞^0 型不定型, 则

$$\lim_{x \to 0^+} \left(\ln \frac{1}{x} \right)^{\sin x} = e^{\lim\limits_{x \to 0^+} \sin x \ln \ln \frac{1}{x}} = e^{\lim\limits_{x \to 0^+} x \ln \ln \frac{1}{x}} = 1.$$

最后, 在使用洛必达法则时应注意两点:

(1) 并非所有的 $\dfrac{0}{0}$ 型或 $\dfrac{\infty}{\infty}$ 型不定型都可以用洛必达法则求其极限. 例如, 容易证明

$$\lim_{x \to \infty} \frac{x + \sin x}{x} = 1.$$

但是

$$\lim_{x \to \infty} \frac{(x + \sin x)'}{x'} = \lim_{x \to \infty} (1 + \cos x)$$

不存在. 因此, 我们不能用洛必达法则确定这个 $\dfrac{\infty}{\infty}$ 型不定型的极限.

(2) 应用洛必达法则时, 每步必须验证 $\lim \dfrac{f'(x)}{g'(x)}$ 是否存在, 否则会得出错误的结论. 例如, 显然有

$$\lim_{x \to \infty} \frac{x - \sin x}{x + \sin x} = 1.$$

但是若盲目地使用洛必达法则, 就会得到

$$\lim_{x\to\infty}\frac{x-\sin x}{x+\sin x} = \lim_{x\to\infty}\frac{1-\cos x}{1+\cos x} = \lim_{x\to\infty}\frac{\sin x}{-\sin x} = -1$$

的错误结论.

练习题 4.5

1. (证明洛必达法则) 设函数 $f(x)$ 及 $g(x)$ 在点 a 的某一个去心邻域 $O(a,\delta) \setminus \{a\}$ 内可导 (δ 是一个正常数), 并且满足

   (1) $\lim\limits_{x\to a} g(x) = \infty$;

   (2) $g'(x) \neq 0,\ x \in O(a,\delta) \setminus \{a\}$;

   (3) $\lim\limits_{x\to a} \dfrac{f'(x)}{g'(x)} = \infty$.
   则成立

   $$\lim_{x\to a} \frac{f(x)}{g(x)} = \lim_{x\to a} \frac{f'(x)}{g'(x)} = \infty.$$

2. 计算下列极限:

   (1) $\lim\limits_{x\to\frac{\pi}{2}} \dfrac{\ln\sin x}{(\pi-2x)^2}$;

   (2) $\lim\limits_{x\to 0} \dfrac{x(e^x+1)-2(e^x-1)}{x^3}$;

   (3) $\lim\limits_{x\to 1^-} \ln x \ln(1-x)$;

   (4) $\lim\limits_{x\to 1} \left(\dfrac{1}{\ln x} - \dfrac{1}{x-1}\right)$;

   (5) $\lim\limits_{x\to\infty} x\left[\left(1+\dfrac{1}{x}\right)^x - e\right]$;

   (6) $\lim\limits_{x\to+\infty} \left(\dfrac{2}{\pi}\arctan x\right)^x$;

   (7) $\lim\limits_{x\to 0} \left[\dfrac{(1+x)^{\frac{1}{x}}}{e}\right]^{\frac{1}{x}}$;

   (8) $\lim\limits_{x\to+\infty} \left(1+\dfrac{1}{x}\right)^{x^2} e^{-x}$.

3. 设 $f(x)$ 在 $(a,+\infty)$ 上有二阶导数. 如果

   $$\lim_{x\to+\infty} (f(x) + 2f'(x) + f''(x)) = l,$$

   证明: $\lim\limits_{x\to+\infty} f(x) = l$, 且 $\lim\limits_{x\to+\infty} f'(x) = \lim\limits_{x\to+\infty} f''(x) = 0$.

4. 设函数 $f(x)$ 在点 x_0 处二阶可导, $f'(x_0) \neq 0$, 求极限 $\lim\limits_{x \to x_0} \left(\dfrac{1}{f(x) - f(x_0)} - \dfrac{1}{(x - x_0)f'(x_0)} \right)$.

5. 按微分中值定理, 当 $|x| < 1$ 时, 有 $\arcsin x = \dfrac{x}{\sqrt{1 - \theta^2 x^2}}$, $0 < \theta < 1$. 求极限 $\lim\limits_{x \to 0} \theta$.

4.6　泰勒公式

对于一些较复杂的函数, 为了便于研究, 往往希望用一些简单的函数来近似表达或逼近原来的函数. 一般来说, 多项式函数是我们最熟悉且又十分简单的函数, 因此我们经常用多项式来逼近某些复杂的函数, 同时这也是一个重要的研究问题.

在微分的应用中已经知道, 当 $|x|$ 很小时, 有如下的近似等式:

$$\mathrm{e}^x \approx 1 + x,$$

$$\ln(1 + x) \approx x.$$

这些都是用一次多项式来近似表达函数的例子. 显然, 在 $x = 0$ 处, 这些一次多项式及其一阶导数的值, 分别等于被近似表达的函数及其导数的相应值.

但是这种近似表达式还存在着不足之处: 首先是精确度不高, 它所产生的误差仅是关于 x 的高阶无穷小; 其次是用它来作近似计算时, 不能具体估算出误差大小. 因此, 当精确度要求较高且需要估计误差时, 就必须用高次多项式来近似表达函数, 同时能给出误差公式.

于是提出如下的问题: 设函数 $f(x)$ 在含有点 x_0 的开区间内具有直到 $n + 1$ 阶导数, 试找出一个关于 $x - x_0$ 的 n 次多项式

$$p_n(x) = \sum_{k=0}^{n} a_k (x - x_0)^k$$

来近似表达 $f(x)$, 要求 $p_n(x)$ 与 $f(x)$ 的差是 $(x - x_0)^n$ 的高阶无穷小, 可能的话, 最好给出其误差的具体表达式.

从几何的观点来看, 希望曲线 $p_n(x)$ 与 $f(x)$ 密切程度尽可能地高, 这就需要 $p_n(x)$ 与 $f(x)$ 在点 x_0 的各阶导数相同, 也就是

$$p_n(x_0) = f(x_0),\ p_n'(x_0) = f'(x_0), \cdots, p_n^{(n)}(x_0) = f^{(n)}(x_0).$$

对 $p_n(x)$ 在 x_0 处求直到 n 阶的导数, 可知 $p_n(x)$ 的系数应当满足

$$a_0 = f(x_0),\ a_1 = f'(x_0), \cdots, a_n = \frac{f^{(n)}(x_0)}{n!}.$$

下面的泰勒 (Taylor) 定理更精确地描述了上面的分析结果.

4.6.1 带佩亚诺余项的泰勒公式

定理 4.6.1 设函数 $f(x)$ 在 x_0 处 $n(n \geqslant 1)$ 阶可导, 则当 $x \to x_0$ 时, 有

$$f(x) = f(x_0) + f'(x_0)(x - x_0) + \frac{f''(x_0)}{2!}(x - x_0)^2 + \cdots +$$
$$\frac{f^{(n)}(x_0)}{n!}(x - x_0)^n + o[(x - x_0)^n].$$

证明 设多项式 $P_n(x)$ 为

$$P_n(x) = f(x_0) + f'(x_0)(x - x_0) + \frac{f''(x_0)}{2!}(x - x_0)^2 + \cdots + \frac{f^{(n)}(x_0)}{n!}(x - x_0)^n.$$

要证明定理结论成立, 只需证明

$$\lim_{x \to x_0} \frac{f(x) - P_n(x)}{(x - x_0)^n} = 0.$$

事实上, 由于 $f(x)$ 在 x_0 处 n ($n \geqslant 1$) 阶可导, 则 $f(x)$ 在 x_0 的邻域内有 $n - 1$ 阶导函数, 而且

$$f^{(n)}(x_0) = \lim_{x \to x_0} \frac{f^{(n-1)}(x) - f^{(n-1)}(x_0)}{x - x_0}.$$

又由于上式是 $\frac{0}{0}$ 型不定型, 应用 $n - 1$ 次洛必达法则, 可得

$$\lim_{x \to x_0} \frac{f(x) - P_n(x)}{(x - x_0)^n} = \lim_{x \to x_0} \frac{f^{(n-1)}(x) - f^{(n-1)}(x_0) - f^{(n)}(x_0)(x - x_0)}{n!(x - x_0)} = 0. \qquad \square$$

通常我们把上述多项式 $P_n(x)$ 称为 $f(x)$ 在点 x_0 处的**泰勒多项式**, 多项式的系数 $a_k = \frac{f^{(k)}(x_0)}{k!}$, $k = 0, 1, 2, \cdots, n$ 称为**泰勒系数**. 而将

$$f(x) = f(x_0) + f'(x_0)(x - x_0) + \frac{f''(x_0)}{2!}(x - x_0)^2 + \cdots + \frac{f^{(n)}(x_0)}{n!}(x - x_0)^n + R_n(x)$$

称为 $f(x)$ 在点 x_0 处的n **阶泰勒公式**, 其中 $R_n(x) = f(x) - P_n(x)$ 称为**泰勒公式的余项**. 特别地, 当 $x_0 = 0$ 时, 我们称此时的泰勒公式为**麦克劳林 (Maclaurin) 公式**.

上述定理告诉我们, 当 $f(x)$ 在 x_0 处 n 阶可导时, 泰勒公式的余项为

$$R_n(x) = o[(x - x_0)^n](x \to x_0).$$

这种余项称为**佩亚诺 (Peano) 余项**.

值得指出的是, 若 $f(x)$ 在点 x_0 处 n 阶可导, 且在点 x_0 附近成立

$$f(x) = a_0 + a_1(x - x_0) + a_2(x - x_0)^2 + \cdots + a_n(x - x_0)^n + o[(x - x_0)^n],$$

则通过计算可得

$$a_k = \frac{f^{(k)}(x_0)}{k!}, \ k = 0, 1, 2, \cdots, n.$$

这说明了 $f(x)$ 在点 x_0 处的多项式逼近具有某种唯一性, 它给我们寻找 $f(x)$ 的泰勒公式提供了许多方便. 下面给出常用函数的泰勒公式.

例 4.6.2　求函数 $f(x) = \mathrm{e}^x$ 的带佩亚诺余项的麦克劳林公式.

解　由于对任意的正整数 k, 有 $f^{(k)}(x) = \mathrm{e}^x$, 故 $f^{(k)}(0) = 1$. 于是

$$a_k = \frac{f^{(k)}(x_0)}{k!} = \frac{1}{k!}, \ k = 0, 1, 2, \cdots, n.$$

因此, e^x 在 $x = 0$ 处的带佩亚诺余项的 n 阶麦克劳林公式为

$$\mathrm{e}^x = 1 + \frac{x}{1!} + \frac{x^2}{2!} + \cdots + \frac{x^n}{n!} + o(x^n), \quad x \to 0.$$

例 4.6.3　求 $f(x) = \sin x$ 在点 $x = 0$ 处带佩亚诺余项的麦克劳林公式.

解　由于对任意的正整数 k, 有

$$f^{(k)}(x) = \sin\left(x + \frac{k}{2}\pi\right),$$

因此

$$f^{(k)}(0) = \begin{cases} 0, & k = 2n, \\ (-1)^n, & k = 2n + 1, \end{cases}$$

所以 $\sin x$ 在 $x = 0$ 处的带佩亚诺余项的 $2n$ 阶麦克劳林公式为

$$\sin x = x - \frac{x^3}{3!} + \frac{x^5}{5!} + \cdots + (-1)^{n-1}\frac{x^{2n-1}}{(2n-1)!} + o(x^{2n}), \quad x \to 0.$$

同理, 可以求出 $\cos x$ 在 $x = 0$ 处的带佩亚诺余项的 $2n + 1$ 阶麦克劳林公式

$$\cos x = 1 - \frac{x^2}{2!} + \frac{x^4}{4!} + \cdots + (-1)^n\frac{x^{2n}}{(2n)!} + o(x^{2n+1}), \quad x \to 0.$$

例 4.6.4　求 $f(x) = \ln(1 + x)$ 在点 $x = 0$ 处的带佩亚诺余项的麦克劳林公式.

解　由于对任意的正整数 k, 有

$$f^{(k)}(x) = (\ln(1+x))^{(k)} = (-1)^{k-1}\frac{(k-1)!}{(1+x)^k},$$

则

$$f^{(k)}(0) = (-1)^{k-1}(k-1)!.$$

于是得到函数 $f(x) = \ln(1 + x)$ 在 $x = 0$ 处的带佩亚诺余项的 n 阶麦克劳林公式

$$\ln(1 + x) = x - \frac{x^2}{2} + \frac{x^3}{3} + \cdots + (-1)^{n-1}\frac{x^n}{n} + o(x^n), \quad x \to 0.$$

例 4.6.5 求 $f(x) = (1+x)^{\alpha}$ $(\alpha \in \mathbb{R})$ 在 $x = 0$ 处的带佩亚诺余项的麦克劳林公式.

解 由于对任意的正整数 k, 有

$$f^{(k)}(x) = \alpha(\alpha-1)\cdots(\alpha-k+1)(1+x)^{\alpha-k},$$

则

$$f^{(k)}(0) = \alpha(\alpha-1)\cdots(\alpha-k+1).$$

于是得到函数 $f(x) = (1+x)^{\alpha}$ 在 $x = 0$ 处的带佩亚诺余项的 n 阶麦克劳林公式

$$(1+x)^{\alpha} = 1 + \alpha x + \frac{\alpha(\alpha-1)}{2!}x^2 + \cdots +$$
$$\frac{\alpha(\alpha-1)(\alpha-2)\cdots(\alpha-n+1)}{n!}x^n + o(x^n), \quad x \to 0.$$

上述例子中函数的麦克劳林公式在今后的各个章节及后续课程中经常要用到, 读者应牢牢地记住它们. 下面给出这些公式的应用.

例 4.6.6 求函数 $f(x) = e^{\cos x}$ 的带佩亚诺余项的 4 阶麦克劳林公式.

解 如果直接求高阶导数, 计算会比较复杂. 下面我们利用 e^u 在点 $u = 0$ 及 $\cos x$ 在点 $x = 0$ 的麦克劳林公式来求之.

$$e^{\cos x} = e \cdot e^{\cos x - 1}$$
$$= e\left\{1 + \cos x - 1 + \frac{(\cos x - 1)^2}{2!} + o[(\cos x - 1)^2]\right\}$$
$$= e\left\{1 + \left[-\frac{x^2}{2!} + \frac{x^4}{4!} + o(x^4)\right] + \frac{1}{2!}\left[-\frac{x^2}{2!} + o(x^2)\right]^2 + o(x^4)\right\}$$
$$= e - \frac{e}{2}x^2 + \frac{e}{6}x^4 + o(x^4), x \to 0.$$

例 4.6.7 求极限 $\lim\limits_{x \to 0} \dfrac{e^{-\frac{x^2}{2}} - \cos x}{x^4}$.

解 这是 $\dfrac{0}{0}$ 型不定型, 如果用洛必达法则, 则需要使用四次, 计算比较麻烦. 下面我们用麦克劳林公式计算这个极限. 因为当 $x \to 0$ 时

$$e^{-\frac{x^2}{2}} = 1 - \frac{x^2}{2} + \frac{x^4}{8} + o(x^4),$$

$$\cos x = 1 - \frac{x^2}{2!} + \frac{x^4}{4!} + o(x^4).$$

于是

$$\lim_{x \to 0} \frac{\mathrm{e}^{-\frac{x^2}{2}} - \cos x}{x^4} = \lim_{x \to 0} \frac{\left(1 - \dfrac{x^2}{2} + \dfrac{x^4}{8}\right) - \left(1 - \dfrac{x^2}{2} + \dfrac{x^4}{4!}\right) + o(x^4)}{x^4}$$

$$= \lim_{x \to 0} \frac{\dfrac{x^4}{12} + o(x^4)}{x^4} = \frac{1}{12}.$$

例 4.6.8   求极限 $\lim\limits_{x \to 0} \dfrac{\sqrt[3]{2 - \cos\left(\sqrt{3}x\right)} - \mathrm{e}^{\frac{x^2}{2}}}{x^4}$.

解   由于 $x \to 0$ 时,

$$\mathrm{e}^{\frac{x^2}{2}} = 1 + \frac{x^2}{2} + \frac{x^4}{8} + o(x^4).$$

又由于 $x \to 0$ 时, $1 - \cos\left(\sqrt{3}x\right) \to 0$. 所以当 $x \to 0$ 时, 有

$$\sqrt[3]{2 - \cos\left(\sqrt{3}x\right)} = \sqrt[3]{1 + \left(1 - \cos\left(\sqrt{3}x\right)\right)}$$

$$= 1 + \frac{\left(1 - \cos\left(\sqrt{3}x\right)\right)}{3} - \frac{\left(1 - \cos\left(\sqrt{3}x\right)\right)^2}{9} +$$

$$o\left[\left(1 - \cos\left(\sqrt{3}x\right)\right)^2\right]$$

$$= 1 + \frac{\left(\dfrac{3x^2}{2} - \dfrac{3x^4}{8} + o(x^4)\right)}{3} - \frac{\left(\dfrac{3x^2}{2} - \dfrac{3x^4}{8} + o(x^4)\right)^2}{9} +$$

$$o\left[\left(\frac{3x^2}{2} - \frac{3x^4}{8} + o(x^4)\right)^2\right]$$

$$= 1 + \frac{x^2}{2} - \frac{3x^4}{8} + o(x^4).$$

因此

$$\lim_{x \to 0} \frac{\sqrt[3]{2 - \cos\left(\sqrt{3}x\right)} - \mathrm{e}^{\frac{x^2}{2}}}{x^4}$$

$$= \lim_{x \to 0} \frac{1 + \dfrac{x^2}{2} - \dfrac{3}{8}x^4 - \left(1 + \dfrac{x^2}{2} + \dfrac{x^4}{8}\right) + o(x^4)}{x^4}$$

$$= \lim_{x \to 0} \frac{-\dfrac{1}{2}x^4 + o(x^4)}{x^4} = -\frac{1}{2}.$$

从上面的例题可以看出, 带佩亚诺余项的泰勒公式在极限的计算中有其独到之处, 它往往使问题简单明了, 从而便于计算.

4.6.2 带拉格朗日余项的泰勒公式

带佩亚诺余项的泰勒公式是讨论函数在一点附近的多项式逼近的问题, 相应的误差只给出定性描述, 不能具体估计误差的大小, 所以它只适用于求无穷小量的阶或求极限等问题. 若要具体估算函数值并且达到预先指定的误差, 就需要给出误差的定量描述. 为此, 下面我们介绍带拉格朗日余项的泰勒公式.

定理 4.6.9 设函数 $f(x)$ 在 $[a,b]$ 上具有直到 n 阶的连续导函数, 而且在 (a,b) 内 $n+1$ 阶可导. 则对于任意 $x, x_0 \in [a,b]$, $f(x)$ 在点 x_0 处可展开为下列带拉格朗日余项的 n 阶泰勒公式

$$f(x) = f(x_0) + f'(x_0)(x - x_0) + \frac{f''(x_0)}{2!}(x - x_0)^2 + \cdots + \frac{f^{(n)}(x_0)}{n!}(x - x_0)^n + R_n(x),$$

其中 $R_n(x)$ 可以表示为

$$R_n(x) = \frac{f^{(n+1)}(\xi)}{(n+1)!}(x - x_0)^{n+1}.$$

这里 ξ 是介于 x 与 x_0 之间的一个实数.

证明 令 $R_n(x) = f(x) - P_n(x)$, 只需证 $R_n(x) = \frac{f^{(n+1)}(\xi)}{(n+1)!}(x - x_0)^{n+1}$ 即可. 由假设可知, $R_n(x)$ 在 $[a,b]$ 上 n 阶可导, 且

$$R_n(x_0) = R_n'(x_0) = R_n''(x_0) = \cdots = R_n^{(n)}(x_0) = 0.$$

对于任意 $x, x_0 \in [a,b]$, 函数 $R_n(x)$ 和 $(x - x_0)^{n+1}$ 和其导函数重复使用柯西中值定理 (显然, 这些函数满足柯西中值定理的条件), 即

$$\begin{aligned}
\frac{R_n(x)}{(x - x_0)^{n+1}} &= \frac{R_n(x) - R_n(x_0)}{(x - x_0)^{n+1} - 0} \\
&= \frac{R_n'(\xi_1)}{(n+1)(\xi_1 - x_0)^n} = \frac{R_n'(\xi_1) - R_n'(x_0)}{(n+1)(\xi_1 - x_0)^n - 0} \\
&= \frac{R_n''(\xi_2)}{n(n+1)(\xi_2 - x_0)^{n-1}} \\
&= \cdots \\
&= \frac{R_n^{(n+1)}(\xi)}{(n+1)!} = \frac{f^{(n+1)}(\xi)}{(n+1)!}.
\end{aligned}$$

这里 ξ 位于 x_0 与 ξ_n 之间, 因此也位于 x_0 与 x 之间. $\qquad\square$

注意, 当 $n = 0$ 时, 上述泰勒公式即为拉格朗日中值公式

$$f(x) = f(x_0) + f'(\xi)(x - x_0).$$

因此, 带拉格朗日余项的泰勒公式是拉格朗日中值定理的推广.

此外, 从上述泰勒公式可知, 以多项式 $P_n(x)$ 近似表达函数 $f(x)$ 时, 其误差为 $|R_n(x)|$. 如果对于某个固定的 n, 当 $x \in [a, b]$ 时, 有 $\left| f^{(n+1)}(x) \right| \leqslant M$, 则 $f(x)$ 在整个区间 $[a, b]$ 上的误差可估计为

$$|R_n(x)| \leqslant \left| \frac{f^{(n+1)}(\xi)}{(n+1)!}(x - x_0)^{n+1} \right| \leqslant \frac{M}{(n+1)!} |(x - x_0)|^{n+1}.$$

例 4.6.10　计算数 e 的近似值, 且误差小于 10^{-6}.

解　函数 e^x 的带拉格朗日余项的泰勒公式为

$$\mathrm{e}^x = 1 + \frac{x}{1!} + \frac{x^2}{2!} + \cdots + \frac{x^n}{n!} + \frac{\mathrm{e}^{\theta x}}{(n+1)!} x^{n+1}, \quad 0 < \theta < 1.$$

取 $x = 1$, 得到

$$\mathrm{e} = 1 + \frac{1}{1!} + \frac{1}{2!} + \cdots + \frac{1}{n!} + \frac{\mathrm{e}^{\theta}}{(n+1)!}, \quad 0 < \theta < 1.$$

依题意, 余项的绝对值应小于 10^{-6}, 由于

$$|R_n(1)| = \frac{\mathrm{e}^{\theta}}{(n+1)!} < \frac{\mathrm{e}}{(n+1)!} < \frac{3}{(n+1)!} < 10^{-6},$$

故当 $n = 9$ 时, 余项

$$|R_9(1)| < \frac{3}{10!} < 10^{-6}.$$

故有

$$\mathrm{e} \approx 1 + \frac{1}{1!} + \frac{1}{2!} + \cdots + \frac{1}{9!} = 2.718281.$$

例 4.6.11　设 $f(x)$ 在 $[0, 2]$ 上二阶可导, 且当 $x \in [0, 2]$ 时满足

$$|f(x)| \leqslant 1, \quad |f''(x)| \leqslant 1.$$

证明: $|f'(x)| \leqslant 2$, 并且其中的等号确实能够成立.

证明　对任意 $x, t \in [0, 2]$, 由带拉格朗日余项的泰勒公式知

$$f(t) = f(x) + f'(x)(t - x) + \frac{1}{2} f''(\xi)(t - x)^2,$$

这里 ξ 介于 t 与 x 之间. 分别将 $t = 0$, $t = 2$ 代入得到

$$f(0) = f(x) + f'(x)(0 - x) + \frac{1}{2} f''(\xi_1)(0 - x)^2, \quad 0 < \xi_1 < x,$$

$$f(2) = f(x) + f'(x)(2-x) + \frac{1}{2}f''(\xi_2)(2-x)^2, \quad x < \xi_2 < 2.$$

两式相减得到

$$f(2) - f(0) = 2f'(x) + \frac{1}{2}f''(\xi_2)(2-x)^2 - \frac{1}{2}f''(\xi_1)x^2,$$

即

$$2f'(x) = f(2) - f(0) + \frac{1}{2}[x^2 f''(\xi_1) - (2-x)^2 f''(\xi_2)].$$

因此

$$|f'(x)| \leqslant \frac{1}{2}\left\{|f(2)| + |f(0)| + \frac{1}{2}[x^2|f''(\xi_1)| + (2-x)^2|f''(\xi_2)|]\right\}$$

$$\leqslant \frac{1}{2}\left\{1 + 1 + \frac{1}{2}[x^2 + (2-x)^2]\right\} = \frac{3 + (x-1)^2}{2} \leqslant 2.$$

若取 $f(x) = \frac{1}{2}x^2 - 1$, 则 $|f(x)| \leqslant 1, |f''(x)| \leqslant 1$, 此时 $|f'(x)| = 2$. $\qquad\square$

例 4.6.12 设函数 $f(x)$ 在 $x = a$ 处三阶可导, 且 $f'''(a) \neq 0$, 由泰勒公式有

$$f(a+h) = f(a) + f'(a)h + \frac{1}{2}f''(a+\theta h)h^2, \quad \theta \in (0,1), \quad h \in O(0,\delta).$$

证明: $\lim\limits_{h \to 0} \theta = \frac{1}{3}$.

证明 由于 $f(x)$ 在 $x = a$ 处三阶可导, 故 $f(x)$ 在 $x = a$ 处具有三阶带佩亚诺余项的泰勒公式

$$f(a+h) = f(a) + f'(a)h + \frac{1}{2}f''(a)h^2 + \frac{1}{3!}f'''(a)h^3 + o(h^3), \quad h \to 0.$$

而 $f(x)$ 在 $x = a$ 处的一阶带拉格朗日余项的泰勒公式为

$$f(a+h) = f(a) + f'(a)h + \frac{1}{2}f''(a+\theta h)h^2, \quad \theta \in (0,1), \quad h \in O(0,\delta).$$

两式比较即得

$$f''(a+\theta h) = f''(a) + \frac{1}{3}f'''(a)h + o(h),$$

从而得到

$$\frac{f''(a+\theta h) - f''(a)}{\theta h} \cdot \theta = \frac{1}{3}f'''(a) + o(1).$$

令 $h \to 0$, 利用 $f'''(a) \neq 0$ 可得 $\lim\limits_{h \to 0} \theta = \frac{1}{3}$. $\qquad\square$

例 4.6.13 设 $x \in \left(0, \frac{\pi}{2}\right)$, 证明下列不等式:

$$\sin x > x - \frac{1}{3!}x^3 + \frac{1}{5!}x^5 - \frac{1}{7!}x^7.$$

证明   由于函数 $\sin x$ 任意阶可导, 且 n 阶导数为

$$\sin^{(n)}(x) = \sin\left(x + \frac{n\pi}{2}\right),$$

故函数 $\sin x$ 在 $x = 0$ 处的 7 阶带拉格朗日余项的泰勒公式为:

$$\sin x = x - \frac{1}{3!}x^3 + \frac{1}{5!}x^5 - \frac{1}{7!}x^7 + \frac{\sin\xi}{8!}x^8,$$

其中 ξ 是介于 x 与 0 之间的数. 由于 $\dfrac{\sin\xi}{8!}x^8 > 0$, 因此得到不等式:

$$\sin x > x - \frac{1}{3!}x^3 + \frac{1}{5!}x^5 - \frac{1}{7!}x^7. \qquad\qquad \square$$

练习题 4.6

1. 关于泰勒多项式的唯一性问题, 请判断下列命题是否正确, 若命题正确请给出证明, 若命题错误请给出反例.

   (1) 设函数 f 在点 x_0 附近可以表示为

   $$f(x) = \sum_{k=0}^{n} a_k(x - x_0)^k + o[(x - x_0)^n],$$

   则必定有 $a_k = \dfrac{f^{(k)}(x_0)}{k!}, \; k = 0, 1, \cdots, n.$

   (2) 设函数 f 在点 x_0 处 n 阶可导, 并且在点 x_0 附近可以表示为

   $$f(x) = \sum_{k=0}^{n} a_k(x - x_0)^k + o[(x - x_0)^n],$$

   则必定有 $a_k = \dfrac{f^{(k)}(x_0)}{k!}, \; k = 0, 1, \cdots, n.$

2. 按指定的阶数写出函数 f 在 $x = 0$ 处带佩亚诺余项的麦克劳林公式:

   (1) $f(x) = \dfrac{1 + x + x^2}{1 - x + x^2}$, 4 阶;

   (2) $f(x) = \mathrm{e}^{2x - x^2}$, 5 阶;

   (3) $f(x) = \ln(\cos x)$, 6 阶.

3. 确定常数 a, b 使 $f(x) = (a + b\cos x)\sin x - x$ 在 $x \to 0$ 时为 x 的 5 阶无穷小量.

4. 计算下列极限:

   (1) $\lim\limits_{x \to 0} \dfrac{\mathrm{e}^x \sin x - x(1 + x)}{x^3}$;

(2) $\lim\limits_{x \to +\infty} (\sqrt[6]{x^6 + x^5} - \sqrt[6]{x^6 - x^5})$;

(3) $\lim\limits_{x \to +\infty} \left[\left(x^3 - x^2 + \dfrac{x}{2} \right) \mathrm{e}^{\frac{1}{x}} - \sqrt{x^6 + 1} \right]$;

(4) $\lim\limits_{n \to +\infty} \left(1 + \dfrac{1}{n^{\alpha+2}} \right) \left(1 + \dfrac{2}{n^{\alpha+2}} \right) \cdots \left(1 + \dfrac{n}{n^{\alpha+2}} \right)^{n^{\alpha}}$, 其中 $\alpha > -1$.

5. 设 $x_1 = \sin x_0 > 0$, $x_{n+1} = \sin x_n$, $n = 1, 2, \cdots$, 证明: $\lim\limits_{n \to \infty} \sqrt{\dfrac{n}{3}} x_n = 1$.

6. 设函数 $f(x)$ 在 $[a, b]$ 上二阶可导, 且 $f'_+(a) = f'_-(b) = 0$. 证明: 存在 $\xi \in (a, b)$ 使得

$$|f''(\xi)| \geqslant \dfrac{4}{(b-a)^2} |f(b) - f(a)|.$$

7. 设函数 $f(x)$ 在 $[a, b]$ 上具有二阶连续导函数, 且 $f(a) = f(b) = 0$. 证明:

(1) $\max\limits_{x \in [a,b]} |f(x)| \leqslant \dfrac{1}{8} (b-a)^2 \max\limits_{x \in [a,b]} |f''(x)|$;

(2) $\max\limits_{x \in [a,b]} |f'(x)| \leqslant \dfrac{1}{2} (b-a) \max\limits_{x \in [a,b]} |f''(x)|$.

8. 设函数 $f(x)$ 和 $g(x)$ 在 $(-1, 1)$ 内无限次可导, 且对于任意 $n \in \mathbb{N}$, 有

$$|f^{(n)}(x) - g^{(n)}(x)| \leqslant n! |x|.$$

证明: $f(x) = g(x)$, $x \in (-1, 1)$.

9. 设函数 $f(x)$ 在 $[0, 1]$ 上有二阶导函数, $f(0) = f(1) = 0$, 并且在 $[0, 1]$ 上函数 $f(x)$ 的最小值为 -1. 证明: 存在一点 $\xi \in (0, 1)$, 使得 $f''(\xi) \geqslant 8$.

10. 设 $f(x)$ 在 $(x_0 - \delta, x_0 + \delta)$ 内有 n 阶导数, 且

$$f''(x_0) = f'''(x_0) = \cdots = f^{(n-1)}(x_0) = 0,$$

但 $f^{(n)}(x_0) \neq 0, f^{(n)}(x)$ 在 x_0 处连续, 且当 $0 < |h| < \delta$ 时,

$$f(x_0 + h) - f(x_0) = h f'(x_0 + \theta h),$$

其中 $0 < \theta < 1$. 证明: $\lim\limits_{h \to 0} \theta = \left(\dfrac{1}{n} \right)^{\frac{1}{n-1}}$.

4.7 利用导数研究函数

导数的应用非常广泛, 本节将着重于导数对函数特性的刻画. 具体地, 我们讨论函数的单调性、凹凸性和函数的极大值极小值问题和最值问题. 从几何观点来看, 通过函数的上述特性可以大致把握一个函数的几何图形.

4.7.1 函数的单调性

我们知道, 应用拉格朗日中值定理可以证明函数的单调性. 更确切地说, 我们有下面的定理.

定理 4.7.1 设函数 $f(x)$ 在 $[a,b]$ 上连续, 在 (a,b) 内可导. 则 $f(x)$ 在区间 $[a,b]$ 上单调增加 (或者单调减少) 的充分必要条件是对于任意 $x \in (a,b)$, $f'(x) \geqslant 0$ (或者 $f'(x) \leqslant 0$).

证明 由拉格朗日中值定理, 很容易证明充分性, 所以这里只给出必要性的证明. 当 $f(x)$ 在区间 $[a,b]$ 上单调增加时, 对于任意 $x \in (a,b)$, 由于 $f'(x)$ 存在, 故

$$f'(x) = f'_+(x) = \lim_{\Delta x \to 0^+} \frac{f(x + \Delta x) - f(x)}{\Delta x} \geqslant 0.$$

这就证明了必要性.   □

显然, 如果假设 $f'(x) > 0$, $x \in (a,b)$, 则可证明函数 $f(x)$ 在 $[a,b]$ 上是严格单调增加的. 但是 $f'(x) > 0$, $x \in (a,b)$ 是函数严格单调增加的充分条件, 它并不是必要条件. 事实上我们有以下结论.

定理 4.7.2 设函数 $f(x)$ 在 $[a,b]$ 上连续, 在 (a,b) 内可导. 则 $f(x)$ 在 (a,b) 内严格单调增加 (或者严格单调减少) 的充分必要条件是对任意 $x \in (a,b)$, $f'(x) \geqslant 0$ (或者 $f'(x) \leqslant 0$), 且在 (a,b) 的任何子区间上 $f'(x)$ 不恒等于零.

定理的证明比较简单, 这里不再证明.

例 4.7.3 判别函数 $y = \dfrac{x^2}{2} + \cos x$ 在区间 $[0, 2\pi]$ 上的单调性.

解 因为在 $(0, 2\pi)$ 内,

$$y' = x - \sin x \geqslant 0,$$

所以由定理 4.7.2可知, $y = \dfrac{x^2}{2} + \cos x$ 在区间 $[0, 2\pi]$ 上严格单调增加.

有些函数在它的定义区间上并不是单调的, 这时我们需要划分函数的单调区间. 如果函数在定义区间上连续可导, 通常我们可以用导数等于零的点来划分函数的定

义区间, 就可以使函数在各个部分区间上单调. 如果函数在某些点处不可导, 则划分函数定义区间的分点时, 还要注意要包括这些导数不存在的点.

例 4.7.4 确定函数 $f(x) = 2x^3 - 9x^2 + 12x - 3$ 的单调区间.

解 函数的定义域为 $(-\infty, +\infty)$. 因为

$$f'(x) = 6x^2 - 18x + 12 = 6(x-1)(x-2).$$

显然方程 $f'(x) = 0$ 的零点为 $x = 1$, $x = 2$, 它们把函数 $f(x)$ 的定义域分为三个区间, 在这些区间上由 $f'(x)$ 的符号确定 $f(x)$ 的单调性, 可用列表方式表示, 即得表 4.1.

表 4.1

x	$(-\infty, 1)$	1	$(1, 2)$	2	$(2, +\infty)$
$f'(x)$	+	0	−	0	+
$f(x)$	↗		↘		↗

从表 4.1 可以看出函数在 $(-\infty, 1)$, $(2, +\infty)$ 内分别严格单调增加, 在 $(1, 2)$ 内严格单调减少. 所以函数 $f(x)$ 的严格单调增加区间为 $(-\infty, 1)$ 和 $(2, +\infty)$, 严格单调减少区间为 $(1,2)$.

例 4.7.5 确定函数 $f(x) = x^{\frac{2}{3}}(x-5)$ 的单调区间.

解 函数的定义域为 $(-\infty, +\infty)$. 当 $x \neq 0$ 时, 函数 $f(x)$ 可导, 且

$$f'(x) = \frac{2}{3}x^{-\frac{1}{3}}(x-5) + x^{\frac{2}{3}} = \frac{5(x-2)}{3x^{\frac{1}{3}}}.$$

所以函数 $f(x)$ 的驻点为 $x = 2$, 连同不可导点 $x = 0$ 一起把函数 $f(x)$ 的定义域分为三个区间, 在这些区间上由 $f'(x)$ 的符号确定 $f(x)$ 的单调性, 可用列表方式表示, 即得表 4.2.

表 4.2

x	$(-\infty, 0)$	0	$(0, 2)$	2	$(2, +\infty)$
$f'(x)$	+	不存在	−	0	+
$f(x)$	↗		↘		↗

可以看出 $f(x)$ 在 $(-\infty, 0)$, $(2, +\infty)$ 内分别严格单调增加, 在 $(0, 2)$ 内严格单调减少. 所以函数 $f(x)$ 的严格单调增加区间为 $(-\infty, 0)$ 和 $(2, +\infty)$, 严格单调减少区间为 $(0,2)$.

例 4.7.6　证明不等式: 当 $x > 1$ 时, $2\sqrt{x} > 3 - \dfrac{1}{x}$.

证明　令 $f(x) = 2\sqrt{x} - 3 + \dfrac{1}{x}$, 显然 $f(x)$ 在 $[1, +\infty)$ 上连续, 在 $(1, +\infty)$ 上可导, 并且

$$f'(x) = \frac{1}{\sqrt{x}} - \frac{1}{x^2} = \frac{1}{x^2}\left(x\sqrt{x} - 1\right) > 0.$$

故 $f(x)$ 在 $[1, +\infty)$ 上严格单调增加, 从而当 $x > 1$ 时, $f(x) > f(1)$. 计算可知 $f(1) = 0$, 所以当 $x > 1$ 时, 成立

$$2\sqrt{x} > 3 - \frac{1}{x}. \qquad \square$$

4.7.2　函数的极值

在第一节我们已经介绍了函数极值的定义和费马引理. 我们知道, 对于可导函数来说, 函数的极值点必定是函数的驻点, 但是有例子说明函数的驻点未必是函数的极值点. 另外, 从函数的图像中也很容易看出函数不可导的点也有可能是极值点. 一个自然的问题是如何确定驻点或者导数不存在的点是极值点呢? 我们通常可以借助函数的导数符号来回答这一问题.

定理 4.7.7　(极值的第一充分条件)　设函数 $f(x)$ 在 x_0 处连续, 在 x_0 的左右去心邻域内可导.

    (1) 若在 x_0 的左去心邻域中 $f'(x) > 0$, 在 x_0 的右去心邻域中 $f'(x) < 0$, 则 x_0 是严格极大值点;

    (2) 若在 x_0 的左去心邻域中 $f'(x) < 0$, 在 x_0 的右去心邻域中 $f'(x) > 0$, 则 x_0 是严格极小值点;

    (3) 若在 x_0 的左右去心邻域内 $f'(x)$ 同号, 则 x_0 不是极值点.

证明　只给出 (1) 的证明. 由于在 x_0 的左去心邻域 $f'(x) > 0$, 因此函数 $f(x)$ 在 x_0 的左去心邻域中严格单调增加, 故 $f(x) < f(x_0)$. 同样可知 $f(x)$ 在 x_0 的右去心邻域中严格单调减少, 故有 $f(x) < f(x_0)$, 所以 x_0 是 $f(x)$ 的严格极大值点.　$\square$

根据以上定理, 如果函数 $f(x)$ 在所讨论的区间内连续, 且除有限个点外函数可导, 那我们就可以先计算出导数 $f'(x)$, 再列出 $f(x)$ 的全部驻点和导数不存在的点, 考察 $f'(x)$ 在这些点的左、右两侧的符号来确定极大值点与极小值点, 最后计算极值点的函数值, 就得到函数 $f(x)$ 的全部极值.

例 4.7.8　求出函数 $f(x) = 2 - (x-1)^{\frac{2}{3}}$ 的极值.

解 因为当 $x \neq 1$ 时,

$$f'(x) = -\frac{2}{3\sqrt[3]{x-1}}.$$

当 $x = 1$ 时, $f'(x)$ 不存在. 因此函数 $f(x)$ 没有驻点, 但根据定理 4.7.7, 导数不存在的点 $x = 1$ 有可能为极值点. 列表 4.3 表示函数在这点左右两侧的变化.

表 4.3

x	$(-\infty, 1)$	1	$(1, +\infty)$
$f'(x)$	$+$	不存在	$-$
$f(x)$	$\nearrow$	极大值	$\searrow$

故知函数 $f(x)$ 有极大值 $f(1) = 2$.

定理 4.7.9 (极值第二充分条件) 设 x_0 为函数 $f(x)$ 的驻点, 如果 $f(x)$ 在 x_0 处二阶可导, 则

(1) 若 $f''(x_0) < 0$, 则 x_0 是 $f(x)$ 的严格极大值点;

(2) 若 $f''(x_0) > 0$, 则 x_0 是 $f(x)$ 的严格极小值点;

(3) 若 $f''(x_0) = 0$, 则不能确定 x_0 是否是极值点.

证明 (1) 若 $f''(x_0) < 0$ 且 $f'(x_0) = 0$, 则由二阶导数的定义得到

$$f''(x_0) = \lim_{x \to x_0} \frac{f'(x) - f'(x_0)}{x - x_0} = \lim_{x \to x_0} \frac{f'(x)}{x - x_0} < 0.$$

再根据函数极限的保号性, 得到 $f'(x)$ 当 x 在 x_0 的去心邻域内时, 有

$$\frac{f'(x)}{x - x_0} < 0,$$

从而知道, 当 $x > x_0$ 时, $f'(x) < 0$; 当 $x < x_0$ 时, $f'(x) > 0$. 于是由极值的第一充分条件知, 函数 $f(x)$ 在点 x_0 处取得严格极大值.

类似地可以证明 (2). 对于 (3), 我们可以通过例子说明. 比如 $f_1(x) = x^3$, $f_2(x) = x^4$, $f_3(x) = -x^4$ 这三个函数在 $x = 0$ 处的一阶和二阶导数都为零. 但是, 显然 $f_1(x)$ 在 $x = 0$ 没有达到极值; $f_2(x)$ 和 $f_3(x)$ 在 $x = 0$ 分别取到极大值和极小值. $\square$

定理 4.7.9 中, 当 $f''(x_0) = 0$ 时, 极值的第二充分条件不能再使用, 此时如果能知道 x_0 更高阶的导数值, 就可以判定 x_0 的极值情况, 我们有以下推论.

推论 4.7.10 设 x_0 为函数 $f(x)$ 的驻点, 如果 $f(x)$ 在 x_0 处 n $(n \geqslant 2)$ 阶可导, 并且 $f'(x_0) = f''(x_0) = \cdots = f^{(n-1)}(x_0) = 0$, 但是 $f^{(n)}(x_0) \neq 0$.

(1) 若 n 为奇数, 则 x_0 不是 $f(x)$ 的极值点;

(2) 若 n 为偶数, 则 x_0 是 $f(x)$ 的极值点. 特别地, 当 $f^{(n)}(x_0) > 0$ 时, x_0 是 $f(x)$ 的严格极小值点; 当 $f^{(n)}(x_0) < 0$ 时, x_0 是 $f(x)$ 的严格极大值点.

证明   由于 $f(x)$ 在 x_0 处 n 阶可导, 则 $f(x)$ 在 x_0 处的 n 阶带佩亚诺余项的泰勒公式为:

$$f(x) = f(x_0) + f'(x_0)(x - x_0) + \cdots + \frac{f^{(n)}(x_0)}{n!}(x - x_0)^n + o((x - x_0)^n)$$
$$= f(x_0) + \frac{f^{(n)}(x_0)}{n!}(x - x_0)^n + o((x - x_0)^n), \quad x \to x_0.$$

因此得到

$$\lim_{x \to x_0} \frac{f(x) - f(x_0)}{(x - x_0)^n} = \frac{f^{(n)}(x_0)}{n!}.$$

由函数极限的保号性可知, 在 x_0 的充分小去心邻域内, $\dfrac{f(x) - f(x_0)}{(x - x_0)^n}$ 与 $f^{(n)}(x_0)$ 同号. 因此, 当 n 为奇数时, 由于 $(x - x_0)^n$ 在 x_0 的两侧异号, 故 $f(x) - f(x_0)$ 也在 x_0 的两侧异号, 所以 x_0 不是 $f(x)$ 的极值点. 当 n 为偶数时, 由于 $(x - x_0)^n$ 在 x_0 的两侧同号, 故 $f(x) - f(x_0)$ 也在 x_0 的两侧同号且符号与 $f^{(n)}(x_0)$ 相同, 从而可知 x_0 是 $f(x)$ 的极值点. 并且进一步可得, 当 $f^{(n)}(x_0) > 0$ 时, x_0 是 $f(x)$ 的严格极小值点; 当 $f^{(n)}(x_0) < 0$ 时, x_0 是 $f(x)$ 的严格极大值点.   □

例 4.7.11   求函数 $y = x^2 \ln x$ 的极值.

解   函数的定义域为 $(0, \infty)$,

$$y' = x(1 + 2\ln x).$$

所以驻点为 $x_1 = e^{-\frac{1}{2}}$, $x_2 = 0$(舍去). 而

$$y''(x) = 2\ln x + 3,$$

$$y''\left(e^{-\frac{1}{2}}\right) = 2 > 0.$$

因此 $y(x)$ 在 $x = e^{-\frac{1}{2}}$ 处取得极小值, 极小值为 $-\dfrac{1}{2e}$.

作为函数极值的应用, 下面我们讨论函数的最大值和最小值问题. 假定函数 $f(x)$ 在闭区间 $[a, b]$ 上连续, 并且除了有限个点外可导. 如果 $f(x)$ 只有有限个驻点, 则我们可以列出这有限个驻点和导数不存在的点, 设其为 $x_1, x_2, \cdots, x_n$. 由闭区间上连续函数的最值定理知 $f(x)$ 在 $[a, b]$ 上必取得最大值和最小值, 若最值在开区间

(a,b) 内取得, 则一定也是极值, 而 $f(x)$ 的极值点只能是驻点或导数不存在的点. 此外, 最值也可能在区间端点 $x = a$ 或 $x = b$ 处达到. 于是 $f(x)$ 在 $[a,b]$ 上的最值为

$$\max_{x \in [a,b]} f(x) = \max \{f(a), f(x_1), \cdots, f(x_n), f(b)\},$$

$$\min_{x \in [a,b]} f(x) = \min \{f(a), f(x_1), \cdots, f(x_n), f(b)\}.$$

例 4.7.12 求函数 $f(x) = (x-1)\sqrt[3]{x^2}$ 在 $\left[-1, \dfrac{1}{2}\right]$ 上的最大值和最小值.

解 当 $x \neq 0$ 时,

$$f'(x) = x^{\frac{2}{3}} + \frac{2}{3}(x-1)x^{-\frac{1}{3}} = \frac{5x-2}{3x^{\frac{1}{3}}},$$

当 $x = 0$ 时, $f(x)$ 的导数不存在. 因此函数 $f(x)$ 的驻点为 $x = \dfrac{2}{5}$. 计算可得

$$f(0) = 0, \quad f\left(\frac{2}{5}\right) = -\frac{3}{5}\sqrt[3]{\frac{4}{25}}, \quad f(-1) = -2, \quad f\left(\frac{1}{2}\right) = -\frac{1}{4}\sqrt[3]{2}.$$

故在 $\left[-1, \dfrac{1}{2}\right]$ 上 $f_{\max} = f(0) = 0$, $f_{\min} = f(-1) = -2$.

例 4.7.13 求数列 $\left\{\sqrt[n]{n}\right\}$ 的最大项.

解 取函数 $f(x) = x^{\frac{1}{x}}$, 则当 $x = 1, 2, \cdots, n, \cdots$ 时相当于数列 $\left\{\sqrt[n]{n}\right\}$. 而

$$f'(x) = x^{\frac{1}{x}-2}(1 - \ln x).$$

所以函数在 $(0, +\infty)$ 上只有唯一的驻点 $x = \mathrm{e}$. 显然当 $x \in (0, \mathrm{e})$ 时, $f'(x) > 0$, 而当 $x \in (\mathrm{e}, +\infty)$ 时, $f'(x) < 0$. 所以 $x = \mathrm{e}$ 是函数在 $(0, +\infty)$ 内的唯一极大值点. 又 $\lim\limits_{x \to +\infty} f(x) = 1 = \lim\limits_{x \to 0^+} f(x)$, 因此 $x = \mathrm{e}$ 是函数在 $(0, +\infty)$ 内的最大值点. 所以数列 $\left\{\sqrt[n]{n}\right\}$ 的最大项应充分靠近 $x = \mathrm{e}$, $2 < \mathrm{e} < 3$. 而

$$2^{\frac{1}{2}} < 3^{\frac{1}{3}},$$

所以数列 $\left\{\sqrt[n]{n}\right\}$ 的最大项为 $\sqrt[3]{3}$.

事实上, 从上述例子中可以归纳出一个结论: 当函数 $f(x)$ 在 $[a,b]$ 上连续, 在 (a,b) 内可导且只有唯一极值点 $x_0 \in (a,b)$, 若 x_0 为极大值点 (或极小值点), 则 x_0 是 $f(x)$ 在 $[a,b]$ 上的最大值 (或最小值) 点. 此类函数通常称为单峰 (或单谷) 函数.

例 4.7.14 证明: 当 $x > 0$ 时, $x^2 + 1 > \ln x$.

证明 令 $f(x) = x^2 + 1 - \ln x$, 定义域为 $x > 0$. 由于

$$f'(x) = 2x - \frac{1}{x},$$

令 $f'(x) = 0$, 得到唯一驻点 $x = \dfrac{1}{\sqrt{2}}$. 因为 $f''(x) = 2 + \dfrac{1}{x^2} > 0$, 所以当 $x > 0$ 时, $f\left(\dfrac{1}{\sqrt{2}}\right)$ 为唯一严格极小值, 故该值也是严格最小值, 即

$$f(x) \geqslant f\left(\frac{1}{\sqrt{2}}\right) = \frac{1}{2} + 1 - \ln\frac{1}{\sqrt{2}} = \frac{3}{2} + \frac{1}{2}\ln 2 > 0.$$

因此, $x^2 + 1 - \ln x > 0$, 即 $x^2 + 1 > \ln x$. □

在处理实际问题时, 若函数 $f(x)$ 在 $[a,b]$ 上连续, 在 (a,b) 内可导且存在唯一极值点 $x_0 \in (a,b)$, 又由实际问题可以断定 $f(x)$ 在 (a,b) 内存在最大值 (或最小值), 则 x_0 必为 $f(x)$ 在 $[a,b]$ 上的最大值 (或最小值) 点.

例 4.7.15　已知圆锥体的底面半径为 R, 高为 H, 求内接于这个锥体且体积最大的圆柱体的高 h.

解　设圆柱体底面圆周的半径为 r. 由相似三角形的性质得

$$\frac{r}{R} = \frac{H - h}{H},$$

则 $h = \dfrac{R - r}{R}H$. 于是该圆柱体的体积可以表示为

$$V(r) = \pi r^2 h = \frac{\pi H}{R}(Rr^2 - r^3), \quad 0 < r < R.$$

由于

$$V'(r) = \frac{\pi H}{R}(2Rr - 3r^2), \quad V''(r) = \frac{2\pi H}{R}(R - 3r),$$

令 $V'(r) = 0$, 得 $r = \dfrac{2}{3}R$ 为 $(0, R)$ 内的唯一驻点, 而且 $V''\left(\dfrac{2}{3}R\right) = -2\pi H < 0$, 故 $V\left(\dfrac{2}{3}R\right) = \dfrac{4}{27}\pi R^2 H$ 为 $(0, R)$ 极大值, 也是 $(0, R)$ 上的最大值.

4.7.3　函数的凹凸性

前面我们讨论了函数的单调性, 但单调性相同的函数还会有显著的差别, 例如 $y = \sqrt{x}$ 和 $y = x^2$ 在 $[0, +\infty)$ 上都是单调增加的, 但它们增加的方式不同. 从几何上看, 它们所表示的曲线弯曲方向不一样 (见图 4.7). 对曲线 $y = f(x)$, 若其上任意两点间的弧段位于连接该两点的弦的下方, 则称曲线是下凸的; 反之, 则称曲线是上凸的.

通常曲线的凸性可以用函数的不等式描述. 具体地, 在曲线 $y = f(x)$ 上任取两点 (x_1, y_1) 和 (x_2, y_2), 其中 $y_1 = f(x_1)$, $y_2 = f(x_2)$. 不妨设 $x_1 < x_2$, 则连接这两

点的弦方程为

$$\begin{cases} x = x_2 + (x_1 - x_2)t, \\ y = y_2 + (y_1 - y_2)t, \end{cases}$$

其中 t 为方程的参数. 固定 $t \in [0, 1]$, 则可得区间 $[x_1, x_2]$ 内的每一点

$$x = x_2 + (x_1 - x_2)t = tx_1 + (1 - t)x_2.$$

这时曲线弧上的对应点的纵坐标为

$$f(tx_1 + (1 - t)x_2).$$

而弦上对应点的纵坐标为

$$y_2 + (y_1 - y_2)t = ty_1 + (1 - t)y_2 = tf(x_1) + (1 - t)f(x_2).$$

所以如果曲线 $y = f(x)$ 是下凸的, 则应该有不等式

$$f(tx_1 + (1 - t)x_2) \leqslant tf(x_1) + (1 - t)f(x_2).$$

于是我们有下面的定义.

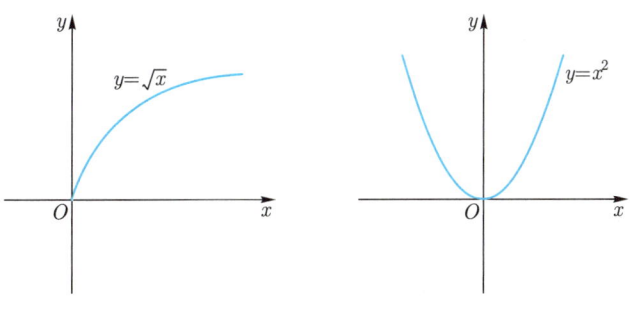

图 4.7

定义 4.7.16 设函数 $f(x)$ 在区间 I 上有定义. 若对任意 x_1, $x_2 \in I$ 和 $t \in (0, 1)$, 都有

$$f(tx_1 + (1 - t)x_2) \leqslant tf(x_1) + (1 - t)f(x_2),$$

则称函数 $f(x)$ 在 I 上是凸函数, 或称曲线 $y = f(x)$ 在 I 上下凸. 若有

$$f(tx_1 + (1 - t)x_2) \geqslant tf(x_1) + (1 - t)f(x_2),$$

则称 $f(x)$ 在 I 上是凹函数, 或称曲线 $y = f(x)$ 在 I 上上凸.

若当 $x_1 \neq x_2$ 时, 上面不等式中 "$\leqslant$"(或 "$\geqslant$") 换成 "$<$"(或 "$>$"), 则称 $f(x)$ 在 I 上是严格凸函数 (或严格凹函数).

例如, 曲线 $f(x) = \mathrm{e}^x$ 是 $\mathbb{R}$ 上的严格凸函数, 而 $f(x) = \ln x$ 是 $(0, +\infty)$ 上的严格凹函数. 容易看出定义在 $\mathbb{R}$ 上的函数 $f(x)$, 既是凸函数又是凹函数的充分必要条件是 $f(x)$ 是线性函数. 但是, 直接从定义来判别函数在某一区间上的凸性往往比较困难. 下面我们给出曲线凸性的充分必要条件.

定理 4.7.17　设 $f(x)$ 在区间 I 上有定义. 则 $f(x)$ 是区间 I 上的凸函数的充分必要条件是对于任意的 x_1, x_2, $x_3 \in I$, 只要 $x_1 < x_2 < x_3$, 便有

$$\frac{f(x_2) - f(x_1)}{x_2 - x_1} \leqslant \frac{f(x_3) - f(x_2)}{x_3 - x_2}.$$

证明　先证明必要性. 设 $f(x)$ 是区间 I 上的凸函数. 对于任意的 x_1, x_2, $x_3 \in I$, $x_1 < x_2 < x_3$, 取 $t = \dfrac{x_3 - x_2}{x_3 - x_1}$, 则 $x_2 = tx_1 + (1-t)x_3$. 由于 $f(x)$ 是区间 I 上的凸函数, 故有

$$f(x_2) = f(tx_1 + (1-t)x_3) \leqslant tf(x_1) + (1-t)f(x_3).$$

把 $t = \dfrac{x_3 - x_2}{x_3 - x_1}$ 代入不等式, 即可得到

$$(x_3 - x_1)f(x_2) \leqslant (x_3 - x_2)f(x_1) + (x_2 - x_1)f(x_3).$$

整理之后可以得到

$$\frac{f(x_2) - f(x_1)}{x_2 - x_1} \leqslant \frac{f(x_3) - f(x_2)}{x_3 - x_2}.$$

再证明充分性. 假设对于任意的 x_1, x_2, $x_3 \in I$, 只要 $x_1 < x_2 < x_3$, 就有

$$\frac{f(x_2) - f(x_1)}{x_2 - x_1} \leqslant \frac{f(x_3) - f(x_2)}{x_3 - x_2},$$

将其化简为

$$f(x_2) \leqslant \frac{x_3 - x_2}{x_3 - x_1}f(x_1) + \frac{x_2 - x_1}{x_3 - x_1}f(x_3).$$

于是, 对于任意的 x_1, $x_2 \in I$ ($x_1 \neq x_2$) 和 $t \in (0,1)$, 令 $x = tx_1 + (1-t)x_2$, 则 $x_1 < x < x_2$. 故由上述不等式可得

$$f(x) \leqslant \frac{x_2 - x}{x_2 - x_1}f(x_1) + \frac{x - x_1}{x_2 - x_1}f(x_2) = tf(x_1) + (1-t)f(x_2),$$

即有

$$f(tx_1 + (1-t)x_2) \leqslant tf(x_1) + (1-t)f(x_2),$$

从而证得 $f(x)$ 是 I 上的凸函数.　　　　　　　　　　　　　　　　$\square$

定理 4.7.18 设 $f(x)$ 在区间 I 上可导. 则 $f(x)$ 在区间 I 上是凸函数的充分必要条件是: 对于任意 x_1, $x_2 \in I$, 有

$$f(x_2) \geqslant f'(x_1)(x_2 - x_1) + f(x_1).$$

证明 先证明必要性. 设 $f(x)$ 是区间 I 上的凸函数. 对于任意 x_1, $x_2 \in I$, 若 $x_1 = x_2$, 结论显然成立. 若 $x_1 \neq x_2$, 不妨设 $x_1 < x_2$. 则对任意 $h \in (x_1, x_2)$, 由定理 4.7.17知

$$\frac{f(h) - f(x_1)}{h - x_1} \leqslant \frac{f(x_2) - f(h)}{x_2 - h}.$$

令 $h \to x_1^+$ 得到

$$f'(x_1) \leqslant \frac{f(x_2) - f(x_1)}{x_2 - x_1}.$$

整理之后便可得到

$$f(x_2) \geqslant f'(x_1)(x_2 - x_1) + f(x_1).$$

再证明充分性. 我们用凸函数的定义来证明函数 $f(x)$ 是凸函数. 设任意 x_1, $x_2 \in I$ 及 $t \in (0, 1)$, 令 $x_0 = tx_1 + (1 - t)x_2$. 由已知条件知

$$f(x_1) \geqslant f'(x_0)(x_1 - x_0) + f(x_0),$$

$$f(x_2) \geqslant f'(x_0)(x_2 - x_0) + f(x_0).$$

于是有

$$tf(x_1) + (1 - t)f(x_2) \geqslant f(x_0) + f'(x_0)(t(x_1 - x_0) + (1 - t)(x_2 - x_0)) = f(x_0),$$

即

$$tf(x_1) + (1 - t)f(x_2) \geqslant f(tx_1 + (1 - t)x_2).$$

从而证得 $f(x)$ 是 I 上的凸函数. $\qquad\qquad\square$

上述定理说明一个几何事实, 即可导的凸函数, 其函数的图像位于曲线每点切线的上方.

定理 4.7.19 设函数 $f(x)$ 在区间 $[a, b]$ 上连续, 在 (a, b) 内可导. 则 $f(x)$ 在 $[a, b]$ 上是凸函数的充分必要条件是 $f'(x)$ 在 (a, b) 内单调增加.

证明 先证明必要性 假设 $f(x)$ 在 $[a, b]$ 上是凸函数. 对任意 x_1, $x_2 \in (a, b)$, 若 $x_1 < x_2$, 则对于任意 $x_1 < t < x_2$, 由定理 4.7.17知,

$$\frac{f(t) - f(x_1)}{t - x_1} \leqslant \frac{f(x_2) - f(t)}{x_2 - t}.$$

分别令 $t \to x_1^+$ 和 $t \to x_2^-$, 由 $f(x)$ 的可导性知,

$$f'(x_1) \leqslant \frac{f(x_2) - f(x_1)}{x_2 - x_1} \leqslant f'(x_2).$$

从而证明了 $f'(x)$ 在 (a, b) 内单调增加.

再证明充分性. 假设 $f'(x)$ 在 (a, b) 内单调增加. 对任意 $x_1, x_2 \in [a, b]$, $x_1 < x_2$, 设 $x_0 = tx_1 + (1-t)x_2 \in (x_1, x_2)$, $t \in (0, 1)$, 由拉格朗日中值定理可知, 存在 $\xi_1 \in (x_1, x_0)$, $\xi_2 \in (x_0, x_2)$, 使得

$$f(x_0) - f(x_1) = f'(\xi_1)(x_0 - x_1) = f'(\xi_1)(1-t)(x_2 - x_1),$$

$$f(x_2) - f(x_0) = f'(\xi_2)(x_2 - x_0) = tf'(\xi_2)(x_2 - x_1).$$

由于 $f'(x)$ 在 (a, b) 内单调增加, 则 $f'(\xi_1) \leqslant f'(\xi_2)$. 于是

$$t(f(x_0) - f(x_1)) + (1-t)(f(x_0) - f(x_2)) = t(1-t)(x_2 - x_1)(f'(\xi_1) - f'(\xi_2)) \leqslant 0,$$

即

$$f(x_0) = f(tx_1 + (1-t)x_2) \leqslant tf(x_1) + (1-t)f(x_2),$$

所以 $f(x)$ 在 $[a, b]$ 上是凸函数.   □

从上面的定理看出, 若函数二阶可导, 则可得到如下定理.

定理 4.7.20   设函数 $f(x)$ 在 $[a, b]$ 上连续, 在 (a, b) 内二阶可导, 则 $f(x)$ 在 $[a, b]$ 上是凸函数 (或凹函数) 的充分必要条件是在 (a, b) 内 $f''(x) \geqslant 0$(或 $f''(x) \leqslant 0$).

例 4.7.21   判别函数 $y = \dfrac{x^2}{2} + \cos x$ 在实数集上的凹凸性.

解   由于

$$y' = x - \sin x, \ y'' = 1 - \cos x \geqslant 0,$$

所以函数在整个实轴上是凸的.

利用函数的凹凸性, 可以证明一些不等式.

例 4.7.22   证明不等式 $(a+b)\mathrm{e}^{(a+b)} \leqslant a\mathrm{e}^{2a} + b\mathrm{e}^{2b}$, 其中 $a > 0$, $b > 0$.

证明   令 $f(x) = x\mathrm{e}^x, x > 0$, 则

$$f'(x) = (x+1)\mathrm{e}^x, \quad f''(x) = (x+2)\mathrm{e}^x.$$

当 $x > 0$ 时, $f''(x) \geqslant 0$, 因此函数 $f(x) = x\mathrm{e}^x$ 在 $x > 0$ 时是凸函数. 取 $t = \dfrac{1}{2}$, 则

$$f(a+b) = f\left(\frac{1}{2} \cdot 2a + \frac{1}{2} \cdot 2b\right) \leqslant \frac{1}{2}f(2a) + \frac{1}{2}f(2b),$$

即得到不等式

$$(a+b)\mathrm{e}^{(a+b)} \leqslant a\mathrm{e}^{2a} + b\mathrm{e}^{2b}. \qquad \square$$

如果连续函数 $y = f(x)$ 所描述的曲线在点 $M(x_0, f(x_0))$ 的两侧具有不同的凹凸性, 则称点 M 为曲线的**拐点**, 同时称 x_0 为函数 $f(x)$ 的拐点. 自然地, 类似于极值点, 我们有下面关于拐点的必要条件和充分条件的定理.

定理 4.7.23 设点 $M(x_0, f(x_0))$ 为函数 $y = f(x)$ 的拐点, 且 $f''(x_0)$ 存在, 则

$$f''(x_0) = 0.$$

证明 由于 $f''(x_0)$ 存在, 故在 x_0 的邻域内 $f(x)$ 一阶可导. 又因为在 x_0 的两侧邻域内 $f(x)$ 具有不同的凹凸性, 由定理 4.7.19知, $f'(x)$ 在 x_0 的两侧具有不同的单调性, 因此 x_0 是 $f'(x)$ 的极值点, 再由费马引理知 $f''(x_0) = 0$. $\qquad \square$

从上述定理看出, 若函数 $f(x)$ 具有二阶导数, 则 $f(x)$ 的拐点即为 $f'(x)$ 的极值点. 因此将前面关于 $f(x)$ 极值点的充分条件应用于 $f'(x)$, 就得到了关于拐点的充分条件.

定理 4.7.24 设函数 $y = f(x)$ 在 x_0 处连续, 在 x_0 的去心邻域内二阶可导.

(1) 当 x 从左到右变化时, $f''(x)$ 的值由正变负或由负变正, 则点 $M(x_0, f(x_0))$ 为曲线 $y = f(x)$ 的拐点;

(2) 当 x 从左到右变化时, $f''(x)$ 的值保持同一符号, 则点 $M(x_0, f(x_0))$ 不是曲线 $y = f(x)$ 的拐点.

例 4.7.25 试求函数 $f(x) = 3x^4 - 4x^3 - 1$ 的凹凸区间和拐点.

解 对函数求一阶导数和二阶导数, 得到

$$f'(x) = 12x^3 - 12x^2, \quad f''(x) = 36x^2 - 24x.$$

令 $f''(x) = 0$, 则 $x = 0$, $x = \dfrac{2}{3}$. 以 $x = 0$, $x = \dfrac{2}{3}$ 为分点把函数 $f(x)$ 的定义域分成 3 个区间, 每个区间上函数的凹凸性由表 4.4 给出, 即

表 4.4

x	$(-\infty, 0)$	0	$\left(0, \dfrac{2}{3}\right)$	$\dfrac{2}{3}$	$\left(\dfrac{2}{3}, +\infty\right)$
$f''(x)$	+	0	−	0	+
$f(x)$	凸	拐点	凹	拐点	凸

由上表可知, 函数 $f(x)$ 的凹区间为 $\left(0, \dfrac{2}{3}\right)$, 凸区间为 $(-\infty, 0)$ 和 $\left(\dfrac{2}{3}, +\infty\right)$, 拐点坐标是 $(0, -1)$, $\left(\dfrac{2}{3}, -\dfrac{43}{27}\right)$.

类似极值点, 函数二阶导数不存在的点也可能是拐点.

例 4.7.26   试求函数 $y = (x-2)^{\frac{5}{3}}$ 的凹凸区间和拐点.

解   当 $x \neq 2$ 时, 对函数求一阶导数和二阶导数, 得到

$$y' = \frac{5}{3}(x-2)^{\frac{2}{3}}, \quad y'' = \frac{5}{3} \cdot \frac{2}{3}(x-2)^{-\frac{1}{3}},$$

当 $x = 2$ 时, y'' 不存在. 但当 $x > 2$ 时, $y'' > 0$, 所以函数 $y = (x-2)^{\frac{5}{3}}$ 在 $x > 2$ 上为凸函数; 当 $x < 2$ 时, $y'' < 0$, 所以函数 $y = (x-2)^{\frac{5}{3}}$ 在 $x > 2$ 上为凹函数. 因此点 $(2, 0)$ 为曲线的拐点.

练习题 4.7

1. 证明不等式:

   (1) $\ln(1+x) > \dfrac{\arctan x}{1+x}, \quad x > 0$;

   (2) $\dfrac{2}{\pi} < \dfrac{\sin x}{x} < 1, \quad x \in \left(0, \dfrac{\pi}{2}\right)$;

   (3) $\left(\dfrac{1+x}{2}\right)^p + \left(\dfrac{1-x}{2}\right)^p \leqslant \dfrac{1}{2}(1+x^p), \quad x \in [0, 1]$, 这里 $p \geqslant 2$;

   (4) $2x < \sin x + \tan x, \quad x \in \left(0, \dfrac{\pi}{2}\right)$.

2. 求下列函数的单调区间:

   (1) $f(x) = \dfrac{1-x}{1+x^2}$;

   (2) $f(x) = x - \ln(1+x)$;

   (3) $f(x) = (1+x)^{\frac{1}{x}}$.

3. 设函数 $f(x)$ 在区间 $[0, +\infty)$ 上可导, $f(0) = 0$, 且 $f'(x)$ 严格单调增加. 求证: $\dfrac{f(x)}{x}$ 在 $(0, +\infty)$ 上也严格单调增加.

4. 求下列函数的极值点与极值:

   (1) $f(x) = \dfrac{\ln^2 x}{x}$;

   (2) $f(x) = x^{\frac{2}{3}} \mathrm{e}^{-x}$;

   (3) $f(x) = \arcsin \dfrac{2x}{1+x^2}$;

   (4) $f(x) = \left(1 + x + \dfrac{x^2}{2!} + \cdots + \dfrac{x^n}{n!}\right) \mathrm{e}^{-x}, \quad n \geqslant 1$.

5. 设函数 $f(x)$ 二阶可导, 且对 $x \in \mathbb{R}$ 满足

$$xf''(x) + 3x(f'(x))^2 = 1 - \mathrm{e}^{-x}.$$

   (1) 若 $f(x)$ 在 $x = c \ (c \neq 0)$ 处取极值, 证明: $f(c)$ 必为极小值;

(2) 若 $f(x)$ 在 $x = 0$ 处取极值, 问 $f(0)$ 是极大值还是极小值?

6. 设 $p > 1$. 证明: 对任意 $0 \leqslant x \leqslant 1$ 有

$$\frac{1}{2^{p-1}} \leqslant x^p + (1 - x)^p \leqslant 1.$$

7. 设函数 $f(x), g(x)$ 均在 $\mathbb{R}$ 上定义, $f(x)$ 二阶可导且满足

$$f''(x) + f'(x)g(x) - f(x) = 0.$$

若 $f(a) = f(b) = 0(a < b)$, 证明: $f(x) \equiv 0, \quad \forall x \in [a, b]$.

8. 求下列函数的凸性区间与拐点:

(1) $f(x) = (x - 1)x^{\frac{2}{3}}$;

(2) $f(x) = x^{\frac{2}{3}}\mathrm{e}^{-x}$;

(3) $f(x) = \dfrac{1 - x^2}{1 + x}$;

(4) $f(x) = x\sin(\ln x)$.

9. 证明不等式:

(1) $(a + b)\ln\dfrac{a + b}{2} \leqslant a\ln a + b\ln b, \ (a, \ b > 0)$;

(2) $\left(\dfrac{a}{p}\right)^p \left(\dfrac{b}{q}\right)^q \leqslant \left(\dfrac{a + b}{p + q}\right)^{p+q}$, 其中 $p, q > 0; a, b \geqslant 0$.

10. 证明詹森 (Jensen) 不等式: 设 $f(x)$ 是区间 I 上的下凸函数. 则对于任意 $x_1, x_2, \cdots, x_n \in I$, 任意 $\lambda_1, \lambda_2, \cdots, \lambda_n > 0$ 且 $\lambda_1 + \lambda_2 + \cdots + \lambda_n = 1$, 有

$$f(\lambda_1 x_1 + \lambda_2 x_2 + \cdots + \lambda_n x_n) \leqslant \lambda_1 f(x_1) + \lambda_2 f(x_2) + \cdots + \lambda_n f(x_n).$$

11. 证明不等式: 设 $\lambda_1, \lambda_2, \cdots, \lambda_n > 0$ 且 $\lambda_1 + \lambda_2 + \cdots + \lambda_n = 1$, 则

$$x_1^{\lambda_1} x_2^{\lambda_2} \cdots x_n^{\lambda_n} \leqslant \lambda_1 x_1 + \lambda_2 x_2 + \cdots + \lambda_n x_n,$$

其中 $x_i > 0, i = 1, 2, \cdots, n$.

12. 设 $f(x)$ 是 $[a, b]$ 上的下凸函数. 证明: 如果 $\exists c \in (a, b) : f(a) = f(c) = f(b)$, 则 $f(x)$ 是常值函数.

13. 设 $a < b < c < d$. 证明: 如果 $f(x)$ 分别是 $[a, c]$ 和 $[b, d]$ 上的下凸函数, 那么 $f(x)$ 在 $[a, d]$ 上也是下凸函数.

14. 设 $f(x)$ 为区间 I 上的严格下凸函数. 证明: $f(x)$ 在 I 上的极小值若存在则必唯一.

15. 设 I 是一个开区间, $f(x)$ 是 I 上的下凸函数. 证明:

(1) 对于任意 $a \in I$, 则 $f(x)$ 在 a 处左右可导, 并且 $f'_-(a) \leqslant f'_+(a)$;

(2) 对于任意 $x_1,\ x_2 \in I$, 若 $x_1 < x_2$, 则 $f'_+(x_1) \leqslant f'_-(x_2)$.

16. 设 I 是一个开区间, $f(x)$ 是 I 上的下凸函数. 证明: 对于任意 $[a,b] \subset I$, $f(x)$ 在 $[a,b]$ 上是利普希茨函数.

17. 设 I 是一个开区间, $f(x)$ 是 I 上的下凸函数的充分必要条件是: 对于任意 $c \in I$, 都存在一个数 a, 使得 $f(x) \geqslant a(x-c) + f(c)$.

18. 设 $f(x)$ 是 $[a,b]$ 上的下凸函数, 证明: 对任意 $x \in [a,b]$, 成立

$$f(x) \leqslant \max\{f(a),\ f(b)\}.$$

19. 设 $f(x)$ 是 $[a,b]$ 上的下凸函数, 证明: $f(x)$ 是 $[a,b]$ 上的有界函数.

4.8 函数图形的描绘

函数的特征提取出以后, 一个直接的应用就是将函数在平面上的大致图形描绘出来. 一般来讲, 与描绘图形相关的函数特征大致可分为两类: 整体特征 (渐近线、自交点个数等) 和局部特征 (极值点、拐点、单调区间、凹凸性等).

4.8.1 渐近线

曲线 C 上的动点 M 沿着曲线离坐标原点无限远移时, 若能与某一直线 l 的距离趋于零, 则称直线 l 为曲线 C 的一条渐近线 (见图 4.8). 渐近线反映了曲线无限延伸时的走向和趋势. 渐近线可分为水平渐近线、垂直渐近线和斜渐近线.

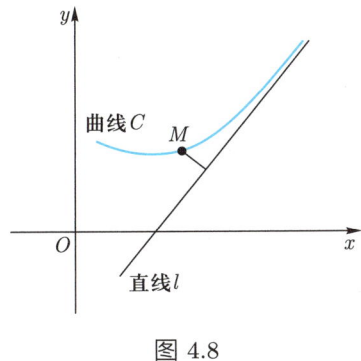

图 4.8

如果 $f(x)$ 具有极限

$$\lim_{x \to +\infty} f(x) = c \text{或} \lim_{x \to -\infty} f(x) = c,$$

则称直线 $y = c$ 为曲线 $y = f(x)$ 的水平渐近线.

如果 $f(x)$ 具有极限

$$\lim_{x \to a^+} f(x) = \infty \text{ 或 } \lim_{x \to a^-} f(x) = \infty,$$

则称直线 $x = a$ 为曲线 $y = f(x)$ 的垂直渐近线.

不与 x 轴平行, 也不与 x 轴垂直的渐近线称为斜渐近线, 其方程为 $y = kx + b$. 由于斜渐近线 $y = kx + b$ 满足

$$\lim_{x \to \infty} [f(x) - (kx + b)] = 0,$$

故斜渐近线系数 k, b 可以用下面的极限确定

$$k = \lim_{x \to \infty} \frac{f(x)}{x}, \quad b = \lim_{x \to \infty} \left(f(x) - kx \right).$$

上述极限过程中, 将 $x \to \infty$ 改为 $x \to +\infty$ 或 $x \to -\infty$ 时, 若极限存在, 也称为曲线的斜渐近线.

例 4.8.1　求曲线 $y = x + \dfrac{1}{x} \cos x$ 的渐近线.

解　因为当 $x \to \infty$ 时, $y \to \infty$, 所以曲线无水平渐近线. 由于

$$\lim_{x \to 0} \left(x + \frac{1}{x} \cos x \right) = \infty,$$

所以 y 轴是曲线的一条垂直渐近线. 又因为

$$k = \lim_{x \to \infty} \frac{x + \dfrac{1}{x} \cos x}{x} = 1,$$

$$b = \lim_{x \to \infty} \left(x + \frac{1}{x} \cos x - 1 \cdot x \right) = 0.$$

所以直线 $y = x$ 是曲线的一条斜渐近线.

综上所述, 曲线的渐近线为 y 轴和直线 $y = x$.

4.8.2　函数图形的描绘

下面介绍函数 $y = f(x)$ 图形的描绘. 具体步骤为:

(1) 确定函数 $y = f(x)$ 的定义域, 研究函数的周期性, 奇偶性;

(2) 计算 $f'(x)$, 求出驻点和导数不存在的点, 列表确定函数的单调区间和极值点;

(3) 计算 $f''(x)$, 求出二阶导数为零的点和二阶导数不存在的点, 列表确定函数的凹凸区间和拐点;

(4) 确定曲线的渐近线;

(5) 计算一些重要点 (如 $x = 0$) 的函数值;

(6) 根据以上数据及函数的变化趋势描绘函数的草图.

例 4.8.2　描绘函数 $y = \dfrac{x^3}{2 \left(x + 1 \right)^2}$ 的图形.

解　函数的定义域为 $(-\infty, -1) \cup (-1, +\infty)$. 显然

$$y' = \frac{x^2 \left(x + 3 \right)}{2 \left(x + 1 \right)^3}, \quad y'' = \frac{3x}{\left(x + 1 \right)^4}.$$

令 $y' = 0$ 得 $x_1 = 0$, $x_2 = -3$, 令 $y'' = 0$ 得 $x = 0$. 列表 4.5 如下:

表 4.5

x	$(-\infty, -3)$	-3	$(-3, -1)$	$(-1, 0)$	0	$(0, +\infty)$
y'	+	0	−	+	0	+
y''	−	−	−	−	0	+
y	单调增加, 凹	极大值	单调减少, 凹	单调增加, 凹	拐点	单调增加, 凸

由表 4-5 知, 函数的极大值 $y(-3) = -\dfrac{27}{8}$, 曲线拐点为 $(0, 0)$.

显然曲线无水平渐近线. 由于 $\lim\limits_{x \to -1} \dfrac{x^3}{2(1+x)^2} = \infty$, 所以 $x = -1$ 是垂直渐近线. 又由于

$$k = \lim_{x \to \infty} \frac{y}{x} = \lim_{x \to \infty} \frac{x^2}{2(1+x)^2} = \frac{1}{2},$$
$$b = \lim_{x \to \infty} (y - kx) = \lim_{x \to \infty} \left(\frac{x^3}{2(1+x)^2} - \frac{1}{2}x \right) = -1.$$

所以, 曲线有斜渐近线 $y = \dfrac{1}{2}x - 1$. 计算几个主要的点坐标 $\left(1, \dfrac{1}{8}\right)$, $\left(2, \dfrac{4}{9}\right)$, 并画出函数的图形, 参见图 4.9.

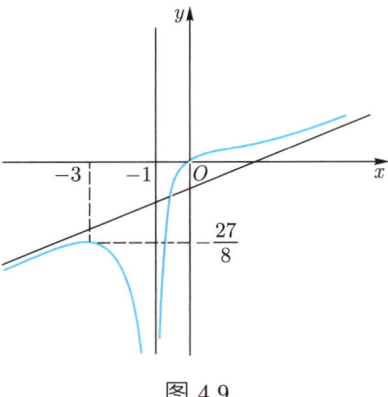

图 4.9

练习题 4.8

1. 求下列曲线的渐近线方程:

(1) $y = \dfrac{x^2}{1+x}$;

(2) $y = (2+x)\mathrm{e}^{\frac{1}{x}}$;

(3) $y = \ln \dfrac{1+x}{1-x}$;

(4) $y = x^3 \left(\mathrm{e}^{\frac{1}{x}} + \mathrm{e}^{-\frac{1}{x}} - 2 \right)$;

(5) $y = x^5 \left(\cos \dfrac{1}{x} - \mathrm{e}^{-\frac{1}{2x^2}} \right)$.

2. 作出下列函数的图像:

(1) $y = x - \ln(1 + x)$;

(2) $y = \dfrac{x^4}{(1 + x)^3}$;

(3) $y = \sqrt[3]{x^3 - x^2 - x + 1}$;

(4) $y = \arccos \left(\dfrac{3}{2} - \sin x \right)$.

3. 讨论方程 $\ln x - \dfrac{x}{\mathrm{e}} = k$ 在 $(0, +\infty)$ 上实根的个数.

4. 设当 $x > 0$ 时, 方程 $kx + \dfrac{1}{x^2} = 1$ 只有唯一解, 求 k 的取值范围.

第五章

不定积分

5.1　不定积分的概念及性质

5.2　分部积分法和换元积分法

5.2.1　分部积分法
5.2.2　第一换元积分法
5.2.3　第二换元积分法

5.3　几类特殊的初等函数的不定积分

5.3.1　有理函数的不定积分
5.3.2　三角函数有理式的不定积分
5.3.3　简单无理函数的不定积分

5.1 不定积分的概念及性质

不定积分是积分学中十分重要的概念, 这个概念常常跟一些物理量和几何量的计算相关联. 例如, 考虑沿直线运动的质点. 已知质点所走过的路程 $s = s(t)$, 则通过求 $s(t)$ 的导数可以求出质点在某一时刻 t 的瞬时速度 $v(t) = s'(t)$. 反过来, 已知质点在每个时刻的瞬时速度 $v(t)$, 如果要求质点所走过的路程 $s(t)$, 这时问题就归结为: 寻求一个未知函数 $s(t)$, 使之以已知函数 $v(t)$ 为导数. 通常这个 $s(t)$ 称为 $v(t)$ 的一个原函数. 计算原函数的过程又称为求不定积分.

定义 5.1.1　设 I 是一个区间, $f(x)$ 和 $F(x)$ 是定义在 I 上的函数. 如果对任意 $x \in I$, 都有 $F'(x) = f(x)$, 则称 $F(x)$ 是 $f(x)$ 在区间 I 上的一个原函数.

例如, 考察函数 $f(x) = \cos x$. 由于 $(\sin x)' = \cos x$, $x \in (-\infty, +\infty)$, 故 $F(x) = \sin x$ 是 $\cos x$ 在 $(-\infty, +\infty)$ 上的一个原函数. 又 $(\sin x + 1)' = \cos x$, 故 $G(x) = \sin x + 1$ 也是 $\cos x$ 在 $(-\infty, +\infty)$ 上的一个原函数. 事实上, 对任意的常数 C, 都有 $(\sin x + C)' = \cos x$. 因此, 对任意的常数 C, $G(x) = \sin x + C$ 都是 $\cos x$ 在 $\mathbb{R}$ 上的原函数.

一般地, 如果 $F(x)$ 是 $f(x)$ 在区间 I 上的任一原函数, C 是任意的常数, 则

$$\frac{\mathrm{d}}{\mathrm{d}x}(F(x) + C) = F'(x) = f(x).$$

因此 $F(x) + C$ 也是 $f(x)$ 的原函数. 另一方面, 由拉格朗日中值定理可知, 对于 $f(x)$ 在区间 I 上的任意两个原函数 $F(x)$ 和 $G(x)$, 必存在常数 C, 使得

$$G(x) = F(x) + C.$$

综上所述, 如果 $F(x)$ 是 $f(x)$ 在区间 I 上的一个原函数, 则 $f(x)$ 所有可能的原函数都具有形式 $F(x) + C$, 其中 C 是某个常数. 于是我们给出下列不定积分的定义.

定义 5.1.2　设 $F(x)$ 是 $f(x)$ 在区间 I 上的一个原函数. 函数 $f(x)$ 在 I 上的所有原函数的全体称为 $f(x)$ 在 I 上的不定积分, 记为

$$\int f(x)\mathrm{d}x = F(x) + C,$$

其中 C 为任意常数. 这里 $\int$ 称为积分号, $f(x)$ 称为被积函数, x 称为积分变量.

在此, 有必要提醒读者, 在今后的行文中, 我们往往简单地说"$F(x)$ 是 $f(x)$ 的一个原函数"而隐去了"在区间 I 上", 这只是说我们默认了它们是对某一区间而言的. 另外, 关于原函数的存在问题, 我们将在下一章中证明区间 I 上的连续函数存在原函数. 所以在下面的章节中, 我们讨论连续函数的不定积分.

由原函数和不定积分的定义可以知道

$$\left(\int f(x)\mathrm{d}x\right)' = f(x), \quad \int f'(x)\mathrm{d}x = f(x) + C.$$

若用微分的记号表示, 就是

$$\mathrm{d}\left(\int f(x)\mathrm{d}x\right) = f(x)\mathrm{d}x, \quad \int \mathrm{d}f(x) = f(x) + C.$$

因此, 在允许相差一个常数的意义下, 求不定积分这一运算恰好是求导数或求微分的逆运算. 于是对于每一个求导公式, 都有一个不定积分公式. 我们把它们对应地列出来, 这些公式是求解其他函数不定积分的基础, 务必牢记.

$$\mathrm{d}x^{\alpha} = \alpha x^{\alpha-1}\mathrm{d}x; \qquad \int x^{\alpha}\mathrm{d}x = \frac{1}{\alpha+1}x^{\alpha+1} + C \ (\alpha \neq -1);$$

$$\mathrm{d}\ln|x| = \frac{1}{x}\mathrm{d}x; \qquad \int \frac{1}{x}\mathrm{d}x = \ln|x| + C;$$

$$\mathrm{d}\mathrm{e}^{x} = \mathrm{e}^{x}\mathrm{d}x; \qquad \int \mathrm{e}^{x}\mathrm{d}x = \mathrm{e}^{x} + C;$$

$$\mathrm{d}a^{x} = a^{x}\ln a\mathrm{d}x; \qquad \int a^{x}\mathrm{d}x = \frac{1}{\ln a}a^{x} + C \ (a > 0,\ a \neq 1);$$

$$\mathrm{d}\sin x = \cos x\mathrm{d}x; \qquad \int \cos x\mathrm{d}x = \sin x + C;$$

$$\mathrm{d}\cos x = -\sin x\mathrm{d}x; \qquad \int \sin x\mathrm{d}x = -\cos x + C;$$

$$\mathrm{d}\tan x = \sec^{2} x\mathrm{d}x; \qquad \int \sec^{2} x\mathrm{d}x = \tan x + C;$$

$$\mathrm{d}\cot x = -\csc^{2} x\mathrm{d}x; \qquad \int \csc^{2} x\mathrm{d}x = -\cot x + C;$$

$$\mathrm{d}\sec x = \sec x\tan x\mathrm{d}x; \qquad \int \sec x\tan x\mathrm{d}x = \sec x + C;$$

$$\mathrm{d}\csc x = -\csc x\cot x\mathrm{d}x; \qquad \int \csc x\cot x\mathrm{d}x = -\csc x + C;$$

$$\mathrm{d}\arcsin x = \frac{1}{\sqrt{1-x^{2}}}\mathrm{d}x; \qquad \int \frac{1}{\sqrt{1-x^{2}}}\mathrm{d}x = \arcsin x + C;$$

$$\mathrm{d}\arctan x = \frac{1}{1+x^{2}}\mathrm{d}x; \qquad \int \frac{1}{1+x^{2}}\mathrm{d}x = \arctan x + C.$$

另外, 由导数的运算法则可得相应的不定积分的运算法则.

定理 5.1.3 设 $f(x)$ 和 $g(x)$ 的不定积分存在, 则 $f(x) \pm g(x)$, $kf(x)(k \neq 0$ 为常数$)$ 的不定积分也存在, 且

(1) $\displaystyle\int (f(x) + g(x))\,\mathrm{d}x = \int f(x)\mathrm{d}x + \int g(x)\mathrm{d}x$;

(2) $\displaystyle\int kf(x)\mathrm{d}x = k \int f(x)\mathrm{d}x$.

证明 我们给出 (1) 的证明, 用同样的方法可以证明 (2). 设 $f(x)$ 和 $g(x)$ 的一个原函数分别为 $F(x)$ 和 $G(x)$, 即 $F'(x) = f(x)$ 和 $G'(x) = g(x)$, 所以

$$(F(x) + G(x))' = f(x) + g(x).$$

因此函数 $f(x) + g(x)$ 有不定积分, 且

$$\int (f(x) + g(x))\,\mathrm{d}x = F(x) + G(x) + C.$$

而

$$\int f(x)\mathrm{d}x + \int g(x)\mathrm{d}x = (F(x) + C_1) + (G(x) + C_2) = F(x) + G(x) + (C_1 + C_2),$$

此处 $C_1 + C_2$ 也为任意常数. $\qquad\square$

下面举例说明不定积分的计算.

例 5.1.4 计算不积分 $\displaystyle\int \left(\sqrt{x} + \frac{1}{\sqrt{x}} + \frac{2}{x} + x^2\right)\mathrm{d}x$.

解 原式 $= \displaystyle\int x^{\frac{1}{2}}\mathrm{d}x + \int x^{-\frac{1}{2}}\mathrm{d}x + 2\int x^{-1}\mathrm{d}x + \int x^2\mathrm{d}x$

$\qquad = \dfrac{2}{3}x^{\frac{3}{2}} + 2x^{\frac{1}{2}} + 2\ln|x| + \dfrac{1}{3}x^3 + C.$

例 5.1.5 计算不定积分 $\displaystyle\int \frac{2 + \sin^2 x}{\cos^2 x}\mathrm{d}x$.

解 原式 $= \displaystyle\int (2\sec^2 x + \tan^2 x)\mathrm{d}x = \int (3\sec^2 x - 1)\mathrm{d}x = 3\tan x - x + C.$

练习题 5.1

计算下列不定积分:

(1) $\displaystyle\int \left(\frac{2 - x^3}{x^2}\right)^2 \mathrm{d}x$;

(2) $\displaystyle\int (1 - 2x)^2 \sqrt{x}\mathrm{d}x$;

(3) $\displaystyle\int \frac{\cos 2x}{\sin x - \cos x}\mathrm{d}x$;

(4) $\displaystyle\int \frac{x^2}{1+x^2}\mathrm{d}x$;

(5) $\displaystyle\int \tan^2 x\mathrm{d}x$;

(6) $\displaystyle\int \frac{x^4}{1+x^2}\mathrm{d}x$;

(7) $\displaystyle\int \left(2^x+3^x\right)^2\mathrm{d}x$;

(8) $\displaystyle\int \frac{\mathrm{e}^{3x}+1}{\mathrm{e}^x+1}\mathrm{d}x$;

(9) $\displaystyle\int \frac{1}{x^4\left(1+x^2\right)}\mathrm{d}x$;

(10) $\displaystyle\int \frac{1}{\sin^2 x\cos^2 x}\mathrm{d}x$.

5.2 分部积分法和换元积分法

第一节中, 我们已经知道不定积分可以看作是求导的逆运算. 利用莱布尼茨求导法则和复合函数的链式求导法则, 可以求出一般复杂函数的导数. 反过来, 对于乘积函数的莱布尼茨求导法则, 我们可以得到不定积分的分部积分法, 而复合函数的链式求导法则, 则对应于不定积分的换元积分法. 利用分部积分法和换元积分法, 则可以计算一般复杂函数的不定积分. 下面分别介绍这两种积分法.

5.2.1 分部积分法

设 $u(x)$ 和 $v(x)$ 是两个连续可导的函数, 由莱布尼茨求导法则知

$$(uv)' = u'v + uv'.$$

对上式两端求不定积分得

$$C + u(x)v(x) = \int u'(x)v(x)\mathrm{d}x + \int u(x)v'(x)\mathrm{d}x.$$

即

$$\int u(x)v'(x)\mathrm{d}x = u(x)v(x) - \int u'(x)v(x)\mathrm{d}x.$$

上式也可以写成

$$\int u\mathrm{d}v = uv - \int v\mathrm{d}u.$$

我们称上述公式为分部积分公式.

例 5.2.1 求不定积分 $\int x\mathrm{e}^{-x}\mathrm{d}x$.

解 $\int x\mathrm{e}^x\mathrm{d}x = \int x\mathrm{d}\mathrm{e}^x = x\mathrm{e}^x - \int \mathrm{e}^x\mathrm{d}x = x\mathrm{e}^x - \mathrm{e}^x + C.$

例 5.2.2 求不定积分 $\int x^2\cos x\mathrm{d}x$.

解
$$\begin{aligned}
\int x^2\cos x\mathrm{d}x &= \int x^2\mathrm{d}\sin x \\
&= x^2\sin x - 2\int x\sin x\mathrm{d}x \\
&= x^2\sin x + 2\int x\mathrm{d}\cos x \\
&= x^2\sin x + 2x\cos x - 2\int \cos x\mathrm{d}x
\end{aligned}$$

$$= x^2 \sin x + 2x \cos x - 2 \sin x + C.$$

例 5.2.3　求不定积分 $\displaystyle\int x^4 \ln x \mathrm{d}x$.

解
$$\int x^4 \ln x \mathrm{d}x = \frac{1}{5} \int \ln x \mathrm{d}(x^5)$$
$$= \frac{1}{5} x^5 \ln x - \frac{1}{5} \int x^4 \mathrm{d}x$$
$$= \frac{1}{5} x^5 \ln x - \frac{1}{25} x^5 + C.$$

例 5.2.4　求不定积分 $\displaystyle\int \arcsin x \mathrm{d}x$.

解
$$\int \arcsin x \mathrm{d}x = x \arcsin x - \int x \mathrm{d}(\arcsin x)$$
$$= x \arcsin x - \int \frac{x}{\sqrt{1-x^2}} \mathrm{d}x$$
$$= x \arcsin x + \frac{1}{2} \int \frac{1}{\sqrt{1-x^2}} \mathrm{d}(1-x^2)$$
$$= x \arcsin x + \sqrt{1-x^2} + C.$$

例 5.2.5　求不定积分 $I = \displaystyle\int \csc^4 x \mathrm{d}x$.

解　由于

$$I = \int \csc^2 x \mathrm{d}(-\cot x) = -\csc^2 x \cot x + \int \cot x \mathrm{d}(\csc^2 x)$$
$$= -\cot x \csc^2 x - 2 \int (\csc^4 x - \csc^2 x) \mathrm{d}x$$
$$= -\cot x \csc^2 x - 2I - 2\cot x.$$

所以
$$I = -\frac{1}{3} \left(\cot x \csc^2 x + 2 \cot x \right) + C.$$

例 5.2.6　求不定积分 $I = \displaystyle\int \mathrm{e}^x \sin x \mathrm{d}x$.

解　由于

$$\int \mathrm{e}^x \sin x \mathrm{d}x = \int \sin x \mathrm{d}(\mathrm{e}^x)$$
$$= \mathrm{e}^x \sin x - \int \mathrm{e}^x \mathrm{d}(\sin x)$$
$$= \mathrm{e}^x \sin x - \int \mathrm{e}^x \cos x \mathrm{d}x$$

$$= \mathrm{e}^x \sin x - \int \cos x \mathrm{d}(\mathrm{e}^x)$$

$$= \mathrm{e}^x \sin x - \mathrm{e}^x \cos x - \int \mathrm{e}^x \sin x \mathrm{d}x.$$

所以

$$I = \frac{\mathrm{e}^x}{2}(\sin x - \cos x) + C.$$

最后用分部积分给出两个递推公式.

例 5.2.7 求不定积分 $I_n = \int \frac{1}{(1+x^2)^n}\mathrm{d}x$, 其中 n 是正整数.

解 由分部积分公式知

$$I_n = \int \frac{1}{(1+x^2)^n}\mathrm{d}x = \frac{x}{(1+x^2)^n} + 2n\int \frac{x^2}{(1+x^2)^{n+1}}\mathrm{d}x$$

$$= \frac{x}{(1+x^2)^n} + 2n\int \left(\frac{1}{(1+x^2)^n} - \frac{1}{(1+x^2)^{n+1}}\right)\mathrm{d}x$$

$$= \frac{x}{(1+x^2)^n} + 2nI_n - 2nI_{n+1}.$$

因此得到递推公式

$$I_{n+1} = \frac{1}{2n} \cdot \frac{x}{(1+x^2)^n} + \left(1 - \frac{1}{2n}\right)I_n, \ n \in \mathbb{N}_+.$$

因为 $I_1 = \arctan x + C$, 所以

$$I_2 = \frac{x}{2(1+x^2)} + \frac{1}{2}\arctan x + C,$$

如此等等.

例 5.2.8 求不定积分 $I_n = \int \sin^n x \mathrm{d}x$, 其中 n 是正整数.

解 由分部积分公式知

$$I_n = -\int \sin^{n-1} x \mathrm{d}\cos x$$

$$= -\sin^{n-1} x \cos x + (n-1)\int \cos^2 x \sin^{n-2} x \mathrm{d}x$$

$$= -\sin^{n-1} x \cos x + (n-1)I_{n-2} - (n-1)I_n,$$

所以得到递推公式

$$I_n = -\frac{\sin^{n-1} x \cos x}{n} + \frac{n-1}{n}I_{n-2}.$$

同理可得

$$I_n = \int \cos^n x \mathrm{d}x = \frac{\cos^{n-1} x \sin x}{n} + \frac{n-1}{n}I_{n-2}.$$

5.2.2   第一换元积分法

第一换元法也称凑微分法或直接代换法. 如果函数 $f(u)$ 有原函数 $F(u)$, 即

$$\int f(u)\mathrm{d}u = F(u) + C,$$

则当 $u = u(x)$ 可微时, 根据复合函数的求导法则可知

$$(F(u(x)))' = F'(u(x))u'(x) = f(u(x))u'(x).$$

因此, $F(u(x))$ 是函数 $f(u(x))u'(x)$ 的原函数, 从而得到

$$\int f(u(x))u'(x)\mathrm{d}x = F(u(x)) + C.$$

我们把上面的推导连起来写得到

$$\int f(u(x))u'(x)\mathrm{d}x = \int f(u(x))\mathrm{d}u(x)$$

$$\underline{u(x) = u}\int f(u)\mathrm{d}u = F(u) + C$$

$$\underline{\underline{u = u(x)}}F(u(x)) + C.$$

上述通过变量代换 $u = u(x)$ 计算不定积分 $\int f(u(x))u'(x)\mathrm{d}x$ 的方法称为第一换元法. 对简单的题, 变量代换这一步无需写明, 可直接写成

$$\int f(u(x))u'(x)\mathrm{d}x = \int f(u(x))\mathrm{d}u(x) = F(u(x)) + C.$$

例 5.2.9   求不定积分 $\int \dfrac{1}{a^2 + x^2}\mathrm{d}x \ (a \neq 0)$.

解

$$\int \frac{1}{a^2 + x^2}\mathrm{d}x = \int \frac{1}{a^2\left(1 + \left(\frac{x}{a}\right)^2\right)}\mathrm{d}x = \frac{1}{a}\int \frac{1}{1 + \left(\frac{x}{a}\right)^2}\mathrm{d}\left(\frac{x}{a}\right) = \frac{1}{a}\arctan\frac{x}{a} + C.$$

例 5.2.10   求不定积分 $\int \dfrac{1}{\sqrt{a^2 - x^2}}\mathrm{d}x \ (a > 0)$.

解

$$\int \frac{1}{\sqrt{a^2 - x^2}}\mathrm{d}x = \int \frac{1}{a\sqrt{1 - \left(\frac{x}{a}\right)^2}}\mathrm{d}x = \int \frac{1}{\sqrt{1 - \left(\frac{x}{a}\right)^2}}\mathrm{d}\left(\frac{x}{a}\right) = \arcsin\frac{x}{a} + C.$$

例 5.2.11   求不定积分 $\int \dfrac{1}{a^2 - x^2}\mathrm{d}x \ (a \neq 0)$.

解

$$\int \frac{1}{a^2 - x^2} \mathrm{d}x = \int \frac{\mathrm{d}x}{(a+x)(a-x)}$$

$$= \frac{1}{2a} \int \left(\frac{1}{a+x} + \frac{1}{a-x} \right) \mathrm{d}x = \frac{1}{2a} \int \frac{\mathrm{d}(a+x)}{a+x} - \frac{1}{2a} \int \frac{\mathrm{d}(a-x)}{a-x}$$

$$= \frac{1}{2a} \ln|a+x| - \frac{1}{2a} \ln|a-x| + C$$

$$= \frac{1}{2a} \ln \left| \frac{a+x}{a-x} \right| + C.$$

例 5.2.12 求不定积分 $\displaystyle\int \tan x \mathrm{d}x$ 和 $\displaystyle\int \cot x \mathrm{d}x$.

解 $\displaystyle\int \tan x \mathrm{d}x = \int \frac{\sin x}{\cos x} \mathrm{d}x = -\int \frac{1}{\cos x} \mathrm{d}\cos x = -\ln|\cos x| + C.$

同理, 可以得到

$$\int \cot x \mathrm{d}x = \ln|\sin x| + C.$$

例 5.2.13 求不定积分 $\displaystyle\int \sec x \mathrm{d}x$ 和 $\displaystyle\int \csc x \mathrm{d}x$.

解 $\displaystyle\int \sec x \mathrm{d}x = \int \frac{\cos x \mathrm{d}x}{\cos^2 x} = \int \frac{\mathrm{d}\sin x}{1 - \sin^2 x}$

$$= \frac{1}{2} \ln \left| \frac{1 + \sin x}{1 - \sin x} \right| + C = \frac{1}{2} \ln \left| \frac{(1 + \sin x)^2}{1 - \sin^2 x} \right| + C$$

$$= \ln \left| \frac{1 + \sin x}{\cos x} \right| + C = \ln|\sec x + \tan x| + C.$$

同理, 可以得到

$$\int \csc x \mathrm{d}x = \ln|\csc x - \cot x| + C.$$

下面举几个较为复杂的例子.

例 5.2.14 求不定积分 $\displaystyle\int \frac{1}{x\sqrt{x^2 - 1}} \mathrm{d}x$.

解

$$\int \frac{1}{x\sqrt{x^2 - 1}} \mathrm{d}x = \int \frac{1}{x^2 \sqrt{1 - \frac{1}{x^2}}} \mathrm{d}x = -\int \frac{1}{\sqrt{1 - \left(\frac{1}{x}\right)^2}} \mathrm{d}\frac{1}{x} = -\arcsin \frac{1}{x} + C.$$

例 5.2.15 求不定积分 $\displaystyle\int \frac{1}{1 + \cos^2 x} \mathrm{d}x$.

解 $\displaystyle\int \frac{1}{1 + \cos^2 x} \mathrm{d}x = \int \frac{\sec^2 x}{\sec^2 x + 1} \mathrm{d}x = \int \frac{1}{2 + \tan^2 x} \mathrm{d}\tan x$

$$= \frac{1}{\sqrt{2}} \int \frac{1}{1 + \left(\frac{\tan x}{\sqrt{2}}\right)^2} \mathrm{d}\left(\frac{\tan x}{\sqrt{2}}\right)$$

$$= \frac{1}{\sqrt{2}} \arctan\left(\frac{\tan x}{\sqrt{2}}\right) + C.$$

例 5.2.16 求不定积分 $\displaystyle\int \frac{x+2}{x^2 - 4x + 6} \mathrm{d}x$.

解
$$\int \frac{x+2}{x^2 - 4x + 6}\mathrm{d}x = \frac{1}{2}\int \frac{(2x - 4 + 8)\mathrm{d}x}{x^2 - 4x + 6}$$

$$= \frac{1}{2}\int \frac{(2x-4)\mathrm{d}x}{x^2 - 4x + 6} + 4\int \frac{\mathrm{d}x}{x^2 - 4x + 6}$$

$$= \frac{1}{2}\int \frac{\mathrm{d}(x^2 - 4x + 6)}{x^2 - 4x + 6} + 4\int \frac{\mathrm{d}(x - 2)}{(x-2)^2 + 2}$$

$$= \frac{1}{2}\ln|x^2 - 4x + 6| + 2\sqrt{2}\arctan\frac{x-2}{\sqrt{2}} + C.$$

5.2.3 第二换元积分法

在第一换元法中, 如果把计算过程倒过来看, 便得到不定积分的第二换元法, 具体归结为如下定理:

定理 5.2.17   设 $x = \varphi(t)$ 在某一开区间上连续可导, 且 $\varphi'(t) \neq 0$,

$$\int f(\varphi(t))\,\varphi'(t)\,\mathrm{d}t = G(t) + C,$$

则

$$\int f(x)\mathrm{d}x = G(\varphi^{-1}(x)) + C.$$

证明   由 $\varphi'(t) \neq 0$ 和达布定理知, $\varphi'(t)$ 恒大于 0 或恒小于 0. 所以 $\varphi(t)$ 是严格单调的连续函数, 从而其反函数 $\varphi^{-1}(x)$ 存在且连续. 利用复合函数求导法和反函数的求导法, 得到

$$\frac{\mathrm{d}}{\mathrm{d}x}\left(G(\varphi^{-1}(x)) + C\right) = G'(t)\left(\varphi^{-1}(x)\right)' = f(\varphi(t))\,\varphi'(t)\,\frac{1}{\varphi'(t)} = f(x).$$

因此结论成立.   □

第二换元法也常常写成下列形式

$$\int f(x)\mathrm{d}x \xlongequal{x=\varphi(t)} \int f(\varphi(t))\,\varphi'(t)\,\mathrm{d}t = G(t) + C$$

$$\xlongequal{t=\varphi^{-1}(x)} G(\varphi^{-1}(x)) + C.$$

第二换元法常用来求无理函数的积分, 即通过变换将被积函数的根式去掉, 化成比较容易求的积分.

例 5.2.18 求不定积分 $\int \dfrac{1}{\sqrt{a^2 + x^2}}\mathrm{d}x \ (a > 0)$.

解 为把被积函数的根号去掉, 可作换元 $x = a\tan t$, 于是

$$\sqrt{a^2 + x^2} = \sqrt{a^2\left(1 + \tan^2 t\right)} = a\sec t, \quad \mathrm{d}x = a\sec^2 t\mathrm{d}t.$$

因此

$$\begin{aligned}
\int \frac{1}{\sqrt{a^2 + x^2}}\mathrm{d}x &= \int \frac{a\sec^2 t}{a\sec t}\mathrm{d}t = \int \sec t\mathrm{d}t \\
&= \ln|\sec t + \tan t| + C_1 \\
&= \ln\left(\frac{\sqrt{a^2 + x^2}}{a} + \frac{x}{a}\right) + C_1 \\
&= \ln\left(x + \sqrt{a^2 + x^2}\right) + C.
\end{aligned}$$

例 5.2.19 求不定积分 $\int \dfrac{1}{\sqrt{x^2 - a^2}}\mathrm{d}x(a > 0)$.

解 为把被积函数的根号去掉, 可作换元 $x = a\sec t$, 于是

$$\sqrt{x^2 - a^2} = a\tan t, \mathrm{d}x = a\sec t\tan t\mathrm{d}t.$$

因此

$$\int \frac{1}{\sqrt{x^2 - a^2}}\mathrm{d}x = \int \sec t\mathrm{d}t = \ln|\sec t + \tan t| + C_1 = \ln\left|x + \sqrt{x^2 - a^2}\right| + C.$$

例 5.2.20 求不定积分 $\int \sqrt{a^2 - x^2}\mathrm{d}x \ (a > 0)$.

解 为把被积函数的根号去掉, 可作换元 $x = a\sin t$, 于是

$$\sqrt{a^2 - x^2} = a\cos t, \qquad \mathrm{d}x = a\cos t\mathrm{d}t.$$

因此

$$\begin{aligned}
\int \sqrt{a^2 - x^2}\mathrm{d}x &= \int a^2\cos^2 t\mathrm{d}t = a^2\int \frac{1 + \cos 2t}{2}\mathrm{d}t \\
&= \frac{a^2}{2}\left(t + \cos t\sin t\right) + C \\
&= \frac{1}{2}x\sqrt{a^2 - x^2} + \frac{a^2}{2}\arcsin\frac{x}{a} + C.
\end{aligned}$$

上述积分也可以用分部积分公式计算, 即

$$\int \sqrt{a^2 - x^2}\mathrm{d}x = x\sqrt{a^2 - x^2} + \int \frac{x^2}{\sqrt{a^2 - x^2}}\mathrm{d}x$$

$$= x\sqrt{a^2 - x^2} + \int \frac{a^2}{\sqrt{a^2 - x^2}}\mathrm{d}x - \int \sqrt{a^2 - x^2}\mathrm{d}x$$

$$= x\sqrt{a^2 - x^2} + a^2 \arcsin \frac{x}{a} - \int \sqrt{a^2 - x^2}\mathrm{d}x.$$

于是可得:

$$\int \sqrt{a^2 - x^2}\mathrm{d}x = \frac{1}{2}x\sqrt{a^2 - x^2} + \frac{a^2}{2}\arcsin\frac{x}{a} + C.$$

同理, 对于不定积分 $\int \sqrt{x^2 \pm a^2}\mathrm{d}x$ 也可作三角代换, 或者用分部积分公式, 计算得到

$$\int \sqrt{x^2 \pm a^2}\mathrm{d}x = \frac{1}{2}x\sqrt{x^2 \pm a^2} \pm \frac{a^2}{2}\ln\left|x + \sqrt{x^2 \pm a^2}\right| + C.$$

在求不定积分时, 我们也可以将分部积分法和换元积分法结合起来使用.

例 5.2.21   求不定积分 $\int \dfrac{x \arctan x}{(1 + x^2)^2}\mathrm{d}x$.

解: 首先用分部积分法可得

$$\int \frac{x\arctan x}{(1+x^2)^2}\mathrm{d}x = -\frac{1}{2}\int \arctan x\,\mathrm{d}\left(\frac{1}{1+x^2}\right)$$

$$= -\frac{\arctan x}{2(1+x^2)} + \frac{1}{2}\int \frac{1}{1+x^2}\mathrm{d}\arctan x.$$

然后对最后一个积分作变量代换 $t = \arctan x$, 就有

$$\frac{1}{2}\int \frac{1}{1+x^2}\mathrm{d}(\arctan x) = \frac{1}{2}\int \frac{1}{1+\tan^2 t}\mathrm{d}t = \frac{1}{2}\int \cos^2 t\,\mathrm{d}t$$

$$= \frac{1}{4}\int (1 + \cos 2t)\mathrm{d}t = \frac{1}{4}t + \frac{1}{8}\sin 2t + C$$

$$= \frac{1}{4}\arctan x + \frac{1}{4}\cdot \frac{x}{1+x^2} + C.$$

将上面的结果合并起来得到

$$\int \frac{x\arctan x}{(1+x^2)^2}\mathrm{d}x = \frac{1}{4}\left(\frac{x^2-1}{x^2+1}\right)\arctan x + \frac{x}{4(1+x^2)} + C.$$

以上给出了一些求不定积分的方法, 这些方法必须通过大量的练习才能熟练掌握. 不定积分和求导不一样, 对于给定的初等函数, 我们总能求它的导数, 并且初等函数的导数仍为初等函数. 而求不定积分就不那么简单, 有些初等函数的不定积分不一定是初等函数. 如不定积分 $\int \mathrm{e}^{-x^2}\mathrm{d}x$, $\int \dfrac{\sin x}{x}\mathrm{d}x$, $\int \sin x^2\mathrm{d}x$, $\int \dfrac{1}{\ln x}\mathrm{d}x$ 等. 这些被积函数都有原函数, 但是原函数不是初等函数. 如果原函数是初等函数, 我们通常就说不定积分可以积出来, 否则就说不定积分积不出来.

练习题 5.2

1. 求下列不定积分:

(1) $\displaystyle\int x\cos x\mathrm{d}x$;

(2) $\displaystyle\int x\ln x\mathrm{d}x$;

(3) $\displaystyle\int \mathrm{e}^x\cos x\mathrm{d}x$;

(4) $\displaystyle\int x^2\cos x\mathrm{d}x$;

(5) $\displaystyle\int x^n\ln x\mathrm{d}x$;

(6) $\displaystyle\int \arccos x\mathrm{d}x$;

(7) $\displaystyle\int x\arctan x\mathrm{d}x$;

(8) $\displaystyle\int \arcsin\sqrt{\dfrac{x}{1+x}}\mathrm{d}x$;

(9) $\displaystyle\int \dfrac{\mathrm{e}^{\arctan x}}{(1+x^2)^{\frac{3}{2}}}\mathrm{d}x$;

(10) $\displaystyle\int x\ln(x+\sqrt{1+x^2})\mathrm{d}x$;

(11) $\displaystyle\int \dfrac{\arctan x}{x^2}\mathrm{d}x$;

(12) $\displaystyle\int \dfrac{x}{\cos^2 x}\mathrm{d}x$;

(13) $\displaystyle\int \cos\ln x\mathrm{d}x$;

(14) $\displaystyle\int \sqrt{x}\ln^2 x\mathrm{d}x$.

2. 求下列不定积分:

(1) $\displaystyle\int \mathrm{e}^{5x}\mathrm{d}x$;

(2) $\displaystyle\int \cos 3x\mathrm{d}x$;

(3) $\displaystyle\int \dfrac{\mathrm{d}x}{\cos^2 7x}$;

(4) $\displaystyle\int x\sqrt{1+x^2}\mathrm{d}x$;

(5) $\displaystyle\int \cos^3 x\sin x\mathrm{d}x$;

(6) $\displaystyle\int \dfrac{\sin 2x}{\sqrt{1+\sin^2 x}}\mathrm{d}x$;

(7) $\displaystyle\int \frac{\sqrt{\tan x+1}}{\cos^2 x}\mathrm{d}x$;

(8) $\displaystyle\int \frac{\mathrm{e}^x}{1+4\mathrm{e}^x}\mathrm{d}x$;

(9) $\displaystyle\int \tan^4 x\mathrm{d}x$;

(10) $\displaystyle\int \mathrm{e}^{\sin x}\cos x\mathrm{d}x$;

(11) $\displaystyle\int \frac{\sin\sqrt{x}}{\sqrt{x}}\mathrm{d}x$;

(12) $\displaystyle\int \sqrt{\frac{1-x}{1+x}}\mathrm{d}x$;

(13) $\displaystyle\int \frac{1+\sqrt{1-x^2}}{1-\sqrt{1-x^2}}\mathrm{d}x$;

(14) $\displaystyle\int \frac{1}{\sqrt{1+\mathrm{e}^{2x}}}\mathrm{d}x$;

(15) $\displaystyle\int \frac{\sin x+\cos x}{\sqrt[3]{\sin x-\cos x}}\mathrm{d}x$;

(16) $\displaystyle\int \frac{1}{\sqrt{1+x+x^2}}\mathrm{d}x$;

(17) $\displaystyle\int \sqrt{\frac{\ln\left(x+\sqrt{1+x^2}\right)}{1+x^2}}\mathrm{d}x$;

(18) $\displaystyle\int \frac{1}{a^2\sin^2 x+b^2\cos^2 x}\mathrm{d}x, a^2+b^2\neq 0$.

3. 导出下列不定积分的递推公式:

(1) $\displaystyle I_n=\int \sin^n x\mathrm{d}x$;

(2) $\displaystyle I_n=\int x^n\mathrm{e}^{-x}\mathrm{d}x$;

(3) $\displaystyle I_n=\int \frac{x^n}{\sqrt{1-x^2}}\mathrm{d}x$.

5.3   几类特殊的初等函数的不定积分

在本节中, 首先我们将讨论有理函数的不定积分, 证明有理函数的原函数是初等函数; 然后我们将讨论其他类型的不定积分, 它们的共同特点是通过适当的变量代换可将所求不定积分化为有理函数的不定积分.

5.3.1   有理函数的不定积分

有理函数是指两个实系数多项式的商, 也就是形如

$$R(x) = \frac{P(x)}{Q(x)}$$

的函数, 其中 $P(x)$ 和 $Q(x)$ 都是多项式, 并且它们没有公共的零点. 如果 $P(x)$ 的阶数小于 $Q(x)$ 的阶数, 则称 $R(x)$ 为真分式函数; 如果 $P(x)$ 的阶数大于 $Q(x)$ 的阶数, 则称 $R(x)$ 为假分式函数. 我们知道, 每一个假分式函数都可以通过除法, 使其表示成一个多项式和一个真分式函数的和; 而且多项式的不定积分是容易求的. 因此, 我们只需讨论真分式函数的不定积分即可. 为此, 需要学习代数学中的一个定理.

定理 5.3.1   设 $R(x) = \dfrac{P(x)}{Q(x)}$ 是一个真分式函数, 其中分母 $Q(x)$ 有唯一的分解

$$Q(x) = (x-a_1)^{m_1} \cdots (x-a_k)^{m_k} \left(x^2 + p_1 x + q_1\right)^{n_1} \cdots \left(x^2 + p_l x + q_l\right)^{n_l},$$

其中 $a_1, \cdots, a_m,\ p_1, q_1, \cdots, p_l, q_l$ 是实数, 且 $p_1^2 - 4q_1 < 0, \cdots, p_l^2 - 4q_l < 0,\ m_1, \cdots m_k, n_1, \cdots, n_l$ 是自然数. 则

$$R(x) = \frac{A_{1,m_1}}{(x-a_1)^{m_1}} + \frac{A_{1,m_1-1}}{(x-a_1)^{m_1-1}} + \cdots + \frac{A_{1,1}}{(x-a_1)}$$
$$+ \cdots +$$
$$\frac{A_{k,m_k}}{(x-a_k)^{m_k}} + \frac{A_{k,m_k-1}}{(x-a_k)^{m_k-1}} + \cdots + \frac{A_{k,1}}{(x-a_k)} +$$
$$\frac{B_{1,n_1} x + C_{1,n_1}}{(x^2 + p_1 x + q_1)^{n_1}} + \frac{B_{1,n_1-1} x + C_{1,n_1-1}}{(x^2 + p_1 x + q_1)^{n_1-1}} + \cdots +$$
$$\frac{B_{1,1} x + C_{1,1}}{(x^2 + p_1 x + q_1)} + \cdots +$$
$$\frac{B_{l,n_l} x + C_{l,n_l}}{(x^2 + p_l x + q_l)^{n_l}} + \frac{B_{l,n_l-1} x + C_{l,n_l-1}}{(x^2 + p_l x + q_l)^{n_l-1}} + \cdots +$$

$$\frac{B_{l,1}x + C_{l,1}}{(x^2 + p_l x + q_l)},$$

其中 $A_{i,j}$, $B_{i,j}$, $C_{i,j}(i, j = 1, 2, \cdots, l)$ 是实数, 并且这个分解式的所有系数是唯一确定的.

由此, 求有理函数的不定积分可以归结为下面两个真分式的不定积分:

$$\int \frac{1}{(x-a)^n}\mathrm{d}x, \quad \int \frac{Bx+C}{(x^2+px+q)^n}\mathrm{d}x.$$

事实上, 对于第一个积分, 有

$$\int \frac{1}{(x-a)^n}\mathrm{d}x = \begin{cases} \ln|x-a| + C, & n = 1, \\ \dfrac{1}{(1-n)(x-a)^{n-1}} + C, & n \geqslant 2. \end{cases}$$

对于第二个积分, 将 $x^2 + px + q$ 进行配方得到

$$\int \frac{Bx+C}{(x^2+px+q)^n}\mathrm{d}x = \int \frac{Bx+C}{\left(\left(x+\dfrac{p}{2}\right)^2 + q - \dfrac{p^2}{4}\right)^n}\mathrm{d}x,$$

令 $u = x + \dfrac{p}{2}, a = \sqrt{q - \dfrac{p^2}{4}}$, 则

$$\begin{aligned}
\int \frac{Bx+C}{(x^2+px+q)^n}\mathrm{d}x &= \int \frac{Bu + C - \dfrac{Bp}{2}}{(u^2+a^2)^n}\mathrm{d}u \\
&= B \int \frac{u}{(u^2+a^2)^n}\mathrm{d}u + \left(C - \frac{Bp}{2}\right)\int \frac{1}{(u^2+a^2)^n}\mathrm{d}u \\
&= B I_n + \left(C - \frac{Bp}{2}\right)J_n.
\end{aligned}$$

显然

$$I_n = \frac{1}{2}\int \frac{1}{(u^2+a^2)^n}\mathrm{d}(u^2+a^2) = \begin{cases} \dfrac{1}{2}\ln|u^2+a^2| + C, & n = 1, \\ \dfrac{1}{2(1-n)(u^2+a^2)^{n-1}} + C, & n \geqslant 2. \end{cases}$$

而 J_n 可用递推公式表示 (参见上节例题 5.2.7), 即

$$J_n = \frac{1}{2a^2(n-1)}\left(\frac{u}{(u^2+a^2)^{n-1}} + (2n-3)J_{n-1}\right).$$

综上所述, 有理函数的原函数都可由初等函数表示出来, 并且可表示为有理函数、对数函数和反正切函数的线性组合. 具体求不定积分时, 若分母多项式的阶数比较高的话, 计算量一般都比较大, 对于具体题目我们应该考虑是否还有其他的解法.

例 5.3.2 求不定积分 $\displaystyle\int \frac{x}{(x-1)^2 (x^2 + 2x + 2)}\mathrm{d}x$.

解 设

$$\frac{x}{(x-1)^2 (x^2 + 2x + 2)} = \frac{A}{x-1} + \frac{B}{(x-1)^2} + \frac{Cx + D}{x^2 + 2x + 2}.$$

通分后应有

$$x = A(x-1)(x^2 + 2x + 2) + B(x^2 + 2x + 2) + (Cx + D)(x-1)^2$$

$$= (A + C)x^3 + (A + B - 2C + D)x^2 + (2B + C - 2D)x + (-2A + 2B + D).$$

比较等式两端 x 的同次幂系数, 得到如下方程组

$$\begin{cases} A + C = 0, \\ A + B - 2C + D = 0, \\ 2B + C - 2D = 1, \\ -2A + 2B + D = 0. \end{cases}$$

解方程组得到

$$A = \frac{1}{25}, \; B = \frac{1}{5}, \; C = -\frac{1}{25}, \; D = -\frac{8}{25}.$$

于是,

$$\int \frac{x}{(x-1)^2 (x^2 + 2x + 2)}\mathrm{d}x$$

$$= \frac{1}{25}\ln|x-1| - \frac{1}{5(x-1)} - \frac{1}{50}\int \frac{2x+2}{x^2 + 2x + 2}\mathrm{d}x - \frac{7}{25}\int \frac{1}{x^2 + 2x + 2}\mathrm{d}x$$

$$= \frac{1}{25}\ln|x-1| - \frac{1}{5(x-1)} - \frac{1}{50}\ln(x^2 + 2x + 2) - \frac{7}{25}\arctan(x+1) + C.$$

5.3.2 三角函数有理式的不定积分

设 $R(u,v)$ 是两个变量 u, v 的有理函数, 即 $R(u,v) = \dfrac{P(u,v)}{Q(u,v)}$, 其中 $P(u,v)$, $Q(u,v)$ 是关于变量 u, v 的二元多项式. 因为三角函数 $\sec x$, $\csc x$, $\tan x$, $\cot x$ 都可以化为 $\sin x$ 和 $\cos x$ 的函数, 所以三角函数的有理函数可用 $R(\sin x, \cos x)$ 表示.

下面讨论不定积分:

$$I = \int R(\sin x, \cos x)\mathrm{d}x.$$

对于这个不定积分, 如果作代换 $t = \tan\dfrac{x}{2}$ 或 $x = 2\arctan t$, 则上述不定积分就可化为关于 t 的有理函数的不定积分. 事实上, 作这样的代换后, 就有

$$\sin x = 2\sin\frac{x}{2}\cos\frac{x}{2} = \frac{2\tan\dfrac{x}{2}}{1+\tan^2\dfrac{x}{2}} = \frac{2t}{1+t^2},$$

$$\cos x = \cos^2\frac{x}{2} - \sin^2\frac{x}{2} = \frac{1-\tan^2\dfrac{x}{2}}{1+\tan^2\dfrac{x}{2}} = \frac{1-t^2}{1+t^2},$$

$$\mathrm{d}x = \frac{2}{1+t^2}\mathrm{d}t.$$

因此

$$I = \int R\left(\frac{2t}{1+t^2}, \frac{1-t^2}{1+t^2}\right)\frac{2}{1+t^2}\mathrm{d}t.$$

由于有理函数的不定积分总是可以积出来的, 所以三角有理函数的积分也一定可以积出来. 许多书上称这个换元公式 $t = \tan\dfrac{x}{2}$ 为 "万能变换".

例 5.3.3　求不定积分 $\displaystyle\int \frac{1}{4+5\cos x}\mathrm{d}x$.

解　设 $t = \tan\dfrac{x}{2}$, 那么 $\cos x = \dfrac{1-t^2}{1+t^2}$, $\mathrm{d}x = \dfrac{2}{1+t^2}\mathrm{d}t$, 则

$$\int \frac{1}{4+5\cos x}\mathrm{d}x = \int \frac{2}{9-t^2}\mathrm{d}t = \frac{1}{3}\ln\left|\frac{3+\tan\dfrac{x}{2}}{3-\tan\dfrac{x}{2}}\right| + C.$$

值得注意的是, "万能变换" 通常会引出复杂的有理函数的不定积分, 所以这时用 "万能变换" 可能并不是最方便的. 而对某些三角有理函数的不定积分来说, 采用一些三角恒等式或者其他变换有时也能够比较方便地求出不定积分. 这里不加证明地指出下列三种三角有理函数的不定积分可以用特殊的变量变换: 设 $u = \sin x$, $v = \cos x$.

(1) 当 $R(u, -v) = -R(u, v)$ 时, 可令 $t = \sin x$;

(2) 当 $R(-u, v) = -R(u, v)$ 时, 可令 $t = \cos x$;

(3) 当 $R(-u, -v) = R(u, v)$ 时, 可令 $t = \tan x$.

例 5.3.4　求不定积分 $\displaystyle\int \frac{1}{\sin x\cos^3 x}\mathrm{d}x$.

解法一　作万能变换 $t = \tan\dfrac{x}{2}$, 则

$$\int \frac{1}{\sin x\cos^3 x}\mathrm{d}x = \int \frac{1}{\dfrac{2t}{1+t^2}\left(\dfrac{1-t^2}{1+t^2}\right)^3}\cdot\frac{2}{1+t^2}\mathrm{d}t = \int \frac{(1+t^2)^3}{t(1-t^2)^3}\mathrm{d}t.$$

然后通过设

$$\frac{(1+t^2)^3}{t(1-t^2)^3} = \frac{A_1}{t} + \frac{A_2}{1-t} + \frac{A_3}{(1-t)^2} + \frac{A_4}{(1-t)^3} + \frac{A_5}{1+t} + \frac{A_6}{(1+t)^2} + \frac{A_7}{(1+t)^3}$$

分解部分分式, 我们略去剩余的求解过程. 显然这种解法计算量太大.

解法二 由于 $R(-u, v) = -R(u, v)$, 故可令 $t = \cos x$, 则 $\mathrm{d}t = -\sin x\, \mathrm{d}x$, 于是

$$\int \frac{1}{\sin x \cos^3 x} \mathrm{d}x = \int \frac{1}{(t^2-1)t^3} \mathrm{d}t.$$

以下可直接分解部分分式 (需待定 5 个系数), 继续求解; 也可先令 $u = t^2$, 再分解部分分式,

$$\begin{aligned}
\int \frac{1}{(t^2-1)t^3}\mathrm{d}t &= \frac{1}{2}\int \frac{1}{(u-1)u^2}\mathrm{d}u \\
&= \frac{1}{2}\int \left(\frac{1}{(u-1)u} - \frac{1}{u^2}\right)\mathrm{d}u = \frac{1}{2}\int\left(\frac{1}{u-1} - \frac{1}{u} - \frac{1}{u^2}\right)\mathrm{d}u \\
&= \frac{1}{2}\left(\ln\left|\frac{u-1}{u}\right| + \frac{1}{u}\right) + C = \frac{1}{2}\ln\left|\frac{\cos^2 x - 1}{\cos^2 x}\right| + \frac{1}{2}\sec^2 x + C \\
&= \ln|\tan x| + \frac{1}{2}\sec^2 x + C.
\end{aligned}$$

解法三 由于 $R(u, -v) = -R(u, v)$, 故可令 $t = \sin x$, 则 $\mathrm{d}t = \cos x\,\mathrm{d}x$, 于是

$$\int \frac{1}{\sin x \cos^3 x} \mathrm{d}x = \int \frac{1}{t(1-t^2)^2} \mathrm{d}t.$$

以下解法与解法二类似, 故略.

解法四 由于 $R(-u, -v) = R(u, v)$, 故可令 $t = \tan x$, 则 $\mathrm{d}t = \sec^2 x\,\mathrm{d}x$, 于是

$$\int \frac{1}{\sin x \cos^3 x} \mathrm{d}x = \int \frac{1+t^2}{t}\mathrm{d}t = \ln|t| + \frac{1}{2}t^2 + C = \ln|\tan x| + \frac{1}{2}\tan^2 x + C.$$

显然上述解法中, 解法四最佳, 解法一最不可取.

5.3.3 简单无理函数的不定积分

这一节, 考虑两类无理函数的不定积分. 第一类是如下不定积分:

$$I = \int R\left(x, \left(\frac{ax+b}{cx+d}\right)^{\frac{1}{n}}\right)\mathrm{d}x,$$

其中 $R(u, v)$ 如前一节所述, n 为正整数, a, b, c, d 为常数, 且 $ad - bc \neq 0$. 为了去掉根号, 可作变换

$$t = \left(\frac{ax+b}{cx+d}\right)^{\frac{1}{n}},$$

则

$$x = \frac{dt^n - b}{a - ct^n}, \quad \mathrm{d}x = \frac{n(ad - bc)t^{n-1}}{(a - ct^n)^2}\mathrm{d}t.$$

于是

$$I = \int R\left(\frac{dt^n - b}{a - ct^n}, t\right) \frac{n(ad - bc)t^{n-1}}{(a - ct^n)^2}\mathrm{d}t.$$

因此, 这类无理函数的不定积分就化为有理函数的不定积分.

要考虑的第二类无理函数的不定积分是二次无理式的不定积分:

$$I = \int R\left(x, \sqrt{ax^2 + bx + c}\right)\mathrm{d}x.$$

对于这种类型的无理函数的不定积分, 可以把根式里的二次式进行配方从而化成如下三种类型的不定积分

$$I = \int R\left(u, \sqrt{u^2 - a^2}\right)\mathrm{d}u,$$

或者

$$I = \int R\left(u, \sqrt{u^2 + a^2}\right)\mathrm{d}u,$$

或者

$$I = \int R\left(u, \sqrt{a^2 - u^2}\right)\mathrm{d}u.$$

然后用三角代换把不定积分化成三角有理函数的积分. 也可以选择如下的三种变换:

(1) 如果 $a > 0$, 令

$$\sqrt{ax^2 + bx + c} = \pm\sqrt{a}x + t,$$

就可以将 x 和 $\sqrt{ax^2 + bx + c}$ 同时表示为 t 的有理函数;

(2) 如果 $c > 0$, 令

$$\sqrt{ax^2 + bx + c} = tx \pm \sqrt{c},$$

就可以将 x 和 $\sqrt{ax^2 + bx + c}$ 同时表示为 t 的有理函数;

(3) 如果 $ax^2 + bx + c$ 有两个不同实根 α 和 β $(\beta > \alpha)$, 令

$$\sqrt{ax^2 + bx + c} = t(x - \alpha)$$

或

$$\sqrt{ax^2 + bx + c} = t(\beta - x)$$

即可.

虽然上述方法总能将这种类型的积分化为有理函数的不定积分, 不过在解决具体题目时不一定是最简单的. 因此在解题时, 首先要考虑有没有更好的方法, 若想不出再采用这种方法.

例 5.3.5 求不定积分 $I = \displaystyle\int \frac{1}{1 + \sqrt{1 - 2x - x^2}} \mathrm{d}x$.

解 令 $\sqrt{1 - 2x - x^2} = tx + 1$, 则 $1 - 2x - x^2 = t^2 x^2 + 2tx + 1$,

$$x = -\frac{2(1 + t)}{1 + t^2}, \quad \mathrm{d}x = \frac{2(t^2 + 2t - 1)}{(1 + t^2)^2} \mathrm{d}t.$$

从而

$$\begin{aligned}
I &= \int \frac{t^2 + 2t - 1}{(1 + t^2)(1 - t)} \mathrm{d}t \\
&= \int \frac{t^2 + 1 + 2(t - 1)}{(1 + t^2)(1 - t)} \mathrm{d}t \\
&= -2 \arctan t - \ln|1 - t| + C \\
&= -2 \arctan \frac{\sqrt{1 - 2x - x^2} - 1}{x} - \ln\left|\frac{x - \sqrt{1 - 2x - x^2} + 1}{x}\right| + C.
\end{aligned}$$

还有很多类型的函数的不定积分可以化为有理函数的不定积分, 这里不再一一列举. 其实, 最重要的是学会最基本的方法.

练习题 5.3

1. 求下列不定积分:

(1) $\displaystyle\int \frac{x + 1}{x^3 + 2x^2 - x - 2} \mathrm{d}x$;

(2) $\displaystyle\int \frac{x^3 + 1}{x^4 - 3x^3 + 3x^2 - x} \mathrm{d}x$;

(3) $\displaystyle\int \frac{x - 1}{(x^2 + 2x + 3)^2} \mathrm{d}x$;

(4) $\displaystyle\int \frac{x^{11}}{x^8 + 3x^4 + 2} \mathrm{d}x$;

(5) $\displaystyle\int \frac{x^4}{x^4 + 5x^2 + 4} \mathrm{d}x$;

(6) $\displaystyle\int \frac{1}{1 + \cos x} \mathrm{d}x$;

(7) $\displaystyle\int \frac{1}{\sin x + \tan x} \mathrm{d}x$;

(8) $\displaystyle\int \frac{1}{(2 + \sin x)\cos x} \mathrm{d}x$;

(9) $\displaystyle\int \frac{\sin 2x}{\sin^4 x + \cos^4 x} \mathrm{d}x$;

(10) $\displaystyle\int \frac{1}{1 - 2r\cos x + r^2}\mathrm{d}x,\ r \in (0, 1)$;

(11) $\displaystyle\int \frac{1}{1 + \sqrt[3]{1 + x}}\mathrm{d}x$;

(12) $\displaystyle\int \frac{\sqrt[3]{x}}{x(\sqrt{x} + \sqrt[3]{x})}\mathrm{d}x$;

(13) $\displaystyle\int \frac{1}{x\sqrt{1 + x^2}}\mathrm{d}x$;

(14) $\displaystyle\int \sqrt{\frac{1 - x}{1 + x}}\frac{1}{x^2}\mathrm{d}x$;

(15) $\displaystyle\int \frac{1}{x + \sqrt{x^2 + x + 1}}\mathrm{d}x$;

(16) $\displaystyle\int \frac{x\mathrm{e}^x}{(\mathrm{e}^x - 1)^2}\mathrm{d}x$;

(17) $\displaystyle\int \frac{1}{(1 + \mathrm{e}^x)^2}\mathrm{d}x$;

(18) $\displaystyle\int \frac{1 + x}{x(1 + x\mathrm{e}^x)}\mathrm{d}x$;

(19) $\displaystyle\int x\ln\frac{1 + x}{1 - x}\mathrm{d}x$;

(20) $\displaystyle\int \frac{\ln x}{(1 + x^2)^{\frac{3}{2}}}\mathrm{d}x$;

(21) $\displaystyle\int \arctan(1 + \sqrt{x})\mathrm{d}x$;

(22) $\displaystyle\int \sqrt{1 - x^2}\arcsin x\mathrm{d}x$;

(23) $\displaystyle\int \frac{x\sec^2 x}{(1 + \tan x)^2}\mathrm{d}x$;

(24) $\displaystyle\int \frac{\tan x}{1 + \tan x + \tan^2 x}\mathrm{d}x$;

(25) $\displaystyle\int \frac{x^2}{1 + x^2}\arctan x\mathrm{d}x$;

(26) $\displaystyle\int \frac{x^2\arcsin x}{\sqrt{1 - x^2}}\mathrm{d}x$;

(27) $\displaystyle\int \frac{x + \sin x}{1 + \cos x}\mathrm{d}x$;

(28) $\displaystyle\int \frac{x\cos^4\frac{x}{2}}{\sin^3 x}\mathrm{d}x$.

2. 设 $f(x^2 - 1) = \ln\dfrac{x^2}{x^2 - 2}$, 且 $f(\phi(x)) = \ln x$, 求 $\displaystyle\int \phi(x)\mathrm{d}x$.

3. 设 n 次多项式 $P(x) = \displaystyle\sum_{i=0}^{n}a_i x^i$, 系数满足关系 $\displaystyle\sum_{i=1}^{n}\frac{a_i}{(i - 1)!} = 0$, 证明不定积

分 $\displaystyle\int P\left(\frac{1}{x}\right)\mathrm{e}^x\mathrm{d}x$ 是初等函数.

第六章　定积分

在许多实际问题当中, 我们经常需要计算平面图形的面积、变速直线运动的路程、变力所做的功、质量中心以及转动惯量等. 这些问题都可以通过对区间的分割、部分量线性化、部分量求和以及与求极限相结合的方法来解决. 人们由此概括出微积分中的一个重要概念——定积分. 本章我们将介绍定积分的概念、定积分的可积性理论、定积分的性质以及利用微积分基本定理计算定积分, 最后给出定积分在几何、力学上的若干应用.

6.1 定积分的概念

这一节, 我们以曲边梯形的面积、变力所做的功为例引出一种和式极限, 从而引出定积分的概念.

首先考虑曲边梯形的面积. 设函数 $f(x)$ 在区间 $[a,b]$ 上非负连续. 曲边梯形由曲线 $y = f(x)$ 和直线 $x = a$, $x = b$, $y = 0$ 所围成, 参见图 6.1.

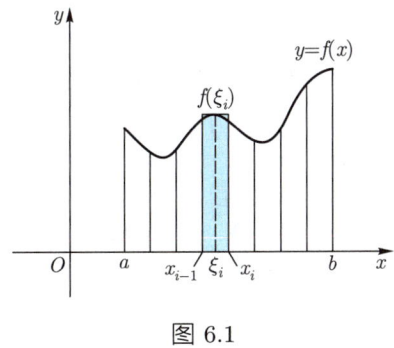

图 6.1

我们的问题是求出它的面积 S. 为此, 我们在区间 $[a,b]$ 内任意插入 $n-1$ 个分点

$$a = x_0 < x_1 < x_2 < \cdots < x_{n-1} < x_n = b,$$

把 $[a,b]$ 分割为 n 个小区间 $[x_{i-1}, x_i]$ $(i = 1, 2, \cdots, n)$, 记小区间 $[x_{i-1}, x_i]$ 的长度为

$$\Delta x_i = x_i - x_{i-1}.$$

任取点 $\xi_i \in [x_{i-1}, x_i]$, 用以 Δx_i 为底, $f(\xi_i)$ 为高的小矩形面积代替区间 $[x_{i-1}, x_i]$ 上的小曲边梯形的面积, 那么这些小矩形面积之和就可看作曲边梯形面积 S 的近似值, 即

$$S \approx \sum_{i=1}^{n} f(\xi_i) \Delta x_i.$$

直观上容易相信, 当每个 Δx_i 趋于零时, 上式右端的和将趋于 S. 故令 $\|\pi\| = \max\limits_{1 \leqslant n \leqslant n} \Delta x_i$, 当 $\|\pi\| \to 0$ 时, 若 $\lim\limits_{\|\pi\| \to 0} \sum\limits_{i=1}^{n} f(\xi_i) \Delta x_i$ 的极限存在且与 ξ_i 的取法无关, 则称此极限为所求的曲边梯形的面积, 即

$$S = \lim_{\|\pi\| \to 0} \sum_{i=1}^{n} f(\xi_i) \Delta x_i.$$

由于曲边梯形是一个客观存在的量, 因此上述极限与区间 $[a, b]$ 的分割及点 $\xi_i \in [x_{i-1}, x_i]$ 的取法无关.

　　下面考虑变力做功问题. 设一物体在变力 f 的作用下从点 a 作直线运动到点 b, 移动的方向与力的方向一致, 求力所做的功. 由于变力随物体的不同位置 x 而变化, 因此力是距离 x 的函数, 记为 $f(x)$. 在位移区间 $[a, b]$ 中任意取 $n-1$ 个分点

$$a = x_0 < x_1 < x_2 < \cdots < x_{n-1} < x_n = b,$$

任取 $\xi_i \in [x_{i-1}, x_i]$, 只要位移

$$\Delta x_i = x_i - x_{i-1}$$

充分小, 在这段位移中物体可以看作受常力 $f(\xi_i)$ 作用, 因此在这段位移中力所做的功可以近似地等于 $f(\xi_i) \Delta x_i$. 于是在力 f 的作用下, 从 a 到 b 所做的功 W 就可近似地表示为

$$W = \sum_{i=1}^{n} f(\xi_i) \Delta x_i.$$

当 $\|\pi\| = \max\limits_{1 \leqslant n \leqslant n} \Delta x_i \to 0$ 时, 若 $\lim\limits_{\|\pi\| \to 0} \sum\limits_{i=1}^{n} f(\xi_i) \Delta x_i$ 的极限存在且与 ξ_i 的取法无关, 这个极限就是力 f 所做的功, 即

$$W = \lim_{\|\pi\| \to 0} \sum_{i=1}^{n} f(\xi_i) \Delta x_i.$$

　　对于上述讨论的几何问题和力学问题, 尽管实际意义完全不同, 但它们的计算方法和步骤却完全一样, 并且最终都归结为求一个具有完全相同数学结构的和式的

极限问题. 在物理学、力学及其他众多学科领域中, 许多量都可以用这样的统一方法来计算. 因此, 我们可以将这种方法抽象出来, 得到定积分的概念.

定义 6.1.1 设函数 $f(x)$ 在区间 $[a, b]$ 上有定义. 在区间 $[a, b]$ 中任意插入 $n-1$ 个分点

$$\pi : a = x_0 < x_1 < x_2 < \cdots < x_{n-1} < x_n = b,$$

我们称 π 为 $[a, b]$ 的一个分割. 这些分点把 $[a, b]$ 分割成 n 个小区间, 记小区间 $[x_{i-1}, x_i]$ 的长度为 $\Delta x_i = x_i - x_{i-1}$. 记 $\|\pi\| = \max\limits_{1 \leqslant n \leqslant n} \Delta x_i$ 为分割 π 的模或者宽度. 若对任意 $\xi_i \in [x_{i-1}, x_i]$, 极限

$$\lim_{\|\pi\| \to 0} \sum_{i=1}^{n} f(\xi_i) \Delta x_i$$

存在, 且极限值与区间 $[a, b]$ 的分割以及点 ξ_i 的选取无关, 则称 $f(x)$ 在 $[a, b]$ 上黎曼可积或简称可积. 和式 $\sum\limits_{i=1}^{n} f(\xi_i) \Delta x_i$ 称为黎曼和, 记为

$$S(f, \pi, \xi) = \sum_{i=1}^{n} f(\xi_i) \Delta x_i,$$

其极限值 I 称为函数 $f(x)$ 从 a 到 b 的定积分, 记作

$$I = \int_a^b f(x) \mathrm{d}x,$$

其中 a 和 b 分别称为定积分的下限和上限, $f(x)$ 称为被积函数, x 称为积分变量.

由于定积分的上述定义是由黎曼给出的, 故有上面黎曼积分、黎曼可积、黎曼和等术语. 黎曼和的极限是一种完全新型的复杂极限过程. 首先, 当分割的模 $\|\pi\|$ 取确定值时, 分割的方式仍然多种多样, 所以黎曼和的极限不是通常函数的极限. 其次, 即使采用确定的分割方式 (例如等分), 由于在每个小区间上 ξ_i 的选取仍然是任意的, 因此黎曼和的极限仍然不是通常函数的极限.

定积分的定义可用 $\varepsilon - \delta$ 语言描述, 即存在 $I \in \mathbb{R}$, 任给 $\varepsilon > 0$, 存在 $\delta > 0$, 不管分割

$$\pi : a = x_0 < x_1 < x_2 < \cdots < x_{n-1} < x_n = b$$

如何取法, 也不管 $\xi_i \in [x_{i-1}, x_i]$ 如何选取, 只要 $\|\pi\| = \max\limits_{1 \leqslant n \leqslant n} \Delta x_i < \delta$, 都有

$$\left| \sum_{i=1}^{n} f(\xi_i) \Delta x_i - I \right| < \varepsilon,$$

则称 $f(x)$ 在 $[a,b]$ 上黎曼可积, 记为 $f(x) \in R[a,b]$, I 称为 $f(x)$ 在 $[a,b]$ 上的定积分.

显然, 定积分的值只与被积函数和积分上、下限有关, 而与积分变量无关, 因此有

$$\int_a^b f(x)\mathrm{d}x = \int_a^b f(u)\,\mathrm{d}u = \int_a^b f(t)\,\mathrm{d}t.$$

我们规定

$$\int_a^b f(x)\mathrm{d}x = -\int_b^a f(x)\mathrm{d}x,$$

和

$$\int_a^a f(x)\mathrm{d}x = 0.$$

定积分的几何意义也是明显的. 若函数 $f(x)$ 在区间 $[a,b]$ 上非负连续, 则 $I = \int_a^b f(x)\mathrm{d}x$ 表示曲线 $y = f(x)$ 和直线 $x = a$, $x = b$, $y = 0$ 所围成的曲边梯形的面积. 如果函数 $f(x)$ 在区间 $[a,b]$ 上非正连续, 则 $I = \int_a^b f(x)\mathrm{d}x$ 表示曲线 $y = f(x)$ 和直线 $x = a$, $x = b$, $y = 0$ 所围成的曲边梯形的面积值的相反数. 所以利用定积分的几何意义, 很容易得知

$$I = \int_{-\frac{\pi}{2}}^{\frac{\pi}{2}} \sin x\mathrm{d}x = 0, \qquad I = \int_0^1 \sqrt{1-x^2}\mathrm{d}x = \frac{1}{4}\pi.$$

例 6.1.2 计算 $\int_a^b x^2\mathrm{d}x$, 其中 $a > 0$.

解法一 取 $[a,b]$ 的任意分割

$$\pi : a = x_0 < x_1 < x_2 < \cdots < x_{n-1} < x_n = b.$$

对任意 $\xi_i \in [x_{i-1}, x_i]$, 黎曼和

$$S(f,\pi,\xi) = \sum_{i=1}^n \xi_i^2 \Delta x_i = \sum_{i=1}^n \xi_i^2 (x_i - x_{i-1}).$$

为了计算出黎曼和的极限, 令

$$\eta_i = \left(\frac{x_{i-1}^2 + x_{i-1}x_i + x_i^2}{3} \right)^{\frac{1}{2}}.$$

显然 $\eta_i \in [x_{i-1}, x_i]$, 于是

$$\sum_{i=1}^n \xi_i^2 \Delta x_i = \sum_{i=1}^n \eta_i^2 \Delta x_i + \sum_{i=1}^n (\xi_i^2 - \eta_i^2)\Delta x_i$$

$$= \frac{1}{3}\sum_{i=1}^{n}(x_i^3 - x_{i-1}^3) + \sum_{i=1}^{n}(\xi_i^2 - \eta_i^2)\Delta x_i$$

$$= \frac{1}{3}(b^3 - a^3) + \sum_{i=1}^{n}(\xi_i^2 - \eta_i^2)\Delta x_i.$$

又因为 $f(x) = x^2$ 在 $[a,b]$ 上一致连续, 从而 $\forall\, \varepsilon > 0,\, \exists\, \delta > 0,$ 当 $x_1,\, x_2 \in [a,b]$, 且 当 $|x_1 - x_2| < \delta$ 时,

$$|f(x_1) - f(x_2)| = |x_1^2 - x_2^2| < \frac{\varepsilon}{b-a}.$$

于是当分割 π 满足 $||\pi|| < \delta$ 时, 由于 $|\xi_i - \eta_i| \leqslant |x_i - x_{i-1}| \leqslant ||\pi|| < \delta$, 得到

$$|\xi_i^2 - \eta_i^2| < \frac{\varepsilon}{b-a}.$$

从而有

$$\left|\sum_{i=1}^{n}\xi_i^2\Delta x_i - \frac{1}{3}(b^3 - a^3)\right| \leqslant \sum_{i=1}^{n}|\xi_i^2 - \eta_i^2|\Delta x_i < \frac{\varepsilon}{b-a}\cdot\sum_{i=1}^{n}\Delta x_i = \varepsilon.$$

按定积分的定义得到

$$\int_a^b x^2\mathrm{d}x = \frac{1}{3}(b^3 - a^3).$$

解法二 如果事先知道 x^2 在 $[a,b]$ 上黎曼可积, 那么可以取特殊的分割和特殊的黎曼和求出定积分的值. 事实上, 将 $[a,b]n$ 等分, 则分点为 $x_i = a + \dfrac{b-a}{n}i$, $i = 0,1,2.\cdots,n$, $\Delta x_i = \dfrac{b-a}{n}$. 取 $\xi_i = x_i \in [x_{i-1}, x_i]$, 则黎曼和为

$$\sum_{i=1}^{n}\xi_i^2\Delta x_i = \sum_{i=1}^{n}\left(a + \frac{b-a}{n}i\right)^2\frac{b-a}{n}$$

$$= \sum_{i=1}^{n}\left(a^2 + \left(\frac{b-a}{n}\right)^2 i^2 + 2ai\frac{b-a}{n}\right)\frac{b-a}{n}$$

$$= \left(\frac{b-a}{n}\right)^3\frac{n(n+1)(2n+1)}{6} + 2a\left(\frac{b-a}{n}\right)^2\frac{n(n+1)}{2} + na^2\frac{b-a}{n}.$$

于是

$$\int_a^b x^2\mathrm{d}x = \lim_{||\pi||\to 0}\sum_{i=1}^{n}\xi_i^2\Delta x_i$$

$$= \lim_{n\to\infty}\left(\frac{b-a}{n}\right)^3\frac{n(n+1)(2n+1)}{6} + 2a\left(\frac{b-a}{n}\right)^2\frac{n(n+1)}{2} + na^2\frac{b-a}{n}$$

$$= \frac{1}{3}(b-a)^3 + a(b-a)^2 + a^2(b-a) = \frac{1}{3}(b^3 - a^3).$$

通过上述例子可以看出, 如何计算出一个函数的定积分值是一个值得深思的问题. 当已知函数 $f(x)$ 黎曼可积时, 计算定积分值要方便得多, 通常可以考虑特殊的黎曼和来求出定积分值. 即便如此, 用这种方法计算定积分值也很有局限性. 因此, 我们的问题是: 什么样的函数是黎曼可积函数? 定积分值的计算方法是什么? 下面的章节我们将围绕这两个问题展开讨论. 作为这一节的结尾, 我们给出一个不是黎曼可积的函数.

例 6.1.3　证明狄利克雷函数

$$D(x) = \begin{cases} 1, & x \in \mathbb{Q}, \\ 0, & x \in \mathbb{Q}^c \end{cases}$$

在区间 $[0,1]$ 上不可积.

证明　显然 $D(x)$ 是有界函数. 对于区间 $[0,1]$ 任意分割 π, 若取 ξ_i 为小区间 $[x_{i-1}, x_i]$ 中的有理数, 则 $D(\xi_i) = 1$, 从而有

$$\lim_{||\pi|| \to \infty} \sum_{i=1}^{n} D(\xi_i) \Delta x_i = \lim_{||\pi|| \to \infty} \sum_{i=1}^{n} \Delta x_i = 1.$$

若取 ξ_i 为小区间 $[x_{i-1}, x_i]$ 中的无理数, 则 $D(\xi_i) = 0$, 从而有

$$\lim_{||\pi|| \to \infty} \sum_{i=1}^{n} D(\xi_i) \Delta x_i = 0.$$

因此, $D(x)$ 在 $[0,1]$ 上不可积. □

练习题 6.1

1. 设 $f \in R[a,b]$, 且对每个 $(\alpha, \beta) \subset [a,b]$, $\exists x_1, x_2 \in (\alpha, \beta)$, 使得 $f(x_1)f(x_2) \leqslant 0$, 问定积分 $\int_a^b f(x)\mathrm{d}x$ 的值是多少?

2. 设函数 $f(x)$ 在 $[a,b]$ 上可积, 且在 $[a,b]$ 的任何子区间 $[\alpha, \beta]$ 上, 有 $\sup\limits_{x \in [\alpha, \beta]} f(x) \geqslant \sigma$, 这里 σ 为一常数. 求证: $\int_a^b f(x)\mathrm{d}x \geqslant \sigma(b-a)$.

3. 利用积分的几何意义求下列定积分:

   (1) $\int_a^b \sqrt{(x-a)(b-x)}\mathrm{d}x$;

   (2) $\int_a^b \left| x - \dfrac{a+b}{2} \right| \mathrm{d}x$.

4. 设 $f(x) = x(1-x)D(x)$, 其中 $D(x)$ 是狄利克雷函数, 问 $f(x)$ 在 $[0,1]$ 上是否可积?

6.2 可积性理论

在第一节的例子中看出, 如果能事先知道函数的可积性, 可以更方便地计算出函数的定积分值. 但是哪些函数是可积的呢? 这一节我们给出函数可积的充分必要条件. 首先给出函数可积的一个必要条件.

定理 6.2.1 设函数 $f(x)$ 在区间 $[a, b]$ 上可积, 则 $f(x)$ 在区间 $[a, b]$ 上有界.

证明 设 $I = \displaystyle\int_a^b f(x)\mathrm{d}x$. 由定积分的定义知, 对于 $\varepsilon = 1$, 存在一个固定的分割 π, 使得对于任意 $\xi_i \in [x_{i-1}, x_i]$, 有

$$\left| \sum_{i=1}^n f(\xi_i)\Delta x_i - I \right| < 1.$$

从而有

$$\left| \sum_{i=1}^n f(\xi_i)\Delta x_i \right| < 1 + |I|.$$

特别地, 有

$$|f(\xi_1)\Delta x_1| \leqslant |I| + 1 + \left| \sum_{i=2}^n f(\xi_i)\Delta x_i \right|,$$

即

$$|f(\xi_1)| \leqslant \frac{1}{\Delta x_1} \left(|I| + 1 + \left| \sum_{i=2}^n f(\xi_i)\Delta x_i \right| \right).$$

若取定 ξ_i $(i = 2, 3, \cdots, n)$, 而 ξ_1 在 $[x_0, x_1]$ 中任取, 由上式可知 $f(x)$ 在 $[x_0, x_1]$ 上有界. 同理可证 $f(x)$ 在每个区间 $[x_{i-1}, x_i]$ 上有界, 从而得到 $f(x)$ 在 $[a, b]$ 上有界. $\qquad\square$

这个定理说明, 函数有界是函数可积的必要条件. 但是, 反之不一定成立, 即有界函数不一定可积. 例如狄利克雷函数 $D(x)$ 是有界函数, 但是它不是可积函数. 所以并不是所有的函数都可积, 那么到底什么函数才可积呢? 故接下来讨论函数 $f(x)$ 可积的条件.

设 $f(x)$ 在 $[a, b]$ 上有界. 用 M 与 m 分别表示 $f(x)$ 在 $[a, b]$ 上的上确界与下确界. 令 $\omega = M - m$, 称 ω 为 $f(x)$ 在 $[a, b]$ 上的振幅.

对于 $[a, b]$ 的任何分割

$$\pi : a = x_0 < x_1 < x_2 < \cdots < x_{n-1} < x_n = b,$$

令

$$M_k = \sup_{x_{k-1} \leqslant x \leqslant x_k} f(x), \quad m_k = \inf_{x_{k-1} \leqslant x \leqslant x_k} f(x).$$

并令 $\omega_i = M_i - m_i$, 称之为 $f(x)$ 在 $[x_{i-1}, x_i]$ 上的振幅. 这里我们不加证明地给出振幅的另一种计算方法, 即

$$\omega_i = M_i - m_i = \sup_{x_{i-1} \leqslant x, y \leqslant x_i} |f(x) - f(y)|.$$

定义

$$\overline{S}(f, \pi) = \sum_{i=1}^{n} M_i \Delta x_i, \quad \underline{S}(f, \pi) = \sum_{i=1}^{n} m_i \Delta x_i.$$

分别称它们是 $f(x)$ 关于分割 π 的达布 (Darboux) 上和与达布下和. 容易看出, 上和与下和是由被积函数 $f(x)$ 及分割 π 唯一确定的. 而黎曼和除了与被积函数 $f(x)$、分割 π 相关, 还和 ξ_i 的选取相关. 在分割 π 确定后, 黎曼和就被相应的上下和所界定, 即对任意 $\xi_i \in [x_{i-1}, x_i]$, 由于 $m_i \leqslant f(x_i) \leqslant M_i$, 因此

$$\underline{S}(f, \pi) \leqslant \sum_{i=1}^{n} f(\xi_i) \Delta x_i \leqslant \overline{S}(f, \pi).$$

引理 6.2.2   设 $f(x)$ 在 $[a, b]$ 上有界, π 是 $[a, b]$ 上的一个分割, π' 是在 π 中加入 l 个新分点而得到的分割. 则

$$\overline{S}(f, \pi) - l\omega\|\pi\| \leqslant \overline{S}(f, \pi') \leqslant \overline{S}(f, \pi);$$

$$\underline{S}(f, \pi) + l\omega\|\pi\| \geqslant \underline{S}(f, \pi') \geqslant \underline{S}(f, \pi).$$

证明   这里只给出上和结论的证明. 设分割

$$\pi : a = x_0 < x_1 < x_2 < \cdots < x_{n-1} < x_n = b.$$

不妨假设加入一个分点 x' ($x' \in (x_{k-1}, x_k)$) 得到分割 π', 即

$$\pi' : a = x_0 < x_1 < x_2 < \cdots < x_{k-1} < x' < x_k < \cdots < x_{n-1} < x_n = b.$$

令

$$M'_k = \sup_{x_{k-1} \leqslant x \leqslant x'} f(x) \quad M''_k = \sup_{x' \leqslant x \leqslant x_k} f(x).$$

显然有

$$m_k \leqslant M'_k \leqslant M_k, \quad m_k \leqslant M''_k \leqslant M_k.$$

因此

$$\overline{S}\left(f,\pi'\right) = \sum_{i \neq k} M_i \Delta x_i + M_k'\left(x' - x_{k-1}\right) + M_k''\left(x_k - x'\right)$$

$$\leqslant \sum_{i \neq k} M_i \Delta x_i + M_k\left(x_k - x_{k-1}\right) = \overline{S}\left(f,\pi\right).$$

另一方面, 计算可得

$$\overline{S}\left(f,\pi'\right) - \overline{S}\left(f,\pi\right)$$

$$= M_k'\left(x' - x_{k-1}\right) + M_k''\left(x_k - x'\right) - M_k(x_k - x_{k-1})$$

$$\geqslant m_k\left(x' - x_{k-1}\right) + m_k\left(x_k - x'\right) - M_k(x_k - x_{k-1}) \geqslant -\omega||\pi||.$$

逐步增加分点, 从而可证

$$\overline{S}\left(f,\pi\right) - l\omega||\pi|| \leqslant \overline{S}\left(f,\pi'\right) \leqslant \overline{S}\left(f,\pi\right). \qquad \square$$

上述引理说明, 在分割加细的过程中, 下和不减而上和不增.

引理 6.2.3　设 π_1, π_2 是 $[a,b]$ 的任意两个分割, 则有 $\underline{S}(f,\pi_1) \leqslant \overline{S}(f,\pi_2)$. 即任一下和都不大于任一上和.

证明　将两种分割 π_1, π_2 合并在一起形成一种新的分割 π, 则分割 π 是分割 π_1 和分割 π_2 的加细, 由上述引理知

$$m(b-a) \leqslant \underline{S}(f,\pi_1) \leqslant \underline{S}(f,\pi) \leqslant \overline{S}(f,\pi) \leqslant \overline{S}(f,\pi_2) \leqslant M(b-a). \qquad \square$$

由上述引理知, 一切下和的集合 $\{\underline{S}(f,\pi)\,|\,\pi$ 是 $[a,b]$ 的任意分割$\}$ 和一切上和的集合 $\{\overline{S}(f,\pi)\,|\,\pi$ 是 $[a,b]$ 的任意分割$\}$ 都是有界集合, 因此有上、下确界. 记

$$\overline{\int_a^b} f(x)\mathrm{d}x = \inf_\pi\left\{\overline{S}\left(f,\pi\right)\right\}; \qquad \underline{\int_a^b} f(x)\mathrm{d}x = \sup_\pi\left\{\underline{S}\left(f,\pi\right)\right\}.$$

显然有

$$\underline{S}\left(f,\pi\right) \leqslant \underline{\int_a^b} f(x)\mathrm{d}x \leqslant \overline{\int_a^b} f(x)\mathrm{d}x \leqslant \overline{S}\left(f,\pi\right).$$

$\overline{\int_a^b} f(x)\mathrm{d}x$ 和 $\underline{\int_a^b} f(x)\mathrm{d}x$ 分别称为 $f(x)$ 在区间 $[a,b]$ 上的上积分和下积分. 下面我们证明达布定理.

定理 6.2.4   设 $f(x)$ 在区间 $[a,b]$ 上有界, 则

$$\lim_{\|\pi\|\to 0} \overline{S}(f,\pi) = \overline{\int_a^b} f(x)\mathrm{d}x, \qquad \lim_{\|\pi\|\to 0} \underline{S}(f,\pi) = \underline{\int_a^b} f(x)\mathrm{d}x.$$

证明   我们只对上和的情形给出证明. 设 $L = \overline{\int_a^b} f(x)\mathrm{d}x$. 由上积分的定义知, 对任意给定的 $\varepsilon > 0$, 存在分割 π_0 满足

$$L \leqslant \overline{S}(f,\pi_0) \leqslant L + \frac{\varepsilon}{2}.$$

设 π_0 的内分点为 p 个, 取

$$\delta = \frac{\varepsilon}{2p\omega + 1}.$$

于是, 对任意分割 π, 当 $\|\pi\| < \delta$ 时, 由于 $\pi' = \pi_0 + \pi$ 是 π 至多增加 p 个分点得到的分割, 因此有

$$\overline{S}(f,\pi) - p\omega\|\pi\| \leqslant \overline{S}(f,\pi') \leqslant \overline{S}(f,\pi);$$

同时 π' 也是分割 π_0 的加细, 因此

$$\overline{S}(f,\pi') \leqslant \overline{S}(f,\pi_0).$$

结合以上不等式, 得到

$$L \leqslant \overline{S}(f,\pi) \leqslant \overline{S}(f,\pi') + p\omega\|\pi\|$$

$$\leqslant \overline{S}(f,\pi_0) + p\omega\|\pi\|$$

$$\leqslant L + \frac{\varepsilon}{2} + \frac{\varepsilon}{2p\omega + 1} \cdot p\omega$$

$$< L + \varepsilon.$$

由极限定义可知

$$\lim_{\|\pi\|\to 0} \overline{S}(f,\pi) = L. \qquad \qquad \square$$

下面给出黎曼可积的充分必要条件.

定理 6.2.5   设 $f(x)$ 在 $[a,b]$ 上有界, 则下列陈述等价:

(1) $f(x)$ 在 $[a,b]$ 上可积;

(2) 对任意的 $\varepsilon > 0$, 存在 $[a,b]$ 的一个分割 π, 使得 $\displaystyle\sum_{i=1}^{n} \omega_i \Delta x_i < \varepsilon, \omega_i \ (i = 1, 2, \cdots, n)$ 为函数 $f(x)$ 在 $[x_{i-1}, x_i]$ 上的振幅;

(3) $\displaystyle\overline{\int_a^b} f(x)\mathrm{d}x = \underline{\int_a^b} f(x)\mathrm{d}x.$

证明 (1) ⇒ (2): 设 $f(x)$ 在 $[a,b]$ 上可积且定积分为 I, 对任意给定的 $\varepsilon > 0$, 存在 $\delta > 0$, 使得对 $[a,b]$ 的任意分割 π, 任意 $\xi_i \in [x_{i-1}, x_i]$, 当 $\|\pi\| < \delta$ 时, 成立

$$\left| \sum_{i=1}^n f(\xi_i) \Delta x_i - I \right| < \frac{\varepsilon}{4},$$

即

$$I - \frac{\varepsilon}{4} < \sum_{i=1}^n f(\xi_i) \Delta x_i < I + \frac{\varepsilon}{4}.$$

对 $f(\xi_i)$ 取上、下确界, 得到

$$I - \frac{\varepsilon}{4} \leqslant \sum_{i=1}^n m_i \Delta x_i \leqslant \sum_{i=1}^n M_i \Delta x_i \leqslant I + \frac{\varepsilon}{4},$$

即

$$I - \frac{\varepsilon}{4} \leqslant \underline{S}(f, \pi) \leqslant \overline{S}(f, \pi) \leqslant I - \frac{\varepsilon}{4}.$$

由此可得

$$0 \leqslant \sum_{i=1}^n \omega_i \Delta x_i = \overline{S}(f, \pi) - \underline{S}(f, \pi) < \varepsilon.$$

(2) ⇒ (3): 对于任取的 $\varepsilon > 0$, 都存在一个分割 π, 使得

$$0 \leqslant \overline{S}(f, \pi) - \underline{S}(f, \pi) < \varepsilon.$$

因为

$$\underline{S}(f, \pi) \leqslant \underline{\int_a^b} f(x) \mathrm{d}x \leqslant \overline{\int_a^b} f(x) \mathrm{d}x \leqslant \overline{S}(f, \pi),$$

于是

$$0 \leqslant \overline{\int_a^b} f(x) \mathrm{d}x - \underline{\int_a^b} f(x) \mathrm{d}x \leqslant \overline{S}(f, \pi) - \underline{S}(f, \pi) < \varepsilon.$$

由 ε 的任意性可得

$$\overline{\int_a^b} f(x) \mathrm{d}x = \underline{\int_a^b} f(x) \mathrm{d}x.$$

(3) ⇒ (1): 设 $I = \overline{\int_a^b} f(x) \mathrm{d}x = \underline{\int_a^b} f(x) \mathrm{d}x$, 则由达布定理知

$$\lim_{\|\pi\| \to 0} \underline{S}(f, \pi) = \underline{\int_a^b} f(x) \mathrm{d}x = I = \overline{\int_a^b} f(x) \mathrm{d}x = \lim_{\|\pi\| \to 0} \overline{S}(f, \pi).$$

又由于对 $[a,b]$ 上任意的一个分割 π 及任意的 $\xi_i \in [x_{i-1}, x_i]$，都有

$$\underline{S}(f, \pi) \leqslant \sum_{i=1}^{n} f(\xi_i)\Delta x_i \leqslant \overline{S}(f, \pi),$$

故由极限的夹逼性得到

$$\lim_{\|\pi\| \to 0} \sum_{i=1}^{n} f(\xi_i)\Delta x_i = I.$$

所以 $f(x)$ 在 $[a,b]$ 上可积.　　　　　　　　　　　　　　□

从定理证明中可以得到下列推论:

推论 6.2.6　　区间 $[a,b]$ 上的有界函数 $f(x)$ 可积的充分必要条件是

$$\lim_{\|\pi\| \to 0} \sum_{i=1}^{n} \omega_i \Delta x_i = 0.$$

上述定理表明, 有界函数黎曼可积的充分必要条件是达布上和与下和之差可以任意小, 即图 6.2 中阴影部分的面积随着分割加细可以任意小.

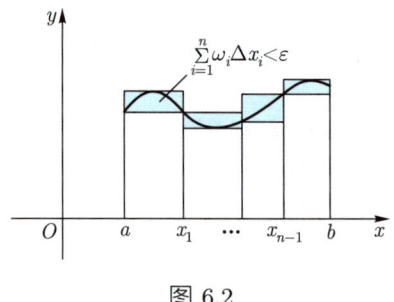

图 6.2

现在, 我们给出可积函数类.

定理 6.2.7　　若 $f(x)$ 在 $[a,b]$ 上连续, 则 $f(x)$ 在 $[a,b]$ 上可积.

证明　　因为 $f(x)$ 在 $[a,b]$ 上连续, 则 $f(x)$ 在 $[a,b]$ 上必定一致连续, 即任给 $\varepsilon > 0$, 存在 $\delta > 0$, 对任意的 $s,\ t \in [a,b]$, 当 $|s-t| < \delta$ 时, 有

$$|f(s) - f(t)| < \frac{\varepsilon}{b-a}.$$

对于 $[a,b]$ 的任何分割

$$\pi : a = x_0 < x_1 < x_2 < \cdots < x_{n-1} < x_n = b,$$

令

$$M_i = f(s_i), \quad m_i = f(t_i),$$

其中 $s_i,\ t_i \in [x_{i-1}, x_i]\ (i = 1, 2, \cdots, n)$. 则当 $\|\pi\| < \delta$, 就有

$$|s_i - t_i| \leqslant \Delta x_i \leqslant \|\pi\| < \delta.$$

于是 $\omega_i = M_i - m_i < \dfrac{\varepsilon}{b-a}$, 故得到

$$\sum_{i=1}^{n} \omega_i \Delta x_i = \sum_{i=1}^{n} (M_i - m_i) \Delta x_i < \frac{\varepsilon}{(b-a)} \sum_{i=1}^{n} \Delta x_i = \varepsilon.$$

从而证得 $f(x)$ 在 $[a, b]$ 上可积. □

定理 6.2.8 若 $f(x)$ 在区间 $[a, b]$ 上单调, 则 $f(x)$ 在 $[a, b]$ 上可积.

证明 不妨设 $f(x)$ 为单调增加函数. 则对任意 $\varepsilon > 0$, 取 $\delta = \dfrac{\varepsilon}{f(b) - f(a) + 1}$, 并取分割 π, 使得

$$\|\pi\| < \delta = \frac{\varepsilon}{f(b) - f(a) + 1},$$

则有

$$\sum_{i=1}^{n} \omega_i \Delta x_i < \sum_{i=1}^{n} \omega_i \frac{\varepsilon}{f(b) - f(a) + 1} \leqslant \frac{\varepsilon}{f(b) - f(a) + 1} \sum_{i=1}^{n} (f(x_i) - f(x_{i-1})) \leqslant \varepsilon.$$

从而证得 $f(x)$ 在 $[a, b]$ 上可积. □

定理 6.2.9 设有界函数 $f(x)$ 在 $[a, b]$ 上只有有限个间断点, 则 $f(x)$ 在 $[a, b]$ 上可积.

证明 设 $f(x)$ 在 $[a, b]$ 上有 k 个间断点 $\{t_1, t_2, \cdots, t_k\}$. 不妨设

$$a < t_1 < t_2 < \cdots < t_k < b.$$

对于 $t_1,\ t_k$ 为 $[a, b]$ 的端点时, 可类似证明. 记 $d = \min\limits_{2 \leqslant i \leqslant k} \{t_i - t_{i-1},\ t_1 - a,\ b - t_k\}$. 对任意 $\varepsilon > 0$, 取 $\delta = \min\left\{\dfrac{d}{3},\ \dfrac{\varepsilon}{4k(M-m) + 1}\right\}$, 其中 $M,\ m$ 分别是 $f(x)$ 在 $[a, b]$ 上的上、下确界. 则 $f(x)$ 在子区间 $I_1 = [a, t_1 - \delta]$, $I_j = [t_{j-1} + \delta, t_j - \delta]\ (j = 2, \cdots, k-1, k)$, $I_{k+1} = [t_k + \delta, b]$ 上连续. 由定理 6.2.7 可知, $f(x)$ 在每个子区间上可积. 所以在每个小区间 $I_p\ (1 \leqslant p \leqslant k+1)$ 上分别存在分割 π_p, 使得

$$\sum_{\pi_p} \omega_i \Delta x_i < \frac{\varepsilon}{2(k+1)}.$$

将上述的分点合在一起视为 $[a, b]$ 的一种分割 π, 则

$$\sum_{\pi} \omega_i \Delta x_i = \sum_{p=1}^{k+1} \sum_{\pi_p} \omega_i \Delta x_i + \sum_{i=1}^{k} \omega_i [(t_i + \delta) - (t_i - \delta)]$$

$$< (k+1)\frac{\varepsilon}{2(k+1)} + \frac{2\varepsilon}{4k(M-m)+1}k(M-m) < \varepsilon.$$

由定理 6.2.5 可知, $f(x)$ 在 $[a,b]$ 上可积.

例 6.2.10   考察函数

$$f(x) = \begin{cases} \operatorname{sgn}\left(\sin\dfrac{\pi}{x}\right), & 0 < x \leqslant 1, \\ 0, & x = 0 \end{cases}$$

在 $[0,1]$ 上的可积性.

解   显然函数 $f(x)$ 是 $[0,1]$ 上的有界函数, 并且 $0 \leqslant f(x) \leqslant 1$. 容易计算出 $f(x)$ 的间断点为 $x = 0, 1, \dfrac{1}{2}, \dfrac{1}{3}, \cdots$. 由于 $\lim\limits_{n\to\infty}\dfrac{1}{n} = 0$, 则对任意 $\varepsilon > 0$, $\exists\, c = \min\left\{1, \dfrac{\varepsilon}{2}\right\}$, 使得 $[c,1]$ 上只有有限个间断点. 故 $f(x)$ 在 $[c,1]$ 上可积, 于是存在 $[c,1]$ 上的分割, 记为 $\pi_{[c,1]}$, 使得:

$$\sum_{\pi_{[c,1]}} \omega_i \Delta x_i < \frac{\varepsilon}{2}.$$

而在 $[0,c]$ 上, 由于 $\omega_{[0,c]} \cdot (c-0) \leqslant \dfrac{\varepsilon}{2}$. 于是将上述分点合在一起得到 $[0,1]$ 的一个分割 π, 且

$$\sum_{\pi} \omega_i \Delta x_i = \sum_{\pi_{[c,1]}} \omega_i \Delta x_i + \omega_{[0,c]} \cdot (c-0) < \frac{\varepsilon}{2} + \frac{\varepsilon}{2} = \varepsilon.$$

从而证得 $f(x)$ 在 $[0,1]$ 上可积.

从上述定理和例题中可以看出函数的黎曼可积性与函数在区间上不连续点的 "多少" 密切相关. 一个值得思考的问题是: 黎曼可积函数至多允许函数具有多少个 不连续点? 由于这个问题要涉及黎曼可积性理论中的勒贝格定理, 而证明这个定理 会涉及级数与闭集的概念, 因此我们把这个定理的证明放到后面的小节中, 给有兴 趣的读者提供参考.

最后, 我们考察黎曼函数. 我们知道黎曼函数 $R(x)$ 在每一个无理点处连续, 而 在每一个有理点处间断, 所以它具有无穷多个间断点. 但是我们仍然能证明黎曼函 数 $R(x)$ 是黎曼可积的.

例 6.2.11   黎曼函数 $R(x)$ 在 $[0,1]$ 上黎曼可积.

证明   我们知道黎曼函数 $R(x)$ 具有以下性质: 对于任意 $\varepsilon > 0$, 在 $[0,1]$ 上使 得 $R(x) > \dfrac{\varepsilon}{2}$ 的点至多只有有限个点, 不妨设为: $p_1 = 0 < p_2 < \cdots < p_l = 1$. 取 $[0,1]$ 的一个分割 π: $0 = x_0 < x_1 < x_2 < \cdots < x_{2l-1} = 1$, 使得

$$p_1 \in [x_0, x_1], \Delta x_1 < \frac{\varepsilon}{2l},$$

$$p_2 \in [x_2, x_3], \Delta x_3 < \frac{\varepsilon}{2l},$$

$$\cdots\cdots$$

$$p_l \in [x_{2l-2}, x_{2l-1}], \Delta x_{2l-1} < \frac{\varepsilon}{2l}.$$

显然, 每个小区间 $[x_{2j-2}, x_{2j-1}]$ $(j = 1, 2, \cdots, l)$ 上具有 $\Delta x_{2j-1} < \frac{\varepsilon}{2l}$ 和 $\omega_{2j-1} \leqslant 1$. 而其余小区间 $[x_{2j-1}, x_{2j}]$ $(j = 1, 2, \cdots, l-1)$, 由于不包含 $\{p_k, \ k = 1, 2, \cdots, l\}$ 中的点, 故有 $\omega_{2j} \leqslant \frac{\varepsilon}{2}$. 于是

$$\sum_{\pi} \omega_i \Delta x_i = \sum_{j=1}^{l} \omega_{2j-1} \Delta x_{2j-1} + \sum_{j=1}^{l-1} \omega_{2j} \Delta x_{2j}$$

$$\leqslant \frac{\varepsilon}{2l} \sum_{j=1}^{l} \omega_{2j-1} + \frac{\varepsilon}{2} \sum_{j=1}^{l-1} \Delta x_{2j}$$

$$\leqslant \frac{\varepsilon}{2l} \cdot 1 \cdot l + \frac{\varepsilon}{2} \cdot 1 = \varepsilon.$$

从而可知 $R(x)$ 在 $[0, 1]$ 上可积. $\qquad\square$

练习题 6.2

1. 设 f 在 $[a, b]$ 上有界, π 是 $[a, b]$ 的分割:

(1) 定义分割 π 的达布下和 $\underline{S}(f, \pi)$, 并证明 $\sup\limits_{\pi} \underline{S}(f, \pi)$ 是一个实数;

(2) 证明 $\lim\limits_{||\pi|| \to 0} \underline{S}(f, \pi) = \sup\limits_{\pi} \underline{S}(f, \pi)$.

2. 设 $f(x) \in R[a, b]$, $g(x)$ 在 $[a, b]$ 上除了有限个点外与 $f(x)$ 取值相同. 证明:

$$g(x) \in R[a, b] \ \text{且} \ \int_a^b f(x)\mathrm{d}x = \int_a^b g(x)\mathrm{d}x.$$

3. 设 $f(x) \in R[a, b]$, 则 $g(x) = \mathrm{e}^{f(x)} \in R[a, b]$.

4. 证明: $|f(x)| \in R[a, b]$ 的充分必要条件是: $f^2(x) \in R[a, b]$.

5. 讨论下列函数的可积性:

(1) $f(x) = \begin{cases} \dfrac{1}{x} - \left[\dfrac{1}{x}\right], & 0 < x \leqslant 1, \\ 0, & x = 0; \end{cases}$

(2) $f(x) = \begin{cases} \dfrac{1}{x} \sin \dfrac{1}{x}, & 0 < x \leqslant 1, \\ 0, & x = 0; \end{cases}$

(3) $f(x) = \begin{cases} \left[\dfrac{1}{x}\right] \sin x, & 0 < x \leqslant 1, \\ 0, & x = 0; \end{cases}$

(4) $f(x) = \begin{cases} \dfrac{1}{x}\sin x, & 0 < x \leqslant 1, \\ 0, & x = 0. \end{cases}$

6. 试举出满足下列条件的函数:

(1) $f(x)$ 在 $[0,1]$ 上有无穷多个间断点, $f(x) \in R[0,1]$;

(2) $f(x)$ 在 $[0,1]$ 上有无穷多个间断点, $f(x) \notin R[0,1]$;

(3) $f(x)$ 在 $[0,1]$ 上只有一个间断点, $f(x) \notin R[0,1]$;

(4) $f(x)$ 在 $[0,1]$ 上黎曼可积, 但是 $f(x)$ 在 $[0,1]$ 上不存在原函数;

(5) $f(x)$ 在 $[0,1]$ 上不黎曼可积, 但是 $f(x)$ 在 $[0,1]$ 上存在原函数.

7. 设 $f(x) \in R[a,b]$. 证明: 对任意 $\varepsilon > 0$, 必存在 $[a,b]$ 上的阶梯函数 $p(x)$ 与 $q(x)$, 使得 $p(x) \leqslant f(x) \leqslant q(x)$, 并且

$$\int_a^b q(x) - p(x)\mathrm{d}x < \varepsilon.$$

8. 设 $f(x) \in R[a,b]$. 证明: 对任意 $\varepsilon > 0$, 必存在 $[a,b]$ 上的连续函数 $p(x)$ 和 $q(x)$, 使得 $p(x) \leqslant f(x) \leqslant q(x)$, 并且

$$\int_a^b (q(x) - p(x))\mathrm{d}x < \varepsilon.$$

9. 设 $f(x)$ 在 $[a,b]$ 上可导, 证明: 若 $|f'(x)| \in R[a,b]$, 则 $f'(x) \in R[a,b]$.

10. 设 $f(x)$ 在 $[a,b]$ 上有界, 则 $f(x)$ 在 $[a,b]$ 上可积的充分必要条件是: $\forall\, \varepsilon > 0$, $\forall\, \sigma > 0$, 存在分割 π: $\displaystyle\sum_{i \in \Lambda}\Delta x_i < \varepsilon$, 其中 $\Lambda = \{i\,|\,\omega_i \geqslant \sigma\}$.

6.3 定积分的性质

本节介绍定积分的各种性质. 这些性质对于定积分的计算和对于定积分的理论证明都是非常有用的.

定理 6.3.1 （线性性） 设 $f(x)$, $g(x)$ 在区间 $[a,b]$ 上可积, k_1, k_2 为任意的常数, 则函数 $k_1 f(x) + k_2 g(x)$ 在 $[a,b]$ 上可积, 且

$$\int_a^b (k_1 f(x) + k_2 g(x))\, \mathrm{d}x = k_1 \int_a^b f(x)\mathrm{d}x + k_2 \int_a^b g(x)\mathrm{d}x.$$

证明 任取 $[a,b]$ 的一个分割 π, 以及任意的点 $\xi_i \in [x_{i-1}, x_i]$, 由于 $f(x)$, $g(x)$ 在 $[a,b]$ 上可积, 那么

$$\lim_{\|\pi\| \to 0} \sum_{i=1}^n (k_1 f(\xi_i) + k_2 g(\xi_i)) \Delta x_i = \lim_{\|\pi\| \to 0} \left(k_1 \sum_{i=1}^n f(\xi_i) \Delta x_i + k_2 \sum_{i=1}^n g(\xi_i) \Delta x_i \right)$$

$$= k_1 \int_a^b f(x)\mathrm{d}x + k_2 \int_a^b g(x)\mathrm{d}x.$$

由定积分的定义, $k_1 f(x) + k_2 g(x)$ 在 $[a,b]$ 上可积, 且

$$\int_a^b [k_1 f(x) + k_2 g(x)]\, \mathrm{d}x = k_1 \int_a^b f(x)\mathrm{d}x + k_2 \int_a^b g(x)\mathrm{d}x. \qquad \square$$

定理 6.3.2 （乘积可积性） 设 $f(x)$, $g(x)$ 在区间 $[a,b]$ 上可积, 则 $f(x)g(x)$ 在 $[a,b]$ 上可积.

证明 因为 $f(x)$, $g(x)$ 都可积, 则它们在 $[a,b]$ 上有界. 设

$$|f(x)| \leqslant M, \quad |g(x)| \leqslant M, \quad x \in [a,b].$$

对 $[a,b]$ 的任意分割 π 以及任意的 x', $x'' \in [x_{i-1}, x_i]$, 有

$$|f(x'') g(x'') - f(x') g(x')|$$

$$= |g(x'') [f(x'') - f(x')] + f(x') [g(x'') - g(x')]|$$

$$\leqslant M |f(x'') - f(x')| + M |g(x'') - g(x')|.$$

记 $\omega_i(f)$, $\omega_i(g)$, $\omega_i(fg)$ 分别为 $f(x)$, $g(x)$, $f(x)g(x)$ 在 $[x_{i-1}, x_i]$ 上的振幅, 那么

$$\omega_k(fg) = \sup_{x', x'' \in [x_{k-1}, x_k]} |f(x'') g(x'') - f(x') g(x')|$$

$$\leqslant M \sup_{x',x'' \in [x_{k-1},x_k]} |f(x'') - f(x')| + M \sup_{x',x'' \in [x_{k-1},x_k]} |g(x'') - g(x')|.$$

$$= M \left(\omega_k(f) + \omega_k(g) \right).$$

因此

$$0 \leqslant \sum_{k=1}^n \omega_k(fg)\Delta x_k \leqslant M \left(\sum_{k=1}^n \omega_k(f)\Delta x_k + \sum_{k=1}^n \omega_k(g)\Delta x_k \right).$$

因为 $f(x)$, $g(x)$ 在 $[a,b]$ 上可积, 所以当 $\|\pi\| \to 0$ 时, 上面的不等式右边趋于零. 由夹逼定理可知

$$\lim_{\|\pi\| \to 0} \sum_{k=1}^n \omega_k(fg)\Delta x_k = 0.$$

故函数 $f(x)g(x)$ 在 $[a,b]$ 上可积. □

定理 6.3.3　(区间可加性)　设 $f(x)$ 在 $[a,b]$ 上可积. 则对于任意的 $c \in [a,b]$, $f(x)$ 在 $[a,c]$, $[c,b]$ 上都可积, 且

$$\int_a^b f(x)\mathrm{d}x = \int_a^c f(x)\mathrm{d}x + \int_c^b f(x)\mathrm{d}x.$$

证明　因为 $f(x)$ 在 $[a,b]$ 上可积, 故对于任意给定的 $\varepsilon > 0$, 存在 $[a,b]$ 上的一个分割 π, 使得

$$\sum_\pi \omega_i \Delta x_i < \varepsilon.$$

不妨设 c 是分割 π 的某一个分点 x_l. 或者考虑将点 c 添加到分割 π 中, 由引理 6.2.2 知, 新的分割仍然满足上面的不等式. 记 $\pi|_{[a,c]}$ 为分割 π 在 $[a,c]$ 上的限制, $\pi|_{[c,b]}$ 为分割在 $[c,b]$ 上的限制, 则

$$\sum_{\pi|_{[a,c]}} \omega_i \Delta x_i < \varepsilon, \quad \sum_{\pi|_{[c,b]}} \omega_i \Delta x_i < \varepsilon.$$

从而证得 $f(x)$ 在 $[a,c]$, $[c,b]$ 上都可积.

设 π 是 $f(x)$ 在 $[a,b]$ 上的一个分割, 令 π^* 是将 c 添加到分割 π 中得到的分割. 由引理 6.2.2 和定理 6.2.5 知

$$\underline{S}(f,\pi) \leqslant \underline{S}(f,\pi^*) = \underline{S}(f,\pi^*|_{[a,c]}) + \underline{S}(f,\pi^*|_{[c,b]}) \leqslant \int_a^c f(x)\mathrm{d}x + \int_c^b f(x)\mathrm{d}x,$$

即

$$\int_a^b f(x)\mathrm{d}x = \sup_\pi \underline{S}(f,\pi) \leqslant \int_a^c f(x)\mathrm{d}x + \int_c^b f(x)\mathrm{d}x.$$

同理可证明

$$\int_a^b f(x)\mathrm{d}x = \inf_\pi \overline{S}(f,\pi) \geqslant \int_a^c f(x)\mathrm{d}x + \int_c^b f(x)\mathrm{d}x.$$

从而得到

$$\int_a^b f(x)\mathrm{d}x = \int_a^c f(x)\mathrm{d}x + \int_c^b f(x)\mathrm{d}x. \qquad \Box$$

事实上, 定积分对区间的可加性还包括下面的结论: 如果 $f(x)$ 在 $[a,b]$ 上可积, 对于任意子区间 $[c,d] \subset [a,b]$, $f(x)$ 在 $[c,d]$ 上可积; 反过来, 如果 $c \in [a,b]$ 且 $f(x)$ 在 $[a,c]$, $[c,b]$ 上都可积, 则 $f(x)$ 在 $[a,b]$ 上可积. 证明思想同上, 这里略去证明.

定理 6.3.4 (保号性) 设函数 $f(x)$ 在区间 $[a,b]$ 上可积, 且 $f(x) \geqslant 0$, $x \in [a,b]$, 则

$$\int_a^b f(x)\mathrm{d}x \geqslant 0.$$

证明 由 $\int_a^b f(x)\mathrm{d}x = \lim_{\|\pi\|\to 0} \sum_{i=1}^n f(\xi_i)\Delta x_i \geqslant 0$ 便得到证明. $\qquad \Box$

推论 6.3.5 若 $f(x)$, $g(x)$ 都在 $[a,b]$ 上可积, 且 $f(x) \leqslant g(x)$, $x \in [a,b]$, 则

$$\int_a^b f(x)\mathrm{d}x \leqslant \int_a^b g(x)\mathrm{d}x.$$

推论 6.3.6 设 $f(x)$ 是 $[a,b]$ 上的非负可积函数. 若 $\int_a^b f(x)\mathrm{d}x = 0$, 则 $f(x)$ 在它的连续点取值为零.

证明 设 x_0 是 $f(x)$ 的一个连续点. 若 $f(x_0) \neq 0$, 则由连续函数的保号性可知, 存在 $[\alpha, \beta] \subset [a,b]$, 使得

$$f(x) \geqslant \frac{f(x_0)}{2}, \ x \in [\alpha, \beta].$$

于是

$$\int_a^b f(x)\mathrm{d}x = \int_a^\alpha f(x)\mathrm{d}x + \int_\alpha^\beta f(x)\mathrm{d}x + \int_\beta^b f(x)\mathrm{d}x$$

$$\geqslant \int_\alpha^\beta \frac{f(x_0)}{2}\mathrm{d}x = \frac{f(x_0)}{2}(\beta - \alpha) > 0,$$

这与已知矛盾, 因此证得 $f(x_0) = 0$. $\qquad \Box$

定理 6.3.7 (绝对可积性) 设 $f(x)$ 在 $[a,b]$ 上可积, 则 $|f(x)|$ 也在 $[a,b]$ 上可积, 且

$$\left| \int_a^b f(x)\mathrm{d}x \right| \leqslant \int_a^b |f(x)| \, \mathrm{d}x.$$

证明　因为 $f(x)$ 在 $[a,b]$ 上可积, 所以对任意的 $\varepsilon > 0$, 存在分割 π, 使得

$$\sum_{i=1}^{n} \omega_i\left(f\right)\Delta x_i < \varepsilon.$$

任取两点 x', $x'' \in [x_{i-1}, x_i]$, 成立

$$\left|\left|f(x')\right| - \left|f(x'')\right|\right| \leqslant \left|f(x') - f(x'')\right|,$$

从而得到

$$\omega_i(|f|) \leqslant \omega_i(f).$$

于是

$$\sum_{i=1}^{n} \omega_i\left(|f|\right)\Delta x_i \leqslant \sum_{i=1}^{n} \omega_i\left(f\right)\Delta x_i < \varepsilon.$$

从而由定理 6.2.5 可知, $|f(x)|$ 在 $[a,b]$ 上可积. 另一方面, 显然有

$$-|f(x)| \leqslant f(x) \leqslant |f(x)|,$$

由定积分的不等式性可知

$$-\int_a^b |f(x)|\,\mathrm{d}x \leqslant \int_a^b f(x)\mathrm{d}x \leqslant \int_a^b |f(x)|\,\mathrm{d}x.$$

从而证得结论.　　　　　　　　　　　　　　　　　　　　　□

值得注意的是, 如果 $|f(x)|$ 在 $[a,b]$ 上可积, 不能推出 $f(x)$ 可积. 如狄利克雷函数

$$D(x) = \begin{cases} 1, & x \in \mathbb{Q}, \\ -1, & x \in \mathbb{Q}^c. \end{cases}$$

显然, $|D(x)| \equiv 1$ 可积, 但是 $D(x)$ 不可积.

定理 6.3.8　(积分第一中值定理)　设 $f(x)$, $g(x)$ 在 $[a,b]$ 上可积, 且 $g(x)$ 在 $[a,b]$ 上不变号, 则存在 $\mu \in [m, M]$ ($m = \inf\limits_{x \in [a,b]} f(x)$, $M = \sup\limits_{x \in [a,b]} f(x)$), 使得

$$\int_a^b f(x)g(x)\mathrm{d}x = \mu \int_a^b g(x)\mathrm{d}x.$$

证明　首先由定积分的乘积可积性知, $f(x)g(x)$ 在 $[a,b]$ 上可积. 不妨设 $g(x) \geqslant 0$, 则

$$mg(x) \leqslant f(x)g(x) \leqslant Mg(x).$$

由定积分的不等式性可得

$$m \int_a^b g(x)\mathrm{d}x \leqslant \int_a^b f(x)g(x)\mathrm{d}x \leqslant M \int_a^b g(x)\mathrm{d}x.$$

若 $\int_a^b g(x)\mathrm{d}x = 0$, 由上式可推出 $\int_a^b f(x)g(x)\mathrm{d}x = 0$. 所以对任何 $\mu \in [m, M]$, 结论都成立.

若 $\int_a^b g(x)\mathrm{d}x \neq 0$, 则

$$m \leqslant \frac{\displaystyle\int_a^b f(x)g(x)\mathrm{d}x}{\displaystyle\int_a^b g(x)\mathrm{d}x} \leqslant M.$$

令

$$\mu = \frac{\displaystyle\int_a^b f(x)g(x)\mathrm{d}x}{\displaystyle\int_a^b g(x)\mathrm{d}x},$$

则可证得结论. □

在上述定理中, 若 $f(x)$ 在 $[a,b]$ 上连续, 则存在 x_1, $x_2 \in [a,b]$, 使得 $f(x_1) = m$, $f(x_2) = M$. 又由连续函数的介值定理可知, 在 x_1, x_2 之间必存在一点 ξ, 使得 $f(\xi) = \mu$. 因此我们有

推论 6.3.9 若 $f(x)$ 在 $[a,b]$ 上连续, $g(x)$ 在 $[a,b]$ 上可积且不变号, 则存在一点 $\xi \in [a,b]$, 使得

$$\int_a^b f(x)g(x)\mathrm{d}x = f(\xi) \int_a^b g(x)\mathrm{d}x.$$

特别地, 若 $g(x) \equiv 1$, 则有

$$\int_a^b f(x)\mathrm{d}x = f(\xi)(b-a).$$

参见图 6.3.

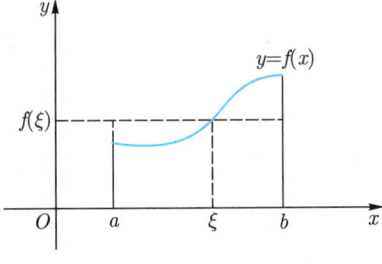

图 6.3

例 6.3.10   设 $f(x)$ 在 $[0,1]$ 上连续且单调减少, 证明: 当 $0 < \lambda < 1$ 时, 成立

$$\int_0^\lambda f(x)\mathrm{d}x \geqslant \lambda \int_0^1 f(x)\mathrm{d}x.$$

证明   利用积分中值定理可以得到

$$\int_0^\lambda f(x)\mathrm{d}x - \lambda \int_0^1 f(x)\mathrm{d}x = \int_0^\lambda f(x)\mathrm{d}x - \lambda \int_0^\lambda f(x)\mathrm{d}x - \lambda \int_\lambda^1 f(x)\mathrm{d}x$$

$$= (1-\lambda)\int_0^\lambda f(x)\mathrm{d}x - \lambda \int_\lambda^1 f(x)\mathrm{d}x$$

$$= (1-\lambda)\lambda(f(\xi_1) - f(\xi_2)),$$

其中 $0 \leqslant \xi_1 \leqslant \lambda \leqslant \xi_2 \leqslant 1$. 由于 $f(x)$ 单调减少, 则有 $f(\xi_1) \geqslant f(\xi_2)$, 从而证得结论.   □

练习题 6.3

1. 设函数 f 与 g 在 $[a,b]$ 上连续, 并且 $f(x) \leqslant g(x)$, $x \in [a,b]$. 若 $\int_a^b f(x)\mathrm{d}x = \int_a^b g(x)\mathrm{d}x$, 证明: $f = g$.

2. 若函数 f 在 $[a,b]$ 上连续, 且 $\int_a^b f(x)g(x)\mathrm{d}x = 0$ 对一切连续函数 g 成立, 证明: $f = 0$.

3. 设 a, $b > 0$, $f(x) \in C[-a,b]$. 如果 $f(x) > 0$ 且 $\int_{-a}^b xf(x)\mathrm{d}x = 0$, 证明:

$$\int_{-a}^b x^2 f(x)\mathrm{d}x \leqslant ab \int_{-a}^b f(x)\mathrm{d}x.$$

4. 设 f 是 $[0,1]$ 上的连续函数, 且 $f(x) > 0$. 证明不等式:

$$\int_0^1 f(x)\mathrm{d}x \int_0^1 \frac{1}{f(x)}\mathrm{d}x \geqslant 1.$$

5. 设 $f(x)$ 是 $[0,\pi]$ 上的连续函数, 并且满足

$$\int_0^\pi f(\theta)\cos\theta\mathrm{d}\theta = \int_0^\pi f(\theta)\sin\theta\mathrm{d}\theta = 0.$$

   求证: f 在 $(0,\pi)$ 内至少有两个零点.

6. 设函数 f 在区间 $[a,b]$ 上连续且非负, 令 $M = \max f([a,b])$. 证明:

$$\lim_{n\to\infty}\left(\int_a^b f^n(x)\mathrm{d}x\right)^{\frac{1}{n}} = M.$$

7. 函数 f 在区间 $[a,b]$ 上连续、非负且严格单调增加. 由积分中值定理, 对每个正数 p, 存在唯一的 $x_p \in [a,b]$, 使得

$$f^p(x_p) = \frac{1}{b-a} \int_a^b f^p(t)\mathrm{d}t.$$

证明: $\lim\limits_{p \to +\infty} x_p = b$.

8. 设 f 在 $[0,1]$ 上连续, 在 $(0,1)$ 内可导. 若 $f(1) = 2\int_0^{\frac{1}{2}} xf(x)\mathrm{d}x$, 证明: 存在 $\xi \in (0,1)$, 使得 $f(\xi) + \xi f'(\xi) = 0$.

9. 计算下列极限:

   (1) $\lim\limits_{n \to \infty} \int_0^1 \dfrac{x^n}{1+x}\mathrm{d}x$;

   (2) $\lim\limits_{n \to \infty} \int_{n^2}^{n^2+n} \dfrac{\arctan x}{1+x}\mathrm{d}x$;

   (3) $\lim\limits_{n \to \infty} \int_0^{\frac{\pi}{2}} \sin^n x\mathrm{d}x$.

10. 设函数 $f(x)$ 在任一有限区间上可积, 且 $\lim\limits_{x \to +\infty} f(x) = l$. 求证:

$$\lim_{x \to +\infty} \frac{1}{x} \int_0^x f(t)\mathrm{d}t = l.$$

11. 设函数 $f(x)$ 在 $[A,B]$ 上可积. 对于任意实数 a 与 b, 如果 $A < a < b < B$, 证明:

$$\lim_{h \to 0} \int_a^b |f(x+h) - f(x)|\mathrm{d}x = 0.$$

6.4　微积分基本定理

原函数的存在性是不定积分和定积分计算的基础. 这一节, 我们给出微积分基本定理, 并说明区间上的连续函数存在原函数. 为此, 我们定义如下变上限函数.

设 $f(x)$ 在 $[a,b]$ 上可积, 则对任意的 $x \in [a,b]$, 由积分的区间可加性知, $\int_a^x f(t)\mathrm{d}t$ 存在. 因此可以定义函数

$$F(x) = \int_a^x f(t)\mathrm{d}t, \quad x \in [a,b].$$

我们可以认为 $F(a) = 0$, 而 $F(b)$ 就是 $f(x)$ 在 $[a,b]$ 上的积分. 这个函数通常称为 $f(x)$ 的变上限函数, 它具有下列基本性质:

定理 6.4.1　设 $f(x)$ 在 $[a,b]$ 上可积, 记 $F(x) = \int_a^x f(t)\mathrm{d}t$, $x \in [a,b]$. 则

(1) $F(x)$ 在 $[a,b]$ 上一致连续;

(2) 若 $f(x)$ 在 $x_0 \in [a,b]$ 处连续, 则 $F(x)$ 在 x_0 处可导, 并且 $F'(x_0) = f(x_0)$;

(3) 若 $f(x)$ 在 $[a,b]$ 上连续, 那么 $F(x)$ 在 $[a,b]$ 上可导, 且 $F'(x) = f(x)$.

证明　(1) $f(x)$ 在 $[a,b]$ 上可积, 故 $f(x)$ 有界. 设 $|f(x)| \leqslant M$, $x \in [a,b]$. 任给 $x, y \in [a,b]$, 则由积分的区间可加性知

$$\begin{aligned}
|F(x) - F(y)| &= \left| \int_a^x f(t)\mathrm{d}t - \int_a^y f(t)\mathrm{d}t \right| \\
&= \left| \int_y^x f(t)\mathrm{d}t \right| \leqslant M|y - x|,
\end{aligned}$$

即 $F(x)$ 是 $[a,b]$ 上的利普希茨连续函数, 从而证得 $F(x)$ 在 $[a,b]$ 上一致连续.

(2) 不妨假设 $x_0 \in (a,b)$. 由于 $f(x)$ 在 x_0 处连续, 则有:

$$\forall \varepsilon > 0, \exists \delta > 0, \forall x \in (x_0 - \delta, x_0 + \delta): |f(x) - f(x_0)| < \varepsilon.$$

于是, 当 $x \in (x_0 - \delta, x_0 + \delta) \setminus \{x_0\}$,

$$\begin{aligned}
\left| \frac{F(x) - F(x_0)}{x - x_0} - f(x_0) \right| &= \left| \frac{1}{x - x_0} \int_{x_0}^x f(t) - f(x_0)\mathrm{d}t \right| \\
&\leqslant \frac{1}{|x - x_0|} \int_{x_0}^x |f(t) - f(x_0)|\mathrm{d}t
\end{aligned}$$

$$\leqslant \varepsilon.$$

所以

$$F'(x_0) = \lim_{x \to x_0} \frac{F(x) - F(x_0)}{x - x_0} = f(x_0).$$

从而证得 $F(x)$ 在 x_0 处可导, 且 $F'(x_0) = f(x_0)$.

(3) 由 (2) 即可得到. □

注意, 从上述定理得到原函数存在的一个必要条件, 即若 $f(x)$ 在 $[a, b]$ 上连续, 则 $F(x) = \displaystyle\int_a^x f(t)\mathrm{d}t$ 是 $f(x)$ 的一个原函数.

对于变下限函数, 由于

$$G(x) = \int_x^b f(t)\mathrm{d}t = -\int_b^x f(t)\mathrm{d}t,$$

若 $f(x)$ 连续, 则 $G'(x) = -f(x)$.

对于积分限是函数的情形, 比如

$$\Phi(x) = \int_a^{\varphi(x)} f(t)\mathrm{d}t.$$

当 $\varphi(x)$ 可导时, 由于 $\Phi(x) = F(\varphi(x))$, 由复合函数的链导法则可知

$$\Phi'(x) = \varphi'(x) f(\varphi(x)).$$

例 6.4.2 求 $\dfrac{\mathrm{d}}{\mathrm{d}x} \displaystyle\int_0^{x^2} (x^2 - t) f(t)\mathrm{d}t$, 其中 $f(x)$ 为连续函数.

解
$$\frac{\mathrm{d}}{\mathrm{d}x} \int_0^{x^2} (x^2 - t) f(t)\mathrm{d}t = \left(x^2 \int_0^{x^2} f(t)\mathrm{d}t - \int_0^{x^2} t f(t)\mathrm{d}t \right)'$$
$$= 2x \int_0^{x^2} f(t)\mathrm{d}t.$$

例 6.4.3 求极限 $\displaystyle\lim_{x \to 0} \dfrac{x^2}{\displaystyle\int_{\cos x}^1 \mathrm{e}^{-t^2}\mathrm{d}t}$.

解 因为这个极限是 $\dfrac{0}{0}$ 型的不定型, 由洛必达法则可得

$$\lim_{x \to 0} \frac{x^2}{\displaystyle\int_{\cos x}^1 \mathrm{e}^{-t^2}\mathrm{d}t} = \lim_{x \to 0} \frac{(x^2)'}{\left(\displaystyle\int_{\cos x}^1 \mathrm{e}^{-t^2}\mathrm{d}t \right)'}$$
$$= \lim_{x \to 0} \frac{2x}{\mathrm{e}^{-\cos^2 x} \sin x}$$

$$= \lim_{x \to 0} \frac{2}{\mathrm{e}^{-\cos^2 x}} = 2\mathrm{e}.$$

例 6.4.4 设函数 $f(x)$ 在 $[a,b]$ 上连续且在 $[a,b]$ 上单调减少. 记 $F(x) = \dfrac{\displaystyle\int_a^x f(t)\mathrm{d}t}{x-a}$. 证明: 在 (a,b) 内有 $F'(x) \leqslant 0$.

证明 显然, $F(x)$ 在 (a,b) 内可导, 且对任意 $x \in (a,b)$, 成立

$$F'(x) = \frac{(x-a)\left(\displaystyle\int_a^x f(t)\mathrm{d}t\right)' - (x-a)'\displaystyle\int_a^x f(t)\mathrm{d}t}{(x-a)^2}$$

$$= \frac{1}{x-a}\left(f(x) - \frac{1}{x-a}\int_a^x f(t)\mathrm{d}t\right).$$

由积分中值定理可知, 存在 $\xi \in [a,x]$, 使得

$$\int_a^x f(t)\mathrm{d}t = f(\xi)(x-a).$$

所以对任意 $x \in (a,b)$, 成立

$$F'(x) = \frac{1}{x-a}(f(x) - f(\xi)).$$

因为 $f(x)$ 在 $[a,b]$ 上单调减少, 故当 $x \geqslant \xi$ 时, $f(x) \leqslant f(\xi)$, 从而证得 $F'(x) \leqslant 0$. □

下面我们来导出微积分学中最重要的一个结论, 称之为微积分基本定理.

定理 6.4.5 (牛顿–莱布尼茨公式) 设 $f(x)$ 在 $[a,b]$ 上可积, $F(x)$ 在 $[a,b]$ 上连续, 在 (a,b) 内可导, 且 $F'(x) = f(x)$. 则

$$\int_a^b f(x)\mathrm{d}x = F(b) - F(a).$$

证明 对于 $[a,b]$ 的任一分割 π, 由条件知 $F(x)$ 在 $[x_{i-1}, x_i]$ 上连续, 在 (x_{i-1}, x_i) 内可导. 于是由拉格朗日中值定理可得, $\exists\, \xi_i \in (x_{i-1}, x_i)$ 使得

$$F(x_i) - F(x_{i-1}) = F'(\xi_i)(x_i - x_{i-1}) = f(\xi_i)\Delta x_i.$$

对上式两边求和, 则

$$F(b) - F(a) = \sum_{i=1}^n (F(x_i) - F(x_{i-1})) = \sum_{i=1}^n f(\xi_i)\Delta x_i.$$

由于 $f(x)$ 在 $[a,b]$ 上可积, 所以对上式两端令 $\|\pi\| \to 0$, 即证得结论. □

牛顿–莱布尼茨公式是由牛顿和莱布尼茨发现的. 公式中的 $F(b) - F(a)$ 也常记为 $F(x)|_a^b$, 即

$$\int_a^b f(x)\mathrm{d}x = F(x)\bigg|_a^b$$

牛顿–莱布尼茨公式提供了求连续函数定积分的一般方法, 这就使得作为和式极限的定积分与作为微分运算的逆运算的不定积分有了紧密的联系, 从而使得微积分成为具有广泛理论与实用价值的一门学科.

例 6.4.6 计算定积分 $\displaystyle\int_0^\pi \sin x\mathrm{d}x$.

解 因为 $-\cos x$ 是 $\sin x$ 的一个原函数, 所以

$$\int_0^\pi \sin x\mathrm{d}x = -\cos x|_0^\pi = -\cos\pi + \cos 0 = 2.$$

例 6.4.7 计算极限 $\displaystyle\lim_{n\to\infty}\left(\frac{n}{n^2+1^2} + \frac{n}{n^2+2^2} + \cdots + \frac{n}{n^2+n^2}\right)$.

解 将极限与黎曼和的极限联系起来, 所以将原式改写为

$$\frac{1}{n}\left(\frac{1}{1+\left(\frac{1}{n}\right)^2} + \frac{1}{1+\left(\frac{2}{n}\right)^2} + \cdots + \frac{1}{1+\left(\frac{n}{n}\right)^2}\right).$$

由于函数 $\dfrac{1}{1+x^2}$ 在 $[0,1]$ 上黎曼可积, 故所求极限的数列可以看成函数 $\dfrac{1}{1+x^2}$ 在 $[0,1]$ 上的黎曼和. 由于 $\arctan x$ 是 $\dfrac{1}{1+x^2}$ 的一个原函数, 故

$$\lim_{n\to\infty}\left(\frac{n}{n^2+1^2} + \frac{n}{n^2+2^2} + \cdots + \frac{n}{n^2+n^2}\right)$$

$$= \lim_{n\to\infty}\frac{1}{n}\sum_{i=1}^n \frac{1}{1+\left(\frac{i}{n}\right)^2} = \int_0^1 \frac{1}{1+x^2}\mathrm{d}x = \arctan x|_0^1 = \frac{\pi}{4}.$$

练习题 6.4

1. 设函数 $f(x)$ 是符号函数, 即

$$f(x) = \begin{cases} 1, & x > 0, \\ 0, & x = 0, \\ -1, & x < 0. \end{cases}$$

试计算 $F(x) = \displaystyle\int_{-1}^x f(t)\mathrm{d}t$, 并考察函数 $F(x)$ 的连续性与可导性.

2. 计算下列极限:

(1) $\displaystyle\lim_{x\to+\infty}\frac{\mathrm{e}^{-x^2}}{x}\int_0^x t^2\mathrm{e}^{t^2}\mathrm{d}t$;

(2) $\displaystyle\lim_{x\to+\infty}\frac{\displaystyle\int_0^x(\arctan t)^2\mathrm{d}t}{\sqrt{1+x^2}}$.

3. 设 $b>0$, $f(x)$ 在 $[0,b]$ 上连续且单调增加, 求证: $2\displaystyle\int_0^b xf(x)\mathrm{d}x\geqslant b\int_0^b f(x)\mathrm{d}x$.

4. 设函数 f 在 $[0,1]$ 上可导, $f(0)=0$, 且 $0\leqslant f'(x)\leqslant 1$. 求证:

$$\int_0^1 f^3(x)\mathrm{d}x\leqslant\left(\int_0^1 f(x)\mathrm{d}x\right)^2.$$

5. 设 $f(x)$ 在 $[0,+\infty)$ 上连续, 且当 $x>0$ 时, $\displaystyle\int_0^x f(t)\mathrm{d}t=\frac{1}{2}xf(x)$, 求证: $f(x)=cx$, $x>0$.

6. 设 f 在 $[0,+\infty)$ 上连续, 并恒取正值. 证明: $\varphi(x)=\dfrac{\displaystyle\int_0^x tf(t)\mathrm{d}t}{\displaystyle\int_0^x f(t)\mathrm{d}t}$ 是 $(0,+\infty)$

上的严格单调增加函数.

7. 用牛顿–莱布尼茨公式计算下列定积分:

(1) $\displaystyle\int_{-1}^1\frac{x^2}{1+x^2}\mathrm{d}x$;

(2) $\displaystyle\int_0^1(2x-1)\mathrm{e}^{x^2-1}\mathrm{d}x$;

(3) $\displaystyle\int_0^{\frac{\pi}{2}}x^2\cos x\mathrm{d}x$.

8. 计算下列极限:

(1) $\displaystyle\lim_{n\to\infty}\sum_{k=1}^n\sqrt{\frac{(n+k)(n+k+1)}{n^4}}$;

(2) $\displaystyle\lim_{n\to\infty}\frac{1}{n}\sqrt[n]{n(n+1)\cdots(2n-1)}$;

(3) $\displaystyle\lim_{n\to\infty}\frac{\displaystyle\sum_{k=1}^n\sqrt{k}}{\displaystyle\sum_{k=1}^n\sqrt{n+k}}$.

9. 设函数 $f(x)$ 在 $[a,b]$ 上可积, $F(x)$ 为 $[a,b]$ 上在有限个第一间断点之外的点上连续, $a=x_0<x_1<\cdots<x_n=b$ 为 $F(x)$ 的间断点, 又在 $[a,b]$ 上除了有限个点之外有 $F'(x)=f(x)$, 则

$$\int_a^b f(x)\mathrm{d}x=\sum_{i=1}^n(F(x_i-0)+F(x_{i-1}+0)).$$

10. 试问下列计算是否正确:

   (1) $\displaystyle\int_{-1}^{1} \left(\frac{\mathrm{d}}{\mathrm{d}x} \left(\arctan \frac{1}{x} \right) \right) \mathrm{d}x = \arctan \frac{1}{x} \Big|_{-1}^{1} = \frac{\pi}{2}$;

   (2) $\displaystyle\int_{0}^{\frac{3\pi}{4}} \frac{\sin x}{1 + \cos^2 x} \mathrm{d}x = \arctan(\sec x) \big|_{0}^{\frac{3\pi}{4}} = -\arctan \sqrt{2} - \frac{\pi}{4}$.

11. 在 $[-1, +\infty)$ 上定义函数 $f(x) = \displaystyle\int_{-1}^{x} \frac{\mathrm{e}^{\frac{1}{t}}}{t^2 (1 + \mathrm{e}^{\frac{1}{t}})^2} \mathrm{d}t$, 试写出函数 $f(x)$ 的简单表达式.

12. 设 $f(x)$ 在 $[0,1]$ 上二阶连续可导, $f(0) = f(1) = 0$, 且当 $x \in (0,1)$ 时, $f(x) \neq 0$. 求证: $\displaystyle\int_{0}^{1} \left| \frac{f''(x)}{f(x)} \right| \mathrm{d}x \geqslant 4$.

6.5　定积分的计算方法

这一节, 我们讨论定积分的计算方法. 把牛顿–莱布尼茨公式和不定积分方法结合起来, 可以得到定积分的分部积分公式和换元公式.

6.5.1　换元法

定理 6.5.1　设 $f(x)$ 在 $[a,b]$ 上连续, $\varphi(t)$ 在 $[\alpha,\beta]$ 上可导, $\varphi'(t)$ 在 $[\alpha,\beta]$ 上可积, 且满足 $\varphi(\alpha) = a$, $\varphi(\beta) = b$, $\varphi([\alpha,\beta]) = [a,b]$. 则

$$\int_a^b f(x)\mathrm{d}x = \int_\alpha^\beta f(\varphi(t))\varphi'(t)\mathrm{d}t.$$

证明　由于 $f(x)$ 在 $[a,b]$ 上连续, 故 $f(x)$ 在 $[a,b]$ 上存在原函数 $F(x)$. 由牛顿–莱布尼茨公式知

$$\int_a^b f(x)\mathrm{d}x = F(b) - F(a).$$

另一方面, 由复合函数的求导公式知,

$$(F(\varphi(t)))' = F'(\varphi(t))\varphi'(t) = f(\varphi(t))\varphi'(t),\ t \in [\alpha,\beta].$$

由 $\varphi([\alpha,\beta]) = [a,b]$ 知, 上式中的复合函数及其导数均有意义. 注意到 $f(\varphi(t))$ 在 $[\alpha,\beta]$ 上连续, $\varphi'(t)$ 在 $[\alpha,\beta]$ 上可积, 因此 $(f(\varphi(t))\varphi'(t)$ 也在 $[\alpha,\beta]$ 上可积. 再次利用牛顿–莱布尼茨公式以及条件 $\varphi(\alpha) = a$, $\varphi(\beta) = b$ 可得

$$\int_\alpha^\beta f(\varphi(t))\varphi'(t)\mathrm{d}t = F(\varphi(\beta)) - F(\varphi(\alpha)) = F(b) - F(a). \qquad \square$$

和不定积分的情形一样, 可按两个不同的方向应用上述公式. 不过, 在计算定积分时, 所要得到的最后结果是数而不是函数, 因此在求出公式一端的数值时, 另一端的数值也就得到了, 所以无论按哪一个方向应用上述公式, 在求出原函数后都不必变回原来自变量的函数, 只需要对换元后的原函数直接使用牛顿–莱布尼茨公式即可.

例 6.5.2　计算定积分 $\displaystyle\int_0^{\sqrt{\frac{\pi}{2}}} \frac{t\sin(2t^2)}{1 + \sin t^2}\mathrm{d}t$.

解　因为

$$\frac{t\sin(2t^2)}{1 + \sin t^2}\mathrm{d}t = \frac{2t\sin t^2 \cos t^2}{1 + \sin t^2}\mathrm{d}t = \frac{\sin t^2}{1 + \sin t^2}\mathrm{d}\sin t^2,$$

故可作变量变换 $x = \sin t^2$. 于是

$$\int_0^{\sqrt{\frac{\pi}{2}}} \frac{t\sin(2t^2)}{1+\sin t^2}\mathrm{d}t = \int_0^1 \frac{x}{1+x}\mathrm{d}x = x - \ln(1+x)\big|_0^1 = 1 - \ln 2.$$

例 6.5.3 计算定积分 $\displaystyle\int_a^{2a} \frac{\sqrt{x^2-a^2}}{x^4}\mathrm{d}x$ $(a > 0)$.

解 为去掉根号, 可作变量变换 $x = a\sec t$, 于是有

$$\int_a^{2a} \frac{\sqrt{x^2-a^2}}{x^4}\mathrm{d}x = \frac{1}{a^2}\int_0^{\frac{\pi}{3}} \sin^2 t\cos t\,\mathrm{d}t = \frac{1}{a^2}\frac{\sin^3 t}{3}\bigg|_0^{\frac{\pi}{3}} = \frac{\sqrt{3}}{8a^2}.$$

例 6.5.4 设 $f(x)$ 在 $[-a, a]$ 上连续. 证明:

(1) 若 $f(-x) = f(x)$, 则 $\displaystyle\int_{-a}^a f(x)\mathrm{d}x = 2\int_0^a f(x)\mathrm{d}x$;

(2) 若 $f(-x) = -f(x)$, 则 $\displaystyle\int_{-a}^a f(x)\mathrm{d}x = 0$.

证明 我们只证明 (1) . 由积分关于区间的可加性知

$$\int_{-a}^a f(x)\mathrm{d}x = \int_{-a}^0 f(x)\mathrm{d}x + \int_0^a f(x)\mathrm{d}x.$$

由于

$$\int_{-a}^0 f(x)\mathrm{d}x \xlongequal{t=-x} \int_a^0 f(-t)\mathrm{d}(-t) = \int_0^a f(x)\mathrm{d}x,$$

代入上述即证得结论 (1). $\qquad\qquad\qquad\qquad\qquad\qquad\qquad\qquad$ □

例 6.5.5 $f(x)$, $g(x)$ 在 $[-a, a]$ 上连续, 且 $g(x)$ 为偶函数, $f(x)$ 满足 $f(x) + f(-x) = A$.

(1) 证明: $\displaystyle\int_{-a}^a f(x)g(x)\mathrm{d}x = A\int_0^a g(x)\mathrm{d}x$;

(2) 利用 (1) 的结论计算定积分 $\displaystyle\int_{-\frac{\pi}{2}}^{\frac{\pi}{2}} |\sin x|\arctan(\mathrm{e}^x)\mathrm{d}x$.

解 (1) 通过直接计算可得

$$\begin{aligned}
\int_{-a}^a f(x)g(x)\mathrm{d}x &= \int_{-a}^0 f(x)g(x)\mathrm{d}x + \int_0^a f(x)g(x)\mathrm{d}x \\
&\xlongequal{x=-t} \int_0^a f(-t)g(-t)\mathrm{d}t + \int_0^a f(x)g(x)\mathrm{d}x \\
&= \int_0^a f(-x)g(-x)\mathrm{d}x + \int_0^a f(x)g(x)\mathrm{d}x \\
&= \int_0^a (f(x) + f(-x))g(x)\mathrm{d}x = A\int_0^a g(x)\mathrm{d}x.
\end{aligned}$$

(2) 由于 $\arctan(e^x) + \arctan(e^{-x}) = \dfrac{\pi}{2}$, 故由 (1) 得

$$\int_{-\frac{\pi}{2}}^{\frac{\pi}{2}} |\sin x| \arctan(e^x) \mathrm{d}x = \frac{\pi}{2} \int_0^{\frac{\pi}{2}} \sin x \mathrm{d}x = \frac{\pi}{2}.$$

例 6.5.6 计算定积分 $\displaystyle\int_{-\pi}^{\pi} \frac{x \sin x}{1 + \cos^2 x} \mathrm{d}x$.

解 由于 $\dfrac{x \sin x}{1 + \cos^2 x}$ 在积分区间上是偶函数, 因此

$$\int_{-\pi}^{\pi} \frac{x \sin x}{1 + \cos^2 x} \mathrm{d}x = 2 \int_0^{\pi} \frac{x \sin x}{1 + \cos^2 x} \mathrm{d}x.$$

而

$$I = \int_0^{\pi} \frac{x \sin x}{1 + \cos^2 x} \mathrm{d}x \xlongequal{x = \pi - t} \int_{\pi}^0 \frac{(\pi - t) \sin(\pi - t)}{1 + \cos^2(\pi - t)} \mathrm{d}(\pi - t) = \int_0^{\pi} \frac{\pi \sin x}{1 + \cos^2 x} \mathrm{d}x - I.$$

所以

$$I = \frac{\pi}{2} \int_0^{\pi} \frac{\sin x}{1 + \cos^2 x} \mathrm{d}x = \frac{\pi}{2} (- \arctan \cos x) \big|_0^{\pi} = \frac{\pi}{2} \cdot \frac{\pi}{2} = \frac{\pi^2}{4}.$$

由此得到

$$\int_{-\pi}^{\pi} \frac{x \sin x}{1 + \cos^2 x} \mathrm{d}x = \frac{\pi^2}{2}.$$

例 6.5.7 设 $f(x)$ 是 $(-\infty, +\infty)$ 内连续的周期函数, 周期为 T. 证明: 对任何常数 α, 成立

$$\int_{\alpha}^{\alpha+T} f(x) \mathrm{d}x = \int_0^T f(x) \mathrm{d}x.$$

证明 利用积分关于区间的可加性可得

$$\int_{\alpha}^{\alpha+T} f(x) \mathrm{d}x = \int_{\alpha}^0 f(x) \mathrm{d}x + \int_0^T f(x) \mathrm{d}x + \int_T^{\alpha+T} f(x) \mathrm{d}x$$

$$\xlongequal{x = t + T} \int_{\alpha}^0 f(x) \mathrm{d}x + \int_0^T f(x) \mathrm{d}x + \int_0^{\alpha} f(t + T) \mathrm{d}t$$

$$= - \int_0^{\alpha} f(x) \mathrm{d}x + \int_0^T f(x) \mathrm{d}x + \int_0^{\alpha} f(t) \mathrm{d}t$$

$$= \int_0^T f(x) \mathrm{d}x. \qquad \qquad \square$$

6.5.2 分部积分法

定理 6.5.8 设 $u(x), v(x)$ 在 $[a, b]$ 上可导, 且 $u'(x), v'(x)$ 在 $[a, b]$ 上可积. 则

$$\int_a^b u(x) v'(x) \mathrm{d}x = u(x) v(x) \big|_a^b - \int_a^b u'(x) v(x) \mathrm{d}x.$$

证明 由条件知, $u'(x)v(x)$, $u(x)v'(x)$, $u'(x)v(x) + u(x)v'(x)$ 在 $[a,b]$ 上可积, 利用牛顿–莱布尼茨公式, 得

$$\int_a^b u'(x)v(x)\mathrm{d}x + \int_a^b u(x)v'(x)\mathrm{d}x$$

$$= \int_a^b (u'(x)v(x) + u(x)v'(x))\mathrm{d}x = u(x)v(x)\,\big|_a^b.$$

移项即得结论. □

例 6.5.9 求 $I_n = \int_0^{\frac{\pi}{2}} \sin^n x\mathrm{d}x$, $J_n = \int_0^{\frac{\pi}{2}} \cos^n x\mathrm{d}x$.

解 首先注意到

$$J_n = \int_0^{\frac{\pi}{2}} \cos^n x\mathrm{d}x \xlongequal{x=\frac{\pi}{2}-t} \int_{\frac{\pi}{2}}^0 \sin^n t\mathrm{d}(-t) = \int_0^{\frac{\pi}{2}} \sin^n x\mathrm{d}x = I_n.$$

所以只需计算 I_n.

$$I_n = \int_0^{\frac{\pi}{2}} \sin^{n-1} x\, \mathrm{d}(-\cos x)$$

$$= -\sin^{n-1} x \cos x|_0^{\frac{\pi}{2}} + \int_0^{\frac{\pi}{2}} (n-1)\sin^{n-2} x \cos^2 x\mathrm{d}x$$

$$= \int_0^{\frac{\pi}{2}} (n-1)\sin^{n-2} x \cos^2 x\mathrm{d}x$$

$$= (n-1)I_{n-2} - (n-1)I_n.$$

由此得到递推公式:

$$I_n = \frac{n-1}{n} I_{n-2}.$$

注意到 $I_0 = \frac{\pi}{2}$, $I_1 = 1$, 重复利用上述递推公式可得

$$I_n = \begin{cases} \dfrac{(2k-1)!!}{(2k)!!}\dfrac{\pi}{2}, & n = 2k, \\[2mm] \dfrac{(2k)!!}{(2k+1)!!}, & n = 2k+1. \end{cases}$$

例 6.5.10 (泰勒公式的积分余项) 设 $f(x)$ 在 x_0 的某邻域 $O(x_0)$ 内具有直至 $n+1$ 阶连续导数. 则对任意 $x \in O(x_0)$, 成立

$$f(x) = \sum_{k=0}^n \frac{f^{(k)}(x_0)}{k!}(x - x_0)^k + R_n(x),$$

其中余项

$$R_n(x) = \frac{1}{n!} \int_{x_0}^x f^{(n+1)}(t)(x - t)^n \mathrm{d}t.$$

证明　对上述 $R_n(x)$ 的积分表达式反复利用分部积分法, 有

$$\frac{1}{n!} \int_{x_0}^{x} f^{(n+1)}(t)(x-t)^n \mathrm{d}t$$

$$= \frac{1}{n!} f^{(n)}(t)(x-t)^n \bigg|_{x_0}^{x} + \frac{1}{(n-1)!} \int_{x_0}^{x} f^{(n)}(t)(x-t)^{n-1} \mathrm{d}t$$

$$= -\frac{f^{(n)}(x_0)}{n!}(x-x_0)^n + \frac{1}{(n-1)!} f^{(n-1)}(t)(x-t)^{n-1} \bigg|_{x_0}^{x} +$$

$$\frac{1}{(n-2)!} \int_{x_0}^{x} f^{(n-1)}(t)(x-t)^{n-2} \mathrm{d}t$$

$$= -\frac{f^{(n)}(x_0)}{n!}(x-x_0)^n - \frac{f^{(n-1)}(x_0)}{(n-1)!}(x-x_0)^{n-1} +$$

$$\frac{1}{(n-2)!} \int_{x_0}^{x} f^{(n-1)}(t)(x-t)^{n-2} \mathrm{d}t$$

$$= \cdots = -\sum_{k=1}^{n} \frac{f^{(k)}(x_0)}{k!}(x-x_0)^k + \int_{x_0}^{x} f'(t) \mathrm{d}t$$

$$= -\sum_{k=0}^{n} \frac{f^{(k)}(x_0)}{k!}(x-x_0)^k + f(x).$$

移项即得所证.

若对积分余项使用积分中值定理, 则

$$R_n(x) = \frac{f^{(n+1)}(\xi)}{n!} \int_{x_0}^{x} (x-t)^n \mathrm{d}t = \frac{f^{(n+1)}(\xi)}{(n+1)!}(x-x_0)^{n+1},$$

其中 ξ 在 x_0, x 之间, 即得到拉格朗日余项; 或者若令 $\xi = x_0 + \theta(x-x_0)$, $\theta \in (0,1)$, 则

$$R_n(x) = \frac{f^{(n+1)}(\xi)}{n!}(x-\xi)^n \int_{x_0}^{x} 1 \mathrm{d}t$$

$$= \frac{f^{(n+1)}(\xi)}{n!}(x-\xi)^n(x-x_0)$$

$$= \frac{f^{(n+1)}(x_0 + \theta(x-x_0))}{n!}(1-\theta)^n(x-x_0)^{n+1}.$$

上式称为柯西余项.　　　　　　　　　　　　　　　　　　　　　　　□

练习题 6.5

　　1. 计算下列定积分:
　　(1) $\displaystyle\int_{-1}^{1} \frac{2x^2}{1+x^2} \mathrm{d}x$;

(2) $\displaystyle\int_0^1 |1 - 2x| \mathrm{d}x$;

(3) $\displaystyle\int_0^1 \frac{1}{1 + \mathrm{e}^x} \mathrm{d}x$;

(4) $\displaystyle\int_{-\frac{\pi}{2}}^{\frac{\pi}{2}} \sqrt{\cos x - \cos^3 x} \mathrm{d}x$;

(5) $\displaystyle\int_{-1}^0 \frac{1}{x^2 + 2x + 2} \mathrm{d}x$;

(6) $\displaystyle\int_{\frac{1}{\mathrm{e}}}^{\mathrm{e}} |\ln x| \mathrm{d}x$;

(7) $\displaystyle\int_0^5 [x] \sin \frac{\pi x}{5} \mathrm{d}x$;

(8) $\displaystyle\int_0^\pi \mathrm{e}^x \cos^2 x \mathrm{d}x$;

(9) $\displaystyle\int_0^1 x \arcsin x \mathrm{d}x$;

(10) $\displaystyle\int_1^{\mathrm{e}} (x \ln x)^2 \mathrm{d}x$;

(11) $\displaystyle\int_0^{\frac{\pi}{4}} \frac{x}{1 + \cos 2x} \mathrm{d}x$;

(12) $\displaystyle\int_0^1 (1 - x^2)^n \mathrm{d}x$;

(13) $\displaystyle\int_0^1 x(1 - x^4)^{\frac{3}{2}} \mathrm{d}x$;

(14) $\displaystyle\int_0^{\frac{\pi}{4}} \cos^7 2x \mathrm{d}x$;

(15) $\displaystyle\int_0^\pi \sin^6 \frac{x}{2} \mathrm{d}x$;

(16) $\displaystyle\int_0^{\frac{\pi}{4}} \ln(1 + \tan x) \mathrm{d}x$;

(17) $\displaystyle\int_0^{\frac{\pi}{2}} \frac{\sin x}{1 + \sin x + \cos x} \mathrm{d}x$;

(18) $\displaystyle\int_0^{\frac{\pi}{2}} \frac{1}{1 + \tan^\alpha x} \mathrm{d}x \ (\alpha > 0)$.

2. 求 $\displaystyle\int_0^{n\pi} x|\sin x| \mathrm{d}x, \ n \in \mathbb{N}$.

3. 设 $f(x)$ 在 $\mathbb{R}$ 上连续, 试求导数: $\dfrac{\mathrm{d}}{\mathrm{d}x} \displaystyle\int_0^x t f(x^2 - t^2) \mathrm{d}t$.

4. 设 $f(x)$ 在 $\mathbb{R}$ 上连续, 且 $f(x) = x + 2 \displaystyle\int_0^1 f(t) \mathrm{d}t$, 求 $f(x)$.

5. 设 $f(x)$ 在 $[0,1]$ 上有二阶连续导数, 证明:

$$\int_0^1 f(x)\mathrm{d}x = \frac{1}{2}(f(0)+f(1)) - \frac{1}{2}\int_0^1 x(1-x)f''(x)\mathrm{d}x.$$

6. 设 $f(x)$ 在 $[a,b]$ 具有连续导函数. 证明:

$$\max_{x\in[a,b]}|f(x)| \leqslant \frac{1}{b-a}\int_a^b |f(x)|\mathrm{d}x + \int_a^b |f'(x)|\mathrm{d}x.$$

7. 设 $f(x)$ 在 $[0,1]$ 上有连续导数, $f(0)=0$, 求证: $\displaystyle\int_0^1 |f(x)|^2\mathrm{d}x \leqslant \int_0^1 |f'(x)|^2\mathrm{d}x.$

8. 设 $f(x)$ 在 $[-1,1]$ 上连续, 证明:

$$\lim_{h\to 0^+}\int_{-1}^1 \frac{h}{h^2+x^2}f(x)\mathrm{d}x = \pi f(0).$$

9. 设 $f(x)$ 在 $[a,b]$ 上二阶可导, 且 $f\left(\dfrac{a+b}{2}\right)=0$, 证明:

$$\left|\int_a^b f(x)\mathrm{d}x\right| \leqslant \frac{(b-a)^3}{24}\sup_{x\in[a,b]}|f''(x)|.$$

10. 设 $f(x)$ 在 $[0,1]$ 上可积, 且 $\displaystyle\int_0^1 f(x)\mathrm{d}x = 1, \int_0^1 xf(x)\mathrm{d}x = 0.$

(1) 求函数 $I(a) = \displaystyle\int_0^1 |ax-1|\mathrm{d}x$ 在 $[0,+\infty)$ 上的最小值;

(2) 证明: $\displaystyle\sup_{x\in[0,1]}|f(x)| \geqslant \sqrt{2}+1.$

6.6 勒贝格定理

在定积分的可积性理论中, 我们知道函数的黎曼可积性与函数在区间上不连续点的"多少"密切相关. 那么黎曼可积函数至多允许函数具有多少个不连续点? 这个问题要涉及黎曼可积性理论中的勒贝格定理. 这一节, 我们主要给出勒贝格定理及其证明.

首先我们引进实数集中零测集的概念.

定义 6.6.1　设 $A \subset \mathbb{R}$. 如果对于任意 $\varepsilon > 0$, 存在至多可数个开区间, 不妨记为 $I_n, n = 1, 2, 3, \cdots$, 使得 $A \subset \bigcup_{n=1}^{\infty} I_n$, 并且

$$\sum_{n=1}^{\infty} |I_n| =: \lim_{n \to \infty} \sum_{i=1}^{n} |I_i| < \varepsilon.$$

则称 A 是零测集. 这里 $|I_n|$ 表示 I_n 的区间长度.

显然空集、有限集 A 是零测集. 对于无穷可数集 $A = \{x_n, n = 1, 2, 3, \cdots\}$, 由于对于任意 $\varepsilon > 0$, 可以取 $I_n = \left(x_n - \dfrac{\varepsilon}{2^{n+1}}, x_n + \dfrac{\varepsilon}{2^{n+1}} \right), n = 1, 2, \cdots$, 显然成立 $A \subset \bigcup_{n=1}^{\infty} I_n$ 并且

$$\sum_{n=1}^{\infty} |I_n| = \sum_{n=1}^{\infty} \frac{\varepsilon}{2^n} = \varepsilon.$$

因此无穷可数集 A 是零测集. 特别地, 有理数集 $\mathbb{Q}$ 是零测集.

命题 6.6.2　有限个零测集或者可数个零测集的并集是零测集.

证明　不妨设 $A_1, A_2, \cdots, A_n, \cdots$ 是一列零测集. 对于每个集合 A_n, 由零测集的定义可知, 对于任意 $\varepsilon > 0$, 存在开区间列 $\{I_{n,j}\}_{j=1}^{\infty}$ 使得 $A_n \subset \bigcup_{j=1}^{\infty} I_{n,j}$, 并且

$$\sum_{j=1}^{\infty} |I_{n,j}| < \frac{\varepsilon}{2^n}.$$

于是对于并集 $A = \bigcup_{n=1}^{\infty} A_n$, 显然 $A \subset \bigcup_{n,j=1}^{\infty} I_{n,j}$, 并且

$$\sum_{n,j=1}^{\infty} |I_{n,j}| < \sum_{n=1}^{\infty} \frac{\varepsilon}{2^n} = \varepsilon.$$

因此并集 $A = \bigcup\limits_{n=1}^{\infty} A_n$ 是零测集. □

下面我们给出振幅对函数连续性的刻画. 设函数 $f(x)$ 在 x_0 的邻域 $O(x_0, r)$ 内有定义, 定义函数 $f(x)$ 在邻域 $O(x_0, r)$ 上的振幅 $\omega_f(x_0, r)$ 为

$$\omega_f(x_0, r) = \sup_{s, t \in O(x_0, r)} |f(s) - f(t)|.$$

显然当 r 单调减少时, 振幅 $\omega_f(x_0, r)$ 单调减少, 故当 r 趋于 0 时, 极限 $\lim\limits_{r \to 0^+} \omega_f(x_0, r)$ 存在. 称此极限为函数 $f(x)$ 在 x_0 处的振幅, 记为 $\omega_f(x_0)$. 显然我们有下列命题:

命题 6.6.3 函数 $f(x)$ 在 x_0 处连续的充分必要条件是: $\omega_f(x_0) = 0$.

设 $f(x)$ 在 $[a, b]$ 上有定义, 记 $D(f)$ 为 $f(x)$ 在 $[a, b]$ 上不连续点的集合, 记 $D_\delta(f) = \{x \in [a, b] | \omega_f(x) \geqslant \delta\}$. 则容易证明下列命题:

命题 6.6.4

$$D(f) = \bigcup_{n=1}^{\infty} D_{\frac{1}{n}}(f).$$

在给出勒贝格定理之前, 我们还需要证明下列命题:

命题 6.6.5 设 $f(x)$ 在 $[a, b]$ 上有定义, $D(f)$ 被开区间列 $\{(\alpha_j, \beta_j)\}$ 覆盖. 令 $K = [a, b] \setminus \sum\limits_{j=1}^{\infty} (\alpha_j, \beta_j)$. 则对于任意 $\varepsilon > 0$, 存在 $\delta > 0$, 对于任意 $x \in K$, 任意 $y \in [a, b]$, 若 $|x - y| < \delta$, 则有 $|f(x) - f(y)| < \varepsilon$.

证明 采用反证法证明命题. 假设命题结论不正确, 则 $\exists \varepsilon_0 > 0, \forall \delta > 0, \exists x \in K, \exists y \in [a, b] (|x-y| < \delta): |f(x)-f(y)| \geqslant \varepsilon_0$. 特别地, 分别令 $\delta = \dfrac{1}{n}, n = 1, 2, 3, \cdots,$ 则有

$$\exists \varepsilon_0 > 0, \exists \{x_n\} \subset K, \exists \{y_n\} \subset [a, b] \left(|x_n - y_n| < \frac{1}{n} \right): |f(x_n) - f(y_n)| \geqslant \varepsilon_0.$$

由于 $\{x_n\} \subset K \subset [a, b]$, 由波尔查诺–魏尔斯特拉斯定理知, 存在 $\{x_n\}$ 的子列 $\{x_{n_k}\}$ 收敛. 不妨设 $\lim\limits_{n \to \infty} x_{n_k} = a$. 容易看出 $a \in K$, 并且 $\{y_n\}$ 中与 $\{x_{n_k}\}$ 相同指标的子列 $\{y_{n_k}\}$ 也收敛于 a, 并且满足

$$|f(x_{n_k}) - f(y_{n_k})| \geqslant \varepsilon_0.$$

注意到 $a \in K$, 故 a 是 $f(x)$ 的连续点. 于是在上式中, 令 $k \to \infty$, 得到

$$|f(a) - f(a)| \geqslant \varepsilon_0,$$

从而得到矛盾. 因此命题结论成立. □

下面我们给出函数黎曼可积的充分必要条件, 即勒贝格定理.

定理 6.6.6　设 $f(x)$ 在 $[a,b]$ 上有界, 则 $f(x)$ 在 $[a,b]$ 上黎曼可积的充分必要条件是: $D(f)$ 是零测集.

证明　必要性的证明. 已知 $f(x)$ 在 $[a,b]$ 上黎曼可积, 下面证明 $D(f)$ 是零测集. 由于 $D(f) = \bigcup_{n=1}^{\infty} D_{\frac{1}{n}}(f)$, 故只需证明每个 $D_{\frac{1}{n}}(f)$ 是零测集. 又因为对于每个固定的自然数 n, 由于 $f(x)$ 在 $[a,b]$ 上可积, 则有

$$\forall\, \varepsilon > 0, \exists\, 分割\pi : \sum_{\pi} \omega_i \Delta x_i < \frac{\varepsilon}{n}.$$

不妨设上述分割 $\pi : x_0 = a < x_1 < \cdots < x_p = b$, 记 $E_n = D_{\frac{1}{n}} \setminus \{x_0, x_1, \cdots, x_p\}$. 显然

$$E_n = D_{\frac{1}{n}} \cap \left(\bigcup_{i=1}^{p} (x_{i-1}, x_i) \right) \subset \bigcup_{i=1}^{p} \{(x_{i-1}, x_i) | D_{\frac{1}{n}} \cap (x_{i-1}, x_i) \neq \varnothing\},$$

即 E_n 被开区间列 $\{(x_{i-1}, x_i) : D_{\frac{1}{n}} \cap (x_{i-1}, x_i) \neq \varnothing\}$ 所覆盖. 因此下面只需计算这些区间的长度和小于 ε, 从而证明了 $D_{\frac{1}{n}}$ 是零测集.

为此, 记 $\Lambda = \{i | D_{\frac{1}{n}} \cap (x_{i-1}, x_i) \neq \varnothing\}$. 由于对于任意 $t \in D_{\frac{1}{n}} \cap (x_{i-1}, x_i)$, $\omega_f(t) \geqslant \frac{1}{n}$, 从而有 $\omega_i \geqslant \frac{1}{n}$. 于是

$$\frac{1}{n} \sum_{\Lambda} \Delta x_i \leqslant \sum_{\Lambda} \omega_i \Delta x_i \leqslant \sum_{\pi} \omega_i \Delta x_i < \frac{\varepsilon}{n}.$$

即证得 $\sum_{\Lambda} \Delta x_i < \varepsilon$.

充分性的证明. 已知 $D(f)$ 是零测集, 则对于任意 $\varepsilon > 0$, 存在开区间列 $\{(\alpha_i, \beta_i)\}$ 使得 $D(f) \subset \bigcup_{i=1}^{\infty} (\alpha_i, \beta_i)$, 并且

$$\sum_{i=1}^{\infty} (\beta_i - \alpha_i) < \frac{\varepsilon}{2\omega + 1},$$

这里 ω 是 $f(x)$ 在 $[a,b]$ 上的振幅. 令 $K = [a,b] \setminus \sum_{j=1}^{\infty} (\alpha_j, \beta_j)$。由命题 6.6.5 知, 对于任意 $\varepsilon > 0$, 存在 $\delta > 0$, 对于任意 $x \in K$, 任意 $y \in [a,b]$, 若 $|x - y| < \delta$, 则有

$$|f(x) - f(y)| < \frac{\varepsilon}{4(b-a)}.$$

取分割 $\pi : \|\pi\| < \delta$, 其中分割 π 分成的小区间分成两类, 为方便起见引入记号:

$$\Lambda_1 = \{i | K \cap (x_{i-1}, x_i) \neq \varnothing\},$$

$$\Lambda_2 = \{i | K \cap (x_{i-1}, x_i) = \varnothing\}.$$

当 $i \in \Lambda_1$ 时, 可以取 $y_i \in K \cap (x_{i-1}, x_i)$. 由于对于任意 $x \in [x_{i-1}, x_i]$, $|x - y_i| < \delta$, 则有

$$\begin{aligned}
\omega_i &= \sup_{x,y \in [x_{i-1}, x_i]} |f(x) - f(y)| \\
&\leqslant \sup_{x,y \in [x_{i-1}, x_i]} (|f(x) - f(y_i)| + |f(y) - f(y_i)|) \\
&\leqslant 2 \cdot \frac{\varepsilon}{4(b-a)} = \frac{\varepsilon}{2(b-a)}.
\end{aligned}$$

当 $i \in \Lambda_2$ 时, 由于 $K \cap (x_{i-1}, x_i) = \varnothing$, 故 $(x_{i-1}, x_i) \subset \bigcup_{i=1}^{\infty} (\alpha_i, \beta_i)$. 于是得到

$$\begin{aligned}
\sum_{\pi} \omega_i \Delta x_i &= \sum_{\Lambda_1} \omega_i \Delta x_i + \sum_{\Lambda_2} \omega_i \Delta x_i \\
&\leqslant \frac{\varepsilon}{2(b-a)} \sum_{\Lambda_1} \Delta x_i + \omega \sum_{\Lambda_2} \Delta x_i \\
&\leqslant \frac{\varepsilon}{2(b-a)} \cdot (b-a) + \omega \sum_{i=1}^{\infty} (\beta_i - \alpha_i) \\
&\leqslant \frac{\varepsilon}{2} + \omega \cdot \frac{\varepsilon}{2\omega + 1} < \varepsilon.
\end{aligned}$$

从而证得了 $f(x)$ 在 $[a, b]$ 上是黎曼可积的.

由勒贝格定理可知, 如果 $f(x)$ 在 $[a, b]$ 上是黎曼可积的函数, 则 $D(f)$ 是零测集, 于是 $D(|f|)$ 和 $D(f^2)$ 也是零测集, 从而 $|f(x)|$ 和 $|f(x)|^2$ 在 $[a, b]$ 上也是黎曼可积的. 另外, 对于下列函数

$$f(x) = \begin{cases} \dfrac{1}{x} - \left[\dfrac{1}{x}\right], & x \neq 0, \\ 0, & x = 0. \end{cases}$$

容易看出 $f(x)$ 的不连续点至多是 $0, 1, \dfrac{1}{2}, \dfrac{1}{3}, \cdots$, 于是得到 $D(f)$ 是零测集, 从而 $f(x)$ 在 $[a, b]$ 上也是黎曼可积的.

例 6.6.7 (施瓦茨不等式)　设 $f(x), g(x)$ 在 $[a, b]$ 上可积. 则

$$\left(\int_a^b f(x)g(x)\mathrm{d}x\right)^2 \leqslant \int_a^b f^2(x)\mathrm{d}x \int_a^b g^2(x)\mathrm{d}x.$$

证明 由于对任意 $\lambda \in \mathbb{R}$, $(\lambda f(x) - g(x))^2 \geqslant 0$, 故 $\displaystyle\int_a^b (\lambda f(x) - g(x))^2 \mathrm{d}x \geqslant 0$, 即

$$\lambda^2 \int_a^b f^2(x)\mathrm{d}x - 2\lambda \left(\int_a^b f(x)g(x)\mathrm{d}x \right) + \int_a^b g^2(x)\mathrm{d}x \geqslant 0.$$

若 $\displaystyle\int_a^b f^2(x)\mathrm{d}x = 0$, 则 $f(x)$ 在其连续点取值为零, 故由勒贝格定理可知, $f(x)$ 在 $[a,b]$ 的任何子区间上都有零点, 故 $\displaystyle\int_a^b f(x)g(x)\mathrm{d}x = 0$, 从而不等式成立. 若 $\displaystyle\int_a^b f^2(x)\mathrm{d}x \neq 0$, 则由二项式的性质知

$$\left(\int_a^b f(x)g(x)\mathrm{d}x \right)^2 - \int_a^b f^2(x)\mathrm{d}x \int_a^b g^2(x)\mathrm{d}x \leqslant 0.$$

从而证得结论. $\qquad\qquad\qquad\qquad\qquad\qquad\qquad\qquad\qquad\qquad\qquad\qquad\qquad$ $\square$

6.7　积分第二中值定理和黎曼引理

6.7.1　积分第二中值定理

首先介绍一个重要恒等式, 通常称之为阿贝尔 (Abel) 变换, 它是离散和形式的分部求和公式, 以后在判别级数收敛时, 将起到关键作用.

引理 6.7.1 (阿贝尔变换)　设 a_i, b_i $(1 \leqslant i \leqslant n)$ 为两组数. 令 $B_0 = 0$, $B_i = \sum\limits_{k=1}^{i} b_k$, $i = 1, 2, \cdots, n$, 则

$$\sum_{i=1}^{n} a_i b_i = a_n B_n - \sum_{i=1}^{n-1} B_i (a_{i+1} - a_i).$$

证明　直接计算可得

$$\sum_{i=1}^{n} a_i b_i = \sum_{i=1}^{n} a_i (B_i - B_{i-1}) = \sum_{i=1}^{n} a_i B_i - \sum_{i=1}^{n} a_i B_{i-1}$$

$$= a_n B_n + \sum_{i=1}^{n-1} a_i B_i - \sum_{i=1}^{n-1} a_{i+1} B_i$$

$$= a_n B_n - \sum_{i=1}^{n-1} B_i (a_{i+1} - a_i). \qquad \Box$$

阿贝尔变换的几何意义是: 图 6.4 中带框图形的面积和, 既可看成竖条面积的和, 又可看成横条面积的和.

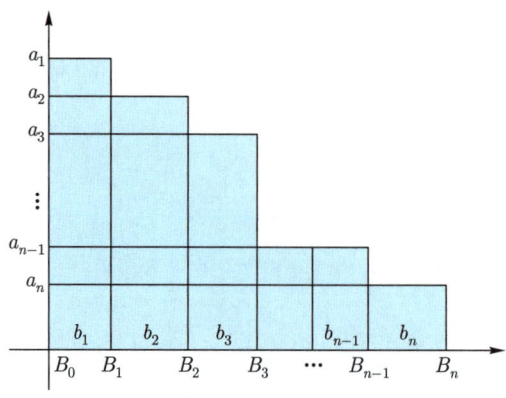

图 6.4

定理 6.7.2 (积分第二中值定理) 设 $f(x)$ 在 $[a, b]$ 上可积, $g(x)$ 在 $[a, b]$ 上单调. 则存在 $\xi \in [a, b]$, 使得

$$\int_a^b f(x)g(x)\mathrm{d}x = g(a)\int_a^\xi f(x)\mathrm{d}x + g(b)\int_\xi^b f(x)\mathrm{d}x.$$

证明 对于 $[a, b]$ 的任意分割

$$\pi : a = x_0 < x_1 < \cdots < x_n = b,$$

成立

$$\int_a^b f(x)g(x)\mathrm{d}x = \sum_{k=1}^n \int_{x_{k-1}}^{x_k} f(x)g(x)\mathrm{d}x$$

$$= \sum_{k=1}^n g(x_k)\int_{x_{k-1}}^{x_k} f(x)\mathrm{d}x + \sum_{k=1}^n \int_{x_{k-1}}^{x_k} (g(x) - g(x_k))f(x)\mathrm{d}x.$$

由于 $f(x)$ 在 $[a, b]$ 上可积, 故 $f(x)$ 有界, 不妨设 $|f(x)| \leqslant M'$. 又因为 $g(x)$ 在 $[a, b]$ 上可积, 从而

$$\left| \sum_{k=1}^n \int_{x_{k-1}}^{x_k} (g(x) - g(x_k))f(x)\mathrm{d}x \right|$$

$$\leqslant \sum_{k=1}^n \int_{x_{k-1}}^{x_k} |g(x) - g(x_k)||f(x)|\mathrm{d}x$$

$$\leqslant M' \sum_{k=1}^n \omega_k(g)\Delta x_k \to 0, \ \text{当} \ ||\pi|| \to 0.$$

因此得到

$$\int_a^b f(x)g(x)\mathrm{d}x = \lim_{||\pi|| \to 0} \sum_{k=1}^n g(x_k)\int_{x_{k-1}}^{x_k} f(x)\mathrm{d}x.$$

下面令 $F(x) = \displaystyle\int_a^x f(t)\mathrm{d}t$, $x \in [a, b]$, 并且不妨设 $g(x)$ 在 $[a, b]$ 上单调增加且满足 $g(a) < g(b)$. 注意到 $F(x)$ 在 $[a, b]$ 上连续, 记 M, m 分别是 $F(x)$ 在 $[a, b]$ 上的最大值与最小值. 应用阿贝尔变换和 $F(a) = 0$ 可得

$$\sum_{k=1}^n g(x_k)\int_{x_{k-1}}^{x_k} f(x)\mathrm{d}x = \sum_{k=1}^n g(x_k)(F(x_k) - F(x_{k-1}))$$

$$= g(x_n)F(x_n) - \sum_{k=1}^{n-1} F(x_k)(g(x_{k+1}) - g(x_k))$$

$$= g(b)F(b) - \sum_{k=1}^{n-1} F(x_k)(g(x_{k+1}) - g(x_k))$$

$$= g(b)F(b) - \sum_{k=0}^{n-1} F(x_k)(g(x_{k+1}) - g(x_k)).$$

注意到 $g(x_{k+1}) - g(x_k) \geqslant 0$, 我们得到

$$m(g(b) - g(a)) \leqslant \sum_{k=0}^{n-1} F(x_k)(g(x_{k+1}) - g(x_k)) \leqslant M(g(b) - g(a)).$$

于是

$$m(g(b) - g(a)) \leqslant g(b)F(b) - \sum_{k=1}^{n} g(x_k) \int_{x_{k-1}}^{x_k} f(x)\mathrm{d}x \leqslant M(g(b) - g(a)),$$

即

$$m \leqslant \frac{g(b)F(b) - \displaystyle\sum_{k=1}^{n} g(x_k) \int_{x_{k-1}}^{x_k} f(x)\mathrm{d}x}{g(b) - g(a)} \leqslant M.$$

令 $\|\pi\| \to 0$, 得到

$$m \leqslant \frac{g(b)F(b) - \displaystyle\int_{a}^{b} f(x)g(x)\mathrm{d}x}{g(b) - g(a)} \leqslant M.$$

由连续函数的介值性可知, $\exists\, \xi \in [a,b]$ 使得

$$F(\xi) = \frac{g(b)F(b) - \displaystyle\int_{a}^{b} f(x)g(x)\mathrm{d}x}{g(b) - g(a)}.$$

$F(x)$ 还原为积分的形式, 经整理即得

$$\int_{a}^{b} f(x)g(x)\mathrm{d}x = g(a) \int_{a}^{\xi} f(x)\mathrm{d}x + g(b) \int_{\xi}^{b} f(x)\mathrm{d}x. \qquad \square$$

6.7.2 黎曼引理

引理 6.7.3   设 $f \in R[a,b]$, 则对任意 $\varepsilon > 0$, 存在 $[a,b]$ 上的阶梯函数 $B(x)$, 使得

$$\int_{a}^{b} |f(x) - B(x)|\,\mathrm{d}x < \varepsilon.$$

证明   由于 $f \in R[a,b]$, 则对任意 $\varepsilon > 0$, 存在分割 $\pi : a = x_0 < x_1 < \cdots < x_n = b$, 使得

$$\sum_{k=1}^{n} \omega_k \Delta x_k < \varepsilon.$$

令 $c_k = \inf\{f([x_{k-1}, x_k])\}$, $k = 1, 2, \cdots, n$. 取阶梯函数

$$
B(x) = \begin{cases} c_k, x \in [x_{k-1}, x_k), \ k = 1, 2, \cdots, n-1; \\ c_n, x \in [x_{n-1}, x_n]. \end{cases}
$$

于是

$$
\int_a^b |f(x) - B(x)|\,\mathrm{d}x = \sum_{k=1}^n \int_{x_{k-1}}^{x_k} |f(x) - c_k|\mathrm{d}x \leqslant \sum_{k=1}^n \omega_k \Delta x_k < \varepsilon. \qquad \square
$$

定理 6.7.4 (推广的黎曼引理) 设 $f \in R[a, b]$, $g(x)$ 是以 T ($T > 0$) 为周期的周期函数, 且 $g(x) \in R[0, T]$. 则

$$
\lim_{p \to +\infty} \int_a^b f(x)g(px)\mathrm{d}x = \frac{1}{T}\int_0^T g(x)\mathrm{d}x \int_a^b f(x)\mathrm{d}x.
$$

证明 由于 $g \in R[0, T]$, 并且 g 是周期函数, 故 g 是有界函数, 不妨设 $|g| \leqslant M$. 接下来根据函数 f 的情况, 分三种情形证明:

1. 设 $f(x) \equiv 1$.

取整数 $n := \left[\dfrac{p(b-a)}{T}\right]$. 当 p 充分大时, 有 $n \in \mathbb{N}$. 于是

$$
\begin{aligned}
\int_a^b g(px)\mathrm{d}x &= \int_a^{a+n\frac{T}{p}} g(px)\mathrm{d}x + \int_{a+n\frac{T}{p}}^b g(px)\mathrm{d}x \\
&= n\int_0^{\frac{T}{p}} g(px)\mathrm{d}x + \int_{a+n\frac{T}{p}}^b g(px)\mathrm{d}x \\
&= \left[\frac{p(b-a)}{T}\right]\frac{T}{p}\frac{1}{T}\int_0^T g(x)\mathrm{d}x + \int_{a+n\frac{T}{p}}^b g(px)\mathrm{d}x.
\end{aligned}
$$

注意到当 $p \to +\infty$ 时,

$$
\left[\frac{p(b-a)}{T}\right]\frac{T}{p} \to (b-a), \quad \left|\int_{a+n\frac{T}{p}}^b g(px)\mathrm{d}x\right| \to 0.
$$

从而得到

$$
\begin{aligned}
\lim_{p \to +\infty} \int_a^b f(x)g(px)\mathrm{d}x &= \lim_{p \to +\infty} \int_a^b g(px)\mathrm{d}x \\
&= \frac{1}{T}\int_0^T g(x)\mathrm{d}x \cdot (b-a) = \frac{1}{T}\int_0^T g(x)\mathrm{d}x \int_a^b f(x)\mathrm{d}x.
\end{aligned}
$$

2. 设 f 为阶梯函数.

取分割 $\pi : a = x_0 < x_1 < \cdots < x_m = b$, 阶梯函数

$$B(x) = \begin{cases} c_k, x \in [x_{k-1}, x_k), \ k = 1, 2, \cdots, m-1; \\ c_m, x \in [x_{m-1}, x_m]. \end{cases}$$

则

$$\lim_{p \to +\infty} \int_a^b f(x) g(px) \mathrm{d}x$$

$$= \lim_{p \to +\infty} \sum_{k=1}^m \int_{x_{k-1}}^{x_k} c_k g(px) \mathrm{d}x$$

$$= \sum_{k=1}^m c_k \lim_{p \to +\infty} \int_{x_{k-1}}^{x_k} g(px) \mathrm{d}x$$

$$= \sum_{k=1}^m c_k (x_k - x_{k-1}) \frac{1}{T} \int_0^T g(x) \mathrm{d}x$$

$$= \frac{1}{T} \int_0^T g(x) \mathrm{d}x \int_a^b f(x) \mathrm{d}x.$$

3. 设 $f(x)$ 为一般可积函数.

由于 $f \in R[a, b]$, 故由上述引理知, 对于任意 $\varepsilon > 0$, 存在 $[a, b]$ 上的阶梯函数 $B(x)$, 使得

$$\int_a^b |f(x) - B(x)| \, \mathrm{d}x < \frac{\varepsilon}{3M}.$$

对于上述的 $\varepsilon > 0$ 及 $B(x)$, 存在 $P > 0$, 使得当 $p > P$ 时,

$$\left| \int_a^b B(x) g(px) \mathrm{d}x - \frac{1}{T} \int_0^T g(x) \mathrm{d}x \int_a^b B(x) \mathrm{d}x \right| < \frac{\varepsilon}{3}.$$

于是

$$\left| \int_a^b f(x) g(px) \mathrm{d}x - \frac{1}{T} \int_0^T g(x) \mathrm{d}x \int_a^b f(x) \mathrm{d}x \right|$$

$$\leqslant \left| \int_a^b (f(x) - B(x)) g(px) \mathrm{d}x \right| +$$

$$\left| \int_a^b B(x) g(px) \mathrm{d}x - \frac{1}{T} \int_0^T g(x) \mathrm{d}x \int_a^b B(x) \mathrm{d}x \right| +$$

$$\left| \frac{1}{T} \int_0^T g(x) \mathrm{d}x \int_a^b (B(x) - f(x)) \mathrm{d}x \right|$$

$$< \frac{\varepsilon}{3} + \frac{\varepsilon}{3} + \frac{\varepsilon}{3} = \varepsilon. \qquad \Box$$

由于 $\sin x$ 和 $\cos x$ 是周期函数, 并且 $\int_0^{2\pi} \sin x \mathrm{d}x = \int_0^{2\pi} \cos x \mathrm{d}x = 0$, 因此应用推广的黎曼引理, 我们可以得到下列结论:

推论 6.7.5 (黎曼引理) 设 $f \in R[a,b]$. 则

$$\lim_{p \to +\infty} \int_a^b f(x) \sin px \mathrm{d}x = 0,$$

$$\lim_{p \to +\infty} \int_a^b f(x) \cos px \mathrm{d}x = 0.$$

练习题 6.6

1. 设 $f(x)$ 和 $g(x)$ 在 $[a,b]$ 上可积, $g(x)$ 在 $[a,b]$ 上单调增加. 证明:

(1) 若 $g(x) \geqslant 0$, 则 $\exists \xi \in [a,b]$: $\int_a^b f(x)g(x)\mathrm{d}x = g(b) \int_\xi^b f(x)\mathrm{d}x$;

(2) 若 $g(x) \leqslant 0$, 则 $\exists \xi \in [a,b]$: $\int_a^b f(x)g(x)\mathrm{d}x = g(a) \int_a^\xi f(x)\mathrm{d}x$.

2. 利用黎曼引理计算下列极限:

(1) $\lim_{n \to \infty} \int_0^1 \frac{\sin^2 nx}{1+x^2}\mathrm{d}x$;

(2) $\lim_{n \to \infty} \int_0^1 \frac{|\sin nx|}{1+x^2}\mathrm{d}x$.

3. 设函数 $f(x)$ 在区间 $[a,b]$ 上单调增加, 证明:

$$\int_a^b xf(x)\mathrm{d}x \geqslant \frac{a+b}{2} \int_a^b f(x)\mathrm{d}x.$$

4. 设函数 $f(x) = \begin{cases} \int_0^x \sin\frac{1}{t}\mathrm{d}t, & x \neq 0, \\ 0, & x = 0. \end{cases}$ 证明: $f(x)$ 在 $x = 0$ 处可导, 且 $f'(0) = 0$.

6.8 定积分的应用

定积分理论建立在求曲边梯形面积、变力做功等实际问题上, 它用来解决连续变量的求和问题, 在几何、物理、近似计算等诸多方面都有所应用.

6.8.1 平面图形的面积

1. 直角坐标系下平面图形面积

根据曲边梯形面积的定义, 不难得到由连续曲线 $y = f_1(x)$, $y = f_2(x)$, $x = a$, $x = b$ 所围成的平面图形面积为

$$S = \int_a^b |f_2(x) - f_1(x)|\, \mathrm{d}x.$$

同样, 由连续曲线 $x = \varphi_1(y)$, $x = \varphi_2(y)$, $y = c$, $y = d$ 所围成的平面图形面积为

$$S = \int_c^d |\varphi_2(y) - \varphi_1(y)|\, \mathrm{d}y.$$

参见图 6.5 和图 6.6.

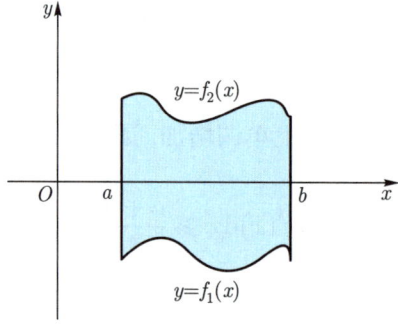

图 6.5

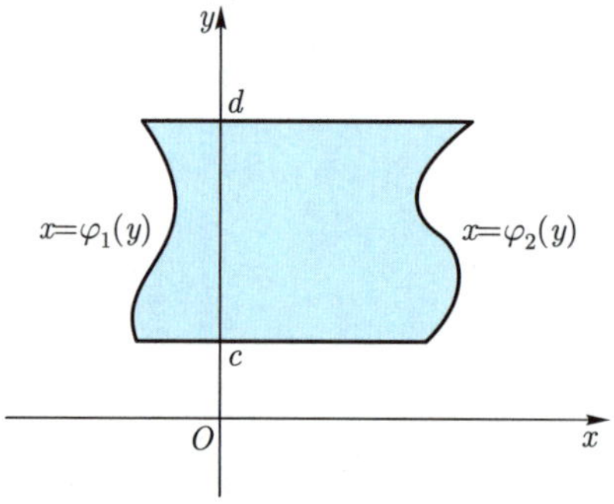

图 6.6

例 6.8.1 求由曲线 $y = 2$, $y = x$, $xy = 1$ 所围平面图形面积.

解法一 如图 6.7 所示, 取 x 为积分变量, 则

$$S = \int_{\frac{1}{2}}^{1} \left(2 - \frac{1}{x}\right) dx + \int_{1}^{2} (2 - x) dx = \frac{3}{2} - \ln 2.$$

解法二 如图 6.7 所示, 取 y 为积分变量, 则

$$S = \int_{1}^{2} \left(y - \frac{1}{y}\right) dy = \frac{3}{2} - \ln 2.$$

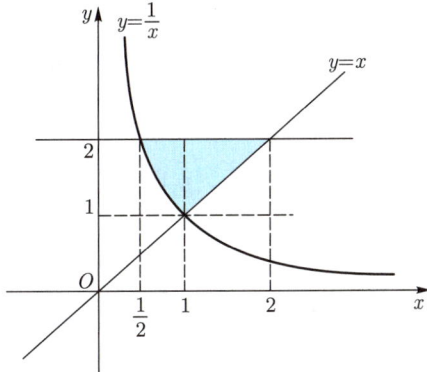

图 6.7

假定平面曲线 C 由参数方程 $\begin{cases} x = x(t), \\ y = y(t), \end{cases}$ $t \in [\alpha, \beta]$ 给出. $x(t)$, $y(t)$ 在 $[\alpha, \beta]$ 上具有连续导函数, 且 $x'(t) \neq 0$（对于 $y'(t) \neq 0$ 的情形可作类似讨论）. 不妨设 $x'(t) > 0$. 记 $a = x(\alpha)$, $b = x(\beta)$. 由于 $x = x(t)$ 在 $[\alpha, \beta]$ 上具有反函数 $t = t^{-1}(x), x \in [a, b]$, 则曲线 C 可表示为 $y = y(t^{-1}(x)), x \in [a, b]$, 从而由曲线 C, x 轴, 直线 $x = a$, $x = b$ 所围平面图形的面积

$$S = \int_{a}^{b} |y| dx = \int_{\alpha}^{\beta} |y(t)| x'(t) dt = \int_{\alpha}^{\beta} |y(t) x'(t)| \, dt.$$

例 6.8.2 求椭圆 $\begin{cases} x = a \cos t, \\ y = b \sin t, \end{cases}$ $t \in [0, 2\pi]$ 内部的面积.

解 由图形的对称性知

$$S = 4 \int_{0}^{\frac{\pi}{2}} |b \sin t \cdot a(-\sin t)| \, dt = 4ab \cdot \frac{\pi}{4} = \pi ab.$$

2. 极坐标下平面图形的面积

若曲线 C 由极坐标方程 $r = r(\theta)$, $\theta \in [\alpha, \beta]$ 给出, 其中 $r \in R[\alpha, \beta]$. 则由曲线 C 与两条射线 $\theta = \alpha$, $\theta = \beta$ 所围平面图形 (参见图 6.8) 的面积为

$$S = \frac{1}{2} \int_{\alpha}^{\beta} r^2(\theta) d\theta.$$

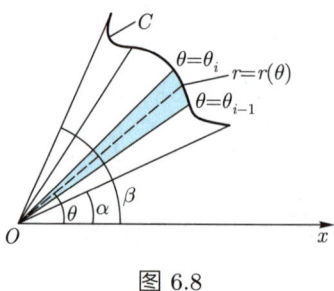

图 6.8

事实上, 类似于直角坐标系下曲边梯形面积的定义, 将 $[\alpha, \beta]$ 分成 n 个小区间, 即作分割 $\pi : \alpha = \theta_0 < \theta_1 < \cdots < \theta_n = \beta$, 作出相应的射线 $\theta = \theta_i$ $(i = 1, 2, \cdots, n)$, 记 $\Delta\theta_i = \theta_i - \theta_{i-1}$, $M_i = \sup\limits_{\theta_{i-1} \leqslant \theta \leqslant \theta_i} \{r(\theta)\}$, $m_i = \inf\limits_{\theta_{i-1} \leqslant \theta \leqslant \theta_i} \{r(\theta)\}$ $(i = 1, 2, \cdots, n)$. 记由 $\theta = \theta_{i-1}$, $\theta = \theta_i$, $r = r(\theta)$ $(\theta \in [\theta_{i-1}, \theta_i])$ 所围的第 i 个小 "曲边扇形" 的面积为 S_i, 则

$$\frac{1}{2} m_i^2 \Delta\theta_i \leqslant S_i \leqslant \frac{1}{2} M_i^2 \Delta\theta_i.$$

作和得到

$$\sum_{i=1}^{n} \frac{1}{2} m_i^2 \Delta\theta_i \leqslant S \leqslant \sum_{i=1}^{n} \frac{1}{2} M_i^2 \Delta\theta_i.$$

由于 $\frac{1}{2} r^2(\theta)$ 在 $[\alpha, \beta]$ 上是可积函数, 故当 $\|\pi\| \to 0$ 时, 上式两端的和式存在极限, 并且极限值均为 $\frac{1}{2} \int_\alpha^\beta r^2(\theta) \mathrm{d}\theta$, 从而将上述定积分定义为所述平面图形的面积 S.

例 6.8.3 求双纽线 $r^2 = a^2 \cos 2\theta$ $(a > 0)$ 所围平面图形的面积, 参见图 6.9.

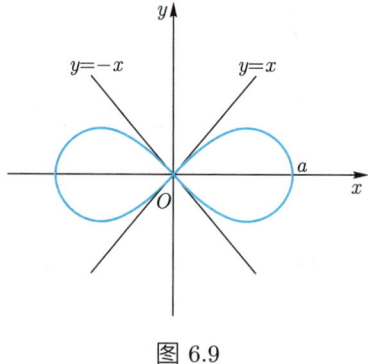

图 6.9

解 由图形的对称性, 得

$$S = 4 \cdot \frac{1}{2} \int_0^{\frac{\pi}{4}} a^2 \cos 2\theta \mathrm{d}\theta = a^2.$$

6.8.2 旋转体的体积

设 Ω 为三维空间中的立体, 它夹在垂直于 x 轴的两平面 $x = a$, $x = b\ (a < b)$ 之间. 为方便起见, 称 Ω 为位于 $[a, b]$ 上的立体. 对于任意 $x \in [a, b]$, 作垂直于 x 轴的平面, 设它截立体所得截面面积 $A(x)$ 为 $[a, b]$ 上的可积函数, 如图 6.10 所示. 则此空间立体体积为

$$V = \int_a^b A(x)\mathrm{d}x.$$

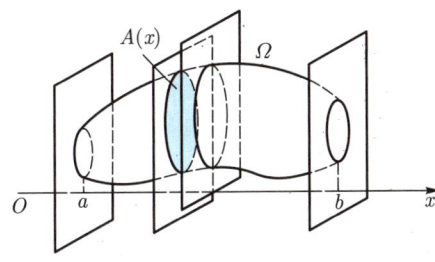

图 6.10

事实上, 类似平面曲边梯形面积的定义, 我们作 $[a, b]$ 的分割 $\pi : a = x_0 < x_1 < \cdots < x_n = b$, 作出相应的垂直于 x 轴的平面 $x = x_i\ (i = 1, 2, \cdots, n)$. 记 $\Delta x_i = x_i - x_{i-1}$, $M_i = \sup\limits_{x_{i-1} \leqslant x \leqslant x_i}\{A(x)\}$, $m_i = \inf\limits_{x_{i-1} \leqslant x \leqslant x_i}\{A(x)\}$. 位于 $x = x_{i-1}$, $x = x_i$ 之间第 i 个小立体的体积记为 V_i, 则

$$m_i \Delta x_i \leqslant V_i \leqslant M_i \Delta x_i.$$

作和得到

$$\sum_{i=1}^n m_i \Delta x_i \leqslant V \leqslant \sum_{i=1}^n M_i \Delta x_i.$$

由于 $A \in R[a, b]$, 所以当 $\|\pi\| \to 0$ 时, 上式两端的和式存在极限, 并且极限值均趋于 $\int_a^b A(x)\mathrm{d}x$, 于是我们将此定积分定义为上述空间立体体积 V.

特别地, 若空间立体为由平面图形 $\{(x, y)|0 \leqslant y \leqslant f(x),\ a \leqslant x \leqslant b\}$ 绕 x 轴旋转所得的旋转体, 如图 6.11 所示, 则该旋转体的体积为

$$V_x = \pi \int_a^b f^2(x)\mathrm{d}x,$$

其中 $f \in C[a, b]$.

同样, 若空间立体为由平面图形 $\{(x, y)|0 \leqslant x \leqslant g(y),\ c \leqslant y \leqslant d\}$ 绕 y 轴旋转所得的旋转体, 如图 6.12 所示, 则该旋转体的体积为

$$V_y = \pi \int_c^d g^2(y)\mathrm{d}y,$$

其中 $g \in C[c, d]$.

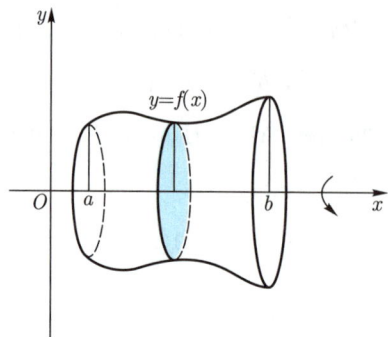

图 6.11

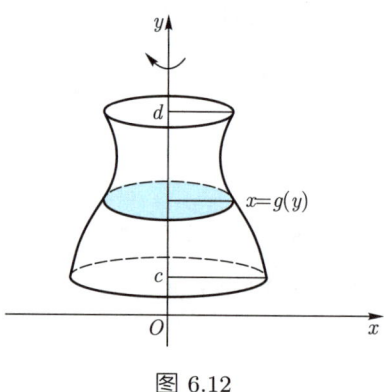

图 6.12

例 6.8.4   求由两个圆柱面 $x^2 + y^2 = a^2, x^2 + z^2 = a^2 \ (a > 0)$ 所围立体体积 V.

解   由于所求立体具有对称性, 故只需求第一卦限的立体体积, 如图 6.13 所示.

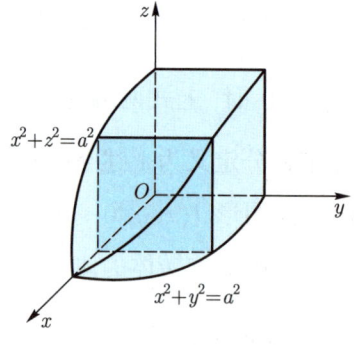

图 6.13

任取 $x_0 \in [0, a]$, 以平面 $x = x_0$ 去截立体, 由于 $y_0 = \sqrt{a^2 - x_0^2}$, $z_0 = \sqrt{a^2 - x_0^2}$, 故截面为正方形, 面积 $A(x_0) = a^2 - x_0^2$, 从而

$$V = 8 \int_0^a (a^2 - x^2)\mathrm{d}x = \frac{16}{3}a^3.$$

例 **6.8.5** 求由曲线 $\begin{cases} x = a(t - \sin t), \\ y = a(1 - \cos t), \end{cases}$ $a > 0,\ t \in [0, 2\pi]$ (如图 6.14 所示) 绕 x 轴旋转一周所围成的旋转体体积 V.

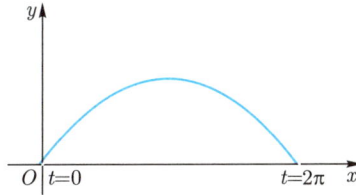

图 6.14

解 $V = \displaystyle\int_0^{2\pi a} \pi y^2 \mathrm{d}x = \pi a^3 \int_0^{2\pi} (1 - \cos t)^2 \mathrm{d}(t - \sin t)$

$\qquad = \pi a^3 \displaystyle\int_0^{2\pi} (1 - \cos t)^2 (1 - \cos t) \mathrm{d}t$

$\qquad = \pi a^3 \displaystyle\int_0^{2\pi} (1 - 3\cos t + 3\cos^2 t - \cos^3 t) \mathrm{d}t = 5\pi^2 a^3.$

6.8.3 平面曲线的弧长

设平面曲线 l 用参数方程表示为 $\begin{cases} x = x(t), \\ y = y(t), \end{cases}$ $t \in [\alpha, \beta]$. 不妨设 $x(t),\ y(t) \in C[\alpha, \beta]$. 类似平面曲边梯形面积的计算, 我们仍可以采用 "以直代曲" 的方法用弦逼近弧来定义曲线 l 的长度, 如图 6.15 所示.

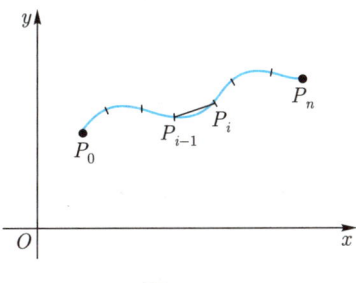

图 6.15

为此, 作 $[\alpha, \beta]$ 的分割 $\pi : \alpha = t_0 < t_1 < \cdots < t_n = \beta$, 相应地得到 l 上的点 $P_i(x(t_i), y(t_i))$ $(i = 0, 1, 2, \cdots, n)$, 然后用线段联结 π 中相邻两点, 得到 l 的 n 条弦 $P_{i-1}P_i$ $(i = 1, 2, \cdots, n)$, 这 n 条弦又成为 l 的一条内折线, 它的长度为

$$s(l, \pi) = \sum_{i=1}^{n} \sqrt{(x(t_i) - x(t_{i-1}))^2 + (y(t_i) - y(t_{i-1}))^2}.$$

若极限 $s(l) = \displaystyle\lim_{||\pi|| \to 0} s(l, \pi)$ 存在, 则称曲线 l 为可求长的, 它的长度定义为 $s(l)$.

定理 6.8.6   假定 $x = x(t)$, $y = y(t)$ 在 $[\alpha, \beta]$ 上具有连续导函数, 且曲线 l 无重合的点. 则 l 可求长, 且 $s(l) = \int_\alpha^\beta \sqrt{(x'(t))^2 + (y'(t))^2} \mathrm{d}t$.

证明   对 $[\alpha, \beta]$ 的任一分割 $\pi : \alpha = t_0 < t_1 < \cdots < t_n = \beta$, 由于

$$s(l, \pi) = \sum_{i=1}^n \sqrt{(x(t_i) - x(t_{i-1}))^2 + (y(t_i) - y(t_{i-1}))^2}.$$

由拉格朗日中值定理知,

$$\sum_{i=1}^n \sqrt{(x(t_i) - x(t_{i-1}))^2 + (y(t_i) - y(t_{i-1}))^2}$$
$$= \sum_{i=1}^n \sqrt{(x'(\tau_i))^2 + (y'(\tau_i^*))^2} \Delta t_i,$$

其中 τ_i, $\tau_i^* \in (t_{i-1}, t_i)$ $(i = 1, 2, \cdots, n)$. 于是对任意 $\xi_i \in [t_{i-1}, t_i]$, 令

$$\eta(\pi) = \sum_{i=1}^n (\sqrt{(x'(\tau_i))^2 + (y'(\tau_i^*))^2} - \sqrt{(x'(\xi_i))^2 + (y'(\xi_i))^2}) \Delta t_i.$$

利用三角形两边的长度之差小于第三边的长度得到

$$|\eta(\pi)| \leqslant \sum_{i=1}^n \sqrt{|x'(\tau_i) - x'(\xi_i)|^2 + |y'(\tau_i^*) - y'(\xi_i)|^2} \Delta t_i$$
$$\leqslant \sum_{i=1}^n (|x'(\tau_i) - x'(\xi_i)| + |y'(\tau_i^*) - y'(\xi_i)|) \Delta t_i$$
$$\leqslant \sum_{i=1}^n (\omega_i(x'(t)) \Delta t_i + \omega_i(y'(t)) \Delta t_i),$$

其中 $\omega_i(x'(t))$ 与 $\omega_i(y'(t))$ 是小区间上函数的振幅. 从而由 x', $y' \in C[\alpha, \beta]$ 可知,

$$\lim_{||\pi|| \to 0} \eta(\pi) = 0.$$

于是

$$s(l) = \lim_{||\pi|| \to 0} s(l, \pi)$$
$$= \lim_{||\pi|| \to 0} (\eta(\pi) + \sum_{i=1}^n (\sqrt{(x'(\xi_i))^2 + (y'(\xi_i))^2}) \Delta t_i)$$
$$= \int_\alpha^\beta \sqrt{(x'(t))^2 + (y'(t))^2} \mathrm{d}t. \qquad \square$$

推论 6.8.7 假定曲线 l 由直角坐标方程 $y = f(x)$, $x \in [a,b]$ 表示. 若 $y(x)$ 在 $[a,b]$ 上具有连续导数, 则 l 可求长, 且

$$s(l) = \int_a^b \sqrt{1 + (y'(x))^2} \mathrm{d}x.$$

推论 6.8.8 假定曲线 l 由极坐标方程 $r = r(\theta)$, $\theta \in [\alpha, \beta]$ 表示. 若 $r(\theta)$ 在 $[\alpha, \beta]$ 上具有连续导数, 则曲线 l 可求长, 且

$$s(l) = \int_\alpha^\beta \sqrt{r^2(\theta) + (r'(\theta))^2} \mathrm{d}\theta.$$

注 若将定理中的求弧长的积分上限 β 改为 t, 即将定积分改为变上限定积分, 则得到参数曲线从起点到点 $P(x(t), y(t))$ 的一段弧长, 记为 $s(t)$, 于是

$$s(t) = \int_\alpha^t \sqrt{(x'(\tau))^2 + (y'(\tau))^2} \mathrm{d}\tau.$$

由定理条件及变上限积分函数的性质可得

$$s'(t) = \sqrt{(x'(t))^2 + (y'(t))^2}.$$

将上式写为微分公式, 即得所谓的"弧微分"公式:

$$\mathrm{d}s = \sqrt{\mathrm{d}x^2 + \mathrm{d}y^2}.$$

由此可见, 真正作"小弧长" Δs 的近似值的应是 l 上一点处的"小切线段" $\mathrm{d}s$, 而非联结 l 上两点的"小直线段" $\sqrt{(\Delta x)^2 + (\Delta y)^2}$.

例 6.8.9 求星形线 $x = a\cos^3 t, y = a\sin^3 t, t \in [0, 2\pi](a > 0)$ 的周长.

解 如图 6.16 所示, 所求曲线周长为

$$s = \int_0^{2\pi} \sqrt{(-3a\cos^2 t \sin t)^2 + (3a\sin^2 t \cos t)^2} \mathrm{d}t = 4 \cdot 3a \int_0^{\frac{\pi}{2}} \sin t \cos t \mathrm{d}t = 6a.$$

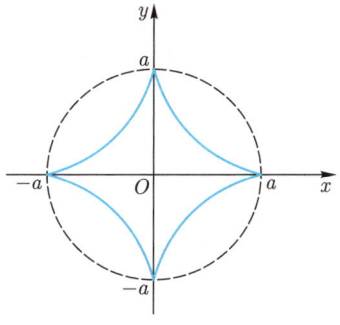

图 6.16

6.8.4   旋转曲面的面积

定积分的应用大多经过分割、作和、取极限的过程, 套用定积分的定义导出积分表达式. 虽然严谨, 但极繁琐. 现介绍微元法来推导公式, 由于略去了极限以及在推导过程中对可能出现的高阶无穷小量的处理过程 (参见上小节对弧长公式的推导), 因此使用非常简捷, 在解决实际问题中有着广泛的应用.

设所求量 $F(x)$, $x \in [a, b]$ 在任意小的区间 $[x, x + \Delta x] \subset [a, b]$ 上的增量 $\Delta F = F(x + \Delta x) - F(x)$ 可近似地表达为 Δx 的线性形式

$$\Delta F \approx f(x)\Delta x,$$

且当 $\Delta x \to 0$ 时, $\Delta F - f(x)\Delta x = o(\Delta x)$, 亦即

$$\mathrm{d}F = f(x)\mathrm{d}x.$$

如果 $f \in R[a, b]$, 对上式两端积分得

$$F(b) - F(a) = \int_a^b f(x)\mathrm{d}x.$$

上述任取小区间, 求得 $\mathrm{d}F = f(x)\mathrm{d}x$ 的方法称为微元法.

注   从理论上讲, 必须检验 $\Delta F - f(x)\Delta x = o(\Delta x)$. 但之所以要使用定积分来计算某些具体问题, 一般而言, 就是因为 F 或 ΔF 事先无从知晓, 因此往往只能借助所考虑对象具体的几何或物理等特性来判断所作的替代是否为合乎要求的 "近似".

在运用微元法的过程中, 我们一般采用下述简化的形式: 一开始就取小区间 $[x, x + \mathrm{d}x]$, 再由 $\mathrm{d}x$ 直接得到微分形式 $\mathrm{d}F = f(x)\mathrm{d}x$, 最后在 $[a, b]$ 上积分求得所求量的积分表示式.

下面用微元法计算旋转曲面的面积. 为了使得大家对微元法的思想方法有更具体地了解, 在此实例中我们仍采取从 "增量" 逐步过渡到 "微分" 的过程.

例 6.8.10   设平面光滑曲线 l 的方程为

$$y = y(x), x \in [a, b](y(x) \geqslant 0).$$

记 $A(a, y(a))$, $B(b, y(b))$ 为 l 上两点. 求曲线段 AB 绕 x 轴旋转所得旋转曲面的面积 S.

解   通过 x 轴上的点 x 与 $x + \Delta x$ 分别作垂直于 x 轴的平面, 它们在旋转面上截下一条狭带, 如图 6.17 所示. 当 Δx 很小时, 此狭带的面积近似于一圆台的侧面

积, 即
$$\Delta S \approx 2\pi \frac{y(x) + y(x + \Delta x)}{2} \sqrt{\Delta x^2 + \Delta y^2},$$

其中 $\Delta y = y(x + \Delta x) - y(x)$. 由于 $f'(x)$ 连续, 故当 Δx 充分小时, 有
$$\frac{y(x) + y(x + \Delta x)}{2} \approx y(x),$$
$$\sqrt{\Delta x^2 + \Delta y^2} = \sqrt{1 + \left(\frac{\Delta y}{\Delta x}\right)^2} \Delta x \approx \sqrt{1 + (y'(x))^2} \Delta x.$$

从而
$$\Delta S \approx 2\pi y(x)\sqrt{1 + (y'(x))^2}\Delta x,$$

即
$$\mathrm{d}S = 2\pi y(x)\sqrt{1 + (y'(x))^2}\mathrm{d}x.$$

故所求的旋转曲面的面积为
$$S = 2\pi \int_a^b y(x)\sqrt{1 + (y'(x))^2}\mathrm{d}x.$$

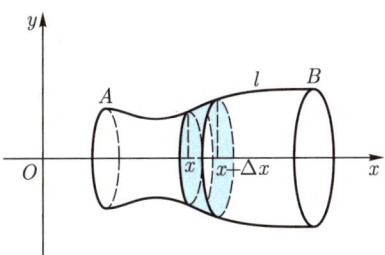

图 6.17

注　若将上式简记为 $\mathrm{d}S = 2\pi y\mathrm{d}s$, 则
$$S = 2\pi \int_a^b y\mathrm{d}s,$$

其中 $\mathrm{d}s$ 为平面光滑曲线 l 的弧微分. 故此计算公式是不难理解的.

若 l 为平面上光滑的参数曲线, 其方程为
$$\begin{cases} x = x(t), \\ y = y(t), \end{cases} t \in [\alpha, \beta],$$

其中 $y(t) \geqslant 0, x'(t)$ 不变号, 则 l 绕 x 轴旋转所得的旋转曲面的侧面积公式为
$$S = 2\pi \int_\alpha^\beta y\mathrm{d}s = 2\pi \int_\alpha^\beta y(t)\sqrt{(x'(t))^2 + (y'(t))^2}\mathrm{d}t.$$

定积分在物理上也有许多应用, 通常也可以采用微元法求解物理上的实际问题.

练习题 6.7

1. 计算由下列曲线围成的平面图形的面积:

(1) $x = y^2$, $y = x^2$;

(2) $y = \sin x$, $y = \cos x$, $x = 0$, $x = 2\pi$;

(3) 圆的渐伸线: $x = a(\cos t + t \sin t)$, $y = a(\sin t - t \cos t)$ $(0 \leqslant t \leqslant 2\pi)$ 与直线 $x = a$ $(a > 0)$;

(4) 三叶线: $r = a \sin 3\theta$ $(a > 0)$;

(5) 双纽线: $r = a^2 \cos 2\theta$ $(a > 0)$.

2. 计算下列曲线的弧长:

(1) $x = e^t \cos t, y = e^t \sin t$ $(0 \leqslant t \leqslant 2\pi)$;

(2) $y = \ln \cos x$ $\left(0 \leqslant x \leqslant \dfrac{\pi}{3} \right)$;

(3) $y = \displaystyle\int_{-\sqrt{3}}^{x} \sqrt{3 - t^2} \mathrm{d}t$;

3. 求曲线 $\theta = \dfrac{1}{2} \left(r + \dfrac{1}{r} \right)$ $(1 \leqslant r \leqslant 3)$ 的一段弧长.

4. 过点 $P(1, 0)$ 作抛物线 $y = \sqrt{x - 2}$ 的切线, 求该切线与抛物线及 x 轴所围成的平面图形绕 x 轴、y 轴旋转而成的旋转体体积.

5. 求心形线的一段 $r = a(1 + \cos \theta)$ $\left(0 \leqslant \theta \leqslant \dfrac{\pi}{2} \right)$ 与 $\theta = \dfrac{\pi}{2}$ 和极轴所围成图形绕极轴旋转一周所得立体的体积.

6. 证明: 图形 $0 \leqslant y \leqslant y(x)$, $a \leqslant x \leqslant b$ 绕 y 轴旋转所得的旋转体体积为

$$V_y = 2\pi \int_a^b xy(x) \mathrm{d}x.$$

并由此计算:

(1) 由 $y = x(x-1)^2$, $y = 0$ 所围图形绕 y 轴旋转所得的旋转体体积;

(2) 由 $y = \sin x$ $(0 \leqslant x \leqslant \pi)$, $y = 0$ 所围图形绕 y 轴旋转所得的旋转体体积.

7. 求摆线第一拱 $x = a(t - \sin t)$, $y = a(1 - \cos t)$ $(0 \leqslant t \leqslant 2\pi, a > 0)$ 与 x 轴所围成的图形绕下列直线旋转一周所得立体的体积:

(1) 绕 x 轴;

(2) 绕 y 轴;

(3) 绕直线 $y = 2a$.

第七章　反常积分

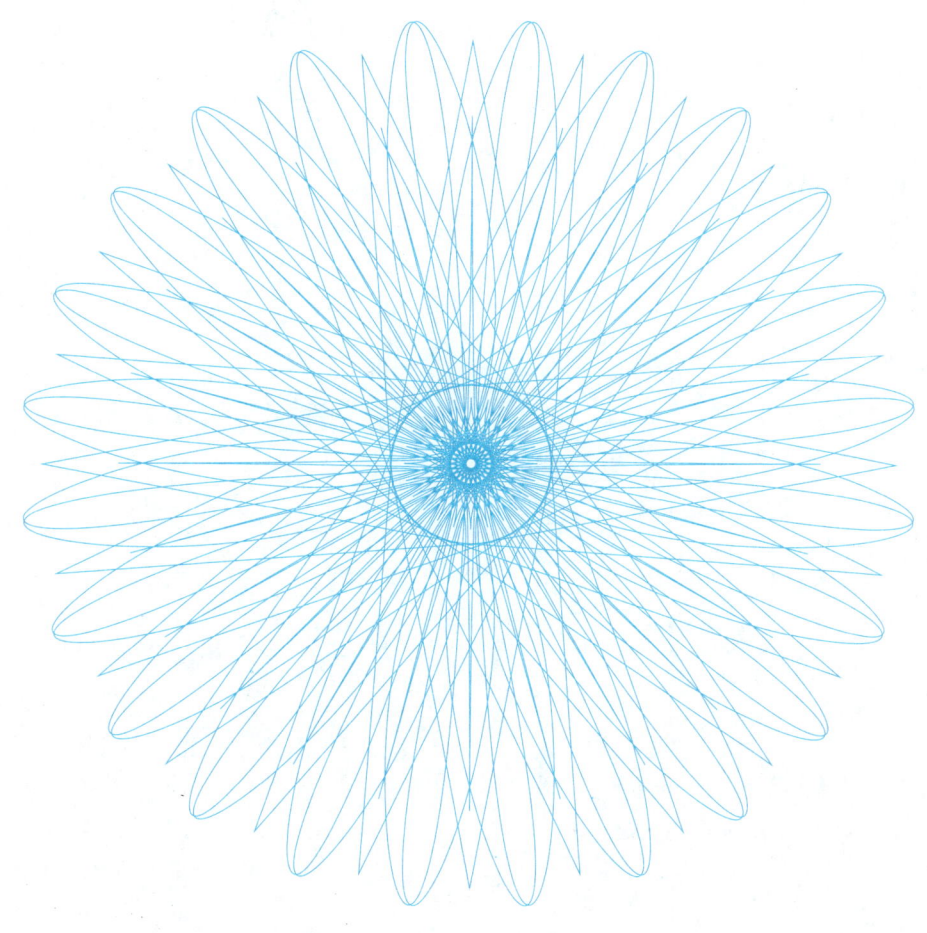

在黎曼积分 $\displaystyle\int_a^b f(x)\mathrm{d}x$ 中, 我们通常考虑函数是定义在有限闭区间 $[a,b]$ 上使得在某个分割下可以定义黎曼和. 值得一提的是, 黎曼和是有限项的和. 显然当区间是无穷区间时, 上述的黎曼和变得很难定义. 另外, 函数黎曼可积的必要条件告诉我们需要假设函数 $f(x)$ 在 $[a,b]$ 上有界. 但是, 无论从数学理论本身的发展需要看, 还是从工程技术的实际应用上看, 这两个限制条件都显得苛刻. 因此, 我们有必要推广已有的积分概念, 在更广泛的范围上研究和处理积分问题. 本章中我们将定积分作两个方面的推广: 一是将有限区间推广到无穷区间, 我们称之为无穷积分; 二是将有界被积函数推广到无界被积函数, 我们称之为瑕积分. 通常将无穷积分和瑕积分统称为反常积分, 也称为广义积分, 相应地将以往熟知的黎曼积分称为常义积分.

7.1　无穷积分及其判敛法

7.1.1　无穷积分的基本概念与性质

本节给出无穷积分的定义, 讨论无穷积分的性质, 并计算简单无穷积分的值.

定义 7.1.1　设函数 $f(x)$ 在 $[a,+\infty)$ 上定义, 且对任意的 $A>a$, $f(x)$ 在 $[a,A]$ 上可积. 称积分形式 $\displaystyle\int_a^{+\infty} f(x)\mathrm{d}x$ 为 $f(x)$ 在 $[a,+\infty)$ 上的无穷积分. 若极限

$$\lim_{A\to+\infty}\int_a^A f(x)\mathrm{d}x$$

存在, 则称无穷积分 $\displaystyle\int_a^{+\infty} f(x)\mathrm{d}x$ 收敛, 且称此极限值为无穷积分 $\displaystyle\int_a^{+\infty} f(x)\mathrm{d}x$ 的值, 即

$$\int_a^{+\infty} f(x)\mathrm{d}x = \lim_{A\to+\infty} \int_a^A f(x)\mathrm{d}x.$$

若极限 $\lim\limits_{A\to+\infty} \int_a^A f(x)\mathrm{d}x$ 不存在, 则称无穷积分 $\int_a^{+\infty} f(x)\mathrm{d}x$ 发散.

从上述定义看出, 无穷积分 $\int_a^{+\infty} f(x)\mathrm{d}x$ 的值是通过变上限函数 $F(A) = \int_a^A f(x)\mathrm{d}x$ 的极限来定义的. 记号 $\int_a^{+\infty} f(x)\mathrm{d}x$ 仅仅代表了考虑 $f(x)$ 在 $[a,+\infty)$ 上的积分这件事情, 而只有当无穷积分 $\int_a^{+\infty} f(x)\mathrm{d}x$ 收敛时, 它才是一个有限数.

此外, 无穷积分 $\int_a^{+\infty} f(x)\mathrm{d}x$ 收敛于某一常数 I, 也可以用 $\varepsilon - A$ 语言描述, 即存在 $I \in \mathbb{R}$ 满足: $\forall\, \varepsilon > 0,\, \exists\, A_0 > a,\, \forall\, A > A_0 : \left| \int_a^A f(x)\mathrm{d}x - I \right| < \varepsilon.$

类似地, 我们也可以定义 $f(x)$ 在 $(-\infty, b]$ 上的无穷积分, 即

$$\int_{-\infty}^b f(x)\mathrm{d}x = \lim_{B\to-\infty} \int_B^b f(x)\mathrm{d}x,$$

并且此无穷积分收敛或发散.

进一步, 若函数 $f(x)$ 在 $(-\infty,+\infty)$ 上有定义, 且存在 $a \in \mathbb{R}$, 使得 $\int_a^{+\infty} f(x)\mathrm{d}x$ 与 $\int_{-\infty}^a f(x)\mathrm{d}x$ 均收敛, 则称无穷积分 $\int_{-\infty}^{+\infty} f(x)\mathrm{d}x$ 收敛, 且规定

$$\int_{-\infty}^{+\infty} f(x)\mathrm{d}x = \int_{-\infty}^a f(x)\mathrm{d}x + \int_a^{+\infty} f(x)\mathrm{d}x$$

$$= \lim_{A\to+\infty} \int_a^A f(x)\mathrm{d}x + \lim_{B\to-\infty} \int_B^a f(x)\mathrm{d}x,$$

其中极限过程 $A \to +\infty$ 与 $B \to -\infty$ 是相互独立的.

需要注意的是, 无穷积分 $\int_{-\infty}^{+\infty} f(x)\mathrm{d}x$ 的敛散性以及收敛情况下的积分值均与常数 $a \in \mathbb{R}$ 的选取无关. 因此, 在无穷积分 $\int_{-\infty}^{+\infty} f(x)\mathrm{d}x$ 的收敛定义中可以将 "$\exists\, a \in \mathbb{R}$" 改为 "$\forall\, a \in \mathbb{R}$".

有时我们也用 $\lim\limits_{A\to+\infty} \int_{-A}^A f(x)\mathrm{d}x$ 来定义无穷积分 $\int_{-\infty}^{+\infty} f(x)\mathrm{d}x$ 的柯西主值. 如果极限 $\lim\limits_{A\to+\infty} \int_{-A}^A f(x)\mathrm{d}x$ 存在, 则称无穷积分的柯西主值收敛. 无穷积分的柯西主值通常记为 $V.P. \int_{-\infty}^{+\infty} f(x)\mathrm{d}x.$

例 7.1.2 证明无穷积分 $\displaystyle\int_2^{+\infty} \frac{1-\ln x}{x^2}\mathrm{d}x$ 收敛并求其值.

证明 对任意的 $A>1$, 通过分部积分可得

$$
\int_2^A \frac{1-\ln x}{x^2}\mathrm{d}x = -\frac{1-\ln x}{x}\Big|_2^A + \int_2^A \frac{1}{x}(1-\ln x)'\mathrm{d}x
$$
$$
= -\frac{1-\ln A}{A} + \frac{1}{2}(1-\ln 2) + \frac{1}{A} - \frac{1}{2}
$$
$$
= \frac{1}{A}\ln A - \frac{1}{2}\ln 2.
$$

由于极限

$$
\lim_{A\to+\infty} \frac{1}{A}\ln A - \frac{1}{2}\ln 2 = -\frac{1}{2}\ln 2,
$$

故无穷积分 $\displaystyle\int_2^{+\infty} \frac{1-\ln x}{x^2}\mathrm{d}x$ 收敛, 其积分值为 $-\dfrac{1}{2}\ln 2$. $\qquad\square$

例 7.1.3 讨论无穷积分 $\displaystyle\int_1^{+\infty} \frac{\mathrm{d}x}{x^p}$ 的收敛性, 其中 $p\in\mathbb{R}$.

解 对任意的 $A>1$, 由于

$$
\int_1^A \frac{\mathrm{d}x}{x^p} =
\begin{cases}
\dfrac{1}{1-p}(A^{1-p}-1), & p\neq 1, \\[2mm]
\ln A, & p=1.
\end{cases}
$$

于是

$$
\lim_{A\to+\infty}\int_1^A \frac{\mathrm{d}x}{x^p} =
\begin{cases}
\dfrac{1}{p-1}, & p>1, \\[2mm]
+\infty, & p\leqslant 1.
\end{cases}
$$

故当 $p>1$ 时, 原无穷积分收敛; 当 $p\leqslant 1$ 时, 原无穷积分发散. 上述无穷积分表明: 当 $p>1$ 时, 曲线 $y=\dfrac{1}{x^p}$, 直线 $x=1$ 和 x 轴之间的狭长区域的面积是有限的, 如图 7.1 所示.

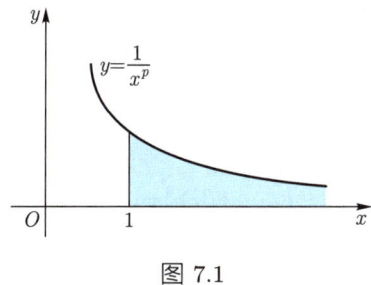

图 7.1

对于无穷积分来说, 也有线性运算、分部积分公式和换元积分法, 简述如下:

定理 7.1.4　对任意的 $c > a$, 无穷积分 $\displaystyle\int_a^{+\infty} f(x)\mathrm{d}x$ 与 $\displaystyle\int_c^{+\infty} f(x)\mathrm{d}x$ 同敛散, 且当 $\displaystyle\int_a^{+\infty} f(x)\mathrm{d}x$ 收敛时, 有

$$\int_a^{+\infty} f(x)\mathrm{d}x = \int_a^c f(x)\mathrm{d}x + \int_c^{+\infty} f(x)\mathrm{d}x.$$

定理 7.1.5　对任意的 $k \neq 0$, 无穷积分 $\displaystyle\int_a^{+\infty} f(x)\mathrm{d}x$ 与 $\displaystyle\int_a^{+\infty} kf(x)\mathrm{d}x$ 同敛散, 且当 $\displaystyle\int_a^{+\infty} f(x)\mathrm{d}x$ 收敛时, 有

$$\int_a^{+\infty} kf(x)\mathrm{d}x = k\int_a^{+\infty} f(x)\mathrm{d}x.$$

定理 7.1.6　若无穷积分 $\displaystyle\int_a^{+\infty} f(x)\mathrm{d}x$ 与 $\displaystyle\int_a^{+\infty} g(x)\mathrm{d}x$ 均收敛, 则对任意的 $k_1,\,k_2 \in \mathbb{R}$, 无穷积分 $\displaystyle\int_a^{+\infty} (k_1 f(x) + k_2 g(x))\mathrm{d}x$ 也收敛, 且有

$$\int_a^{+\infty} (k_1 f(x) + k_2 g(x))\mathrm{d}x = k_1\int_a^{+\infty} f(x)\mathrm{d}x + k_2\int_a^{+\infty} g(x)\mathrm{d}x.$$

定理 7.1.7　(分部积分法)　设函数 $f(x)$ 在 $[a, +\infty)$ 上连续可导. 则当下式右端极限存在时, 有

$$\int_a^{+\infty} f(x)g'(x)\mathrm{d}x = \lim_{A \to +\infty} \left(f(x)g(x)\big|_a^A - \int_a^A g(x)f'(x)\mathrm{d}x \right).$$

特别地, 当上式中有两项极限存在时, 另一项极限也存在, 且有

$$\int_a^{+\infty} f(x)g'(x)\mathrm{d}x = \lim_{A \to +\infty} f(A)g(A) - f(a)g(a) - \int_a^{+\infty} g(x)f'(x)\mathrm{d}x$$
$$= f(x)g(x)\big|_a^{+\infty} - \int_a^{+\infty} g(x)f'(x)\mathrm{d}x.$$

定理 7.1.8　(换元积分法)　设函数 $f(x) \in C[a, +\infty)$, 并且无穷积分 $\displaystyle\int_a^{+\infty} f(x)\mathrm{d}x$ 收敛. 设 $x = \varphi(t)$ 在 $[\alpha, \beta)$(β 为有限数或 $+\infty$) 上严格单调增加, 连续可导, 并且 $\varphi(\alpha) = a$, $\varphi(\beta) = +\infty$, 则

$$\int_a^{+\infty} f(x)\mathrm{d}x = \int_\alpha^\beta f(\phi(t))\phi'(t)\mathrm{d}t.$$

例 7.1.9　计算 $I_n = \displaystyle\int_0^{+\infty} x^n \mathrm{e}^{-x}\mathrm{d}x.$

解 用分部积分法. 当 $n \geqslant 1$ 时

$$
\begin{aligned}
I_n &= \int_0^{+\infty} x^n \mathrm{e}^{-x} \mathrm{d}x = -\int_0^{+\infty} x^n \mathrm{d}\mathrm{e}^{-x} \\
&= -x^n \mathrm{e}^{-x} \Big|_0^{+\infty} + n \int_0^{+\infty} x^{n-1} \mathrm{e}^{-x} \mathrm{d}x \\
&= n \int_0^{+\infty} x^{n-1} \mathrm{e}^{-x} \mathrm{d}x = n I_{n-1}.
\end{aligned}
$$

于是得到

$$
I_n = n I_{n-1} = \cdots = n! I_0 = n! \int_0^{+\infty} \mathrm{e}^{-x} \mathrm{d}x = n!.
$$

例 7.1.10 计算 $I = \displaystyle\int_0^{+\infty} \frac{x}{(x^2 + a^2)^{\frac{3}{2}}} \mathrm{d}x \ (a > 0)$.

解 作变量代换 $x = a \tan x$, 则

$$
I = \int_0^{\frac{\pi}{2}} \frac{a \tan t}{(a^2 \sec^2 t)^{\frac{3}{2}}} \cdot a \sec^2 t \mathrm{d}t = \frac{1}{a} \int_0^{\frac{\pi}{2}} \sin t \mathrm{d}t = \frac{1}{a}.
$$

7.1.2 无穷积分的柯西收敛准则

从上一节可以看出, 判断无穷积分是否收敛是反常积分的主要内容, 要比计算反常积分的积分值更为重要. 而无穷积分的收敛性, 是通过变上限函数极限的存在性来判断的, 所以我们很容易从函数极限的柯西收敛准则中得到无穷积分的柯西收敛准则.

定理 7.1.11 (柯西收敛准则) 无穷积分 $\displaystyle\int_a^{+\infty} f(x) \mathrm{d}x$ 收敛的充分必要条件是:

$$
\forall \, \varepsilon > 0, \ \exists \, A_0 > a, \ \forall \, A', \ A'' > A_0 : \ \left| \int_{A'}^{A''} f(x) \mathrm{d}x \right| < \varepsilon.
$$

关于 $\displaystyle\int_{-\infty}^{b} f(x) \mathrm{d}x$ 与 $\displaystyle\int_{-\infty}^{+\infty} f(x) \mathrm{d}x$ 的柯西收敛准则, 请读者自行给出.

例 7.1.12 若无穷积分 $\displaystyle\int_a^{+\infty} |f(x)| \mathrm{d}x$ 收敛, 则 $\displaystyle\int_a^{+\infty} f(x) \mathrm{d}x$ 必收敛.

证明 只要证明 $\displaystyle\int_a^{+\infty} f(x) \mathrm{d}x$ 满足无穷积分的柯西收敛准则即可. 事实上, 由于无穷积分 $\displaystyle\int_a^{+\infty} |f(x)| \mathrm{d}x$ 收敛, 故

$$
\forall \, \varepsilon > 0, \ \exists \, A_0 > a, \ \forall \, A', \ A'' > A_0 : \ \left| \int_{A'}^{A''} |f(x)| \mathrm{d}x \right| < \varepsilon.
$$

从而由黎曼积分的绝对不等式可得:

$$\left| \int_{A'}^{A''} f(x)\mathrm{d}x \right| \leqslant \left| \int_{A'}^{A''} |f(x)|\mathrm{d}x \right| < \varepsilon.$$

这就说明了 $\int_{a}^{+\infty} f(x)\mathrm{d}x$ 满足无穷积分的柯西收敛准则, 从而收敛. □

在下面的章节中, 我们将看到无穷积分 $\int_{a}^{+\infty} f(x)\mathrm{d}x$ 收敛不一定意味着 $\int_{a}^{+\infty} |f(x)|\mathrm{d}x$ 收敛. 若无穷积分 $\int_{a}^{+\infty} |f(x)|\,\mathrm{d}x$ 收敛, 称 $\int_{a}^{+\infty} f(x)\mathrm{d}x$ 绝对收敛; 若无穷积分 $\int_{a}^{+\infty} f(x)\mathrm{d}x$ 收敛, 而 $\int_{a}^{+\infty} |f(x)|\,\mathrm{d}x$ 发散, 则称 $\int_{a}^{+\infty} f(x)\mathrm{d}x$ 条件收敛.

例 7.1.13　证明: 当 $p \leqslant 0$ 时, 无穷积分 $\int_{1}^{+\infty} \dfrac{\sin x}{x^p}\mathrm{d}x$ 发散.

证明　只需证明当 $p \leqslant 0$ 时, 无穷积分 $\int_{1}^{+\infty} \dfrac{\sin x}{x^p}\mathrm{d}x$ 不满足柯西收敛准则. 事实上, 对任意的 $A > 0$, 取充分大的 $n \in \mathbb{N}$, 使得 $A' = 2n\pi > A$, $A'' = 2n\pi + \dfrac{\pi}{2} > A$, 从而

$$\left| \int_{A'}^{A''} \frac{\sin x}{x^p}\mathrm{d}x \right| = \int_{2n\pi}^{2n\pi + \frac{\pi}{2}} \frac{\sin x}{x^p}\mathrm{d}x \geqslant \int_{2n\pi}^{2n\pi + \frac{\pi}{2}} \sin x\,\mathrm{d}x = 1.$$

故当 $p \leqslant 0$ 时, 无穷积分 $\int_{1}^{+\infty} \dfrac{\sin x}{x^p}\mathrm{d}x$ 不满足柯西收敛准则, 从而发散. □

例 7.1.14　证明: 无穷积分 $\int_{1}^{+\infty} \dfrac{\sin x}{x}\mathrm{d}x$ 收敛.

证明　由于 $f(x) \in C[1, +\infty)$, 故 $f(x)$ 在任意区间 $[1, A]$ 上可积. 下面证明无穷积分 $\int_{1}^{+\infty} \dfrac{\sin x}{x}\mathrm{d}x$ 满足柯西收敛准则. 事实上, 对于任意的 $A'' > A' > 1$, 有

$$\int_{A'}^{A''} \frac{\sin x}{x}\mathrm{d}x = -\left. \frac{\cos x}{x} \right|_{A'}^{A''} - \int_{A'}^{A''} \frac{\cos x}{x^2}\mathrm{d}x.$$

而

$$\left| \int_{A'}^{A''} \frac{\cos x}{x^2}\mathrm{d}x \right| \leqslant \int_{A'}^{A''} \frac{|\cos x|}{x^2}\mathrm{d}x \leqslant \int_{A'}^{A''} \frac{1}{x^2}\mathrm{d}x = \frac{1}{A'} - \frac{1}{A''}.$$

于是, $\forall \varepsilon > 0$, 取 $A = \dfrac{3}{\varepsilon}$, 则对任意的 $A'' > A' > A$:

$$\left| \int_{A'}^{A''} \frac{\sin x}{x}\mathrm{d}x \right| \leqslant \frac{3}{A'} < \frac{3}{A} = \varepsilon.$$

由柯西收敛准则可知, 无穷积分 $\int_{1}^{+\infty} \dfrac{\sin x}{x}\mathrm{d}x$ 收敛. □

用定义或者柯西收敛准则判断无穷积分的敛散性会显得繁复, 有时甚至会十分困难. 在下一节中我们将给出无穷积分判敛的若干具体方法, 从而方便、有效地解决这一问题.

7.1.3 非负函数无穷积分的敛散性判别法

下面讨论非负函数无穷积分 $\int_a^{+\infty} f(x)\mathrm{d}x$ 的判敛方法. 关于 $\int_{-\infty}^b f(x)\mathrm{d}x$ 与 $\int_{-\infty}^{+\infty} f(x)\mathrm{d}x$ 的敛散性方法, 请读者自行给出. 对于非负函数 $f(x)$ 而言, 显然函数 $F(A) = \int_a^A f(x)\mathrm{d}x$ 是单调增加的. 故根据单调有界收敛定理, 很容易得到如下收敛定理:

定理 7.1.15 设函数 $f(x)$ 是 $[a, +\infty)$ 上的非负函数. 则无穷积分 $\int_a^{+\infty} f(x)\mathrm{d}x$ 收敛的充分必要条件是

$$F(A) = \int_a^A f(x)\mathrm{d}x$$

在 $[a, +\infty)$ 上有上界.

由此我们可以得到下面更加实用的比较判别法.

定理 7.1.16 (比较判别法) 设当 $x \geqslant A_0 \geqslant a$ 时, 成立 $0 \leqslant f(x) \leqslant g(x)$. 则

(1) 当无穷积分 $\int_a^{+\infty} g(x)\mathrm{d}x$ 收敛时, 无穷积分 $\int_a^{+\infty} f(x)\mathrm{d}x$ 也收敛;

(2) 当无穷积分 $\int_a^{+\infty} f(x)\mathrm{d}x$ 发散时, 无穷积分 $\int_a^{+\infty} g(x)\mathrm{d}x$ 也发散.

比较判别法还可以用极限形式来描述, 即有下列定理:

定理 7.1.17 设函数 $f(x) \geqslant 0$, $g(x) > 0$, $x \in [a, +\infty)$. 若存在 $0 \leqslant l \leqslant +\infty$, 使得

$$\lim_{x \to +\infty} \frac{f(x)}{g(x)} = l,$$

则

(1) 当 $0 < l < +\infty$ 时, 无穷积分 $\int_a^{+\infty} f(x)\mathrm{d}x$ 与无穷积分 $\int_a^{+\infty} g(x)\mathrm{d}x$ 同敛散;

(2) 当 $l = 0$ 时, 若无穷积分 $\int_a^{+\infty} g(x)\mathrm{d}x$ 收敛, 则无穷积分 $\int_a^{+\infty} f(x)\mathrm{d}x$ 也收敛;

(3) 当 $l = +\infty$ 时, 若无穷积分 $\displaystyle\int_a^{+\infty} g(x)\mathrm{d}x$ 发散, 则无穷积分

$\displaystyle\int_a^{+\infty} f(x)\mathrm{d}x$ 也发散.

证明　我们只证明 (1). (2) 和 (3) 的证明与 (1) 类似, 读者可以自行完成. 事实上, 由于 $\displaystyle\lim_{x\to+\infty}\frac{f(x)}{g(x)} = l$ 以及 $l > 0$, 则对 $\varepsilon_0 = \dfrac{l}{2} > 0,\ \exists\, A_0 > a,\ \forall\, x > A_0$:

$$\left|\frac{f(x)}{g(x)} - l\right| < \frac{l}{2} \Rightarrow \frac{l}{2} < \frac{f(x)}{g(x)} < \frac{3l}{2}.$$

从而得到

$$\frac{l}{2}g(x) < f(x) < \frac{3l}{2}g(x).$$

再由比较判别法可得到结论 (1) .　　　　　　　　　　　　　　　　　□

在比较判别法中, 我们通常取 $g(x) = \dfrac{c}{x^p}\ (x \geqslant a > 0,\ c > 0,\ p \in \mathbb{R})$ 作为比较函数, 则又有下面的柯西判别法.

定理 7.1.18　(柯西判别法)　设 $f(x)$ 在 $[a, +\infty)$ 有定义, $c > 0$.

(1) 若 $0 \leqslant f(x) \leqslant \dfrac{c}{x^p}$ 且 $p > 1$, 则无穷积分 $\displaystyle\int_a^{+\infty} f(x)\mathrm{d}x$ 收敛;

(2) 若 $f(x) \geqslant \dfrac{c}{x^p}$, 且 $p \leqslant 1$, 则无穷积分 $\displaystyle\int_a^{+\infty} f(x)\mathrm{d}x$ 发散.

定理 7.1.19　(柯西判别法的极限形式)　设函数 $f(x) \geqslant 0,\ x \in [a, +\infty)$, 且

$$\lim_{x\to+\infty} x^p f(x) = l.$$

则

(1) 当 $0 \leqslant l < +\infty$ 且 $p > 1$ 时, 无穷积分 $\displaystyle\int_a^{+\infty} f(x)\mathrm{d}x$ 收敛;

(2) 当 $0 < l \leqslant +\infty$ 且 $p \leqslant 1$ 时, 无穷积分 $\displaystyle\int_a^{+\infty} f(x)\mathrm{d}x$ 发散.

例 7.1.20　判断无穷积分 $\displaystyle\int_1^{+\infty} \frac{\arctan x}{(1 + x^2)^{3/2}}\mathrm{d}x$ 的敛散性.

解法一　由于在 $[1, +\infty)$ 上,

$$0 \leqslant \frac{\arctan x}{(1 + x^2)^{3/2}} \leqslant \frac{\pi}{2}\frac{1}{x^3}.$$

又无穷积分 $\displaystyle\int_1^{+\infty} \frac{1}{x^3}\mathrm{d}x$ 收敛. 从而由比较判别法知, 无穷积分 $\displaystyle\int_1^{+\infty} \frac{\arctan x}{(1 + x^2)^{3/2}}\mathrm{d}x$ 收敛.

解法二　取 $p = 3 > 1$, 则有

$$\lim_{x\to+\infty} x^3 \frac{\arctan x}{(1 + x^2)^{3/2}} = \lim_{x\to+\infty} \left(\frac{x}{\sqrt{1 + x^2}}\right)^3 \arctan x = \frac{\pi}{2}.$$

故由柯西判别法知, 无穷积分 $\displaystyle\int_1^{+\infty} \dfrac{\arctan x}{(1+x^2)^{3/2}}\mathrm{d}x$ 收敛. □

例 7.1.21 讨论无穷积分 $\displaystyle\int_1^{+\infty} \dfrac{\ln x}{x^p}\mathrm{d}x \ (p \in \mathbb{R})$ 的敛散性.

解 当 $p > 1$ 时, 取 $\varepsilon > 0$ 充分小, 使得 $p - \varepsilon > 1$. 此时由于

$$\lim_{x \to +\infty} x^{p-\varepsilon}\frac{\ln x}{x^p} = \lim_{x \to +\infty} \frac{\ln x}{x^\varepsilon} = 0,$$

故由柯西判别法知原无穷积分收敛.

当 $p \leqslant 1$ 时, 由于

$$\lim_{x \to +\infty} x^p\frac{\ln x}{x^p} = \lim_{x \to +\infty} \ln x = +\infty,$$

故由柯西判别法知原无穷积分发散.

综上所述, 当 $p > 1$ 时, 原无穷积分收敛; 当 $p \leqslant 1$ 时, 原无穷积分发散. □

例 7.1.22 讨论无穷积分 $\displaystyle\int_1^{+\infty} \left(\frac{1}{x} - \ln\left(\frac{1}{x} + \sqrt{1 + \frac{1}{x^2}} \right) \right) \mathrm{d}x$ 的敛散性.

解 设 $f(x) = \dfrac{1}{x} - \ln\left(\dfrac{1}{x} + \sqrt{1 + \dfrac{1}{x^2}} \right)$. 显然当 $x \to +\infty$ 时, $f(x) \to 0$. 利用泰勒公式计算无穷小量 $f(x)$ 的阶. 事实上

$$
\begin{aligned}
f(x) &= \frac{1}{x} - \ln\left(1 + \frac{1}{x} + \frac{1}{2x^2} + o\left(\frac{1}{x^3} \right) \right) \\
&= \frac{1}{x} - \left(\frac{1}{x} + \frac{1}{2x^2} + o\left(\frac{1}{x^3} \right) \right) + \frac{1}{2}\left(\frac{1}{x} + \frac{1}{2x^2} + o\left(\frac{1}{x^3} \right) \right)^2 - \\
&\quad \frac{1}{3}\left(\frac{1}{x} + \frac{1}{2x^2} + o\left(\frac{1}{x^3} \right) \right)^3 + o\left(\frac{1}{x^3} \right) \\
&= \frac{1}{6x^3} + o\left(\frac{1}{x^3} \right).
\end{aligned}
$$

于是有

$$
\begin{aligned}
\lim_{x \to +\infty} x^3 &\left(\frac{1}{x} - \ln\left(\frac{1}{x} + \sqrt{1 + \frac{1}{x^2}} \right) \right) \\
&= \lim_{x \to +\infty} x^3 \left(\frac{1}{6x^3} + o\left(\frac{1}{x^3} \right) \right) \\
&= \lim_{x \to +\infty} \left(\frac{1}{6} + o(1) \right) = \frac{1}{6}.
\end{aligned}
$$

故原无穷积分收敛. □

以上讨论了非负函数无穷积分的敛散性问题. 值得注意的是, 当 $f(x) \geqslant 0$ 时, 由 $\displaystyle\int_a^{+\infty} f(x)\mathrm{d}x$ 的几何意义可知, 似乎当 x 越来越大时, $f(x)$ 的值要越来越小才能保证无穷积分 $\displaystyle\int_a^{+\infty} f(x)\mathrm{d}x$ 的收敛性. 当 $f(x)$ 不连续时, 我们容易看出这个想法是不对的. 其实即使 $f(x)$ 是连续函数, 我们也容易构造出一个在 $[a, +\infty)$ 上无界的函数 $f(x)$, 使得 $\displaystyle\int_a^{+\infty} f(x)\mathrm{d}x$ 收敛.

例 7.1.23　设函数 $f(x)$ 在 $[1, +\infty)$ 上的定义如下:

$$
f(x) = \begin{cases}
\dfrac{1}{x^2}, & x \in [1, x_2'], \\[2mm]
\dfrac{1}{x^2}, & x \in [x_n', x_{n+1}], \\[2mm]
f(x_{n+1}) + 3^{n+1}(2^{n+1} - f(x_{n+1}))(x - x_{n+1}), & x \in [x_{n+1}, n+1], \\[2mm]
2^{n+1} - 3^{n+1}(2^{n+1} - f(x_{n+1}'))(x - n - 1), & x \in (n+1, x_{n+1}'],
\end{cases}
$$

其中 $x_n = n - \dfrac{1}{3^n}$, $x_n' = n + \dfrac{1}{3^n}$, $n = 2, 3, \cdots$. 证明无穷积分 $\displaystyle\int_1^{+\infty} f(x)\mathrm{d}x$ 收敛.

证明　从 $f(x)$ 的构造可看出, $f(x)$ 是 $[1, +\infty)$ 上的非负连续函数, 且 $\displaystyle\lim_{x \to +\infty} f(n) = +\infty$. 但是, 对于任意 $X > 1$, 取正整数 $N > X$, 有

$$
\begin{aligned}
\int_1^X f(x)\mathrm{d}x &\leqslant \int_1^N f(x)\mathrm{d}x \\
&\leqslant \int_1^{x_n} \frac{1}{x^2}\mathrm{d}x + \sum_{n=3}^N \int_{x_n}^{x_n'} f(x)\mathrm{d}x \\
&\leqslant 1 + \sum_{n=3}^N \int_{x_n}^{x_n'} 2^n \mathrm{d}x \\
&< 1 + 2\sum_{n=2}^N \frac{2^n}{3^n} < 4.
\end{aligned}
$$

因此可证得无穷积分 $\displaystyle\int_1^{+\infty} f(x)\mathrm{d}x$ 收敛.

7.1.4　阿贝尔判别法与狄利克雷判别法

对于一般函数无穷积分的判敛法, 情况变得复杂. 显然利用非负函数无穷积分的判敛法, 可以判定无穷积分是否绝对收敛. 对于条件收敛的无穷积分, 通常被积函数需满足一定的条件才能判断是否收敛. 下面我们介绍两个有用的判别法.

定理 7.1.24 (阿贝尔判别法) 设函数 $f(x)$ 和 $g(x)$ 满足:

(1) $g(x)$ 在 $[a, +\infty)$ 上单调有界;

(2) 无穷积分 $\int_a^{+\infty} f(x)\mathrm{d}x$ 收敛,

则无穷积分 $\int_a^{+\infty} f(x)g(x)\mathrm{d}x$ 收敛.

证明 由于无穷积分 $\int_a^{+\infty} f(x)\mathrm{d}x$ 收敛, 故由无穷积分的柯西收敛准则知:
$\forall \varepsilon > 0, \exists A > a, \forall A'' > A' > A:$

$$\left| \int_{A'}^{A''} f(x)\mathrm{d}x \right| < \varepsilon.$$

在区间 $[A', A'']$ 上利用积分第二中值定理, 即存在 $\xi \in [A', A'']$, 使得

$$\int_{A'}^{A''} f(x)g(x)\mathrm{d}x = g(A') \int_{A'}^{\xi} f(x)\mathrm{d}x + g(A'') \int_{\xi}^{A''} f(x)\mathrm{d}x.$$

又由条件 (1) 可知, 存在 $M > 0:$ $|g(x)| \leqslant M$, $x \in [A', A'']$. 于是

$$\forall \varepsilon > 0, \exists A > a, \forall A'' > A' > A:$$

$$\left| \int_{A'}^{A''} f(x)g(x)\mathrm{d}x \right| \leqslant |g(A')| \left| \int_{A'}^{\xi} f(x)\mathrm{d}x \right| + |g(A'')| \left| \int_{\xi}^{A''} f(x)\mathrm{d}x \right|$$

$$< M\varepsilon + M\varepsilon = 2M\varepsilon.$$

再由柯西收敛准则可知, $\int_a^{+\infty} f(x)g(x)\mathrm{d}x$ 收敛. $\qquad\square$

从上面定理的证明中, 我们还可以看出适当改变被积函数的条件, 依然可以得到无穷积分 $\int_a^{+\infty} f(x)g(x)\mathrm{d}x$ 满足柯西收敛准则.

定理 7.1.25 (狄利克雷判别法) 设函数 $f(x)$ 和 $g(x)$ 满足:

(1) $g(x)$ 在 $[a, +\infty)$ 上单调且 $\lim\limits_{x \to +\infty} g(x) = 0$;

(2) 变上限函数 $G(A) = \int_a^A f(x)\mathrm{d}x$ 在 $[a, +\infty)$ 上有界,

则无穷积分 $\int_a^{+\infty} f(x)g(x)\mathrm{d}x$ 收敛.

狄利克雷判别法的证明与阿贝尔判别法的证明思想类似, 请读者自行完成.

例 7.1.26 讨论无穷积分 $\int_1^{+\infty} \dfrac{\sin x}{x^p}\mathrm{d}x$ 的敛散性, 其中 $p > 0$.

解 当 $p > 1$ 时, 由于

$$\left| \frac{\sin x}{x^p} \right| \leqslant \frac{1}{x^p},$$

故无穷积分 $\displaystyle\int_1^{+\infty}\frac{\sin x}{x^p}\mathrm{d}x$ 绝对收敛.

当 $0 < p \leqslant 1$ 时, 记 $g(x) = \sin x$. 对任意的 $A > 1$, 有

$$|F(A)| = \left|\int_1^A \sin x\mathrm{d}x\right| = |\cos 1 - \cos A| \leqslant 2.$$

记 $f(x) = \dfrac{1}{x^p}$, 则 $f(x)$ 在 $[1, +\infty)$ 上单调且 $\displaystyle\lim_{x\to+\infty} f(x) = 0$. 故由狄利克雷判别法

可知 $\displaystyle\int_1^{+\infty}\frac{\sin x}{x^p}\mathrm{d}x$ 收敛.

又因为

$$\left|\frac{\sin x}{x^p}\right| \geqslant \frac{\sin^2 x}{x^p} = \frac{1-\cos 2x}{2x^p} = \frac{1}{2x^p} - \frac{\cos 2x}{2x^p} \overset{\text{def}}{=\!=} F_1(x) - F_2(x).$$

显然 $\displaystyle\int_1^{+\infty} F_1(x)\mathrm{d}x$ 发散, 而用狄利克雷判别法可证 $\displaystyle\int_1^{+\infty} F_2(x)\mathrm{d}x$ 收敛, 故

$$\int_1^{+\infty}\left|\frac{\sin x}{x^p}\right|\mathrm{d}x$$

发散. 从而无穷积分 $\displaystyle\int_1^{+\infty}\frac{\sin x}{x^p}\mathrm{d}x$ 条件收敛.

综上所述, 当 $p > 1$ 时, 原无穷积分绝对收敛; 当 $0 < p \leqslant 1$ 时, 原无穷积分条件收敛.

例 7.1.27 讨论无穷积分 $\displaystyle\int_1^{+\infty}\frac{\arctan x \sin x}{x}\mathrm{d}x$ 的敛散性.

解 记 $f(x) = \dfrac{\sin x}{x}$, $g(x) = \arctan x$, $x \in [1, +\infty)$. 首先由上述例题可知无穷

积分 $\displaystyle\int_1^{+\infty} f(x)\mathrm{d}x$ 收敛, 并且 $g(x)$ 在 $[1, +\infty)$ 上单调增加有界, 从而由阿贝尔判别

法可知 $\displaystyle\int_1^{+\infty}\frac{\arctan x \sin x}{x}\mathrm{d}x$ 收敛.

又由于当 $x \in (\sqrt{3}, +\infty)$ 时,

$$\left|\frac{\arctan x \sin x}{x}\right| \geqslant \frac{\sin^2 x}{x} = \frac{1}{2x} - \frac{\cos 2x}{2x}.$$

显然 $\displaystyle\int_1^{+\infty}\frac{1}{2x}\mathrm{d}x$ 发散, 而用狄利克雷判别法可证 $\displaystyle\int_1^{+\infty}\frac{\cos 2x}{2x}\mathrm{d}x$ 收敛, 故

$$\int_1^{+\infty}\left|\frac{\arctan x \sin x}{x}\right|\mathrm{d}x$$

发散, 从而无穷积分 $\displaystyle\int_1^{+\infty}\frac{\arctan x \sin x}{x}\mathrm{d}x$ 条件收敛.

例 7.1.28　讨论无穷积分 $\displaystyle\int_1^{+\infty} \ln\left(1 + \frac{\sin x}{x^{\frac{1}{2}}}\right)\mathrm{d}x$ 的敛散性.

解　由泰勒公式知, 当 $t \to 0$ 时, 成立

$$\ln(1 + t) = t - \frac{1}{2}t^2 + \frac{1}{3}t^3 + o(t^3).$$

于是当 $x \to +\infty$ 时, 有

$$\ln\left(1 + \frac{\sin x}{x^{\frac{1}{2}}}\right) = \frac{\sin x}{x^{\frac{1}{2}}} - \frac{\sin^2 x}{2x} + o\left(\frac{1}{x}\right)$$

$$= \frac{\sin x}{x^{\frac{1}{2}}} + \frac{\cos 2x}{4x} - \frac{1}{4x} + o\left(\frac{1}{x}\right).$$

显然 $\displaystyle\int_1^{+\infty} \frac{\sin x}{x^{\frac{1}{2}}}\mathrm{d}x$ 收敛, 用狄利克雷判别法可证 $\displaystyle\int_1^{+\infty} \frac{\cos 2x}{4x}\mathrm{d}x$ 收敛, 而非负函数无穷积分 $\displaystyle\int_1^{+\infty} \frac{1}{4x} + o\left(\frac{1}{x}\right)\mathrm{d}x$ 发散, 无穷积分 $\displaystyle\int_1^{+\infty} \ln\left(1 + \frac{\sin x}{x^{\frac{1}{2}}}\right)\mathrm{d}x$ 发散.

值得一提的是, 上述例题中, 如果应用等价无穷小的观点当 $x \to +\infty$ 时, 有 $\ln\left(1 + \frac{\sin x}{x^{\frac{1}{2}}}\right) \sim \frac{\sin x}{x^{\frac{1}{2}}}$, 容易得到无穷积分 $\displaystyle\int_1^{+\infty} \ln\left(1 + \frac{\sin x}{x^{\frac{1}{2}}}\right)\mathrm{d}x$ 收敛的错误结论, 试问这样的错误结论是如何造成的?

练习题 7.1

1. 计算下列反常积分:

(1) $\displaystyle\int_0^{+\infty} \mathrm{e}^{-\sqrt{x}}\mathrm{d}x$;

(2) $\displaystyle\int_0^{+\infty} x^5 \mathrm{e}^{-x^2}\mathrm{d}x$;

(3) $\displaystyle\int_1^{+\infty} \frac{x\ln x}{(1 + x^2)^2}\mathrm{d}x$;

(4) $\displaystyle\int_{-\infty}^{+\infty} \frac{1}{(x^2 + x + 1)^2}\mathrm{d}x$;

(5) $\displaystyle\int_0^{+\infty} \frac{1 + x^2}{1 + x^4}\mathrm{d}x$;

(6) $\displaystyle\int_0^{+\infty} \frac{x\mathrm{e}^{-x}}{(1 + \mathrm{e}^{-x})^2}\mathrm{d}x$.

2. 判断下列无穷积分的敛散性:

(1) $\displaystyle\int_e^{+\infty} \frac{1}{x(\log x)^p}\mathrm{d}x,\ p \in \mathbb{R}$;

(2) $\displaystyle\int_1^{+\infty} x^{s-1}\mathrm{e}^{-x}\mathrm{d}x,\ s \in \mathbb{R}$;

(3) $\displaystyle\int_1^{+\infty} \frac{(\log x)^p}{1 + x^2}\mathrm{d}x,\ p > 0$;

(4) $\displaystyle\int_0^{+\infty} \dfrac{x}{\mathrm{e}^x + \mathrm{e}^{-x}}\mathrm{d}x$;

(5) $\displaystyle\int_1^{+\infty} \ln\left(1 + \dfrac{1}{x^2}\right) - \dfrac{1}{1+x^2}\mathrm{d}x$;

(6) $\displaystyle\int_1^{+\infty} x\left(1 - \cos\dfrac{1}{x^2}\right)^p \mathrm{d}x,\ p \in \mathbb{R}$.

3. 判断下列无穷积分的敛散性 (含绝对收敛性与条件收敛性):

(1) $\displaystyle\int_0^{+\infty} \dfrac{\sqrt{x}\sin x}{1+x}\mathrm{d}x$;

(2) $\displaystyle\int_1^{+\infty} \dfrac{\sin(x^2)}{x^p}\mathrm{d}x,\ p \in \mathbb{R}$;

(3) $\displaystyle\int_1^{+\infty} \sin\left(\dfrac{\sin x}{x}\right)\mathrm{d}x$;

(4) $\displaystyle\int_1^{+\infty} \dfrac{\cos(x^p)}{x}\mathrm{d}x,\ p \in \mathbb{R}$.

4. 设 $P_m(x)$ 和 $P_n(x)$ 分别为 m 和 n 次多项式, 并且当 $x \geqslant a$ 时, $P_n(x) > 0$. 试研究

$$\int_a^{+\infty} \dfrac{P_m(x)}{P_n(x)}\sin x\mathrm{d}x$$

的绝对收敛性和条件收敛性.

5. 证明无穷积分的对数判别法: 设 $f(x) \in C[1, +\infty)$ 且恒正, 若 $\displaystyle\lim_{x \to +\infty} \dfrac{\ln f(x)}{\ln x} = -\lambda$, 则当 $\lambda > 1$ 时无穷积分 $\displaystyle\int_1^{+\infty} f(x)\mathrm{d}x$ 收敛.

6. 设在 $[a, +\infty)$ 上满足: $g(x) \leqslant f(x) \leqslant h(x)$, 且 $\displaystyle\int_a^{+\infty} g(x)\mathrm{d}x$ 与 $\displaystyle\int_a^{+\infty} h(x)\mathrm{d}x$ 收敛, 请问 $\displaystyle\int_a^{+\infty} f(x)\mathrm{d}x$ 是否收敛?

7. 设 $f(x)$ 在 $[a, +\infty)$ 上是非负单调减少函数, 且无穷积分 $\displaystyle\int_a^{+\infty} f(x)\mathrm{d}x$ 收敛. 证明: 当 $x \to +\infty$ 时, $f(x) = o\left(\dfrac{1}{x}\right)$.

8. 设函数 $f(x)$ 在 $[a, +\infty)$ 上单调减少且趋于 0. 证明: 无穷积分 $\displaystyle\int_a^{+\infty} f(x)\mathrm{d}x$ 与 $\displaystyle\int_a^{+\infty} f(x)\sin^2 x\mathrm{d}x$ 同敛散.

9. 设函数 $f(x)$ 在 $[a, +\infty)$ 上连续可微, 且无穷积分 $\displaystyle\int_a^{+\infty} f(x)\mathrm{d}x$ 与 $\displaystyle\int_a^{+\infty} f'(x)\mathrm{d}x$ 都收敛. 证明: $\displaystyle\lim_{x \to +\infty} f(x) = 0$.

10. 设无穷积分 $\displaystyle\int_a^{+\infty} f(x)\mathrm{d}x$ 收敛, 并且 $f(x)$ 在 $[a, +\infty)$ 上一致连续, 证明:

$$\lim_{x \to +\infty} f(x) = 0.$$

7.2 瑕积分

本节讨论瑕积分. 我们将从瑕积分定义开始, 给出非负函数瑕积分的判敛法和一般函数瑕积分的阿贝尔和狄利克雷判别法.

7.2.1 瑕积分的概念

定义 7.2.1 设函数 $f(x)$ 在 $[a,b)$ 上有定义, 在 $x=b$ 的任一左邻域内 $f(x)$ 无界, 通常称 $x=b$ 为 $f(x)$ 的瑕点. 若 $f(x)$ 在任意闭区间 $[a, b-\varepsilon]$ $(0 < \varepsilon < b-a)$ 上可积, 则称积分形式 $\displaystyle\int_a^b f(x)\mathrm{d}x$ 为 $f(x)$ 在 $[a,b)$ 上的瑕积分. 当极限

$$\lim_{\varepsilon \to 0^+} \int_a^{b-\varepsilon} f(x)\mathrm{d}x$$

存在时, 称瑕积分 $\displaystyle\int_a^b f(x)\mathrm{d}x$ 收敛, 且称此极限值为瑕积分 $\displaystyle\int_a^b f(x)\mathrm{d}x$ 的值, 即

$$\int_a^b f(x)\mathrm{d}x = \lim_{\varepsilon \to 0^+} \int_a^{b-\varepsilon} f(x)\mathrm{d}x.$$

若上述极限不存在, 则称瑕积分 $\displaystyle\int_a^b f(x)\mathrm{d}x$ 发散.

注 设函数 $f(x)$ 在 $(a,b]$ 上有定义, 若 $x=a$ 为瑕点, 同样可以定义

$$\int_a^b f(x)\mathrm{d}x = \lim_{\varepsilon \to 0^+} \int_{a+\varepsilon}^b f(x)\mathrm{d}x.$$

当上式右端极限存在时, 称瑕积分 $\displaystyle\int_a^b f(x)\mathrm{d}x$ 收敛; 否则称瑕积分 $\displaystyle\int_a^b f(x)\mathrm{d}x$ 发散.

注 设 $c \in (a,b)$ 为函数 $f(x)$ 的唯一瑕点. 若瑕积分 $\displaystyle\int_a^c f(x)\mathrm{d}x$, $\displaystyle\int_c^b f(x)\mathrm{d}x$ 均收敛, 则称瑕积分 $\displaystyle\int_a^b f(x)\mathrm{d}x$ 收敛, 且有

$$\int_a^b f(x)\mathrm{d}x = \int_a^c f(x)\mathrm{d}x + \int_c^b f(x)\mathrm{d}x.$$

例 7.2.2 判断瑕积分 $\displaystyle\int_a^b \frac{1}{(b-x)^p}\mathrm{d}x$ $(p \in \mathbb{R})$ 的敛散性.

解　当 $p \leqslant 0$ 时, 被积函数无瑕点, 此时 $\int_a^b \dfrac{1}{(b-x)^p}\mathrm{d}x$ 为常义积分.

当 $p > 0$ 时, $x = b$ 是被积函数的瑕点. 由于对任意的 $0 < \varepsilon < (b-a)$, 有

$$\int_a^{b-\varepsilon} \frac{1}{(b-x)^p}\mathrm{d}x = \begin{cases} \dfrac{1}{p-1}(b-x)^{1-p}\Big|_a^{b-\varepsilon}, & p \neq 1, \\[2mm] -\ln(b-x)\big|_a^{b-\varepsilon}, & p = 1. \end{cases}$$

于是

$$\lim_{\varepsilon \to 0^+} \int_a^{b-\varepsilon} \frac{1}{(b-x)^p}\mathrm{d}x = \begin{cases} \dfrac{1}{1-p}(b-a)^{1-p}, & p < 1, \\[2mm] +\infty, & p \geqslant 1. \end{cases}$$

故当 $p < 1$ 时, 原瑕积分收敛; 当 $p \geqslant 1$ 时, 原瑕积分发散. 上述瑕积分表明: 当 $0 < p < 1$ 时, 曲线 $y = \dfrac{1}{(b-x)^p}$, 直线 $x = a$, 直线 $x = b$ 和 x 轴之间的狭长区域的面积是有限的, 如图 7.2 所示.

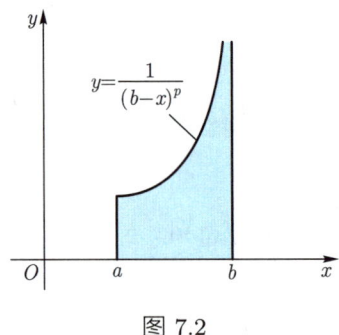

图 7.2

不妨设 $x = b$ 是 $f(x)$, $g(x)$ 的唯一瑕点. 与无穷积分类似, 当瑕积分收敛时, 瑕积分有以下运算性质:

定理 7.2.3　设 $c \in (a, b)$. 则瑕积分 $\int_a^b f(x)\mathrm{d}x$ 与 $\int_c^b f(x)\mathrm{d}x$ 同敛散, 并有

$$\int_a^b f(x)\mathrm{d}x = \int_a^c f(x)\mathrm{d}x + \int_c^b f(x)\mathrm{d}x,$$

其中 $\int_a^c f(x)\mathrm{d}x$ 为定积分.

定理 7.2.4　设瑕积分 $\int_a^b f(x)\mathrm{d}x$, $\int_a^b g(x)\mathrm{d}x$ 均收敛. 则瑕积分 $\int_a^b (k_1 f(x) \pm k_2 g(x))\mathrm{d}x$ 也收敛, 且有

$$\int_a^b (k_1 f(x) \pm k_2 f(x))\mathrm{d}x = k_1 \int_a^b f(x)\mathrm{d}x \pm k_2 \int_a^b g(x)\mathrm{d}x,$$

其中 k_1, k_2 为常数.

定理 7.2.5 (分部积分法) 设函数 $f(x)$, $g(x)$ 在 $[a, b]$ 上连续可导. 则当下式右端极限存在时, 成立

$$\int_a^b f(x)g'(x)\mathrm{d}x$$

$$= \lim_{\varepsilon \to 0^+} \left(f(b-\varepsilon)g(b-\varepsilon) - f(a)g(a) - \int_a^{b-\varepsilon} g(x)f'(x)\mathrm{d}x \right).$$

特别地, 当下式中有两项极限存在时, 另一项极限也存在, 即

$$\int_a^b f(x)g'(x)\mathrm{d}x = \lim_{x \to b^-} f(x)g(x) - f(a)g(a) - \int_a^b g(x)f'(x)\mathrm{d}x$$

$$\stackrel{\text{def}}{=\!=\!=} f(x)g(x)\Big|_a^b - \int_a^b g(x)f'(x)\mathrm{d}x.$$

定理 7.2.6 (换元积分法) 设函数 $f(x) \in C[a, b)$, 瑕积分 $\int_a^b f(x)\mathrm{d}x$ 收敛, 且 $x = \varphi(t)$ 在 $[\alpha, \beta)$ 上连续可导并严格单调增加, 又 $\varphi(\alpha) = a$, $\lim_{t \to \beta^-} \varphi(t) = b$. 则

$$\int_a^b f(x)\mathrm{d}x = \int_\alpha^\beta f(\varphi(t))\varphi'(t)\mathrm{d}t.$$

例 7.2.7 计算瑕积分 $\int_1^3 \dfrac{\mathrm{d}x}{\sqrt{(x-1)(3-x)}}$.

解 $x = 1$, $x = 3$ 均为瑕点. 瑕积分 $\int_1^3 \dfrac{\mathrm{d}x}{\sqrt{(x-1)(3-x)}}$ 的收敛性由下面瑕积分的收敛理论并不难证明. 接下来作变量替换计算瑕积分的值. 对任意 $x \in (1, 3)$, 有 $0 < \dfrac{x-1}{2}, \dfrac{3-x}{2} < 1$ 且 $\dfrac{x-1}{2} + \dfrac{3-x}{2} = 1$. 故令 $\dfrac{x-1}{2} = \sin^2 t$, 则 $x = 1 + 2\sin^2 t$, $\mathrm{d}x = 4\sin t \cos t \mathrm{d}t$. 于是

$$\int_1^3 \frac{\mathrm{d}x}{\sqrt{(x-1)(3-x)}} = \int_0^{\frac{\pi}{2}} \frac{4\sin t \cos t}{\sqrt{4\sin^2 t \cos^2 t}}\mathrm{d}t = 2\int_0^{\frac{\pi}{2}} \mathrm{d}t = \pi.$$

例 7.2.8 计算欧拉 (Euler) 积分 $I = \int_0^{\frac{\pi}{2}} \ln \sin x \mathrm{d}x$.

解 欧拉积分的收敛性由下面瑕积分的收敛理论并不难证明. 接下来用换元积分法计算欧拉积分. 令 $x = 2t$, 则

$$I = 2\int_0^{\frac{\pi}{4}} \ln \sin 2t \mathrm{d}t = \frac{\pi}{2}\ln 2 + 2\int_0^{\frac{\pi}{4}} \ln \sin t \mathrm{d}t + 2\int_0^{\frac{\pi}{4}} \ln \cos t \mathrm{d}t.$$

在上式第三个积分中再令 $t = \dfrac{\pi}{2} - u$, 得到

$$\int_0^{\frac{\pi}{4}} \ln \cos t \mathrm{d}t = \int_{\frac{\pi}{4}}^{\frac{\pi}{2}} \ln \sin u \mathrm{d}u.$$

由此得出

$$I = \frac{\pi}{2} \ln 2 + 2 \int_0^{\frac{\pi}{4}} \ln \sin t \mathrm{d}t + 2 \int_{\frac{\pi}{4}}^{\frac{\pi}{2}} \ln \sin t \mathrm{d}t = \frac{\pi}{2} \ln 2 + 2I.$$

从而有

$$I = -\frac{\pi}{2} \ln 2.$$

7.2.2 瑕积分的判敛法

我们注意到, 当 $x = b$ 为 $f(x)$ 的瑕点时, 若令 $y = \dfrac{1}{b-x}$, 则瑕积分 $\displaystyle\int_a^b f(x)\mathrm{d}x$ 就转换成了无穷积分 $\displaystyle\int_{\frac{1}{b-a}}^{+\infty} f\left(b - \frac{1}{y}\right) \frac{\mathrm{d}y}{y^2}$, 并且两者具有相同的敛散性. 特别地, 当积分收敛时, 还有

$$\int_a^b f(x)\mathrm{d}x = \int_{\frac{1}{b-a}}^{+\infty} f\left(b - \frac{1}{y}\right) \frac{\mathrm{d}y}{y^2}.$$

也就是说, 瑕积分与无穷积分可以相互转化, 因此瑕积分的判敛法与无穷积分判敛法是完全平行的. 下面以 $x = b$ 是唯一瑕点为例, 不加证明地叙述瑕积分的判敛方法.

定理 7.2.9 (柯西收敛准则) 瑕积分 $\displaystyle\int_a^b f(x)\mathrm{d}x$ 收敛的充要条件是: $\forall\, \varepsilon > 0$, $\exists\, \delta > 0$, $\forall\, x', x'' \in (b - \delta, b)$,

$$\left| \int_{x'}^{x''} f(x)\mathrm{d}x \right| < \varepsilon.$$

利用柯西收敛准则易从 $\displaystyle\int_a^b |f(x)|\,\mathrm{d}x$ 的收敛性证明中得到 $\displaystyle\int_a^b f(x)\mathrm{d}x$ 的收敛性, 故称 $\displaystyle\int_a^b f(x)\mathrm{d}x$ 为绝对收敛; 若瑕积分 $\displaystyle\int_a^b f(x)\mathrm{d}x$ 收敛, 而 $\displaystyle\int_a^b |f(x)|\,\mathrm{d}x$ 发散, 则称 $\displaystyle\int_a^b f(x)\mathrm{d}x$ 为条件收敛.

定理 7.2.10 (非负函数瑕积分收敛的充分必要条件) 设函数 $f(x)$ 是 $[a,b)$ 上的非负函数. 则瑕积分 $\displaystyle\int_a^b f(x)\mathrm{d}x$ 收敛的充要条件是

$$F(A) = \int_a^A f(x)\mathrm{d}x$$

在 $[a, b)$ 上有上界.

定理 7.2.11 (比较判别法) 设在 $[a, b)$ 上满足 $0 \leqslant f(x) \leqslant g(x)$. 则

(1) 当瑕积分 $\displaystyle\int_a^b g(x)\mathrm{d}x$ 收敛时, $\displaystyle\int_a^b f(x)\mathrm{d}x$ 必定收敛;

(2) 当 $\displaystyle\int_a^b f(x)\mathrm{d}x$ 发散时, $\displaystyle\int_a^b g(x)\mathrm{d}x$ 亦必发散.

定理 7.2.12 (比较判别法的极限形式) 设 $f(x) \geqslant 0$, $g(x) > 0$, $x \in [a, b)$, 且

$$\lim_{x \to b^-} \frac{f(x)}{g(x)} = l.$$

则

(1) 当 $0 < l < +\infty$ 时, 瑕积分 $\displaystyle\int_a^b f(x)\mathrm{d}x$ 与 $\displaystyle\int_a^b g(x)\mathrm{d}x$ 同敛散;

(2) 当 $l = 0$ 时, 若 $\displaystyle\int_a^b g(x)\mathrm{d}x$ 收敛, $\displaystyle\int_a^b f(x)\mathrm{d}x$ 也收敛;

(3) 当 $l = +\infty$ 时, 若 $\displaystyle\int_a^b g(x)\mathrm{d}x$ 发散, $\displaystyle\int_a^b f(x)\mathrm{d}x$ 也发散.

定理 7.2.13 (柯西判别法) 设 $f(x)$ 定义在 $[a, b)$ 上, $c > 0$.

(1) 当 $0 \leqslant f(x) \leqslant \dfrac{c}{(b-x)^p}$, 且 $p < 1$ 时, 瑕积分 $\displaystyle\int_a^b f(x)\mathrm{d}x$ 收敛;

(2) 当 $f(x) \geqslant \dfrac{c}{(b-x)^p}$ 且 $p \geqslant 1$ 时, 瑕积分 $\displaystyle\int_a^b f(x)\mathrm{d}x$ 发散.

定理 7.2.14 (柯西判别法的极限形式) 设函数 $f(x)$ 为 $[a, b)$ 上的非负函数, 且满足

$$\lim_{x \to b^-} (b-x)^p f(x) = l.$$

则

(1) 当 $0 \leqslant l < +\infty$ 且 $p < 1$ 时, 瑕积分 $\displaystyle\int_a^b f(x)\mathrm{d}x$ 收敛;

(2) 当 $0 < l \leqslant +\infty$ 且 $p \geqslant 1$ 时, 瑕积分 $\displaystyle\int_a^b f(x)\mathrm{d}x$ 发散.

例 7.2.15 判断下列瑕积分 $\displaystyle\int_0^1 \frac{\sin x}{x^p}\mathrm{d}x \; (p \in \mathbb{R})$ 的敛散性.

解法一 当 $p \leqslant 0$ 时, 被积函数是有界函数, 且在 $[0, 1)$ 上连续, 因此 $\displaystyle\int_0^1 \frac{\sin x}{x^p}\mathrm{d}x$ 在通常意义下是可积的.

对于 $p > 0$, $x = 0$ 是被积函数的瑕点, 此时注意到当正数 $\delta > 0$ 充分小时, 在 $(0, \delta]$ 内有不等式:

$$\frac{1}{2}\frac{1}{x^{p-1}} \leqslant \frac{\sin x}{x^p} = \frac{\sin x}{x}\frac{1}{x^{p-1}} \leqslant \frac{1}{x^{p-1}}.$$

从而根据比较判别法可知, 当 $p < 2$ 时, 瑕积分 $\int_0^1 \dfrac{\sin x}{x^p}\mathrm{d}x$ 收敛; 当 $p \geqslant 2$ 时, 瑕积分 $\int_0^1 \dfrac{\sin x}{x^p}\mathrm{d}x$ 发散.

解法二　用柯西判敛法的极限形式判敛. 由于

$$\lim_{x \to 0^+} \frac{\sin x}{x^p} \cdot x^{p-1} = 1$$

或者

$$\frac{\sin x}{x^p} \sim \frac{1}{x^{p-1}}, \quad x \to 0^+.$$

由此可知, 当 $p < 2$ 时, 瑕积分 $\int_0^1 \dfrac{\sin x}{x^p}\mathrm{d}x$ 收敛; 当 $p \geqslant 2$ 时, 瑕积分 $\int_0^1 \dfrac{\sin x}{x^p}\mathrm{d}x$ 发散.

例 7.2.16　判断下列瑕积分 $\int_0^1 x^{p-1}(1-x)^{q-1}\mathrm{d}x$ $(p,\, q \in \mathbb{R})$ 的敛散性.

解　当 $p < 1$ 时, $x = 0$ 为瑕点; 当 $q < 1$ 时, $x = 1$ 为瑕点. 令

$$I_1 = \int_0^{\frac{1}{2}} x^{p-1}(1-x)^{q-1}\mathrm{d}x; \quad I_2 = \int_{\frac{1}{2}}^1 x^{p-1}(1-x)^{q-1}\mathrm{d}x.$$

对于 I_1, 由于

$$x^{p-1}(1-x)^{q-1} \sim x^{p-1}, \quad x \to 0^+,$$

故当 $1 - p < 1$ 时, 即 $p > 0$ 时, I_1 收敛.

对于 I_2, 由于

$$x^{p-1}(1-x)^{q-1} \sim (1-x)^{q-1}, \quad x \to 1^-,$$

故当 $1 - q < 1$ 时, 即 $q > 0$ 时, I_2 收敛.

综上所述, 当 $p > 0, q > 0$ 时, 原瑕积分收敛.

对于一般函数的瑕积分, 同无穷积分类似可以考虑其绝对收敛性和条件收敛性, 并且也有类似的阿贝尔判敛法和狄利克雷判敛法.

定理 7.2.17　(阿贝尔判别法)　设函数 $g(x)$ 在 $[a, b)$ 上单调有界, 瑕积分 $\int_a^b f(x)\mathrm{d}x$ 收敛, 则 $\int_a^b f(x)g(x)\mathrm{d}x$ 收敛.

定理 7.2.18　(狄利克雷判别法)　设函数 $g(x)$ 在 $[a, b)$ 上单调, 且 $\lim\limits_{x \to b^-} g(x) = 0$. 而 $F(A) = \displaystyle\int_a^A f(x)\mathrm{d}x$ 在 $[a, b)$ 上有界, 则 $\int_a^b f(x)g(x)\mathrm{d}x$ 收敛.

例 7.2.19　讨论瑕积分 $\int_0^1 \dfrac{\sin x \sin \dfrac{1}{x}}{x^\lambda}\mathrm{d}x$ $(0 < \lambda \leqslant 2)$ 的敛散性.

解 $x = 0$ 为瑕点. 对 λ 分情况讨论:

当 $0 < \lambda < 2$ 时, 由于

$$\left| \frac{\sin x \sin(1/x)}{x^\lambda} \right| \leqslant \frac{x}{x^\lambda} = \frac{1}{x^{\lambda-1}}, \ x \in (0, 1],$$

由柯西判别法可知, 此时原瑕积分绝对收敛.

当 $\lambda = 2$ 时, 记 $f(x) = \dfrac{\sin \dfrac{1}{x}}{x^2}$, $g(x) = \sin x$. 一方面, 对任意 $0 < \eta < 1$, 有

$$\left| \int_\eta^1 \frac{\sin(1/x)}{x^2} \mathrm{d}x \right| = \left| \int_\eta^1 \sin \frac{1}{x} \mathrm{d}\left(-\frac{1}{x} \right) \right| = \left| \cos 1 - \cos \frac{1}{\eta} \right| \leqslant 2.$$

另一方面, $g(x) = \sin x$ 在 $(0, 1]$ 上单调递增, 且 $\lim\limits_{x \to 0^+} g(x) = 0$. 由狄利克雷判别法可知, 此时原瑕积分收敛. 又

$$\left| \frac{\sin x \sin(1/x)}{x^2} \right| \geqslant \frac{\sin x \sin^2(1/x)}{x^2} = \left(\frac{\sin x}{2x^2} - \frac{\sin x \cos(2/x)}{2x^2} \right) \overset{\text{def}}{=\!=\!=} F_1(x) - F_2(x),$$

显然 $\displaystyle\int_0^1 F_1(x)\mathrm{d}x$ 发散; 用狄利克雷判别法可证 $\displaystyle\int_0^1 F_2(x)\mathrm{d}x$ 收敛, 故此时原瑕积分条件收敛.

综上所述, 当 $0 < \lambda < 2$ 时, 原瑕积分绝对收敛; 当 $\lambda = 2$ 时, 原瑕积分条件收敛.

例 7.2.20 讨论反常积分 $\displaystyle\int_0^{+\infty} \frac{\sin x \ln(1+x)}{x^p} \mathrm{d}x$ 的敛散性.

解 当 $p > 2$ 时, $x = 0$ 为瑕点, 而积分本身又具有无穷的积分限, 通常称这种反常积分为混合型反常积分. 对于混合型反常积分来说, 通常把它拆分成两部分, 使其中一部分为瑕积分, 另一部分为无穷积分, 并分别进行判敛讨论. 记

$$I_1 = \int_0^1 \frac{\sin x \ln(1+x)}{x^p} \mathrm{d}x, \quad I_2 = \int_1^{+\infty} \frac{\sin x \ln(1+x)}{x^p} \mathrm{d}x.$$

对于 I_1, 当 $p > 2$ 时, $x = 0$ 为瑕点, 被积函数是非负函数, 并且

$$\lim_{x \to 0^+} x^{p-2} \frac{\sin x \ln(1+x)}{x^p} = \lim_{x \to 0^+} \frac{\sin x \ln(1+x)}{x^2} = 1,$$

故当 $p - 2 < 1$, 即 $p < 3$ 时, I_1 绝对收敛; 当 $p \geqslant 3$ 时, I_1 发散.

对于 I_2, 当 $p > 1$ 时, 由于存在 $\varepsilon_0 > 0$, 使得 $p - \varepsilon_0 > 1$, 并且

$$\left| \frac{\sin x \ln(1+x)}{x^p} \right| \leqslant \frac{\ln(1+x)}{x^p},$$

$$\lim_{x \to +\infty} \frac{\ln(1+x)}{x^p} \cdot x^{p - \varepsilon_0} = 0.$$

从而由柯西判敛法知, 此时 I_2 绝对收敛.

当 $0 < p \leqslant 1$ 时, 一方面

$$\left| F(A) \right| = \left| \int_1^A \sin x \mathrm{d}x \right| \leqslant 2.$$

令 $g(x) = \dfrac{\ln(1+x)}{x^p}$, 则很容易计算得到, 当 x 充分大时

$$g'(x) = \frac{\dfrac{x}{1+x} - p\ln(1+x)}{x^{p+1}} < 0.$$

故当 x 充分大时单调递减并且趋于 0. 从而由狄利克雷判别法可知, 此时 I_2 收敛.

另一方面, 当 x 充分大后, 总有

$$\left| \frac{\sin x \ln(1+x)}{x^p} \right| \geqslant \frac{|\sin x|}{x^p},$$

从而可进一步得到当 $0 < p \leqslant 1$ 时 I_2 为条件收敛.

当 $p \leqslant 0$ 时, 仿照例 7.1.13 容易得到 I_2 发散.

综上所述, 当 $0 < p \leqslant 1$ 时, 原反常积分条件收敛; 当 $1 < p < 3$ 时, 原反常积分绝对收敛; 其余情形时发散.

练习题 7.2

1. 计算下列瑕积分:

(1) $\displaystyle\int_0^1 x^n (\ln x)^m \mathrm{d}x$;

(2) $\displaystyle\int_0^1 x\sqrt{\dfrac{x}{1-x}}\,\mathrm{d}x$;

(3) $\displaystyle\int_{-1}^1 \dfrac{\arccos x}{\sqrt{1-x^2}}\mathrm{d}x$;

(4) $\displaystyle\int_0^{\frac{\pi}{2}} \sqrt{\tan x} + \sqrt{\cot x}\,\mathrm{d}x$.

2. 判断下列反常积分的敛散性:

(1) $\displaystyle\int_0^{\frac{\pi}{2}} \dfrac{1}{\sin^\alpha x \cos^\beta x}\mathrm{d}x \ (\alpha > 0, \ \beta > 0)$;

(2) $\displaystyle\int_0^{\frac{1}{e}} \left(\ln\left(\ln\dfrac{1}{x} \right) \right)^p \mathrm{d}x \ (p > 0)$;

(3) $\displaystyle\int_0^1 \dfrac{\sin\dfrac{1}{x}}{x^{\frac{3}{2}} \ln\left(1 + \dfrac{1}{x}\right)}\mathrm{d}x$;

(4) $\displaystyle\int_0^1 \frac{(\mathrm{e}^x-1)^p}{\ln^q(1+x)}\mathrm{d}x \ (p,\ q\in\mathbb{R})$;

(5) $\displaystyle\int_0^{+\infty} \frac{x|\ln x|^p}{x^2+1}\mathrm{d}x \ (p\in\mathbb{R})$;

(6) $\displaystyle\int_0^{+\infty} \frac{\sin\left(x+\dfrac{1}{x}\right)}{x^p}\mathrm{d}x \ (p\in\mathbb{R})$;

(7) $\displaystyle\int_0^{+\infty} \frac{\sin x(1-\cos x)}{x^p}\mathrm{d}x \ (p\in\mathbb{R})$;

(8) $\displaystyle\int_0^{+\infty} \frac{\mathrm{e}^{\sin x}\sin 2x}{x^p}\mathrm{d}x \ (p\in\mathbb{R})$.

3. 设 $f(x)$ 在每个有限区间 $[a,b]$ 上可积, 且 $\lim\limits_{x\to+\infty}f(x)=A$, $\lim\limits_{x\to-\infty}f(x)=B$.

证明: 对任意 $a>0$, 反常积分 $\displaystyle\int_{-\infty}^{+\infty}(f(x+a)-f(x))\mathrm{d}x$ 收敛, 并求出其值.

4. 设 $f(x)$ 在 $[a,+\infty)$ 上绝对可积, $g(x)$ 是以 T 为周期的周期函数, 并且 $g(x)\in R[0,T]$. 证明: $\displaystyle\lim\limits_{\lambda\to+\infty}\int_a^{+\infty}f(x)g(\lambda x)\mathrm{d}x=\frac{1}{T}\int_0^T g(x)\mathrm{d}x\int_a^{+\infty}f(x)\mathrm{d}x$.

5. 设 $g(x)$ 是以 T 为周期的周期函数, 并且 $g(x)\in R[0,T]$. 证明:

$$\lim\limits_{\lambda\to+\infty}\lambda\int_\lambda^{+\infty}\frac{g(x)}{x^2}\mathrm{d}x=\frac{1}{T}\int_0^T g(x)\mathrm{d}x.$$

6. 设 $F(x)=\displaystyle\int_0^x\left(\frac{1}{t}-\left[\frac{1}{t}\right]\right)\mathrm{d}t$, 试证: $F'_+(0)=\dfrac{1}{2}$.

7. (傅汝兰尼 (Froullani) 积分) 设 $f(x)\in C[0,+\infty)$, 令

$$I=\int_0^{+\infty}\frac{f(ax)-f(bx)}{x}\mathrm{d}x \ \ (a,\ b>0).$$

(1) 若极限 $\lim\limits_{x\to+\infty}f(x)$ 存在且有限 (记为 $f(+\infty)$), 则反常积分 I 收敛, 其值为 $(f(0)-f(+\infty))\ln\dfrac{b}{a}$;

(2) 若 $\lim\limits_{x\to+\infty}f(x)$ 不存在, 但存在 $A>0$ 使得无穷积分 $\displaystyle\int_A^{+\infty}\frac{f(x)}{x}\mathrm{d}x$ 收敛, 则反常积分 I 也收敛, 其值为 $f(0)\ln\dfrac{b}{a}$.

第八章 **数项级数**

19 世纪下半叶, 魏尔斯特拉斯利用无穷级数构造了一个处处连续又处处不可微的函数, 从而使得人们对连续和可微的概念有了进一步的认识. 无穷级数是构造新函数的一个十分有用的工具, 但是无穷多个数是如何相加的呢? 下面我们围绕这个问题展开级数理论.

8.1 数项级数的概念与性质

给定一个数列 $\{a_n\}$, 把这一列数依次相加得到

$$a_1 + a_2 + \cdots + a_n + \cdots,$$

称为数项级数或级数, 简记为 $\sum\limits_{n=1}^{\infty} a_n$, 其中 a_n 称为级数的通项. 因为对无穷多个实数逐一地进行加法运算是不可能的, 所以我们需要对无穷多个数之和给出合理的定义.

定义 8.1.1 对于数项级数 $\sum\limits_{n=1}^{\infty} a_n$, 称其前 n 项和

$$s_n = a_1 + a_2 + \cdots + a_n$$

为级数的第 n 个部分和. 如果这些部分和构成的数列 $\{s_n\}$ 收敛, 记 $\lim\limits_{n\to\infty} s_n = s$, 则称级数 $\sum\limits_{n=1}^{\infty} a_n$ 收敛, 且称 s 为级数的和, 记为

$$\sum_{n=1}^{\infty} a_n = s.$$

如果数列 $\{s_n\}$ 发散, 则称级数 $\sum\limits_{n=1}^{\infty} a_n$ 发散. 特别地, 若 $\lim\limits_{n\to\infty} s_n = +\infty$ 或 $-\infty$, 则称级数 $\sum\limits_{n=1}^{\infty} a_n$ 发散到 $+\infty$ 或 $-\infty$.

例 8.1.2　考虑几何级数

$$\sum_{n=1}^{\infty} q^{n-1} = 1 + q + q^2 + \cdots + q^{n-1} + \cdots \quad (q \in \mathbb{R})$$

的收敛性.

解　当 $q = 1$ 时, 部分和 $s_n = n$, 故 $\lim\limits_{n \to \infty} s_n = \infty$, 所以级数发散;

当 $q \neq 1$ 时,

$$s_n = 1 + q + \cdots + q^{n-1} = \frac{(1 - q^n)}{1 - q}.$$

当 $q = -1$ 时, 由于部分和 $s_n = \dfrac{1}{2}(1 - (-1)^n)$, 故极限 $\lim\limits_{n \to \infty} s_n$ 不存在, 从而级数发散;

当 $|q| > 1$ 时, 显然 $\lim\limits_{n \to \infty} s_n = \infty$, 因此级数发散;

当 $|q| < 1$ 时, 由于

$$\lim_{n \to \infty} s_n = \lim_{n \to \infty} \frac{(1 - q^n)}{1 - q} = \frac{1}{1 - q},$$

所以级数收敛, 并且

$$\sum_{n=1}^{\infty} q^{n-1} = \frac{1}{1 - q}.$$

例 8.1.3　设 $p \geqslant 0$, $q > 0$, $l = p + q$. 计算级数 $\sum\limits_{n=1}^{\infty} \dfrac{1}{(ln - p)(ln + q)}$ 的和.

解　由于

$$\frac{1}{(ln - p)(ln + q)} = \frac{1}{l}\left(\frac{1}{ln - p} - \frac{1}{ln + q}\right),$$

故级数的部分和

$$\begin{aligned}
s_n &= \frac{1}{l} \sum_{k=1}^{n} \left(\frac{1}{lk - p} - \frac{1}{lk + q}\right) \\
&= \frac{1}{l} \sum_{k=1}^{n} \left(\frac{1}{lk - p} - \frac{1}{l(k+1) - p}\right) \\
&= \frac{1}{l} \left(\frac{1}{l - p} - \frac{1}{l(n+1) - p}\right).
\end{aligned}$$

于是得到

$$\lim_{n \to \infty} s_n = \lim_{n \to \infty} \frac{1}{l}\left(\frac{1}{l - p} - \frac{1}{l(n+1) - p}\right) = \frac{1}{l(l - p)},$$

即

$$\sum_{n=1}^{\infty} \frac{1}{(ln - p)(ln + q)} = \frac{1}{l(l - p)}.$$

研究无穷级数, 一个最基本的问题是判断无穷级数的敛散性. 只有在级数收敛的情况下, 讨论它的求和问题才是有意义的. 既然级数的收敛性归结为部分和数列 $\{s_n\}$ 的收敛性, 由数列的柯西收敛准则就可得到级数的柯西收敛准则.

定理 8.1.4 (柯西收敛准则) 级数 $\sum\limits_{n=1}^{\infty} a_n$ 收敛的充分必要条件是:

$$\forall\, \varepsilon > 0,\ \exists\, N \in \mathbb{N},\ \forall\, n > N,\ \forall\, p \in \mathbb{N}:\ |a_{n+1} + a_{n+2} + \cdots + a_{n+p}| < \varepsilon.$$

例 8.1.5 证明平方和级数 $\sum\limits_{n=1}^{\infty} \dfrac{1}{n^2}$ 收敛.

证明 $\forall\, \varepsilon > 0$, 取 $N = \left[\dfrac{1}{\varepsilon} + 1\right] \in \mathbb{N}$, 则 $\forall\, n > N,\ \forall\, p \in \mathbb{N}$, 有

$$\left| \frac{1}{(n+1)^2} + \frac{1}{(n+2)^2} + \cdots + \frac{1}{(n+p)^2} \right|$$
$$\leqslant \left| \frac{1}{n(n+1)} + \frac{1}{(n+1)(n+2)} + \cdots + \frac{1}{(n+p)(n+p-1)} \right|$$
$$= \frac{1}{n} - \frac{1}{n+p} < \frac{1}{n} < \varepsilon.$$

即平方和级数 $\sum\limits_{n=1}^{\infty} \dfrac{1}{n^2}$ 满足柯西收敛准则, 从而收敛. $\qquad\square$

例 8.1.6 证明调和级数 $\sum\limits_{n=1}^{\infty} \dfrac{1}{n}$ 发散.

证明 取 $\varepsilon_0 = \dfrac{1}{2}$, $\forall\, N \in \mathbb{N}$, 取 $n > N$ 和 $p = n$, 就有

$$\left| \frac{1}{n+1} + \frac{1}{n+2} + \cdots + \frac{1}{n+p} \right| \geqslant \left| \frac{1}{n+n} + \frac{1}{n+n} + \cdots + \frac{1}{n+n} \right| = \frac{1}{2} = \varepsilon_0,$$

即调和级数 $\sum\limits_{n=1}^{\infty} \dfrac{1}{n}$ 不满足柯西收敛准则, 从而发散. $\qquad\square$

从柯西收敛准则可以看出, 对于一个级数, 如果略去它的有限项或者任意改变它的有限个项, 都不改变这个级数的敛散性. 下面介绍级数的一些基本性质.

定理 8.1.7 若级数 $\sum\limits_{n=1}^{\infty} a_n$ 收敛, 则 $\lim\limits_{n\to\infty} a_n = 0$.

证明 设级数的和为 s, 级数的部分和数列为 $\{s_n\}$, 由于 $a_n = s_n - s_{n-1}$, 因此得到

$$\lim_{n\to\infty} a_n = \lim_{n\to\infty} (s_n - s_{n-1}) = s - s = 0. \qquad\square$$

通项 $a_n \to 0$ 是级数收敛的必要条件. 这个简单的性质可以用来判断一些级数是否发散. 比如无穷级数 $\displaystyle\sum_{n=1}^{\infty} n \sin \frac{1}{n}$, 由于

$$a_n = n \sin \frac{1}{n} \to 1 \neq 0 \quad (n \to \infty),$$

从而得到无穷级数 $\displaystyle\sum_{n=1}^{\infty} n \sin \frac{1}{n}$ 发散.

必须注意, 通项 $a_n \to 0$ 仅仅是级数收敛的必要条件, 但并不是级数收敛的充分条件, 也就是说 $\displaystyle\lim_{n\to\infty} a_n = 0$ 并不意味着级数 $\displaystyle\sum_{n=1}^{\infty} a_n$ 收敛. 调和级数 $\displaystyle\sum_{n=1}^{\infty} \frac{1}{n}$ 便是一个例子.

无穷级数的和可以理解为有限和的极限, 由于有限和具有运算的线性性, 极限运算也具有线性性, 因此收敛级数的运算也具有线性性, 即有下列定理:

定理 8.1.8　假设 $\displaystyle\sum_{n=1}^{\infty} a_n$ 和 $\displaystyle\sum_{n=1}^{\infty} b_n$ 均为数项级数. 当 $\displaystyle\sum_{n=1}^{\infty} a_n$ 和 $\displaystyle\sum_{n=1}^{\infty} b_n$ 收敛时, 则级数 $\displaystyle\sum_{n=1}^{\infty} (\alpha a_n + \beta b_n)$ 也收敛, 并且其和为

$$\sum_{n=1}^{\infty} (\alpha a_n + \beta b_n) = \alpha \sum_{n=1}^{\infty} a_n + \beta \sum_{n=1}^{\infty} b_n,$$

其中 α, β 为常数.

证明　用级数收敛的定义很容易证得结论. 事实上, 由于级数收敛, 不妨设级数的和分别为

$$s = \sum_{k=1}^{\infty} a_k, \quad t = \sum_{k=1}^{\infty} b_k.$$

又设级数的部分和分别为

$$s_n = \sum_{k=1}^{n} a_k, \quad t_n = \sum_{k=1}^{n} b_k,$$

则由级数收敛可知

$$\lim_{n\to\infty} s_n = s, \quad \lim_{n\to\infty} t_n = t,$$

因此级数 $\displaystyle\sum_{n=1}^{\infty} (\alpha a_n + \beta b_n)$ 的部分和的极限

$$\lim_{n\to\infty} \sum_{k=1}^{n} (\alpha a_k + \beta b_k) = \lim_{n\to\infty} (\alpha s_n + \beta t_n) = \alpha s + \beta t.$$

从而证得结论. □

利用收敛级数的线性运算, 可以计算稍微复杂的级数的和.

例 8.1.9 证明级数 $\sum\limits_{n=1}^{\infty} \dfrac{5^{n-1}+4^{n+1}}{3^{2n}}$ 收敛, 并求其和.

证明 显然

$$\sum_{n=1}^{\infty} \frac{5^{n-1}+4^{n+1}}{3^{2n}} = \sum_{n=1}^{\infty} \left(\frac{1}{9} \left(\frac{5}{9} \right)^{n-1} + 9 \left(\frac{4}{9} \right)^{n+1} \right).$$

由于级数 $\sum\limits_{n=1}^{\infty} \left(\dfrac{5}{9} \right)^{n-1}$ 和 $\sum\limits_{n=1}^{\infty} \left(\dfrac{4}{9} \right)^{n+1}$ 都收敛, 则由级数运算的线性可知, 所讨论的级数收敛, 并且

$$\sum_{n=1}^{\infty} \frac{5^{n-1}+4^{n+1}}{3^{2n}} = \frac{1}{9} \sum_{n=1}^{\infty} \left(\frac{5}{9} \right)^{n-1} + 9 \sum_{n=1}^{\infty} \left(\frac{4}{9} \right)^{n+1}$$

$$= \frac{1}{9} \frac{1}{1-5/9} + 9 \frac{(4/9)^2}{1-4/9} = \frac{69}{20}. \qquad \square$$

定理 8.1.10 设级数 $\sum\limits_{n=1}^{\infty} a_n$ 收敛, 在它的求和表达式中任意添加括号, 既不改变级数的收敛性, 也不改变它的和.

证明 设给级数 $\sum\limits_{n=1}^{\infty} a_n$ 按如下方式添加括号, 即

$$(a_1 + a_2 + \cdots + a_{n_1}) + (a_{n_1+1} + a_{n_1+2} + \cdots + a_{n_2}) + \cdots +$$

$$\left(a_{n_{k-1}+1} + a_{n_{k-1}+2} + \cdots + a_{n_k} \right) + \cdots$$

记新级数为 $\sum\limits_{n=1}^{\infty} b_n$, 其中

$$b_1 = a_1 + a_2 + \cdots + a_{n_1},$$

$$b_2 = a_{n_1+1} + a_{n_1+2} + \cdots + a_{n_2},$$

$$\cdots$$

$$b_k = a_{n_{k-1}+1} + a_{n_{k-1}+2} + \cdots + a_{n_k},$$

$$\cdots$$

若记 $\sum\limits_{n=1}^{\infty} a_n$ 和 $\sum\limits_{n=1}^{\infty} b_n$ 的部分和分别为 A_n 和 B_n, 则

$$B_1 = A_{n_1}, \quad B_2 = A_{n_2}, \cdots, B_k = A_{n_k}, \cdots$$

因此 $\{B_k = A_{n_k}\}$ 是 $\{A_n\}$ 的子列, 由 $\{A_n\}$ 收敛可知, $\{B_k\}$ 收敛, 并且它们具有相同的极限. □

值得注意的是, 上述定理的逆不一定成立, 即一个级数的和式添加了括号后所得的级数收敛, 并不能保证原级数收敛. 例如级数

$$\sum_{n=1}^{\infty} (-1)^{n-1} = 1 - 1 + 1 - 1 + \cdots$$

是发散的. 但是如果我们按每两项之间添加一个括号, 所得的级数

$$(1-1) + (1-1) + \cdots + (1-1) + \cdots = 0 + 0 + \cdots + 0 + \cdots = 0,$$

即添加了括号后所得的级数是收敛的.

练习题 8.1

1. 计算下列级数的和:

(1) $\displaystyle\sum_{n=1}^{\infty} \frac{2n+1}{n^2(n+1)^2}$;

(2) $\displaystyle\sum_{n=1}^{\infty} (\sqrt{n+2} - 2\sqrt{n+1} + \sqrt{n})$;

(3) $\displaystyle\sum_{n=1}^{\infty} \arctan \frac{1}{1+n+n^2}$;

(4) $\displaystyle\sum_{n=1}^{\infty} \frac{\sqrt{n+1} - \sqrt{n}}{\sqrt{n^2+n}}$.

2. 证明下列级数发散:

(1) $\displaystyle\sum_{n=1}^{\infty} \left(1 - \frac{1}{n}\right)^n$;

(2) $\displaystyle\sum_{n=1}^{\infty} (-1)^n \frac{n^2+1}{3n^2-2}$.

3. 设 $\displaystyle\sum_{n=1}^{\infty} a_n$ 收敛. 证明: $\displaystyle\sum_{n=1}^{\infty} (a_n + a_{n+1})$ 也收敛. 试举例说明其逆命题不成立. 但若 $a_n > 0$, 则逆命题成立, 试证明之.

4. 设数列 $\{na_n\}$ 与级数 $\displaystyle\sum_{n=1}^{\infty} n(a_n - a_{n+1})$ 都收敛. 证明: 级数 $\displaystyle\sum_{n=1}^{\infty} a_n$ 收敛.

5. 证明: 若级数的项加括号后所得的级数收敛, 且在同一括号内的项的符号相同, 则原级数收敛且收敛到同一值.

6. 设 $f(x)$ 在 $[a, +\infty)$ 上连续. 若无穷积分 $\displaystyle\int_0^{+\infty} f(x)\mathrm{d}x$ 收敛, 证明: 存在数列 $\{x_n\} \subset [0, +\infty)$ 且 $\displaystyle\lim_{n\to\infty} x_n = +\infty$, 使得 $\displaystyle\lim_{n\to\infty} f(x_n) = 0$.

8.2 数列的上、下极限

本节介绍关于数列的一个重要概念, 即数列的上、下极限. 在下面的章节中, 我们会发现正项级数的敛散性只依赖于某些特定数列的上极限和下极限.

8.2.1 上极限与下极限的概念

考察数列 $\{x_n\}$. 若 $\{x_n\}$ 有界, 则由波尔查诺–魏尔斯特拉斯定理可知, $\{x_n\}$ 存在一个收敛子列, 我们通常称这个子列的极限为数列 $\{x_n\}$ 的一个极限点. 显然, 如果数列 $\{x_n\}$ 收敛, 则其所有子列均收敛到同一个极限值, 因此该数列 $\{x_n\}$ 具有唯一的极限点. 如果数列 $\{x_n\}$ 有界但是发散, 则该数列至少有两个极限点. 进一步说, 如果数列 $\{x_n\}$ 是无界数列, 则可以找到趋于 $+\infty$ 或 $-\infty$ 的子列, 因此数列 $\{x_n\}$ 还以 $+\infty$ 或 $-\infty$ 为其极限点.

定义 8.2.1 给定数列 $\{x_n\}$, 令 E 是数列 $\{x_n\}$ 全部极限点构成的集合. 记

$$H = \sup E, \quad h = \inf E,$$

则称 H 和 h 分别为数列 $\{x_n\}$ 的上极限和下极限, 记为

$$H = \limsup_{n \to \infty} x_n, \quad h = \liminf_{n \to \infty} x_n.$$

例 8.2.2 求数列 $\left\{ \dfrac{(-1)^n}{\left(1 + \frac{1}{n}\right)^n} \right\}$ 的上、下极限.

解 令 $a_n = \left\{ \dfrac{(-1)^n}{\left(1 + \frac{1}{n}\right)^n} \right\}$. 由于

$$a_{2n} = \frac{1}{\left(1 + \dfrac{1}{2n}\right)^{2n}} \to \frac{1}{e} \quad (n \to \infty),$$

$$a_{2n+1} = \frac{-1}{\left(1 + \dfrac{1}{2n+1}\right)^{2n+1}} \to \frac{-1}{e} \quad (n \to \infty),$$

故 $E = \left\{ \dfrac{1}{\mathrm{e}}, \ \dfrac{-1}{\mathrm{e}} \right\}$, 从而

$$\limsup_{n \to \infty} a_n = \frac{1}{\mathrm{e}}, \quad \liminf_{n \to \infty} a_n = \frac{-1}{\mathrm{e}}.$$

例 8.2.3   讨论数列 $\left\{ n \sin \dfrac{n\pi}{2} \right\}$ 的上、下极限.

解   由于数列的项为: $1, \ 0, \ -3, \ 0, \ 5, \ 0, \ -7, \ 0, \cdots$, 故数列为无界数列, 且有

$$\limsup_{n \to \infty} a_n = +\infty, \quad \liminf_{n \to \infty} a_n = -\infty.$$

数列的极限点的集合可能是有限集, 也可能是无限集. 一个自然的问题是数列的上、下极限是否是 E 中的元素? 下面的定理给出了肯定的回答.

定理 8.2.4 $H = \limsup\limits_{n \to \infty} x_n = \max E, \quad h = \liminf\limits_{n \to \infty} x_n = \min E.$

证明   只证明上极限情形. 由于 $H = \sup E$, 故只需证明:

$$\text{存在子列 } \{x_{n_k}\} \subset \{x_n\} : \lim_{k \to \infty} x_{n_k} = H.$$

事实上, 可以分为以下三种情形:

(1) 若 $\{x_n\}$ 是无上界数列, 则显然可以找到趋于 $+\infty$ 的子列, 此时 $H = +\infty$, 结论自然成立;

(2) 若 x_n 是负无穷大量, 则 $E = \{-\infty\}$, 此时结论也成立;

(3) 若 x_n 是上有界数列但不是负无穷大量, 则 $\{x_n\}$ 中必有一个子列收敛于有限的实数, 从而 E 中必有一个元素是实数并且 E 是上有界集. 因此 $H \in \mathbb{R}$. 由 $H = \sup E$ 知,

$$\forall\, \varepsilon > 0, \ \exists\, \xi \in E : \ H - \varepsilon < \xi \leqslant H.$$

特别地, 对于 $\varepsilon = \dfrac{1}{k}$, $k = 1, \ 2, \ 3, \cdots$, 存在 $\xi_k \in E$, 使得 $H - \dfrac{1}{k} < \xi_k \leqslant H$, 即 $\lim\limits_{k \to \infty} \xi_k = H$.

另一方面, 由于 $\xi_1 \in E$, 则 $O(\xi_1, 1)$ 中包含数列的无穷多项, 故取 $x_{n_1} \in O(\xi_1, 1)$. 由 $\xi_2 \in E$, 则 $O\left(\xi_2, \dfrac{1}{2}\right)$ 中包含数列的无穷多项, 故取 $x_{n_2} \in O\left(\xi_2, \dfrac{1}{2}\right)$ 并且 $n_2 > n_1$. 如此继续, 可得子列 $\{x_{n_k}\} \subset \{x_n\}$, 使得 $x_{n_k} \in O\left(\xi_k, \dfrac{1}{k}\right)$. 注意到 $|x_{n_k} - H| \leqslant |x_{n_k} - \xi_k| + |\xi_k - H| \leqslant \dfrac{1}{k} + |\xi_k - H|$, 因此 $\lim\limits_{k \to \infty} x_{n_k} = H$. $\square$

数列的上、下极限与数列极限类似, 也有对应的 $\varepsilon - N$ 语言.

定理 8.2.5　设 $\{x_n\}$ 是有界数列, 则 $H = \limsup\limits_{n \to \infty} x_n$ 的充分必要条件是:

(1) $\forall \varepsilon > 0, \exists N \in \mathbb{N}, \forall n > N : x_n < H + \varepsilon$;

(2) $\forall \varepsilon > 0, \{x_n\}$ 中有无穷多项满足 $H - \varepsilon < x_n$.

证明　必要性: 由于 $\{x_n\}$ 是有界数列, 故 H 是一个实数. 一方面, 由定理 8.2.4 知, H 是 E 的一个极限点, 故 $\forall \varepsilon > 0, O(H, \varepsilon)$ 包含数列 $\{x_n\}$ 的无穷多项, 从而证得 (2). 另一方面, $\forall \varepsilon > 0$, 可证明 $[H + \varepsilon, +\infty)$ 至多包含数列的有限项. 倘若不然, 则存在 $\varepsilon_0 > 0$ 使得 $[H + \varepsilon_0, +\infty)$ 包含数列的无穷多项. 于是结合 $\{x_n\}$ 的有界性, 可得 $[H + \varepsilon_0, +\infty)$ 中存在数列的极限点 H' 且 $H' \geqslant H + \varepsilon_0$. 这与 $H = \max E$ 矛盾. 由此可得 (1) 成立.

充分性: 由 (1) 知, $\forall \varepsilon > 0, \exists N \in \mathbb{N}, \forall n > N : x_n < H + \varepsilon$, 故 $\limsup\limits_{n \to \infty} x_n \leqslant H + \varepsilon$. 再由 ε 的任意性知, $\limsup\limits_{n \to \infty} x_n \leqslant H$. 由 (2) 知, $\forall \varepsilon > 0, \{x_n\}$ 中有无穷多项满足 $H - \varepsilon < x_n$, 故 $\limsup\limits_{n \to \infty} x_n \geqslant H - \varepsilon$, 从而 $\limsup\limits_{n \to \infty} x_n \geqslant H$. 于是证得 $\limsup\limits_{n \to \infty} x_n = H$. □

对于数列的下极限也有类似定理 8.2.5 的 $\varepsilon - N$ 语言. 读者可以自行写出相关定理. 需要指出的是, 数列的上、下极限还可以转化为单调数列的极限来定义, 下面我们简述之.

设 $\{x_n\}$ 为有界数列, 记

$$\alpha_n = \inf_{k \geqslant n} \{x_k\}, \quad \beta_n = \sup_{k \geqslant n} \{x_k\},$$

则数列 $\{\alpha_n\}$ 为单调增加有上界数列, $\{\beta_n\}$ 为单调减少有下界数列, 故它们都是收敛数列. 于是当 $\{x_n\}$ 有上界时, 可以定义 $\limsup\limits_{n \to \infty} x_n = \lim\limits_{n \to \infty} \sup\limits_{k \geqslant n} \{x_k\}$; 当 $\{x_n\}$ 无上界时, 记 $\limsup\limits_{n \to \infty} x_n = +\infty$. 同样地, 若数列 $\{x_n\}$ 有下界, 可以定义 $\liminf\limits_{n \to \infty} x_n = \lim\limits_{n \to \infty} \inf\limits_{k \geqslant n} \{x_k\}$; 当 $\{x_n\}$ 无下界, 则记 $\liminf\limits_{n \to \infty} x_n = -\infty$. 值得一提的是, 上、下极限的三种定义是等价的, 具体的证明留给读者.

8.2.2 数列上、下极限的性质

数列的上、下极限拥有很多运算性质, 这些性质使得上、下极限使用起来很方便.

定理 8.2.6 设 $\{x_n\}$ 是一数列. 则

(1) $\liminf\limits_{n\to\infty} x_n \leqslant \limsup\limits_{n\to\infty} x_n$;

(2) $\limsup\limits_{n\to\infty}(-x_n) = -\liminf\limits_{n\to\infty} x_n$; $\quad \liminf\limits_{n\to\infty}(-x_n) = -\limsup\limits_{n\to\infty} x_n$;

(3) 若 $x_n > 0 \ (n = 1, 2, \cdots)$, 则 $\limsup\limits_{n\to\infty} \dfrac{1}{x_n} = \dfrac{1}{\liminf\limits_{n\to\infty} x_n}$,

$\liminf\limits_{n\to\infty} \dfrac{1}{x_n} = \dfrac{1}{\limsup\limits_{n\to\infty} x_n}$;

(4) 若 $\{x_{n_k}\} \subset \{x_n\}$, 则 $\liminf\limits_{k\to\infty} x_{n_k} \geqslant \liminf\limits_{n\to\infty} x_n$, $\quad \limsup\limits_{k\to\infty} x_{n_k} \leqslant \limsup\limits_{n\to\infty} x_n$.

定理 8.2.7 给定数列 $\{x_n\}$ 和 $\{y_n\}$. 在不出现加法和乘法的不定式时, 有:

(1) 若 $x_n \leqslant y_n$, 则 $\limsup\limits_{n\to\infty} x_n \leqslant \limsup\limits_{n\to\infty} y_n$, $\quad \liminf\limits_{n\to\infty} x_n \leqslant \liminf\limits_{n\to\infty} y_n$;

(2) $\liminf\limits_{n\to\infty} x_n + \liminf\limits_{n\to\infty} y_n \leqslant \liminf\limits_{n\to\infty}(x_n + y_n) \leqslant$

$$\left\{ \begin{array}{l} \liminf\limits_{n\to\infty} x_n + \limsup\limits_{n\to\infty} y_n \\[2mm] \limsup\limits_{n\to\infty} x_n + \liminf\limits_{n\to\infty} y_n \end{array} \right\}$$

$\leqslant \limsup\limits_{n\to\infty}(x_n + y_n) \leqslant \limsup\limits_{n\to\infty} x_n + \limsup\limits_{n\to\infty} y_n$;

(3) 若 $x_n > 0, \ y_n > 0 \ (n = 1, 2, \cdots)$, 则

$$\liminf\limits_{n\to\infty} x_n \cdot \liminf\limits_{n\to\infty} y_n \leqslant \liminf\limits_{n\to\infty}(x_n y_n) \leqslant$$

$$\left\{ \begin{array}{l} \liminf\limits_{n\to\infty} x_n \cdot \limsup\limits_{n\to\infty} y_n \\[2mm] \limsup\limits_{n\to\infty} x_n \cdot \liminf\limits_{n\to\infty} y_n \end{array} \right\} \leqslant \limsup\limits_{n\to\infty}(x_n y_n) \leqslant$$

$$\limsup\limits_{n\to\infty} x_n \cdot \limsup\limits_{n\to\infty} y_n.$$

证明 (1) 设 $\limsup\limits_{n\to\infty} x_n = H_x, \limsup\limits_{n\to\infty} y_n = H_y$.

若 $H_y = +\infty$, 显然结论成立. 若 $H_y = -\infty$, 此时 $\{y_n\}$ 是负无穷大量, 故 $\{x_n\}$ 也是负无穷大量, 从而 $H_x = -\infty$, 结论成立.

当 H_y 是实数时, 由上极限的 $\varepsilon - N$ 语言可知,

$$\forall\, \varepsilon > 0,\ \exists\, N \in \mathbb{N},\ n > N:\ y_n < H_y + \varepsilon.$$

于是, 当 $n > N$ 时, 成立

$$x_n < H_y + \varepsilon,$$

从而有 $H_x \leqslant H_y + \varepsilon$, 由 ε 的任意性可知, $H_x \leqslant H_y$, 即结论成立.

(2) 只证明下极限情形. 假设 $\{x_n\}, \{y_n\}$ 为有界数列, 其余情形可类似证明, 留给读者自己完成.

假设 $\liminf\limits_{n\to\infty} x_n = h_x$, $\liminf\limits_{n\to\infty} y_n = h_y$, $\liminf\limits_{n\to\infty} (x_n+y_n) = h_{x+y}$. 由于 $\{x_n\}$, $\{y_n\}$ 为有界数列, 故 h_x, h_y, h_{x+y} 都是实数. 由下极限的 $\varepsilon - N$ 语言可知,

$$\forall\, \varepsilon > 0,\ \exists\, N_1 \in \mathbb{N},\ n > N_1 : x_n > h_x - \varepsilon,$$

$$\forall\, \varepsilon > 0,\ \exists\, N_2 \in \mathbb{N},\ n > N_2 : y_n > h_y - \varepsilon.$$

于是, 取 $N = \max\{N_1, N_2\}$, 当 $n > N$ 时, 成立

$$x_n + y_n > h_x + h_y - 2\varepsilon,$$

从而有 $h_{x+y} \geqslant h_x + h_y - 2\varepsilon$, 由 ε 的任意性可知, $h_{x+y} \geqslant h_x + h_y$, 即结论成立.

关于下极限另一个方向的不等式, 由于

$$\liminf_{n\to\infty}\ x_n = \liminf_{n\to\infty}\ (x_n + y_n - y_n)$$

$$\geqslant \liminf_{n\to\infty}\ (x_n + y_n) + \liminf_{n\to\infty}\ (-y_n)$$

$$= \liminf_{n\to\infty}\ (x_n + y_n) - \limsup_{n\to\infty}\ y_n,$$

整理不等式可得

$$\liminf_{n\to\infty}\ (x_n + y_n) \leqslant \liminf_{n\to\infty}\ (x_n) + \limsup_{n\to\infty}\ y_n.$$

(3) 证明与 (2) 类似, 留作作业. □

定理 8.2.8 $\lim\limits_{n\to\infty} x_n = a$ (a 是有限数或者 $\pm\infty$) 的充分必要条件是:

$$\liminf_{n\to\infty} x_n = \limsup_{n\to\infty} x_n.$$

证明 必要性是显然的. 下面证明充分性.

若 $\liminf\limits_{n\to\infty} x_n = \limsup\limits_{n\to\infty} x_n = +\infty$, 则 $\{x_n\}$ 为正无穷大量, 即 $\lim\limits_{n\to\infty} x_n = +\infty$.

若 $\liminf\limits_{n\to\infty} x_n = \limsup\limits_{n\to\infty} x_n = -\infty$, 则 $\{x_n\}$ 为负无穷大量, 即 $\lim\limits_{n\to\infty} x_n = -\infty$.

若 $\liminf\limits_{n\to\infty} x_n$, $\limsup\limits_{n\to\infty} x_n$ 为有限数, 则 $\{x_n\}$ 为有界数列. 倘若 $\{x_n\}$ 发散, 则由波尔查诺–魏尔斯特拉斯定理可知, 存在 $\{x_n\}$ 的两个子列收敛到不同的极限, 因此极限点的集合至少有两个元素, 从而得到 $\liminf\limits_{n\to\infty} x_n \neq \limsup\limits_{n\to\infty} x_n$, 这与已知矛盾. 因此数列 $\{x_n\}$ 收敛. □

例 8.2.9 设数列 $\{x_n\}$ 有界, 且 $\lim\limits_{n\to\infty} (2x_n + x_{2n})$ 存在, 证明: $\lim\limits_{n\to\infty} x_n$ 存在.

证明　由上、下极限的运算性质可知，

$$a = \limsup_{n\to\infty}\left(2x_n + x_{2n}\right) \geqslant \limsup_{n\to\infty}(2x_n) + \liminf_{n\to\infty} x_{2n} \geqslant 2\limsup_{n\to\infty} x_n + \liminf_{n\to\infty} x_n$$

与

$$a = \liminf_{n\to\infty}\left(2x_n + x_{2n}\right) \leqslant \liminf_{n\to\infty}(2x_n) + \limsup_{n\to\infty} x_{2n} \leqslant 2\liminf_{n\to\infty} x_n + \limsup_{n\to\infty} x_n.$$

由此可得

$$\limsup_{n\to\infty} x_n \leqslant \liminf_{n\to\infty} x_n.$$

所以 $\lim\limits_{n\to\infty} x_n$ 存在.　□

例 8.2.10　设 $\{x_n\}$ 为正数列, 证明

$$\liminf_{n\to\infty} \frac{x_{n+1}}{x_n} \leqslant \liminf_{n\to\infty} \sqrt[n]{x_n} \leqslant \limsup_{n\to\infty} \sqrt[n]{x_n} \leqslant \limsup_{n\to\infty} \frac{x_{n+1}}{x_n}.$$

证明　只证明上极限部分的不等式, 类似可证下极限部分的不等式. 记 $H = \limsup\limits_{n\to\infty} \dfrac{x_{n+1}}{x_n} = \beta$. 若 $H = +\infty$, 结论显然成立.

若 $H \in [0, +\infty)$, 由上极限 $\varepsilon - N$ 语言可知,

$$\forall\, \varepsilon > 0,\ \exists\, N \in \mathbb{N},\ \forall\, n > N:\ \frac{x_{n+1}}{x_n} < H + \varepsilon.$$

故当 $n > N$, 有

$$\frac{x_{N+1}}{x_N} \cdot \frac{x_{N+2}}{x_{N+1}} \cdot \cdots \cdot \frac{x_{n-1}}{x_{n-2}} \cdot \frac{x_n}{x_{n-1}} < (H + \varepsilon)^{n-N},$$

即

$$x_n < x_N (H + \varepsilon)^{n-N}.$$

因此

$$\sqrt[n]{x_n} < \sqrt[n]{x_N (H + \varepsilon)^{n-N}} = \sqrt[n]{x_N (H + \varepsilon)^{-N}}\,(H + \varepsilon).$$

于是我们得到

$$\limsup_{n\to\infty} \sqrt[n]{x_n} \leqslant \limsup_{n\to\infty} \sqrt[n]{\frac{x_N}{(\beta + \varepsilon)^N}}\,(H + \varepsilon) = H + \varepsilon.$$

由 ε 的任意性可知, $\limsup\limits_{n\to\infty} \sqrt[n]{x_n} \leqslant H$.　□

练习题 8.2

1. 求下列数列的上、下极限:

(1) $\dfrac{n+1}{n}(1 + (-1)^{n+1})$;

(2) $\sin \dfrac{n\pi}{2} + n\cos \dfrac{n\pi}{2}$.

2. 设 $\{x_n\}$ 是有界数列, 证明 $H = \lim\limits_{n\to\infty} \sup\limits_{k\geqslant n}\{a_k\}$ 的充分必要条件是:

(1) $\exists$ 子列 $\{x_{n_k}\} \subset \{x_n\} : \lim\limits_{k\to\infty} x_{n_k} = H$;

(2) $\forall$ 子列 $\{x_{n'_k}\} \subset \{x_n\}$, 若 $\lim\limits_{k\to\infty} x_{n'_k} = H'$, 则 $H' \leqslant H$.

3. 设 $x_n > 0, y_n > 0$, 证明: $\liminf\limits_{n\to\infty} x_n \cdot \liminf\limits_{n\to\infty} y_n \leqslant \liminf\limits_{n\to\infty} x_n y_n \leqslant \limsup\limits_{n\to\infty} x_n \cdot \liminf\limits_{n\to\infty} y_n$.

4. 证明:

(1) 若 $\lim\limits_{n\to\infty} x_n$ 存在, 则

$$\limsup_{n\to\infty} (x_n + y_n) = \lim_{n\to\infty} x_n + \limsup_{n\to\infty} y_n;$$

$$\liminf_{n\to\infty} (x_n + y_n) = \lim_{n\to\infty} x_n + \liminf_{n\to\infty} y_n.$$

(2) 若 $\lim\limits_{n\to\infty} x_n = x \in (0, +\infty)$, 则

$$\limsup_{n\to\infty} (x_n \cdot y_n) = \lim_{n\to\infty} x_n \cdot \limsup_{n\to\infty} y_n;$$

$$\liminf_{n\to\infty} (x_n \cdot y_n) = \lim_{n\to\infty} x_n \cdot \liminf_{n\to\infty} y_n.$$

5. 设 $x_1 > 0$, $x_{n+1} = 1 + \dfrac{1}{x_n}$ $(n = 1, 2, \cdots)$, 证明:

(1) $1 \leqslant \liminf\limits_{n\to\infty} x_n \leqslant \limsup\limits_{n\to\infty} x_n \leqslant 2$;

(2) $\lim\limits_{n\to\infty} x_n$ 存在, 并求其极限值.

6. 设 $a_n > 0$, 证明: $\limsup\limits_{n\to\infty} n\left(\dfrac{1 + a_{n+1}}{a_n} - 1 \right) \geqslant 1$.

7. 设数列 $\{x_n\}$ 满足: $x_n + x_m - 1 \leqslant x_{n+m} \leqslant x_n + x_m + 1$, 证明: $\left\{ \dfrac{x_n}{n} \right\}$ 收敛.

8. 设正数列 $\{a_n\}$. 证明: $\limsup\limits_{n\to\infty} \sqrt[n]{a_n} \leqslant 1$ 的充分必要条件是: 对任意的 $l > 1$, 成立 $\lim\limits_{n\to\infty} \dfrac{a_n}{l^n} = 0$.

8.3   正项级数

正项级数在级数理论中具有特殊的地位, 这一节我们给出正项级数的判敛法.

给定级数 $\sum\limits_{n=1}^{\infty} a_n$. 如果对任意的正整数 n, 都有 $a_n \geqslant 0$, 我们称级数 $\sum\limits_{n=1}^{\infty} a_n$ 为正项级数. 比如 $\sum\limits_{n=1}^{\infty} \dfrac{1}{n^p}$, $\sum\limits_{n=1}^{\infty} \dfrac{1}{3^n}$ 是正项级数.

对于正项级数 $\sum\limits_{n=1}^{\infty} a_n$, 由于部分和 $s_n = \sum\limits_{k=1}^{n} a_k$ 是单调增加的, 如果数列 $\{s_n\}$ 有界, 应用单调有界收敛定理可知, 数列 $\{s_n\}$ 收敛, 从而级数收敛. 由此得到正项级数收敛的充分必要条件:

定理 8.3.1   正项级数 $\sum\limits_{n=1}^{\infty} a_n$ 收敛的充分必要条件是它的部分和数列 $\{s_n\}$ 有上界.

例 8.3.2   证明 p 次调和级数 $\sum\limits_{n=1}^{\infty} \dfrac{1}{n^p}$ $(p \in \mathbb{R})$, 当 $p \leqslant 1$ 时发散; 当 $p > 1$ 时收敛.

证明   当 $p \leqslant 1$ 时, 由于

$$s_n = 1 + \frac{1}{2^p} + \cdots + \frac{1}{n^p} \geqslant 1 + \frac{1}{2} + \cdots + \frac{1}{n},$$

因此 $\lim\limits_{n \to \infty} s_n = +\infty$, 从而级数 $\sum\limits_{n=1}^{\infty} \dfrac{1}{n^p}$ 发散;

当 $p > 1$ 时, 由拉格朗日中值定理知

$$\frac{1}{(n+1)^{p-1}} - \frac{1}{n^{p-1}} = (1-p) \frac{1}{(n+\theta_n)^p} , \ \theta_n \in (0,1),$$

于是

$$\frac{1}{(n+1)^p} < \frac{1}{(n+\theta_n)^p} = \frac{1}{1-p} \left(\frac{1}{(n+1)^{p-1}} - \frac{1}{n^{p-1}} \right), n = 1, 2, \cdots.$$

所以级数的部分和

$$s_n = \sum_{k=1}^{n} \frac{1}{k^p} < 1 + \frac{1}{1-p} \sum_{k=2}^{n} \left(\frac{1}{k^{p-1}} - \frac{1}{(k-1)^{p-1}} \right) = 1 + \frac{1}{p-1} \left(1 - \frac{1}{n^{p-1}} \right) < \frac{p}{p-1},$$

即 $\{s_n\}$ 有上界, 故级数收敛.

由级数收敛和无穷积分收敛的充分必要条件可以很容易建立下列判敛法:

定理 8.3.3 (积分判别法) 设函数 f 在 $[1, +\infty)$ 上非负且单调减少, 令

$$a_n = f(n), \ n = 1, 2, \cdots,$$

则级数 $\sum\limits_{n=1}^{\infty} a_n$ 收敛当且仅当无穷积分 $\int_1^{+\infty} f(x)\mathrm{d}x$ 收敛.

证明 令 $s_n = \sum\limits_{k=1}^{n} a_k$, $F(A) = \int_1^A f(x)\,\mathrm{d}x$. 由条件知

$$a_{k+1} = f(k+1) \leqslant \int_k^{k+1} f(x)\,\mathrm{d}x \leqslant f(k) = a_k.$$

当 $\sum\limits_{n=1}^{\infty} a_n$ 收敛时, 由于对于任意 $A \in [1, +\infty)$, $\exists n \in \mathbb{N}: n \leqslant A < n+1$, 故

$$F(A) = \int_1^A f(x)\mathrm{d}x = \int_1^2 f(x)\mathrm{d}x + \int_2^3 f(x)\mathrm{d}x + \cdots + \int_{n-1}^n f(x)\mathrm{d}x + \int_n^A f(x)\mathrm{d}x$$

$$\leqslant a_1 + a_2 + \cdots + a_n = s_n$$

$$\leqslant \sum_{n=1}^{\infty} a_n.$$

故 $F(A)$ 在 $[1, +\infty)$ 上有上界, 从而无穷积分 $\int_1^{+\infty} f(x)\mathrm{d}x$ 收敛.

当无穷积分 $\int_1^{+\infty} f(x)\mathrm{d}x$ 收敛时, 有

$$s_n = a_1 + a_2 + a_3 + \cdots + a_n$$

$$\leqslant a_1 + \int_1^2 f(x)\mathrm{d}x + \int_2^3 f(x)\mathrm{d}x + \cdots + \int_{n-1}^n f(x)\mathrm{d}x = a_1 + \int_1^n f(x)\mathrm{d}x$$

$$\leqslant a_1 + \int_1^{+\infty} f(x)\mathrm{d}x.$$

故 $\{s_n\}$ 有上界, 从而级数 $\sum\limits_{n=1}^{\infty} a_n$ 收敛. $\qquad\qquad\square$

例 8.3.4 讨论级数 $\sum\limits_{n=2}^{\infty} \dfrac{1}{n(\ln n)^p} \ (p > 0)$ 的敛散性.

解 取 $f(x) = \dfrac{1}{x(\ln x)^p}$, 则 $f(x)$ 在 $[2, +\infty)$ 上单调减少, 并且 $f(x) > 0$. 由于

$$\int_2^{+\infty} \frac{1}{x(\ln x)^p}\mathrm{d}x = \int_2^{+\infty} \frac{\mathrm{d}(\ln x)}{(\ln x)^p} = \int_{\ln 2}^{+\infty} \frac{\mathrm{d}y}{y^p}.$$

故利用积分判别法可知, 当 $p \in (0,1]$ 时, 级数发散; 当 $p > 1$ 时, 级数收敛.

从正项级数收敛的充分必要条件出发, 可以得到以下比较判别法:

定理 8.3.5　(比较判别法一)　设正项级数 $\sum\limits_{n=1}^{\infty} a_n$ 和 $\sum\limits_{n=1}^{\infty} b_n$. 若存在常数 $c > 0$ 和自然数 N, 对一切 $n > N$ 都有

$$a_n \leqslant cb_n,$$

则

(1) 若 $\sum\limits_{n=1}^{\infty} b_n$ 收敛, 那么 $\sum\limits_{n=1}^{\infty} a_n$ 也收敛;

(2) 若 $\sum\limits_{n=1}^{\infty} a_n$ 发散, 那么 $\sum\limits_{n=1}^{\infty} b_n$ 也发散.

证明　由于改变级数的有限项并不改变它的敛散性, 故不妨假设对任意的正整数 n, 都有 $a_n \leqslant cb_n$. 对于级数 $\sum\limits_{n=1}^{\infty} a_n$ 和 $\sum\limits_{n=1}^{\infty} b_n$ 的部分和数列 $\{s_n\}$ 和 $\{t_n\}$, 显然有

$$s_n \leqslant ct_n, \quad n = 1, 2, \cdots.$$

若数列 $\{t_n\}$ 有上界, 则数列 $\{s_n\}$ 也有上界, 从而证得 (1) . 若数列 $\{s_n\}$ 无上界, 则数列 $\{s_n\}$ 也无上界, 从而证得 (2).　　□

与反常积分判敛法类似, 比较判别法也有极限形式:

推论 8.3.6　(比较判别法一的极限形式)　设正项级数 $\sum\limits_{n=1}^{\infty} a_n$ 和 $\sum\limits_{n=1}^{\infty} b_n \, (b_n > 0)$ 满足:

$$\lim_{n \to \infty} \frac{a_n}{b_n} = l,$$

则

(1) 若 $0 < l < +\infty$, 则级数 $\sum\limits_{n=1}^{\infty} a_n$ 和 $\sum\limits_{n=1}^{\infty} b_n$ 同时收敛或同时发散;

(2) 若 $l = 0$, 则当级数 $\sum\limits_{n=1}^{\infty} b_n$ 收敛时, 级数 $\sum\limits_{n=1}^{\infty} a_n$ 也收敛;

(3) 若 $l = +\infty$, 则当级数 $\sum\limits_{n=1}^{\infty} b_n$ 发散时, 级数 $\sum\limits_{n=1}^{\infty} a_n$ 也发散.

对于级数, 还可以从相邻两项的比值出发给出下列比较判别法:

推论 8.3.7　(比较判别法二)　设 $a_n > 0, \, b_n > 0, \, n = 1, 2, \cdots$. 若存在自然数 N, 对一切 $n > N$ 都有

$$\frac{a_{n+1}}{a_n} \leqslant \frac{b_{n+1}}{b_n},$$

则

(1) 当级数 $\sum\limits_{n=1}^{\infty} b_n$ 收敛时, 级数 $\sum\limits_{n=1}^{\infty} a_n$ 也收敛;

(2) 当级数 $\sum\limits_{n=1}^{\infty} a_n$ 发散时, 级数 $\sum\limits_{n=1}^{\infty} b_n$ 也发散.

证明 当 $n > N$ 时,

$$\frac{a_{N+1}}{a_N} \cdot \frac{a_{N+2}}{a_{N+1}} \cdot \cdots \cdot \frac{a_n}{a_{n-1}} \leqslant \frac{b_{N+1}}{b_N} \cdot \frac{b_{N+2}}{b_{N+1}} \cdot \cdots \cdot \frac{b_n}{b_{n-1}},$$

即当 $n > N$ 时, 有

$$\frac{a_n}{a_N} \leqslant \frac{b_n}{b_N},$$

从而证得推论. $\qquad\qquad\qquad\qquad\qquad\qquad\qquad\qquad\qquad\qquad\qquad\qquad\quad\Box$

上述定理、推论表明, 要判断级数 $\sum\limits_{n=1}^{\infty} a_n$ 的敛散性, 需要一个已知收敛或发散的级数 $\sum\limits_{n=1}^{\infty} b_n$, 即比较对象. 通常取比较对象为几何级数或 p 次调和级数. 如果比较对象是 p 次调和级数, 实际上是考察级数通项 a_n 为无穷小量时的阶.

例 8.3.8 判别正项级数 $\sum\limits_{n=1}^{\infty} \dfrac{\ln n}{n^2}$ 的敛散性.

解法一 由于

$$\lim_{n\to\infty} n^{-\frac{1}{2}} \ln n = 0,$$

故存在 $N \in \mathbb{N}$, 当 $n > N$ 时, 有

$$0 < n^{-\frac{1}{2}} \ln n < \frac{1}{2}.$$

当 $n > N$ 时, 从而得到

$$0 < \frac{\ln n}{n^2} < \frac{1}{2n^{\frac{3}{2}}}.$$

由 $\sum\limits_{n=1}^{\infty} \dfrac{1}{2n^{\frac{3}{2}}}$ 收敛, 可知原级数收敛.

解法二 也可以用比较判别法的极限形式处理此题. 事实上

$$\lim_{n\to\infty} \frac{\ln n}{n^2} \cdot n^{\frac{3}{2}} = 0,$$

再由 $\sum\limits_{n=1}^{\infty} \dfrac{1}{2n^{\frac{3}{2}}}$ 收敛, 可知原级数收敛.

例 8.3.9 判断级数 $\sum\limits_{n=1}^{\infty} \left[\mathrm{e} - \left(1 + \dfrac{1}{n}\right)^n \right]^p$ 的敛散性.

解   利用 $\ln(1+x)$ 在 $x=0$ 处的泰勒公式可得

$$\left(1+\frac{1}{n}\right)^n = \mathrm{e}^{n\ln\left(1+\frac{1}{n}\right)} = \mathrm{e}^{n\left(\frac{1}{n}-\frac{1}{2n^2}+o\left(\frac{1}{n^2}\right)\right)}, \quad n\to\infty.$$

因此

$$a_n = \left(\mathrm{e}-\left(1+\frac{1}{n}\right)^n\right)^p = (\mathrm{e}-\mathrm{e}^{1-\frac{1}{2n}+o\left(\frac{1}{n}\right)})^p$$

$$= \mathrm{e}^p(1-\mathrm{e}^{-\frac{1}{2n}+o\left(\frac{1}{n}\right)})^p = \mathrm{e}^p\left(\frac{1}{2n}+o\left(\frac{1}{n}\right)\right)^p.$$

于是

$$\lim_{n\to\infty}\frac{a_n}{\dfrac{1}{n^p}} = \lim_{n\to\infty}\mathrm{e}^p\left(\frac{1}{2}+o(1)\right)^p = \left(\frac{\mathrm{e}}{2}\right)^p.$$

由此可见, 级数 $\displaystyle\sum_{n=1}^{\infty}\left(\mathrm{e}-\left(1+\frac{1}{n}\right)^n\right)^p$ 与 p 次调和级数 $\displaystyle\sum_{n=1}^{\infty}\frac{1}{n^p}$ 有相同的敛散性, 所以当 $p>1$ 时, 原级数收敛; 当 $p\leqslant 1$ 时, 原级数发散.

例 8.3.10   判断级数 $\displaystyle\sum_{n=1}^{\infty}\frac{n^{n-2}}{\mathrm{e}^n n!}$ 的敛散性.

解   令 $a_n = \dfrac{n^{n-2}}{\mathrm{e}^n n!}$. 利用 $\left(1+\dfrac{1}{n}\right)^n < \mathrm{e}$ 以及适当的计算可得

$$\frac{a_{n+1}}{a_n} = \frac{1}{\mathrm{e}}\left(\frac{n+1}{n}\right)^{n-2}$$

$$= \frac{1}{\mathrm{e}}\left(1+\frac{1}{n}\right)^n\left(\frac{n+1}{n}\right)^{-2}$$

$$\leqslant \left(\frac{n}{n+1}\right)^2 = \frac{\dfrac{1}{(n+1)^2}}{\dfrac{1}{n^2}},$$

由于平方和级数 $\displaystyle\sum_{n=1}^{\infty}\frac{1}{n^2}$ 收敛, 从而得到原级数收敛.

在比较判别法中, 如果选择比较对象是几何级数, 则可以得到下面的根值判别法和比值判别法. 根值判别法也称为柯西判别法; 比值判别法也称为达朗贝尔 (D' Alembert) 判别法. 可以看出, 这两个判别法都是从级数本身出发给出级数敛散性的判据.

定理 8.3.11 (柯西判别法) 设 $\sum\limits_{n=1}^{\infty} a_n$ 是正项级数, 且 $\limsup\limits_{n\to\infty} \sqrt[n]{a_n} = \rho$, 则

(1) 当 $\rho < 1$ 时, 级数 $\sum\limits_{n=1}^{\infty} a_n$ 收敛;

(2) 当 $\rho > 1$ 时, 级数 $\sum\limits_{n=1}^{\infty} a_n$ 发散;

(3) 当 $\rho = 1$ 时, 无法判定级数 $\sum\limits_{n=1}^{\infty} a_n$ 的敛散性.

证明 (1) 当 $\rho < 1$ 时, 取 $\varepsilon_0 > 0$: $\rho + \varepsilon_0 < 1$. 由上极限的 $\varepsilon - N$ 语言可知, 存在 $N \in \mathbb{N}$, 使得对一切 $n > N$, 有

$$\sqrt[n]{a_n} < \rho + \varepsilon_0,$$

因此

$$a_n < (\rho + \varepsilon_0)^n.$$

于是由几何级数 $\sum\limits_{n=1}^{\infty} (\rho + \varepsilon_0)^n$ 的收敛性及比较判别法可得级数 $\sum\limits_{n=1}^{\infty} a_n$ 收敛.

(2) 当 $\rho > 1$ 时, 则由上极限的定义可知, 存在子列 $\{\sqrt[n_k]{a_{n_k}}\}$, 使得

$$\lim_{k\to\infty} \sqrt[n_k]{a_{n_k}} = \rho.$$

由于 $\rho > 1$, 从而当 k 充分大之后, $\sqrt[n_k]{a_{n_k}} > 1$, 即 $a_{n_k} > 1$. 这表明当 $n \to \infty$ 时, 数列 $\{a_n\}$ 不趋向于 0, 所以级数 $\sum\limits_{n=1}^{\infty} a_n$ 发散.

(3) 当 $\rho = 1$ 时, 级数 $\sum\limits_{n=1}^{\infty} \dfrac{1}{n}$ 和 $\sum\limits_{n=1}^{\infty} \dfrac{1}{n^2}$ 的敛散性说明判别法失效. $\qquad\square$

例 8.3.12 判断级数 $\sum\limits_{n=1}^{\infty} \dfrac{n^2 [2 + (-1)^n]^n}{2^{2n+1}}$ 的敛散性.

解 由于

$$\limsup_{n\to\infty} \sqrt[n]{\frac{n^2 [2 + (-1)^n]^n}{2^{2n+1}}} = \frac{3}{4} < 1,$$

则由柯西判别法知, 原级数收敛.

定理 8.3.13 (比值判别法) 设 $\sum\limits_{n=1}^{\infty} a_n$ 为正项级数.

(1) 若 $\limsup\limits_{n\to\infty} \dfrac{a_{n+1}}{a_n} = \rho < 1$, 则级数 $\sum\limits_{n=1}^{\infty} a_n$ 收敛;

(2) 若 $\liminf\limits_{n\to\infty} \dfrac{a_{n+1}}{a_n} = \rho > 1$, 则级数 $\sum\limits_{n=1}^{\infty} a_n$ 发散.

证明   (1) 当 $\rho < 1$ 时, 取 $\varepsilon_0 > 0 : \rho + \varepsilon_0 < 1$. 由上极限的 $\varepsilon - N$ 语言可知, 存在 $N \in \mathbb{N}$, 使得对一切 $n > N$, 有

$$\frac{a_{n+1}}{a_n} < \rho + \varepsilon_0.$$

因此

$$a_n < a_N(\rho + \varepsilon_0)^{n-N}.$$

于是由几何级数 $\sum_{n=1}^{\infty} a_N(\rho + \varepsilon_0)^{n-N}$ 收敛性及比较判别法可得级数 $\sum_{n=1}^{\infty} a_n$ 收敛.

(2) 当 $\rho > 1$ 时, 由下极限的定义可知, 存在 $N \in \mathbb{N}$, 使得对一切 $n > N$, 有

$$\frac{a_{n+1}}{a_n} > 1,$$

于是可得极限 $\lim_{n \to \infty} a_n \neq 0$, 所以级数 $\sum_{n=1}^{\infty} a_n$ 发散.   □

需要指出的是, 当 $\limsup_{n \to \infty} \dfrac{a_{n+1}}{a_n} = \rho \geqslant 1$ 或 $\liminf_{n \to \infty} \dfrac{a_{n+1}}{a_n} = \rho \leqslant 1$ 时, 级数 $\sum_{n=1}^{\infty} a_n$ 可能收敛, 也可能发散. 考察级数 $\sum_{n=1}^{\infty} \dfrac{1}{n}$ 和 $\sum_{n=1}^{\infty} \dfrac{1}{n^2}$ 便可知.

例 8.3.14   判断级数 $\sum_{n=1}^{\infty} n \tan \dfrac{1}{3^{n+1}}$ 的敛散性.

解   令 $a_n = n \tan \dfrac{1}{3^{n+1}}$. 由于

$$\lim_{n \to \infty} \frac{a_{n+1}}{a_n} = \lim_{n \to \infty} \frac{(n+1) \tan \dfrac{1}{3^{n+2}}}{n \tan \dfrac{1}{3^{n+1}}} = \lim_{n \to \infty} \frac{(n+1) \dfrac{1}{3^{n+2}}}{n \cdot \dfrac{1}{3^{n+1}}} = \frac{1}{3} < 1,$$

由比值判别法可知, 原级数收敛.

对于任意正数列 $\{x_n\}$, 我们知道

$$\liminf_{n \to \infty} \frac{x_{n+1}}{x_n} \leqslant \liminf_{n \to \infty} \sqrt[n]{x_n} \leqslant \limsup_{n \to \infty} \sqrt[n]{x_n} \leqslant \limsup_{n \to \infty} \frac{x_{n+1}}{x_n},$$

因此, 如果一个正项级数的敛散性可以用比值判别法来判定, 那么也可用根值判别法来判定. 但是, 能用根值判别法来判别敛散性的级数未必能用比值判别法来判定.

例 8.3.15   判断级数 $\sum_{n=1}^{\infty} \dfrac{n^{(-1)^{n-1}}}{2^n}$ 的敛散性.

解   令 $a_n = \dfrac{n^{(-1)^{n-1}}}{2^n}$. 由于 $\limsup_{n \to \infty} \sqrt[n]{a_n} = \limsup_{n \to \infty} \sqrt[n]{\dfrac{n^{(-1)^{n-1}}}{2^n}} = \dfrac{1}{2} < 1$, 故原级数收敛. 但是, 可以看出

$$\limsup_{n \to \infty} \frac{a_{n+1}}{a_n} = \lim_{n \to \infty} \frac{a_{2n+1}}{a_{2n}} = \lim_{n \to \infty} \frac{2n+1}{2^{2n+1}} \cdot \frac{2n \cdot 2^{2n}}{1} = +\infty,$$

$$\liminf_{n \to \infty} \frac{a_{n+1}}{a_n} = \lim_{n \to \infty} \frac{a_{2n}}{a_{2n-1}} = \lim_{n \to \infty} \frac{1}{2n \cdot 2^{2n}} \cdot \frac{2^{2n-1}}{2n-1} = 0,$$

即比值判别法失效.

由此可见, 根值判别法的适用面要比比值判别法的适用面更广一些. 但对于某些具体例子, 使用比值判别法要方便些.

但总的说来, 比值判别法和根值判别法的适用面都不广, 原因是它们都是建立在与收敛速度相对较快的几何级数比较的基础上的. 因此这两种方法只能适用于判别那些相比几何级数收敛速度不慢的级数, 而对于一类比几何级数收敛速度慢的级数, 这两种判别法就无能为力了. 这里所谓的 "$\sum\limits_{n=1}^{\infty} a_n$ 比 $\sum\limits_{n=1}^{\infty} b_n$ 收敛得快", 是指级数的通项满足下列极限

$$\lim_{n \to \infty} \frac{a_n}{b_n} = 0.$$

例如, $\sum\limits_{n=1}^{\infty} q^n \ (|q| < 1)$ 比 $\sum\limits_{n=1}^{\infty} \dfrac{1}{n^p} \ (p > 1)$ 收敛得快, 而 $\sum\limits_{n=1}^{\infty} \dfrac{1}{n^p} \ (p > 1)$ 比 $\sum\limits_{n=2}^{\infty} \dfrac{1}{n \ln^p n}$ $(p > 1)$ 收敛得快.

下面把正项级数 $\sum\limits_{n=1}^{\infty} a_n$ 与收敛得相对较慢的 p 次调和级数作比较, 可以得到比比值判别法更为精细的拉贝 (Raabe) 判别法.

定理 8.3.16 (拉贝判别法) 设级数 $\sum\limits_{n=1}^{\infty} a_n$ 为正项级数.

(1) 若 $\exists\, r > 1$, $\exists\, N \in \mathbb{N}$, $\forall\, n > N$, 满足

$$n \left(\frac{a_n}{a_{n+1}} - 1 \right) \geqslant r,$$

则级数 $\sum\limits_{n=1}^{\infty} a_n$ 收敛;

(2) 若 $\exists\, N \in \mathbb{N}$, $\forall\, n > N$, 满足

$$n \left(\frac{a_n}{a_{n+1}} - 1 \right) \leqslant 1,$$

则级数 $\sum\limits_{n=1}^{\infty} a_n$ 发散.

证明 (1) 任取 $p \in (1, r)$. 由于当 n 充分大时,

$$\left(1 + \frac{r}{n} \right) - \left(1 + \frac{1}{n} \right)^p = \left(1 + \frac{r}{n} \right) - \left(1 + \frac{p}{n} + o\left(\frac{1}{n} \right) \right) = \frac{r - p}{n} + o\left(\frac{1}{n} \right),$$

故对充分大的 n, 有

$$1 + \frac{r}{n} > \left(1 + \frac{1}{n} \right)^p.$$

从而由已知条件可得

$$\frac{a_n}{a_{n+1}} \geqslant 1 + \frac{r}{n} > \left(1 + \frac{1}{n}\right)^p = \left(\frac{n+1}{n}\right)^p,$$

即

$$\frac{a_{n+1}}{a_n} \leqslant \frac{\dfrac{1}{(n+1)^p}}{\dfrac{1}{n^p}}.$$

注意到级数 $\displaystyle\sum_{n=1}^{\infty} \frac{1}{n^p}$ $(p > 1)$ 收敛, 由比较判别法可知级数 $\displaystyle\sum_{n=1}^{\infty} a_n$ 收敛.

(2) 由已知条件可得

$$\frac{a_n}{a_{n+1}} \leqslant 1 + \frac{1}{n} = \frac{n+1}{n},$$

即

$$\frac{a_{n+1}}{a_n} \geqslant \frac{\dfrac{1}{n+1}}{\dfrac{1}{n}}.$$

由于 $\displaystyle\sum_{n=1}^{\infty} \frac{1}{n}$ 发散, 由比较判别法可知级数 $\displaystyle\sum_{n=1}^{\infty} a_n$ 发散. □

拉贝判别法也有极限形式, 并且极限形式的判别法往往会更方便些.

推论 8.3.17 (拉贝判别法的极限形式) 设级数 $\displaystyle\sum_{n=1}^{\infty} a_n$ 为正项级数. 则

(1) 当 $\displaystyle\liminf_{n\to\infty} n\left(\frac{a_n}{a_{n+1}} - 1\right) = r > 1$ 时, 级数 $\displaystyle\sum_{n=1}^{\infty} a_n$ 收敛;

(2) 当 $\displaystyle\limsup_{n\to\infty} n\left(\frac{a_n}{a_{n+1}} - 1\right) = r < 1$ 时, 级数 $\displaystyle\sum_{n=1}^{\infty} a_n$ 发散.

推论的证明比较简单, 读者可以自行完成.

例 8.3.18 讨论级数 $\displaystyle\sum_{n=1}^{\infty} \left(\frac{(2n-1)!!}{(2n)!!}\right)^p$ 的敛散性.

解 因为

$$\frac{a_n}{a_{n+1}} = \left(\frac{(2n-1)!!}{(2n)!!}\right)^p \cdot \left(\frac{(2n+2)!!}{(2n+1)!!}\right)^p = \left(\frac{2n+2}{2n+1}\right)^p,$$

所以可以写出 $\dfrac{a_n}{a_{n+1}}$ 的泰勒展开式

$$\frac{a_n}{a_{n+1}} = 1 + \frac{p}{2n+1} + o\left(\frac{1}{n}\right), \quad n \to \infty.$$

可以看出

$$\lim_{n\to\infty} \frac{a_{n+1}}{a_n} = 1,$$

故比值判别法失效. 但是注意到

$$\lim_{n \to \infty} n \left(\frac{a_n}{a_{n+1}} - 1 \right) = \lim_{n \to \infty} n \left(1 + \frac{p}{2n+1} + o\left(\frac{1}{n} \right) - 1 \right) = \frac{p}{2},$$

由拉贝判别法的极限形式可知, 当 $\frac{p}{2} > 1$, 即 $p > 2$ 时, 原级数收敛; 当 $p < 2$ 时, 原级数发散. 而当 $p = 2$ 时, 拉贝判别法的极限形式失效. 但注意到

$$n \left(\frac{a_n}{a_{n+1}} - 1 \right) = n \left(\left(\frac{2n+2}{2n+1} \right)^2 - 1 \right) = \frac{4n^2 + 3n}{4n^2 + 4n + 1} < 1,$$

故由拉贝判别法可知, 当 $p = 2$ 时, 原级数发散.

从上述例题可以看出, 如果正项级数相邻两项之比具有泰勒公式

$$\frac{a_n}{a_{n+1}} = 1 + \frac{r}{n} + o\left(\frac{1}{n^2} \right), \quad n \to \infty,$$

则当 $r > 1$ 时, 级数收敛; 当 $r < 1$ 时, 级数发散; 而 $r = 1$ 时, 不能判定级数是否收敛. 特别地, 当 $r = 1$ 时, 我们考察级数 $\sum_{n=1}^{\infty} \frac{1}{n \ln^p n}$. 通过计算我们得到

$$\frac{a_n}{a_{n+1}} = \frac{n+1}{n} \left(\frac{\ln(n+1)}{\ln n} \right)^p = \left(1 + \frac{1}{n} \right) \left(1 + \frac{\ln\left(1 + \frac{1}{n} \right)}{\ln n} \right)^p$$

$$= \left(1 + \frac{1}{n} \right) \left(1 + \frac{1}{n \ln n} + o\left(\frac{1}{n \ln n} \right) \right)^p$$

$$= \left(1 + \frac{1}{n} \right) \left(1 + \frac{p}{n \ln n} + o\left(\frac{1}{n \ln n} \right) \right)$$

$$= 1 + \frac{1}{n} + \frac{p}{n \ln n} + o\left(\frac{1}{n \ln n} \right), \quad n \to \infty.$$

于是

$$\lim_{n \to \infty} n \left(\frac{a_n}{a_{n+1}} - 1 \right) = 1.$$

这就说明当 $r = 1$ 时, 拉贝判别法无效. 这时通常需要用更精细的判别法来判断. 事实上与 $\sum_{n=2}^{\infty} \frac{1}{n \ln^p n}$ 比较, 我们有下面的高斯 (Gauss) 判别法.

定理 8.3.19 设正数列 $\{a_n\}$ 满足

$$\frac{a_n}{a_{n+1}} = 1 + \frac{1}{n} + \frac{\gamma}{n \ln n} + o\left(\frac{1}{n \ln n} \right), \quad n \to \infty.$$

则当 $\gamma > 1$ 时, $\sum_{n=1}^{\infty} a_n$ 收敛; 当 $\gamma < 1$ 时, $\sum_{n=1}^{\infty} a_n$ 发散.

证明

$$\frac{a_n}{a_{n+1}} - \frac{n+1}{n}\left(\frac{\ln(n+1)}{\ln n}\right)^p = \frac{\gamma - p}{n\ln n} + o\left(\frac{1}{n\ln n}\right), \quad n \to \infty.$$

因此, 当 $\gamma > 1$ 时, 取 $p \in (1, \gamma)$, 则由上式知, 当 n 充分大时

$$\frac{a_n}{a_{n+1}} - \frac{n+1}{n}\left(\frac{\ln(n+1)}{\ln n}\right)^p > 0.$$

从而得到

$$\frac{a_{n+1}}{a_n} \leqslant \frac{\dfrac{1}{(n+1)\ln^p(n+1)}}{\dfrac{1}{n\ln^p n}}.$$

由于当 $p > 1$ 时, $\displaystyle\sum_{n=2}^{\infty} \frac{1}{n\ln^p n}$ 收敛, 故原级数收敛.

当 $\gamma < 1$ 时, 取 $p = 1$, 则由上式知, 当 n 充分大时

$$\frac{a_n}{a_{n+1}} - \frac{n+1}{n}\left(\frac{\ln(n+1)}{\ln n}\right) < 0.$$

从而得到

$$\frac{a_{n+1}}{a_n} \geqslant \frac{\dfrac{1}{(n+1)\ln(n+1)}}{\dfrac{1}{n\ln n}}.$$

由于级数 $\displaystyle\sum_{n=2}^{\infty} \frac{1}{n\ln n}$ 发散, 故原级数发散.   □

需要指出的是, 在高斯判别法中, 当 $\gamma = 1$ 时, 级数的敛散性是不能判断的, 因此必须再找更精细的判别法. 为此, 我们要把级数同收敛得更慢的级数比较来构造更精细的判别法. 事实上, 收敛得 "最慢" 的级数是不存在的, 因为从一个收敛级数出发可以构造出比这个级数收敛得慢的级数. 因此, 利用一个已知的级数作比较, 来建立能判断一切级数敛散性的 "万能" 判别法是不存在的. 不过, 用我们上面介绍的这些判别法对于一般的级数已经足够了.

练习题 8.3

1. 判断下列级数的敛散性:

(1) $\displaystyle\sum_{n=1}^{\infty} \frac{n\ln n}{2^n}$;

(2) $\displaystyle\sum_{n=1}^{\infty} \frac{a^n}{1 + a^{2n}} \ (a > 0)$;

(3) $\displaystyle\sum_{n=1}^{\infty} \ln\left(2 - \mathrm{e}^{-\frac{1}{n^p}}\right) \ (p > 0)$;

(4) $\displaystyle\sum_{n=1}^{\infty} (n(\ln(2n+1) - \ln(2n-1)) - 1)$;

(5) $\displaystyle\sum_{n=1}^{\infty} \frac{n^5}{3^n}(\sqrt{3} + (-1)^n)^n$;

(6) $\displaystyle\sum_{n=1}^{\infty} \frac{\sqrt{n!}}{(a+\sqrt{1})(a+\sqrt{2})\cdots(a+\sqrt{n})} \ (a > 0)$;

(7) $\displaystyle\sum_{n=1}^{\infty} \frac{n! n^{-p}}{q(q+1)\cdots(q+n)} \ (p > 0, \ q > 0)$;

(8) $\displaystyle\sum_{n=3}^{\infty} \frac{1}{n(\ln n)(\ln\ln n)^p}$.

2. 证明: 若正项级数 $\displaystyle\sum_{n=1}^{\infty} u_n$ 收敛, 则 $\displaystyle\sum_{n=1}^{\infty} u_n^2$ 也收敛. 试问其逆命题如何?

3. 设 $\displaystyle\lim_{n\to\infty} n^{2n\sin\frac{1}{n}} a_n = 1$, 证明: 级数 $\displaystyle\sum_{n=1}^{\infty} a_n$ 收敛.

4. 设数列 $\{a_n\}$ $(a_n > 0)$ 严格单调增加, 证明: 级数 $\displaystyle\sum_{n=1}^{\infty} \frac{1}{a_n}$ 收敛当且仅当级数

$\displaystyle\sum_{n=1}^{\infty} \frac{n}{a_1 + a_2 + \cdots + a_n}$ 收敛.

5. 设 $\displaystyle\sum_{n=1}^{\infty} a_n$ 为收敛的正项级数, 且数列 $\{a_n\}$ 单调减少, 证明: $\displaystyle\lim_{n\to\infty} na_n = 0$;

若 $\{a_n\}$ 无单调性是否仍有此结论? 试考察数列 $\displaystyle\sum_{n=1}^{\infty} a_n$, 其中

$$\begin{cases} a_n = \dfrac{1}{n^2}, \ n \neq k^2, \ k = 1, 2, \cdots, \\[2mm] a_{k^2} = \dfrac{1}{k^2}, \ k = 1, 2, \cdots. \end{cases}$$

6. 设正项级数 $\displaystyle\sum_{n=1}^{\infty} a_n$ 发散, $S_n = \displaystyle\sum_{k=1}^{n} a_k$. 证明: 级数 $\displaystyle\sum_{n=1}^{\infty} \frac{a_n}{S_n^\alpha}$ 当 $\alpha > 1$ 时收敛, 当 $\alpha \leqslant 1$ 时收敛.

7. 设正项级数 $\displaystyle\sum_{n=1}^{\infty} a_n$ 收敛. 试作一个收敛的正项级数 $\displaystyle\sum_{n=1}^{\infty} b_n$, 使得 $\displaystyle\lim_{n\to\infty} \frac{a_n}{b_n} = 0$.

8.4 任意项级数

当级数 $\sum\limits_{n=1}^{\infty} a_n$ 的通项取值不保号时, 通常把此级数称为任意项级数. 比如级数 $\sum\limits_{n=1}^{\infty} (-1)^n \sin \dfrac{1}{n}$ 与级数 $\sum\limits_{n=1}^{\infty} \dfrac{\sin n}{n^p}$ 等都是任意项级数.

对于任意项级数 $\sum\limits_{n=1}^{\infty} a_n$, 若 $\sum\limits_{n=1}^{\infty} |a_n|$ 收敛, 则称级数 $\sum\limits_{n=1}^{\infty} a_n$ 绝对收敛; 若 $\sum\limits_{n=1}^{\infty} a_n$ 收敛, 而 $\sum\limits_{n=1}^{\infty} |a_n|$ 发散, 则称级数 $\sum\limits_{n=1}^{\infty} a_n$ 条件收敛.

定理 8.4.1 若级数 $\sum\limits_{n=1}^{\infty} a_n$ 绝对收敛, 则 $\sum\limits_{n=1}^{\infty} a_n$ 收敛.

证明 因为 $\sum\limits_{n=1}^{\infty} |a_n|$ 收敛, 根据柯西收敛准则可得

$$\forall \, \varepsilon > 0, \, \exists \, N \in \mathbb{N}, \, \forall \, n > N, \, \forall \, p \in \mathbb{N} : \, |a_{n+1}| + |a_{n+2}| + \cdots + |a_{n+p}| < \varepsilon.$$

故 $\forall \, n > N, \, \forall \, p \in \mathbb{N}$, 都有

$$|a_{n+1} + a_{n+2} + \cdots + a_{n+p}| \leqslant |a_{n+1}| + |a_{n+2}| + \cdots + |a_{n+p}| < \varepsilon,$$

从而级数 $\sum\limits_{n=1}^{\infty} a_n$ 满足柯西收敛准则, 故收敛. $\square$

任意项级数的绝对收敛性判别法归结为正项级数的判敛法. 而非绝对收敛级数的收敛性判断虽然具有一定的难度, 但是对于特定结构的级数有莱布尼茨判别法. 阿贝尔和狄利克雷判别法.

8.4.1 交错级数与莱布尼茨判别法

所谓交错级数, 指的是形如 $\sum\limits_{n=1}^{\infty} (-1)^{n+1} a_n \, (a_n > 0)$ 的级数. 对于交错级数, 有下列莱布尼茨判别法:

定理 8.4.2 (莱布尼茨判别法) 如果数列 $\{a_n\}$ 单调减少且收敛于 0, 那么交错级数 $\sum\limits_{n=1}^{\infty} (-1)^{n+1} a_n$ 收敛.

证明 记 $s_n = \sum\limits_{k=1}^{n} (-1)^{k+1} a_k$. 由 $\{a_n\}$ 单调减少知

$$a_{2n-1} - a_{2n} \geqslant 0.$$

所以
$$s_{2n} = s_{2n-2} + (a_{2n-1} - a_{2n}) \geqslant s_{2n-2},$$

这表明数列 $\{s_{2n}\}$ 是单调增加数列. 注意到
$$s_{2n} = a_1 - (a_2 - a_3) - \cdots - (a_{2n-2} - a_{2n-1}) - a_{2n} \leqslant a_1,$$

因此数列 $\{s_{2n}\}$ 有上界, 从而数列 $\{s_{2n}\}$ 收敛. 记 $\lim\limits_{n\to\infty} s_{2n} = s$. 于是
$$\lim_{n\to\infty} s_{2n+1} = \lim_{n\to\infty} (s_{2n} + a_{2n+1}) = \lim_{n\to\infty} s_{2n} = s.$$

因此数列 $\{s_n\}$ 收敛且以 s 为极限, 故级数 $\sum\limits_{n=1}^{\infty} (-1)^{n+1} a_n$ 收敛. □

应用莱布尼茨判别法, 容易知道 $\sum\limits_{n=1}^{\infty} (-1)^{n+1} \dfrac{1}{n}$ 与 $\sum\limits_{n=1}^{\infty} (-1)^{n+1} \sin \dfrac{1}{n}$ 是收敛的交错级数.

例 8.4.3 讨论交错级数 $\sum\limits_{n=2}^{\infty} (-1)^{n-1} \dfrac{\ln^2 n}{n}$ 的敛散性.

证明 令 $a_n = \dfrac{\ln^2 n}{n}$. 如果令 $f(x) = \dfrac{\ln^2 x}{x}$, 则当 $x > \mathrm{e}^2$, 有
$$f'(x) = \frac{2\ln x - \ln^2 x}{x^2} < 0,$$

并且
$$\lim_{x\to +\infty} f(x) = 0.$$

因此, 数列 $\{a_n\}$ 单调趋于零, 从而由莱布尼茨判别知, 级数 $\sum\limits_{n=2}^{\infty} (-1)^{n-1} \dfrac{\ln^2 n}{n}$ 收敛.

另外, 由于 $a_n > \dfrac{1}{n}$, 故 $\sum\limits_{n=2}^{\infty} \dfrac{\ln^2 n}{n}$ 发散, 从而原级数条件收敛. □

例 8.4.4 设 $a_n > 0$, 证明: 若 $\lim\limits_{n\to\infty} n\left(\dfrac{a_n}{a_{n+1}} - 1\right) = \lambda > 0$, 则交错级数 $\sum\limits_{n=1}^{\infty} (-1)^{n-1} a_n$ 收敛.

证明 由已知条件知, 存在 $N_1 \in \mathbb{N}$, 当 $n > N_1$ 时
$$n\left(\frac{a_n}{a_{n+1}} - 1\right) > \frac{\lambda}{2},$$

即
$$\frac{a_n}{a_{n+1}} > 1 + \frac{\dfrac{\lambda}{2}}{n} > 1.$$

取 $p \in \left(0, \dfrac{\lambda}{2}\right)$，由于

$$\left(1 + \frac{1}{n}\right)^p = 1 + \frac{p}{n} + o\left(\frac{1}{n}\right), \quad n \to \infty,$$

故存在 $N_2 \in \mathbb{N}$，当 $n > \max\{N_1, N_1\}$ 时

$$\frac{a_n}{a_{n+1}} > \frac{(n+1)^p}{n^p}.$$

于是数列 $\{n^p a_n\}$ 单调减少且有下界，故收敛. 这意味着数列 $\{a_n\}$ 单调减少且收敛于零. 根据莱布尼茨判别法可知，原级数收敛. $\qquad\square$

8.4.2 阿贝尔判别法与狄利克雷判别法

阿贝尔判别法与狄利克雷判别法是关于形如 $\displaystyle\sum_{n=1}^{\infty} a_n b_n$ 的任意项级数的判敛法，它们是建立在阿贝尔变换与阿贝尔引理的基础上的.

设 $\{a_n\}$，$\{b_n\}$ 是两个数列. 记 $B_k = \displaystyle\sum_{i=1}^{k} b_i$，$k = 1, 2, 3, \cdots, n$，所谓阿贝尔变换指的是

$$\sum_{k=1}^{n} a_k b_k = a_n B_n - \sum_{k=1}^{n-1} B_k (a_{k+1} - a_k).$$

由阿贝尔变换，可以证明下列引理:

定理 8.4.5 设 $\{a_k\}$，$\{b_n\}$ 如上. 若 $\{a_n\}$ 为单调数列，$|B_k| \leqslant M$，$k = 1, 2, \cdots$，则

$$\left|\sum_{k=1}^{n} a_k b_k\right| \leqslant M\left(|a_1| + 2|a_n|\right).$$

证明 由阿贝尔变换以及 $\{a_n\}$ 的单调性可得

$$\left|\sum_{k=1}^{n} a_k b_k\right| \leqslant M|a_n| + M\left|\sum_{k=1}^{n-1}(a_{k+1} - a_k)\right|$$

$$\leqslant M|a_n| + M|a_n - a_1|$$

$$\leqslant M(|a_1| + 2|a_n|). \qquad\square$$

定理 8.4.6 (阿贝尔判别法) 假定 $\{a_n\}$ 为单调有界数列，且级数 $\displaystyle\sum_{n=1}^{\infty} b_n$ 收敛，则级数 $\displaystyle\sum_{n=1}^{\infty} a_n b_n$ 收敛.

证明 设 $|a_n| \leqslant M$. 因为 $\sum\limits_{n=1}^{\infty} b_n$ 收敛, 由级数的柯西收敛准则知:

$$\forall\, \varepsilon > 0,\ \exists\, N \in \mathbb{N},\ \forall\, n > N,\ \forall\, p \in \mathbb{N}: \left| \sum_{k=n+1}^{n+p} b_k \right| < \varepsilon.$$

于是 $\forall\, n > N,\ \forall\, p \in \mathbb{N}$, 应用阿贝尔引理得到

$$\left| \sum_{k=n+1}^{n+p} a_k b_k \right| < \varepsilon \left(|a_{n+1}| + 2\,|a_{n+p}| \right) \leqslant 3M\varepsilon,$$

即级数 $\sum\limits_{n=1}^{\infty} a_n b_n$ 满足柯西收敛准则, 故收敛. $\qquad\square$

定理 8.4.7 (狄利克雷判别法) 假定 $\{a_n\}$ 为单调数列, 且 $\lim\limits_{n\to\infty} a_n = 0$, 又级数 $\sum\limits_{n=1}^{\infty} b_n$ 的部分和数列 $\{B_n\}$ 有界, 则级数 $\sum\limits_{n=1}^{\infty} a_n b_n$ 收敛.

证明 设 $|B_n| \leqslant M,\ n \in \mathbb{N}$, 则

$$\left| \sum_{i=n+1}^{n+k} b_i \right| = \left| \sum_{i=1}^{n+k} b_i - \sum_{i=1}^{n} b_i \right| \leqslant 2M.$$

由 $\lim\limits_{n\to\infty} a_n = 0$ 可知:

$$\forall\, \varepsilon > 0,\ \exists\, N \in \mathbb{N},\ \forall\, n > N: \ |a_n| < \varepsilon.$$

于是, $\forall\, n > N, \forall\, p \in \mathbb{N}$, 由阿贝尔引理可知

$$\left| \sum_{k=n+1}^{n+p} a_k b_k \right| \leqslant 2M \left(|a_{n+1}| + 2\,|a_{n+p}| \right) < 6M\varepsilon,$$

即级数 $\sum\limits_{n=1}^{\infty} a_n b_n$ 满足柯西收敛准则, 故收敛. $\qquad\square$

例 8.4.8 讨论级数 $\sum\limits_{n=1}^{\infty} (-1)^n \dfrac{\arctan n}{\sqrt{n}}$ 的敛散性.

解 由莱布尼茨判别法知, 交错级数 $\sum\limits_{n=1}^{\infty} (-1)^n \dfrac{1}{\sqrt{n}}$ 收敛. 又数列 $\{\arctan n\}$ 单调增加, 且 $|\arctan n| \leqslant \dfrac{\pi}{2}$, 因此根据阿贝尔判别法可知, 级数 $\sum\limits_{n=1}^{\infty} (-1)^n \dfrac{\arctan n}{\sqrt{n}}$ 收敛. 又因为

$$\lim_{n\to\infty} \frac{\left| (-1)^n \cdot \dfrac{\arctan n}{\sqrt{n}} \right|}{\dfrac{1}{\sqrt{n}}} = \frac{\pi}{2},$$

并注意到 $\sum\limits_{n=1}^{\infty}\dfrac{1}{\sqrt{n}}$ 发散, 根据正项级数的比较判别法知, 级数 $\sum\limits_{n=1}^{\infty}\left|(-1)^n\dfrac{\arctan n}{\sqrt{n}}\right|$ 发散, 从而原级数条件收敛.

例 8.4.9 讨论级数 $\sum\limits_{n=1}^{\infty}\dfrac{\sin(nx)}{n^p}$ $(x\neq k\pi,\ p\in\mathbb{R})$ 的敛散性.

解 对参数 p 作出讨论. 当 $p\leqslant 0$ 时, 由于

$$\frac{\sin(nx)}{n^p}\nrightarrow 0,$$

故级数 $\sum\limits_{n=1}^{\infty}\dfrac{\sin(nx)}{n^p}$ 发散.

当 $p>1$ 时, 由于

$$\left|\frac{\sin(nx)}{n^p}\right|\leqslant\frac{1}{n^p},$$

又级数 $\sum\limits_{n=1}^{\infty}\dfrac{1}{n^p}$ 收敛, 故所论级数绝对收敛.

当 $0<p\leqslant 1$ 时, 记 $a_n=\dfrac{1}{n^p}$, $b_n=\sin(nx)$, 则数列 $\{a_n\}$ 单调减少趋于 0, 且

$$\begin{aligned}
|B_n|&=\left|\sum_{k=1}^{n}b_k\right|=\left|\sum_{k=1}^{n}\frac{\cos\dfrac{(2k-1)x}{2}-\cos\dfrac{(2k+1)x}{2}}{2\sin\dfrac{x}{2}}\right|\\
&=\left|\frac{\cos\dfrac{x}{2}-\cos\dfrac{(2n+1)x}{2}}{2\sin\dfrac{x}{2}}\right|\\
&\leqslant\frac{1}{\left|\sin\dfrac{x}{2}\right|},
\end{aligned}$$

故由狄利克雷判别法可知, 级数 $\sum\limits_{n=1}^{\infty}\dfrac{\sin(nx)}{n^p}$ 收敛.

另一方面, 由于

$$\left|\frac{\sin(nx)}{n^p}\right|\geqslant\frac{\sin^2(nx)}{n^p}=\frac{1}{2n^p}-\frac{\cos(2nx)}{2n^p},$$

显然级数 $\sum\limits_{n=1}^{\infty}\dfrac{1}{2n^p}$ 发散, 而级数 $\sum\limits_{n=1}^{\infty}\dfrac{\cos(2nx)}{n^p}$ 同样可以从狄利克雷判别法证明收敛, 所以级数 $\sum\limits_{n=1}^{\infty}\left|\dfrac{\sin(nx)}{n^p}\right|$ 发散, 从而级数 $\sum\limits_{n=1}^{\infty}\dfrac{\sin(nx)}{n^p}$ 条件收敛.

需要注意的是, 正项级数的比较判别法不适用于讨论任意项级数的敛散性. 例如级数 $\sum_{n=1}^{\infty} \ln\left(1 + \frac{\sin n}{n^p}\right)$, 如果使用无穷小量的等价关系

$$\ln\left(1 + \frac{\sin n}{n^p}\right) \sim \frac{\sin n}{n^p}, \quad n \to \infty,$$

则得到当 $p > 0$ 时, 级数 $\sum_{n=1}^{\infty} \ln\left(1 + \frac{\sin n}{n^p}\right)$ 收敛, 那么这就导致了错误的结论. 请读者思考原因并给出正确的解答.

练习题 8.4

1. 判断下列级数的敛散性, 绝对收敛还是条件收敛?

(1) $\sum_{n=1}^{\infty} (-1)^{n-1}(\sqrt[n]{n} - 1)$;

(2) $\sum_{n=1}^{\infty} (-1)^{n-1} \frac{1}{n \ln n}$;

(3) $\sum_{n=1}^{\infty} (-1)^{n-1} \frac{n-1}{n+1} \frac{1}{\sqrt[3]{n}}$;

(4) $\sum_{n=1}^{\infty} \sin(\pi\sqrt{n^2 + 1})$;

(5) $\sum_{n=1}^{\infty} (-1)^{n-1} \left(e - \left(1 + \frac{1}{n}\right)^n\right)$;

(6) $\sum_{n=1}^{\infty} (-1)^{n-1} \frac{1}{n^p \sqrt[n]{n}}$ $(p \in \mathbb{R})$;

(7) $\sum_{n=1}^{\infty} \left(1 + \frac{1}{2} + \cdots + \frac{1}{n}\right) \frac{\sin(nx)}{n}$;

(8) $\sum_{n=1}^{\infty} (-1)^{n-1} \frac{\cos(nx)}{2^n}$;

(9) $\sum_{n=1}^{\infty} (-1)^{n-1} \frac{\cos^2 n}{n}$;

(10) $\sum_{n=1}^{\infty} \frac{\sin n}{n^{p + \frac{1}{n}}}$ $(p \in \mathbb{R})$;

(11) $\sum_{n=1}^{\infty} \ln\left(1 + \frac{\sin n}{n^p}\right)$ $(p \in \mathbb{R})$;

(12) $\sum_{n=1}^{\infty} \frac{\sin n}{n^p + \sin n}$ $(p \in \mathbb{R})$.

2. 设级数 $\displaystyle\sum_{n=2}^{\infty}(a_n - a_{n-1})$ 绝对收敛, 且级数 $\displaystyle\sum_{n=1}^{\infty}b_n$ 收敛. 证明: 级数 $\displaystyle\sum_{n=1}^{\infty}a_n b_n$ 收敛.

3. 设级数 $\displaystyle\sum_{n=2}^{\infty}(a_n - a_{n-1})$ 绝对收敛, 且 $\displaystyle\lim_{n\to\infty}a_n = 0$, 级数 $\displaystyle\sum_{n=1}^{\infty}b_n$ 的部分和有界. 证明: 级数 $\displaystyle\sum_{n=1}^{\infty}a_n b_n$ 收敛.

8.5 收敛级数的运算性质

在第一节中, 我们证明了收敛级数具有结合律, 即给收敛级数的项添加括号后所得新级数依然收敛, 并且级数和不变. 注意到有限个数之和具有交换律和乘法分配律, 人们自然会问: 改变收敛级数中无穷多项的次序所得新级数是否收敛? 和是否不变? 两个收敛级数如何作乘积? 这一节我们提出重排级数的概念, 讨论绝对收敛级数的性质, 并回答以上两个问题.

8.5.1 重排级数

给定级数 $\displaystyle\sum_{n=1}^{\infty} a_n$. 设 $f : \mathbb{N} \to \mathbb{N}$ 是一一对应, 则称级数 $\displaystyle\sum_{n=1}^{\infty} a_{f(n)}$ 是 $\displaystyle\sum_{n=1}^{\infty} a_n$ 的一个重排级数. 为方便起见, 我们把重排级数 $\displaystyle\sum_{n=1}^{\infty} a_{f(n)}$ 记为 $\displaystyle\sum_{n=1}^{\infty} b_n$.

定理 8.5.1 设级数 $\displaystyle\sum_{n=1}^{\infty} a_n$ 绝对收敛, 则其任意重排级数 $\displaystyle\sum_{n=1}^{\infty} b_n$ 也绝对收敛, 且其和不变.

证明 分两种情形进行讨论:

首先, 考虑 $\displaystyle\sum_{n=1}^{\infty} a_n$ 为正项级数的情形, 记其部分和数列为 $\{s_n\}$, 和为 s. 设重排级数 $\displaystyle\sum_{n=1}^{\infty} b_n$ 的部分和数列为 $\{B_n\}$, 显然

$$B_n \leqslant \sum_{n=1}^{\infty} a_n = s,$$

即数列 $\{B_n\}$ 有上界, 故重排级数 $\displaystyle\sum_{n=1}^{\infty} b_n$ 收敛. 记其和为 b, 则 $b \leqslant s$. 如果把 $\displaystyle\sum_{n=1}^{\infty} a_n$ 看成 $\displaystyle\sum_{n=1}^{\infty} b_n$ 的重排级数, 则 $s \leqslant b$. 因此 $s = b$, 即重排级数 $\displaystyle\sum_{n=1}^{\infty} b_n$ 的和不变.

其次, 考虑级数 $\displaystyle\sum_{n=1}^{\infty} a_n$ 为任意项级数情形, 并且绝对收敛. 定义通项 a_n 的正部与负部, 分别记为

$$a_n^+ = \frac{|a_n| + a_n}{2} = \begin{cases} a_n, & a_n > 0, \\ 0, & a_n \leqslant 0, \end{cases}$$

$$a_n^- = \frac{|a_n| - a_n}{2} = \begin{cases} -a_n, & a_n \leqslant 0, \\ 0, & a_n > 0. \end{cases}$$

显然级数 $\sum\limits_{n=1}^{\infty} a_n^+$ 和 $\sum\limits_{n=1}^{\infty} a_n^-$ 都是正项级数且收敛. 记它们的和分别为 s^+ 和 s^-, 则

$$\sum_{n=1}^{\infty} a_n = s^+ - s^-.$$

同样可定义重排级数的正部级数与负部级数 $\sum\limits_{n=1}^{\infty} b_n^+$ 和 $\sum\limits_{n=1}^{\infty} b_n^-$. 显然, 它们分别是 $\sum\limits_{n=1}^{\infty} a_n^+$ 和 $\sum\limits_{n=1}^{\infty} a_n^-$ 的重排级数. 由第一步的结果可知, 级数 $\sum\limits_{n=1}^{\infty} b_n^+$ 和 $\sum\limits_{n=1}^{\infty} b_n^-$ 都收敛, 并且

$$\sum_{n=1}^{\infty} b_n^+ = s^+, \quad \sum_{n=1}^{\infty} b_n^- = s^-.$$

由于 $|b_n| = b_n^+ + b_n^-$, 故 $\sum\limits_{n=1}^{\infty} b_n$ 绝对收敛, 并且

$$\sum_{n=1}^{\infty} b_n = \sum_{n=1}^{\infty} b_n^+ - \sum_{n=1}^{\infty} b_n^- = s^+ - s^- = \sum_{n=1}^{\infty} a_n. \qquad \square$$

对于条件收敛的级数, 其重新排列的级数不一定收敛, 即使收敛, 它们的和也不一定相等. 考察交错级数 $\sum\limits_{n=1}^{\infty} (-1)^{n-1} \dfrac{1}{n}$. 根据欧拉数 $\mathcal{C}$ 的定义, 我们知道

$$1 + \frac{1}{2} + \frac{1}{3} + \cdots + \frac{1}{n} = \ln n + \mathcal{C} + \alpha_n,$$

其中 α_n 是当 $n \to \infty$ 时的无穷小量. 于是

$$\sum_{k=1}^{2n} (-1)^{k-1} \frac{1}{k} = \left(1 + \frac{1}{2} + \cdots + \frac{1}{2n}\right) - 2\left(\frac{1}{2} + \frac{1}{4} + \cdots + \frac{1}{2n}\right)$$

$$= (\ln(2n) + \mathcal{C} + \alpha_{2n}) - (\ln n + \mathcal{C} + \alpha_n)$$

$$= \ln 2 + \alpha_{2n} - \alpha_n,$$

从而得到

$$\sum_{n=1}^{\infty} (-1)^{n-1} \frac{1}{n} = \ln 2.$$

下面考虑重排级数 $\sum\limits_{n=1}^{\infty} b_n$ 如下:

$$1 + \frac{1}{3} - \frac{1}{2} + \frac{1}{5} + \frac{1}{7} - \frac{1}{4} + \cdots + \frac{1}{4n-3} + \frac{1}{4n-1} - \frac{1}{2n} + \cdots.$$

计算重排级数前 $3n$ 项的和为

$$
\begin{aligned}
B_{3n} &= \sum_{k=1}^{n} \left(\frac{1}{4k-3} + \frac{1}{4k-1} - \frac{1}{2k} \right) \\
&= \sum_{k=1}^{4n} \frac{1}{k} - \sum_{k=1}^{n} \left(\frac{1}{4k-2} + \frac{1}{4k} + \frac{1}{2k} \right) \\
&= \sum_{k=1}^{4n} \frac{1}{k} - \frac{1}{2} \sum_{k=1}^{2n} \frac{1}{k} - \frac{1}{2} \sum_{k=1}^{n} \frac{1}{k} \\
&= (\ln(4n) + \mathcal{C} + \alpha_{4n}) - \frac{1}{2}(\ln(2n) + \mathcal{C} + \alpha_{2n}) - \frac{1}{2}(\ln n + \mathcal{C} + \alpha_n) \\
&\to \frac{3}{2} \ln 2 \quad (n \to \infty).
\end{aligned}
$$

注意到

$$
B_{3n+1} = B_{3n} + \frac{1}{4n+1} \to \frac{3}{2} \ln 2 \qquad (n \to \infty),
$$

$$
B_{3n+2} = B_{3n+1} + \frac{1}{4n+3} \to \frac{3}{2} \ln 2 \quad (n \to \infty),
$$

因此数列 $\{B_n\}$ 收敛, 并且 $\lim\limits_{n\to\infty} B_n = \dfrac{3}{2} \ln 2$, 从而重排级数 $\sum\limits_{n=1}^{\infty} b_n$ 收敛, 其和为 $\dfrac{3}{2} \ln 2$.

关于条件收敛级数的重排级数, 有以下黎曼定理:

定理 8.5.2 (黎曼定理) 设级数 $\sum\limits_{n=1}^{\infty} a_n$ 条件收敛. 则对任意 $b: -\infty \leqslant b \leqslant +\infty$, 都存在 $\sum\limits_{n=1}^{\infty} a_n$ 的一个重排级数 $\sum\limits_{n=1}^{\infty} b_n$, 使得 $\sum\limits_{n=1}^{\infty} b_n = b$.

证明 只需证明 $b \geqslant 0$ 和 $b = +\infty$ 时定理成立. 当 $b \leqslant 0$ 和 $b = -\infty$ 时, 考虑级数 $\sum\limits_{n=1}^{\infty} (-a_n)$, 就可以证明相应的结论.

由于级数 $\sum\limits_{n=1}^{\infty} a_n$ 条件收敛, 则该级数对应的正部级数 $\sum\limits_{n=1}^{\infty} a_n^+$ 和负部级数 $\sum\limits_{n=1}^{\infty} a_n^-$ 都是发散的正项级数, 并且

$$\sum_{n=1}^{\infty} a_n^+ = +\infty, \quad \sum_{n=1}^{\infty} a_n^- = +\infty.$$

当 $b \geqslant 0$ 时, 由于 $\displaystyle\sum_{n=1}^{\infty} a_n^+ = +\infty$, 故存在 $p_1 \in \mathbb{N}$, 使得

$$a_1^+ + a_2^+ + \cdots + a_{p_1}^+ > b,$$

及

$$a_1^+ + a_2^+ + \cdots + a_{p_1-1}^+ \leqslant b,$$

即

$$b < a_1^+ + a_2^+ + \cdots + a_{p_1}^+ \leqslant b + a_{p_1}^+.$$

又 $\displaystyle\sum_{n=1}^{\infty} a_n^- = +\infty$, 从而存在 $q_1 \in \mathbb{N}$, 使得

$$b - a_{q_1}^- \leqslant (a_1^+ + a_2^+ + \cdots + a_{p_1}^+) - (a_1^- + a_2^- + \cdots + a_{q_1}^-) < b.$$

如此继续, 存在 $p_k \in \mathbb{N}$ 和 $q_k \in \mathbb{N}$ 使得

$$b < (a_1^+ + a_2^+ + \cdots + a_{p_1}^+) - (a_1^- + a_2^- + \cdots + a_{q_1}^-) +$$
$$(a_{p_1+1}^+ + a_{p_1+2}^+ + \cdots + a_{p_2}^+) - (a_{q_1+1}^- + a_{q_1+2}^- + \cdots + a_{q_2}^-) + \cdots +$$
$$(a_{p_{k-1}+1}^+ + a_{p_{k-1}+2}^+ + \cdots + a_{p_k}^+) \leqslant b + a_{p_k}^+,$$

及

$$b - a_{q_k}^- \leqslant (a_1^+ + a_2^+ + \cdots + a_{p_1}^+) - (a_1^- + a_2^- + \cdots + a_{q_1}^-) +$$
$$(a_{p_1+1}^+ + a_{p_1+2}^+ + \cdots + a_{p_2}^+) - (a_{q_1+1}^- + a_{q_1+2}^- + \cdots + a_{q_2}^-) + \cdots +$$
$$(a_{p_{k-1}+1}^+ + a_{p_{k-1}+2}^+ + \cdots + a_{p_k}^+) - (a_{q_{k-1}+1}^- + a_{q_{k-1}+2}^- + \cdots + a_{q_k}^-) < b.$$

注意到从级数 $\displaystyle\sum_{n=1}^{\infty} a_n$ 收敛可以推出

$$\lim_{n\to\infty} a_n^+ = 0, \quad \lim_{n\to\infty} a_n^- = 0.$$

从而容易证明级数

$$(a_1^+ + a_2^+ + \cdots + a_{p_1}^+) - (a_1^- + a_2^- + \cdots + a_{q_1}^-) +$$
$$(a_{p_1+1}^+ + a_{p_1+2}^+ + \cdots + a_{p_2}^+) - (a_{q_1+1}^- + a_{q_1+2}^- + \cdots + a_{q_2}^-) + \cdots +$$
$$(a_{p_{k-1}+1}^+ + a_{p_{k-1}+2}^+ + \cdots + a_{p_k}^+) - (a_{q_{k-1}+1}^- + a_{q_{k-1}+2}^- + \cdots + a_{q_k}^-) + \cdots$$

收敛并且和为 b. 上述级数去掉括号后所得级数即为 $\displaystyle\sum_{n=1}^{\infty} a_n$ 的一个重排级数, 记为 $\displaystyle\sum_{n=1}^{\infty} b_n$. 利用练习 8.1 习题 5 的结论可知 $\displaystyle\sum_{n=1}^{\infty} b_n = b$.

当 $b = +\infty$ 时, 由于 $\displaystyle\sum_{n=1}^{\infty} a_n^+ = +\infty$, 故存在 $p_1 \in \mathbb{N}$, 使得

$$a_1^+ + a_2^+ + \cdots + a_{p_1}^+ > 1 + a_1^-,$$

同时存在 $p_2 \in \mathbb{N}$, 使得

$$(a_1^+ + a_2^+ + \cdots + a_{p_1}^+) + (a_{p_1+1}^+ + a_{p_1+2}^+ + \cdots + a_{p_2}^+) > 2 + a_1^- + a_2^-.$$

如此继续, 存在 $p_k \in \mathbb{N}$, 使得

$$(a_1^+ + a_2^+ + \cdots + a_{p_1}^+) + (a_{p_1+1}^+ + a_{p_1+2}^+ + \cdots + a_{p_2}^+) + \cdots +$$

$$(a_{p_{k-1}+1}^+ + a_{p_{k-1}+2}^+ + \cdots + a_{p_k}^+)$$

$$> k + a_1^- + a_2^- + \cdots + a_k^-.$$

从而容易证明级数

$$(a_1^+ + a_2^+ + \cdots + a_{p_1}^+) - a_1^- + (a_{p_1+1}^+ + a_{p_1+2}^+ + \cdots + a_{p_2}^+) - a_2^- + \cdots +$$

$$(a_{p_{k-1}+1}^+ + a_{p_{k-1}+2}^+ + \cdots + a_{p_k}^+) - a_k^- + \cdots$$

发散到 $+\infty$. 上述级数去掉括号后所得级数即为 $\displaystyle\sum_{n=1}^{\infty} a_n$ 的一个重排级数, 记为 $\displaystyle\sum_{n=1}^{\infty} b_n$, 同样也可证明 $\displaystyle\sum_{n=1}^{\infty} b_n = +\infty$. $\qquad\square$

8.5.2 级数的乘积

这一节讨论收敛级数的乘积. 对于有限和式的乘积 $\displaystyle\sum_{k=1}^{m} a_k \cdot \sum_{k=1}^{n} b_k$, 由乘法分配律可以得到:

$$\sum_{k=1}^{m} a_k \cdot \sum_{k=1}^{n} b_k = \sum_{i=1}^{m}\sum_{j=1}^{n} a_i b_j.$$

一个自然的问题是: 如何将这样的乘法分配律推广到无穷级数呢?

考虑级数 $\displaystyle\sum_{n=1}^{\infty} a_n$ 和 $\displaystyle\sum_{n=1}^{\infty} b_n$. 将乘积中可能出现的项 $a_i b_j$ $(1 \leqslant i, j \leqslant +\infty)$ 排列如下:

$$a_1 b_1, \quad a_1 b_2, \quad a_1 b_3, \quad a_1 b_4, \cdots,$$

$$a_2 b_1, \quad a_2 b_2, \quad a_2 b_3, \quad a_2 b_4, \cdots,$$

$$a_3 b_1, \quad a_3 b_2, \quad a_3 b_3, \quad a_3 b_4, \cdots,$$

$$a_4 b_1, \quad a_4 b_2, \quad a_4 b_3, \quad a_4 b_4, \cdots,$$

$$\cdots$$

如果将对角线上的项依次相加, 并且记为

$$c_1 = a_1 b_1,$$

$$c_2 = a_1 b_2 + a_2 b_1,$$

$$\cdots$$

$$c_n = a_1 b_n + a_2 b_{n-1} + \cdots + a_n b_1 = \sum_{k=1}^{n} a_k b_{n-k+1},$$

那么我们得到一个新的级数 $\displaystyle\sum_{n=1}^{\infty} c_n$. 我们称 $\displaystyle\sum_{n=1}^{\infty} c_n$ 为 $\displaystyle\sum_{n=1}^{\infty} a_n$ 和 $\displaystyle\sum_{n=1}^{\infty} b_n$ 按对角线排列所得的乘积, 或称为柯西乘积.

如果将正方形上的项依次相加, 并且记为

$$d_1 = a_1 b_1,$$

$$d_2 = a_1 b_2 + a_2 b_2 + a_2 b_1,$$

$$\cdots$$

$$d_n = a_1 b_n + a_2 b_n + \cdots + a_n b_n + a_n b_{n-1} + a_n b_{n-2} + \cdots + a_n b_1,$$

那么我们又得到一个新的级数 $\displaystyle\sum_{n=1}^{\infty} d_n$. 我们称 $\displaystyle\sum_{n=1}^{\infty} d_n$ 为 $\displaystyle\sum_{n=1}^{\infty} a_n$ 和 $\displaystyle\sum_{n=1}^{\infty} b_n$ 按正方形排列所得的乘积. 显然

$$\sum_{k=1}^{n} d_k = \sum_{k=1}^{n} a_k \cdot \sum_{k=1}^{n} b_k.$$

定理 8.5.3 设级数 $\sum\limits_{n=1}^{\infty} a_n$ 和 $\sum\limits_{n=1}^{\infty} b_n$ 都绝对收敛, 则将 $a_i b_j\, (i,j=1,2,\cdots)$ 按任意方式排列求和而成的级数也是绝对收敛的, 且其和等于 $\sum\limits_{n=1}^{\infty} a_n \cdot \sum\limits_{n=1}^{\infty} b_n$.

证明 设 $a_{i_k} b_{j_k}\, (k=1,2,\cdots)$ 是 $a_i b_j\, (i,j=1,2,\cdots)$ 的任意一种排列, 所得到的级数记为 $\sum\limits_{k=1}^{\infty} a_{i_k} b_{j_k}$. 考虑级数 $\sum\limits_{k=1}^{\infty} |a_{i_k} b_{j_k}|$ 的部分和, 由于

$$\sum_{k=1}^{n} |a_{i_k} b_{j_k}| \leqslant \sum_{i=1}^{N} |a_i| \cdot \sum_{j=1}^{N} |b_j| \leqslant \sum_{n=1}^{\infty} |a_n| \cdot \sum_{n=1}^{\infty} |b_n|,$$

其中 $N = \max\limits_{k\in[1,n]} \{i_k, j_k\}$. 故级数 $\sum\limits_{k=1}^{\infty} |a_{i_k} b_{j_k}|$ 收敛, 即级数 $\sum\limits_{k=1}^{\infty} a_{i_k} b_{j_k}$ 绝对收敛. 由此得到该级数的任何重排级数也绝对收敛, 并且和不变. 特别地, 级数 $\sum\limits_{n=1}^{\infty} c_n$ 与 $\sum\limits_{n=1}^{\infty} d_n$ 也绝对收敛, 并且它们的和相等. 由于

$$\sum_{n=1}^{\infty} d_n = \lim_{n\to\infty} \left(\sum_{k=1}^{n} a_k \cdot \sum_{k=1}^{n} b_k \right) = \sum_{n=1}^{\infty} a_n \cdot \sum_{n=1}^{\infty} b_n,$$

故 $\sum\limits_{k=1}^{\infty} a_{i_k} b_{j_k} = \sum\limits_{n=1}^{\infty} a_n \cdot \sum\limits_{n=1}^{\infty} b_n$. $\qquad \square$

上述定理中, 若级数条件收敛, 那么定理的结论不一定成立.

例 8.5.4 证明: 级数 $\sum\limits_{n=1}^{\infty} (-1)^{n-1} \dfrac{1}{n^\alpha} \left(0 < \alpha \leqslant \dfrac{1}{2} \right)$ 与自身的柯西乘积发散.

证明 设级数与自身的柯西乘积为 $\sum\limits_{n=1}^{\infty} C_n$, 则

$$C_n = \sum_{k=1}^{n} (-1)^{n-1} \frac{1}{(n-k+1)^\alpha k^\alpha}.$$

于是

$$|C_n| = \sum_{k=1}^{n} \frac{1}{(n-k+1)^\alpha k^\alpha} \geqslant \sum_{k=1}^{n} \frac{1}{(n-k+1)^{\frac{1}{2}} k^{\frac{1}{2}}} \geqslant \sum_{k=1}^{n} \frac{2}{n+1} = \frac{2n}{n+1}.$$

由此可见, $C_n \nrightarrow 0 (n \to 0)$, 故级数 $\sum\limits_{n=1}^{\infty} C_n$ 发散. $\qquad \square$

练习题 8.5

1. 证明: $\displaystyle\sum_{n=1}^{\infty} a_n$ 绝对收敛的充分必要条件是: $\displaystyle\sum_{n=1}^{\infty} a_n^+$ 与 $\displaystyle\sum_{n=1}^{\infty} a_n^-$ 都收敛.

2. 设 $\displaystyle\sum_{n=1}^{\infty} a_n$ 条件收敛.

 (1) 证明: $\displaystyle\sum_{n=1}^{\infty} a_n^+ = \sum_{n=1}^{\infty} a_n^- = +\infty$, 其逆命题是否成立?

 (2) 证明: 若记 $S_N^+ = \displaystyle\sum_{n=1}^{N} a_n^+$, $S_N^- = \displaystyle\sum_{n=1}^{N} a_n^-$, 则 $\displaystyle\lim_{N\to\infty} \frac{S_N^+}{S_N^-} = 1$.

3. 设 p, q 为正整数, 把级数

$$1 - \frac{1}{2^\alpha} + \frac{1}{3^\alpha} - \frac{1}{4^\alpha} + \frac{1}{5^\alpha} - \frac{1}{6^\alpha} + \cdots \quad (0 < \alpha < 1)$$

的项重新安排如下: 先依次取 p 个正项, 接着依次取 q 个负项, 再接着依次取 p 个正项, 如此继续下去, 得到重排级数 $\displaystyle\sum_{n=1}^{\infty} b_n$. 证明:

 (1) 当 $p = q$ 时, 重排级数 $\displaystyle\sum_{n=1}^{\infty} b_n$ 收敛;

 (2) 当 $p > q$ 时, 重排级数 $\displaystyle\sum_{n=1}^{\infty} b_n$ 发散到 $+\infty$;

 (3) 当 $p < q$ 时, 重排级数 $\displaystyle\sum_{n=1}^{\infty} b_n$ 发散到 $-\infty$.

4. 设级数 $\displaystyle\sum_{n=1}^{\infty} a_n$ 收敛, $\displaystyle\sum_{n=1}^{\infty} b_n$ 绝对收敛. 证明: 它们的柯西乘积 $\displaystyle\sum_{n=1}^{\infty} c_n$ 收敛, 并且其和等于 $\displaystyle\sum_{n=1}^{\infty} a_n \cdot \sum_{n=1}^{\infty} b_n$.

8.6 无穷乘积

给定数列 $\{p_n\}$. 把这一列数依次相乘得到式子

$$\prod_{n=1}^{\infty} p_n = p_1 p_2 \cdots p_n \cdots,$$

称为一个无穷乘积. 与无穷级数类似, 对无穷多个实数逐一地进行乘法运算是不可能的, 所以需要对无穷多个数的乘积给出合理的定义.

定义 8.6.1 设 $\displaystyle\prod_{n=1}^{\infty} p_n$ 是一个无穷乘积, 称其前 n 个因子之积

$$P_n = \prod_{k=1}^{n} p_k = p_1 p_2 \cdots p_n, \ n = 1, 2, \cdots$$

为这个无穷乘积的第 n 个部分乘积. 如果这些部分乘积构成的数列 $\{P_n\}$ 收敛于 P, 并且 $P \neq 0$, 则称无穷乘积 $\displaystyle\prod_{n=1}^{\infty} p_n$ 收敛, 且称 P 为无穷乘积的积, 记为

$$\prod_{n=1}^{\infty} p_n = P;$$

如果数列 $\{P_n\}$ 发散, 或者数列 $\{P_n\}$ 收敛于 0, 则称无穷乘积 $\displaystyle\prod_{n=1}^{\infty} p_n$ 发散.

例 8.6.2 讨论无穷乘积 $\displaystyle\prod_{n=1}^{\infty} \left(1 - \frac{1}{(2n)^2}\right)$ 的敛散性.

解 首先计算部分乘积

$$P_n = \prod_{k=1}^{n} \left(1 - \frac{1}{(2k)^2}\right) = \prod_{k=1}^{n} \frac{(2k-1)(2k+1)}{(2k)^2}$$

$$= (2n+1)\left(\frac{(2n-1)!!}{(2n)!!}\right)^2.$$

令 $I_n = \displaystyle\int_0^{\frac{\pi}{2}} \sin^n x \, dx$. 通过定积分计算可以得到

$$I_{2n} = \frac{\pi}{2} \frac{(2n-1)!!}{(2n)!!}, \quad I_{2n+1} = \frac{(2n)!!}{(2n+1)!!}.$$

显然

$$I_{2n+1} < I_{2n} < I_{2n-1}, \quad n \in \mathbb{N},$$

并且
$$1 < \frac{I_{2n}}{I_{2n+1}} < \frac{I_{2n-1}}{I_{2n+1}} = \frac{2n+1}{2n},$$

故有
$$\lim_{n \to \infty} \frac{I_{2n}}{I_{2n+1}} = 1.$$

注意到 $P_n = \frac{2}{\pi} \frac{I_{2n}}{I_{2n+1}}$, 因此

$$\lim_{n \to \infty} P_n = \lim_{n \to \infty} \frac{2}{\pi} \frac{I_{2n}}{I_{2n+1}} = \frac{2}{\pi}.$$

由无穷乘积的定义可知, 无穷乘积 $\prod_{n=1}^{\infty} \left(1 - \frac{1}{(2n)^2}\right)$ 收敛, 并且

$$\prod_{n=1}^{\infty} \left(1 - \frac{1}{(2n)^2}\right) = \frac{2}{\pi}.$$

　　类似于无穷级数, 用定义考察无穷乘积的敛散性往往具有局限性. 下面给出无穷乘积收敛的必要条件和判敛方法.

定理 8.6.3　(无穷乘积收敛的必要条件)　若无穷乘积 $\prod_{n=1}^{\infty} p_n$ 收敛, 则 $\lim_{n \to \infty} p_n = 1$, 并且 $\lim_{n \to \infty} \prod_{k=n+1}^{\infty} p_k = 1.$

　　证明　由于无穷乘积 $\prod_{n=1}^{\infty} p_n$ 收敛, 故存在 $p \neq 0$, 使得 $\lim_{n \to \infty} P_n = p$. 从而有

$$\lim_{n \to \infty} p_n = \lim_{n \to \infty} \frac{P_n}{P_{n-1}} = \frac{p}{p} = 1;$$

$$\lim_{n \to \infty} \prod_{k=n+1}^{\infty} p_k = \lim_{n \to \infty} \frac{\prod_{n=1}^{\infty} p_n}{P_n} = \frac{p}{p} = 1. \qquad \square$$

　　从无穷乘积收敛的必要条件看出, 当 n 充分大时, $p_n > 0$. 因此下面不妨假设 $p_n > 0$. 注意到 $\ln P_n = \sum_{k=1}^{n} \ln p_k$, 我们容易得到下列无穷乘积 $\prod_{n=1}^{\infty} p_n$ 与无穷级数 $\sum_{n=1}^{\infty} \ln p_n$ 敛散性对偶定理:

定理 8.6.4　设 $p_n > 0$, 则

(1) $\prod_{n=1}^{\infty} p_n$ 收敛于 $p > 0 \Leftrightarrow \sum_{n=1}^{\infty} \ln p_n$ 收敛于 $s = \ln p$;

(2) $\prod_{n=1}^{\infty} p_n$ 发散于 $0 \Leftrightarrow \sum_{n=1}^{\infty} \ln p_n$ 发散于 $-\infty$.

更进一步, 当无穷乘积 $\prod\limits_{n=1}^{\infty}(1+a_n)$ 收敛时, 如果令 $p_n = 1 + a_n$, 则数列 $\{a_n\}$ 是无穷小量. 注意到泰勒公式

$$\ln(1+a_n) = a_n - \frac{1}{2}a_n^2 + o(a_n^2),\ n \to \infty,$$

于是通过无穷乘积 $\prod\limits_{n=1}^{\infty}(1+a_n)$ 与无穷级数 $\sum\limits_{n=1}^{\infty} a_n$ 的敛散性对偶定理可以证明如下两个定理:

定理 8.6.5 设 $\{a_n\}$ 是保号数列. 则无穷乘积 $\prod\limits_{n=1}^{\infty}(1+a_n)$ 收敛的充分必要条件是无穷级数 $\sum\limits_{n=1}^{\infty} a_n$ 收敛.

定理 8.6.6 设无穷级数 $\sum\limits_{n=1}^{\infty} a_n$ 收敛. 则无穷乘积 $\prod\limits_{n=1}^{\infty}(1+a_n)$ 收敛的充分必要条件是无穷级数 $\sum\limits_{n=1}^{\infty} a_n^2$ 收敛.

例 8.6.7 设 $0 < \beta < \alpha$, 证明: $\lim\limits_{n\to\infty} \dfrac{\beta(\beta+1)\cdots(\beta+n)}{\alpha(\alpha+1)\cdots(\alpha+n)} = 0$.

证明 考虑无穷乘积 $\prod\limits_{n=0}^{\infty} \dfrac{\beta+n}{\alpha+n}$. 显然

$$\prod_{n=0}^{\infty} \frac{\beta+n}{\alpha+n} = \prod_{n=0}^{\infty} \left(1 + \frac{\beta-\alpha}{\alpha+n}\right).$$

由于级数 $\sum\limits_{n=0}^{\infty} \dfrac{\beta-\alpha}{\alpha+n}$ 是负项级数, 并且发散到 $-\infty$, 因此无穷级数 $\sum\limits_{n=0}^{\infty} \ln\left(1 + \dfrac{\beta-\alpha}{\alpha+n}\right)$ 也发散于 $-\infty$. 从而, 无穷乘积 $\prod\limits_{n=0}^{\infty} \dfrac{\beta+n}{\alpha+n}$ 收敛到 0, 即结论成立. $\square$

例 8.6.8 讨论无穷乘积 $\prod\limits_{n=1}^{\infty} \tan\left(\dfrac{\pi}{4} + \dfrac{1}{n^2}\right)$ 的敛散性.

解 令 $p_n = \tan\left(\dfrac{\pi}{4} + \dfrac{1}{n^2}\right)$, 则

$$p_n = \tan\left(\frac{\pi}{4} + \frac{1}{n^2}\right) = 1 + \frac{2\tan\dfrac{1}{n^2}}{1 - \tan\dfrac{1}{n^2}}.$$

令 $a_n = \dfrac{2 \tan \dfrac{1}{n^2}}{1 - \tan \dfrac{1}{n^2}}$, 显然 $a_n > 0$, $n \in \mathbb{N}$, 并且

$$a_n \sim \frac{2}{n^2}, \quad n \to \infty.$$

故级数 $\displaystyle\sum_{n=1}^{\infty} a_n$ 收敛, 从而证得无穷乘积 $\displaystyle\prod_{n=1}^{\infty} \tan\left(\frac{\pi}{4} + \frac{1}{n^2}\right)$ 收敛.

例 8.6.9 讨论无穷乘积 $\displaystyle\prod_{n=1}^{\infty} \left(1 + \frac{(-1)^{n+1}}{n^\alpha}\right)$ 的敛散性, 其中 $\alpha \in \mathbb{R}$.

解 当 $\alpha \leqslant 0$ 时, 因为 $\dfrac{(-1)^{n+1}}{n^\alpha} \nrightarrow 0$, 故无穷乘积 $\displaystyle\prod_{n=1}^{\infty} \left(1 + \frac{(-1)^{n+1}}{n^\alpha}\right)$ 发散.

当 $0 < \alpha \leqslant \dfrac{1}{2}$ 时, 由于级数 $\displaystyle\sum_{n=1}^{\infty} \frac{(-1)^{n+1}}{n^\alpha}$ 收敛, 而级数 $\displaystyle\sum_{n=1}^{\infty} \left(\frac{(-1)^{n+1}}{n^\alpha}\right)^2$ 发散, 故无穷乘积 $\displaystyle\prod_{n=1}^{\infty} \left(1 + \frac{(-1)^{n+1}}{n^\alpha}\right)$ 发散.

当 $\alpha > \dfrac{1}{2}$ 时, 由于级数 $\displaystyle\sum_{n=1}^{\infty} \frac{(-1)^{n+1}}{n^\alpha}$ 和级数 $\displaystyle\sum_{n=1}^{\infty} \left(\frac{(-1)^{n+1}}{n^\alpha}\right)^2$ 均收敛, 故无穷乘积 $\displaystyle\prod_{n=1}^{\infty} \left(1 + \frac{(-1)^{n+1}}{n^\alpha}\right)$ 收敛.

与无穷级数类似, 收敛的无穷乘积任意改变因子的次序所得的无穷乘积可能会发散. 但是在一定的条件下, 收敛的无穷乘积任意改变因子的次序所得的无穷乘积仍然收敛并且乘积不变. 这个条件就是所谓的无穷乘积的绝对收敛性. 由于篇幅的关系, 这里不再赘述无穷乘积绝对收敛、条件收敛以及绝对收敛无穷乘积的性质. 请对此感兴趣的读者自行阅读相关书籍.

练习题 8.6

1. 能否由 $\displaystyle\prod_{n=1}^{\infty} p_n$ 和 $\displaystyle\prod_{n=1}^{\infty} q_n$ 的收敛性, 得出下列无穷乘积的收敛性?

(1) $\displaystyle\prod_{n=1}^{\infty} (p_n + q_n)$;

(2) $\displaystyle\prod_{n=1}^{\infty} (p_n q_n)$;

(3) $\displaystyle\prod_{n=1}^{\infty} \frac{p_n}{q_n}$.

2. 讨论下列无穷乘积的敛散性:

(1) $\displaystyle\prod_{n=1}^{\infty} \frac{1}{n}$;

(2) $\displaystyle\prod_{n=1}^{\infty} \sqrt[n]{1 + \frac{1}{n}}$;

(3) $\displaystyle\prod_{n=1}^{\infty} \frac{n}{\sqrt{n^2 + 1}}$;

(4) $\displaystyle\prod_{n=1}^{\infty} \left(\frac{n^2 - 1}{n^2 + 1}\right)^p \ (p \in \mathbb{R})$;

(5) $\displaystyle\prod_{n=1}^{\infty} \frac{1}{e} \left(1 + \frac{1}{n}\right)^n$.

3. 设数列 $\{a_n\}$, 其中

$$a_n = \begin{cases} -\dfrac{1}{\sqrt{k}}, & n = 2k - 1, \\[2mm] \dfrac{1}{\sqrt{k}} + \dfrac{1}{k} + \dfrac{1}{k\sqrt{k}}, & n = 2k. \end{cases}$$

证明: $\displaystyle\sum_{n=1}^{\infty} a_n$ 与 $\displaystyle\sum_{n=1}^{\infty} a_n^2$ 都发散, 但是 $\displaystyle\prod_{n=1}^{\infty} (1 + a_n)$ 收敛.

4. 证明斯特林 (Stirling) 公式: $n! \sim \sqrt{2\pi} n^{n + \frac{1}{2}} e^{-n}, \quad n \to \infty$.

参考文献

[1] 常庚哲, 史济怀. 数学分析教程: 上册 [M]. 3 版. 合肥: 中国科学技术大学出版社, 2012.

[2] 常庚哲, 史济怀. 数学分析教程: 下册 [M]. 3 版. 合肥: 中国科学技术大学出版社, 2013.

[3] 陈纪修, 於崇华, 金路. 数学分析: 上册 [M]. 3 版. 北京: 高等教育出版社, 2019.

[4] 陈纪修, 於崇华, 金路. 数学分析: 下册 [M]. 3 版. 北京: 高等教育出版社, 2019.

[5] 丁彦恒, 刘笑颖, 吴刚. 数学分析讲义: 第一卷 [M]. 北京: 科学出版社, 2018.

[6] 丁彦恒, 刘笑颖, 吴刚. 数学分析讲义: 第二卷 [M]. 北京: 科学出版社, 2019.

[7] 华东师范大学数学科学学院. 数学分析: 上册 [M]. 5 版. 北京: 高等教育出版社, 2019.

[8] 华东师范大学数学科学学院. 数学分析: 下册 [M]. 5 版. 北京: 高等教育出版社, 2019.

[9] 裘兆泰, 王承国, 章仰文. 数学分析学习教程 [M]. 北京: 科学出版社, 2004.

[10] 上海交通大学数学系数学分析课程组. 大学数学 数学分析: 上册 [M]. 北京: 高等教育出版社, 2007.

[11] 上海交通大学数学系数学分析课程组. 大学数学 数学分析: 下册 [M]. 北京: 高等教育出版社, 2007.

[12] RUDIN W. 数学分析原理 (英文版 · 原书第三版 · 典藏版)[M]. 北京: 机械工业出版社, 2019.

[13] 伍胜健. 数学分析: 第一册 [M]. 北京: 北京大学出版社, 2009.

[14] 伍胜健. 数学分析: 第二册 [M]. 北京: 北京大学出版社, 2010.

[15] 伍胜健. 数学分析: 第三册 [M]. 北京: 北京大学出版社, 2010.

[16] 谢惠民, 恽自求, 易法槐, 等. 数学分析习题课讲义: 上册 [M]. 2 版. 北京: 高等教育出版社, 2018.

[17] 谢惠民, 恽自求, 易法槐, 等. 数学分析习题课讲义: 下册 [M]. 2 版. 北京: 高等教育出版社, 2019.

[18] 徐森林, 薛春华. 数学分析: 第一册 [M]. 北京: 清华大学出版社, 2005.

[19] 徐森林, 薛春华. 数学分析: 第二册 [M]. 北京: 清华大学出版社, 2006.

[20] 徐森林, 薛春华. 数学分析: 第三册 [M]. 北京: 清华大学出版社, 2007.

[21] 卓里奇. 数学分析: 第一卷 (第 7 版) [M]. 李植, 译. 北京: 高等教育出版社, 2019.

[22] 卓里奇. 数学分析: 第二卷 (第 7 版) [M]. 李植, 译. 北京: 高等教育出版社, 2019.

索引

郑重声明

高等教育出版社依法对本书享有专有出版权。任何未经许可的复制、销售行为均违反《中华人民共和国著作权法》，其行为人将承担相应的民事责任和行政责任；构成犯罪的，将被依法追究刑事责任。为了维护市场秩序，保护读者的合法权益，避免读者误用盗版书造成不良后果，我社将配合行政执法部门和司法机关对违法犯罪的单位和个人进行严厉打击。社会各界人士如发现上述侵权行为，希望及时举报，我社将奖励举报有功人员。

反盗版举报电话　(010) 58581999　58582371

反盗版举报邮箱　dd@hep.com.cn

通信地址　　北京市西城区德外大街 4 号

　　　　　　高等教育出版社知识产权与法律事务部

邮政编码　　100120

读者意见反馈

为收集对教材的意见建议，进一步完善教材编写并做好服务工作，读者可将对本教材的意见建议通过如下渠道反馈至我社。

咨询电话　400-810-0598

反馈邮箱　hepsci@pub.hep.cn

通信地址　　北京市朝阳区惠新东街 4 号富盛大厦 1 座

　　　　　　高等教育出版社理科事业部

邮政编码　　100029

图书在版编目（CIP）数据

数学分析教程. 上册 / 上海交通大学数学分析课程
组主编. -- 北京：高等教育出版社，2025.6. -- ISBN
978-7-04-064331-2

Ⅰ. O17

中国国家版本馆 CIP 数据核字第 20253KF027 号

Shuxue Fenxi Jiaocheng

策划编辑	杨 帆	出版发行	高等教育出版社
责任编辑	杨 帆	社 址	北京市西城区德外大街4号
封面设计	王凌波	邮政编码	100120
版式设计	曹鑫怡	购书热线	010-58581118
责任绘图	黄云燕	咨询电话	400-810-0598
责任校对	高 歌	网 址	http://www.hep.edu.cn
责任印制	赵 佳		http://www.hep.com.cn
		网上订购	http://www.hepmall.com.cn
			http://www.hepmall.com
			http://www.hepmall.cn

印 刷	涿州市星河印刷有限公司
开 本	787mm×1092mm 1/16
印 张	22.5
字 数	420千字
版 次	2025年6月第1版
印 次	2025年6月第1次印刷
定 价	52.00元

本书如有缺页、倒页、脱页等质量问题，
请到所购图书销售部门联系调换